Methoden der Bioinformatik

Marc-Thorsten Hütt • Manuel Dehnert

Methoden der Bioinformatik

Eine Einführung zur Anwendung
in Biologie und Medizin

2. Auflage

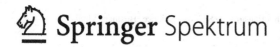 Springer Spektrum

Marc-Thorsten Hütt
Dep. of Life Sciences and Chemistry
Jacobs University Bremen
Bremen, Deutschland

Manuel Dehnert
Fak. Biotechnologie und Bioinformatik
Hochschule Weihenstephan-Triesdorf
Freising, Deutschland

ISBN 978-3-662-46149-5   ISBN 978-3-662-46150-1 (eBook)
DOI 10.1007/978-3-662-46150-1

Die Deutsche Nationalbibliothek verzeichnet diese Publikation in der Deutschen Nationalbibliografie;
detaillierte bibliografische Daten sind im Internet über http://dnb.d-nb.de abrufbar.

Springer Spektrum
© Springer-Verlag Berlin Heidelberg 2006, 2016

Gedruckt auf säurefreiem und chlorfrei gebleichtem Papier

Springer Berlin Heidelberg ist Teil der Fachverlagsgruppe Springer Science+Business Media
(www.springer.com)

Meiner Tochter Milena für ihre unbestechlichen Einschätzungen.
— MTH

Für Vinciane, mit der ich das Leben genieße.
— MD

Vorwort

Blättert man durch die aktuellen Ausgaben der Journale *Nature* und *Science*, so findet man kaum ein biologisches Forschungspapier ohne erhebliche Verwendung bioinformatischer Methoden: Sequenzalignment, die Konstruktion phylogenetischer Bäume, der Rückgriff auf biologische Datenbanken mithilfe bioinformatischer Werkzeuge, die Verwendung statistischer Analysemethoden, die aus der bioinformatischen Forschung heraus entstanden sind.

Zum Zeitpunkt des Schreibens an diesem Vorwort ist in der Zeitschrift *Nature* zum Beispiel ein bemerkenswertes Papier[1] zu den Galapagos-Finken erschienen, die Charles Darwin zu einem Schlüsselbeispiel evolutionärer Abläufe gemacht hat. Durch Rückgriff auf eine Vielzahl genetischer und bioinformatischer Methoden (vor allem phylogenetische Rekonstruktionen und statistische Analysen) können die Autoren eine Verbindung zwischen der genetischen Variation und der Schnabelform herstellen, die für Darwin eine zentrale Komponente der Spezies-*fitness* war.

In einer 2012 erschienenen Arbeit in *Science*[2] untersuchten die Autoren die Algenblüte mithilfe eines Metagenomikansatzes. Sie hatten sich zum Ziel gesetzt, ein Paradoxon der Meeresbiologie zu lösen: Wie können ohne starke räumliche Trennung so viele Mikroorganismen koexistieren? Mit hoher zeitlicher Auflösung wurde der DNA-Inhalt von Proben sequenziert, analysiert und daraus die Spezieszusammensetzung extrahiert. Die Arbeit brachte ein neues Ordnungsprinzip dieses wichtigen biologischen Systems zutage: Die Bakterienpopulationen im Wasser während des Verlaufs der Algenblüte sind hoch optimiert für die Nahrungsverfügbarkeit der verschiedenen zeitlichen Phasen. So entstehen zeitlich getrennte Nischen. Diese Arbeit ist aus vielen Blickwinkeln äußerst charakteristisch für den Alltag der modernen Bioinformatik: Herausragende Erkenntnisse werden erzielt, wenn Bioinformatik eingebettet wird in große Konsortien aus experimentell, mathematisch und informatisch

---

[1] Lamichhaney S et al. (2015) Evolution of Darwin's finches and their beaks revealed by genome sequencing. Nature 518:371–375.

[2] Teeling H et al. (2012) Substrate controlled succession of marine bacterioplankton populations induced by a phytoplankton bloom. Science 336:608–611.

arbeitenden Wissenschaftlern. Ohne die bioinformatischen Methoden zum Klassifizieren der Sequenzsegmente und zur metabolischen Interpretation der bakteriellen Enzymeinventare hätten sich die durch diese Arbeit gewonnenen Erkenntnisse nicht erzielen lassen.

Es gibt viele weitere Beispiele für die zentrale Bedeutung der Bioinformatik in den großen biologischen Forschungskonsortien. Das ENCODE-Projekt[3], bei dem aus genomischer Variation evolutionär konservierte Bereiche jenseits der Gene sichtbar gemacht wurden, hat in den letzten Jahren einen enormen und sehr fundamentalen Beitrag für unser Verständnis genomischer Information und der Regulation biologischer Prozesse geleistet. Die Vielzahl von Erkenntnissen aus diesem Projekt könnte zudem große Anwendungen in dem sich gerade entwickelnden Gebiet der personalisierten Medizin haben. Hier zeigen sich Bioinformatik und Systembiologie aufs Engste verzahnt mit biologischen und medizinischen Fragestellungen.

Mit der stark erweiterten Neuauflage unseres Lehrbuchs versuchen wir, einigen dieser neueren Entwicklungen der Bioinformatik einen angemessenen Raum zu geben, ohne die Grundlagen, die 2006 den Schwerpunkt der ersten Auflage bildeten, zu vernachlässigen. So wurde die Diskussion des *next-generation sequencing* ergänzt und der wichtige Aspekt der Datenzusammenführung oder Daten*integration* stärker hervorgehoben. Besonders die Kap. 5.2 und 5.3 führen in eine kleine Auswahl aktueller Themen ein, mit denen die Anwendungserfolge der Bioinformatik der letzten Jahre illustriert werden sollen. Die wesentlichen Merkmale des Buchs sind auch in der zweiten Auflage erhalten geblieben: Ein Verständnis bioinformatischer Methoden wird anhand der großen grundlegenden Algorithmen entwickelt; das Computeralgebra-Programm *Mathematica* stellt die Programmierumgebung für praktische Anwendungen dar. Dabei wurden alle Beispiele an die neueste *Mathematica*-Version (10.0) angepasst. Wichtige Entwicklungen der letzten Jahre betreffen ebenso Softwarewerkzeuge für eine Vielzahl konkreter Anwendungen wie den großen statistischen Rahmen der Bioinformatik (speziell Fragen der Inferenz und der Schätzung unter unvollständiger Information). Auch die Verzahnung und der Austausch mit Gebieten der Algorithmik und der angewandten Informatik haben spürbaren Einfluss auf Aspekte der Bioinformatik.

Eine sehr lesenswerte Übersicht über die bewegte Geschichte der Bioinformatik bietet Ouzounis (2012).[4] Wie sehr selektives Zitieren und die selektive Interpretation statistischer Befunde gerade die Bioinformatik gefährden, ist von Boulesteix (2010) beschrieben worden.[5]

Die Bioinformatik hat sich in den letzten sieben Jahren, seit der ersten Auflage dieses Lehrbuchs, deutlich in Richtung der Informatik verschoben. Es ist aus unserer

---

[3] The ENCODE Project Consortium (2012) An integrated encyclopedia of DNA elements in the human genome. Nature 488:57–74.

[4] Ouzounis CA (2012) Rise and demise of bioinformatics? Promise and progress. PLoS Computational Biology 8:e1002487.

[5] Boulesteix AL (2010) Over-optimism in bioinformatics research. Bioinformatics 26:437–439.

Sicht zwingend, diese wichtige und sich aus ihrer Anwendung heraus definierende Disziplin nah an ihrem biologischen Gegenstand auszugestalten.

Wir haben es – gerade vor diesem Hintergrund – als besonders wichtig empfunden, den Ton der ersten Auflage nicht durch übermäßige Formalisierung oder ein zu starkes Gewicht auf den statistischen Fragestellungen zu verändern. Nach wie vor ist unsere ideale Leserschaft gegeben durch Studierende der Bioinformatik, Biologie, Biotechnologie oder Medizin, die – durchaus auch ohne größere Programmierkenntnisse – einen Überblick über die Methodenvielfalt der Bioinformatik gewinnen möchten oder auch sich konkrete Werkzeuge zum Analysieren und Interpretieren ihrer eigenen Daten erarbeiten wollen.

Während der Arbeit an dieser zweiten Auflage sind wir von vielen Seiten intensiv unterstützt worden.

Den Mitgliedern der Arbeitsgruppe *Computational Systems Biology* an der Jacobs University in Bremen danken wir für das 'Testlesen' einiger zentraler Kapitel, besonders Christoph Fretter, Sergio Grimbs und Jens Christian Claussen.

Viele Inhalte sind durch intensive Diskussionen mit Kollegen motiviert. Gedankt sei an dieser Stelle besonders Frank Oliver Glöckner (Bremen), Ivo Grosse (Halle), Christian Hammann (Bremen), Werner E. Helm (Darmstadt) und Nicole Radde (Stuttgart). Nikolaus Sonnenschein (Kopenhagen) danken wir für die Diskussionen zur MASSTOOLBOX.

Andreas Held danken wir für das kompetente Lektorat des Manuskripts. Herrn Rainer Plaumann danken wir für die sorgfältige Umsetzung verschiedener Korrekturdurchgänge in LaTeX.

Stefanie Wolf vom Springer-Verlag danken wir erneut sehr herzlich für die bewährt gute und aufmerksame Betreuung des Projektes.

Bremen und Weihenstephan im Februar 2015,   *Marc-Thorsten Hütt*
Manuel Dehnert

Vorwort zur ersten Auflage

Bioinformatische Methoden bilden eine unverzichtbare Grundlage nahezu aller Aspekte der Molekularbiologie und Genetik. Der methodische Apparat zeigt sich dem Anwender vor allem in der Gestalt mehr oder weniger gut bedienbarer Softwarewerkzeuge. Doch die entscheidenden Fragen beginnen dahinter:

- Was bedeuten die Voreinstellungen der Parameter?

- Wie aussagekräftig ist das Resultat?

- Ist das Resultat optimal oder würde eine verfeinerte bioinformatische Methode auf ein besseres Verständnis des biologischen Systems führen?

- Wie kann man eigene Ergebnisse mit anderen vergleichen, die mit einem etwas anderen bioinformatischen Analyseverfahren gewonnen wurden?

Dieses Buch führt ein in die thematischen, praktischen und mathematischen Grundlagen der Bioinformatik: Es stellt dar, wie man von mathematischen Kerngedanken zu einer konkreten bioinformatischen Methode gelangt. An anderen Stellen wird der umgekehrte Weg gegangen und Schritt für Schritt werden die mathematischen Verfahren und Strategien hinter einer gegebenen (als Bioinformatik-Software erhältlichen) Implementierung aufgezeigt. Damit bietet sich dem Anwender aus der Biologie die Möglichkeit, ohne erhebliche zusätzliche Mathematik- oder Programmierkenntnisse zu erwerben, die Verfahren hinter den etablierten bioinformatischen Methoden zu verstehen.

Die beschriebenen Methoden sind exemplarisch. Es war uns wichtiger, einzelne Verfahren auf allen Ebenen (mathematisches Konzept – algorithmische Realisierung – praktische Anwendung) darzustellen, als methodische Vollständigkeit anzustreben. Wir denken, dass diese Auswahl zu einem Grundverständnis bioinformatischen Arbeitens führt und vor allem eine Denkweise darstellt, die sich als nützlich für die alltäglichen Problemstellungen von mit Sequenzdaten konfrontierten Studierenden und wissenschaftlich Arbeitenden erweist.

Ein entscheidender Vorteil dieser Perspektive ist, dass viele Programmoptionen dann deutlich klarer werden. Wir werden sehen, dass die Beherrschung einiger weniger zentraler Algorithmen große Teile der Bioinformatik in Grundzügen zugänglich zu machen vermag. An einigen Stellen werden wir bis in die Tiefe der formalen algorithmischen und mathematischen Fundamente dieser Verfahren gehen, z. B. bei paarweisem Sequenzalignment, bei Hidden-Markov-Modellen und bei der Konstruktion phylogenetischer Bäume.

Eine wichtige Frage der Präsentation ist, auf welche Weise man Biologen und Medizinern die erforderlichen praktischen Kenntnisse und Fertigkeiten im Umgang mit Algorithmen und Programmierung vermitteln kann. Im Gegensatz zu den meisten solchen Versuchen, die sich auf die Anwendung fertig implementierter Softwarepakete oder aber auf einfache Programmieraufgaben (z. B. in Perl) beschränken, sind wir den Weg über das Computeralgebra-Programm *Mathematica* gegangen. *Mathematica* erlaubt, elementare Beispiele bioinformatischer Anwendungen in transparenter Weise darzustellen, mathematische Hypothesen unmittelbar zu testen und die im Verlaufe des Buchs diskutierten Algorithmen schnell und effizient zu implementieren. In *Mathematica* stehen die Bausteine mathematischer Modelle (z. B. Differenzialgleichungen oder spezielle Funktionen) auf derselben Stufe wie Verfahren der Datenhandhabung, Datenanalyse und Visualisierung. Das gesamte Spektrum bioinformatischer Arbeitsweisen kann so in derselben Umgebung erfolgen. Unerwartete Unterstützung hat dieser Weg durch die aktuelle Entwicklung von *Mathematica* erfahren. Seit der Version 5.1 (im Oktober 2005) beschäftigen sich zentrale Neuerungen mit der Behandlung von Symbolsequenzen, sodass *Mathematica* sich zu einer wichtigen bioinformatischen Forschungs- und Arbeitsoberfläche weiterentwickelt.

Im ersten Kapitel wird der Rahmen bioinformatischer Beschäftigung dargestellt. Zu einer solchen *Skizze des Fachs* gehören auch eine Form von Begriffs- und Gedankengeschichte der Bioinformatik und eine kurze Einführung der biologischen Schlüsselbegriffe dieser Disziplin. Am Ende des Kapitels stehen eine – sehr subjektive – Liste von Kernfragen und eine erste Einführung in *Mathematica*.

Einen ersten Blick auf das mathematische Fundament der Bioinformatik soll dann das Kapitel *Statistische Analyse von DNA-Sequenzen* erlauben. Dabei werden zuerst einige elementare Eigenschaften von Wahrscheinlichkeiten diskutiert und die mathematische Notation bereitgestellt, um Wahrscheinlichkeitsmodelle einzuführen und die Grundprinzipen der Parameterschätzung zu besprechen. Solche Werkzeuge erlauben z. B. die Frage zu diskutieren, wie sich DNA-Sequenzen von zufälligen Symbolabfolgen unterscheiden. Diese Frage bildet den Ausgangspunkt, den Zusammenhang von Sequenz, Struktur und Funktion zu diskutieren, und führt später schließlich auf wichtige statistische Eigenschaften eukaryotischer Genome.

Solche Betrachtungen werden uns unmittelbar auf zwei Schlüsselkonzepte der statistischen Analyse von Symbolsequenzen führen, nämlich Markov-Modelle und Hidden-Markov-Modelle. Damit schließt sich die Kluft zwischen den elementaren mathematischen Begriffen und den etablierten Techniken, die – als Hidden-Markov-Modelle – in so unterschiedlichen Bereichen wie Genidentifikation, Aspekten der Proteinstruktur und Sequenzalignment Anwendung finden.

In Kap. 2 bilden die unbehandelten, elementaren Sequenzdaten den Ausgangspunkt und es wird versucht, Schritt für Schritt mit immer fortgeschritteneren mathematischen Methoden Informationen aus diesen Daten zu extrahieren. In Kap. 3 kehrt sich diese Blickrichtung um. Nun werden wir etablierte Analysemethoden und Betrachtungsweisen in den Vordergrund stellen, um dann hinter die Kulissen der gegebenen Softwareimplementierungen zu gelangen und die dort wirksamen mathematischen Verfahren zu entdecken und zu verstehen. Den Anfang bilden Verfahren des Sequenzvergleichs, gefolgt von phylogenetischen Analysen, die Unterschiede zwischen ähnlichen Sequenzsegmenten in einen kausalen Zusammenhang bringen. Am Ende stehen einige Bemerkungen zu bioinformatischen Datenbanken.

Kapitel 4 beschäftigt sich mit der Sequenzanalyse auf der Skala vollständiger Genome mit Methoden der Informationstheorie. Dahinter verbirgt sich der Versuch zu quantifizieren, wie stark ein Symbol aus einer Sequenz mit einem anderen Symbol in einiger Entfernung korreliert ist, welche Systematiken diese Korrelationen aufweisen und wie Beiträge zu solchen Korrelationen mit biologischen Eigenschaften in Verbindung gebracht werden können. Die zentralen Begriffe der Informationstheorie, Information und Entropie, gewinnen in der Bioinformatik immer stärker an Bedeutung. Ein Grund ist dabei, neben lokalen Aspekten einer Sequenz (also etwa einzelne Gene) auch globale Eigenschaften einer Sequenz zu diskutieren (z. B. Fluktuationen der Dinukleotidhäufigkeiten oder die Verteilung repetitiver Elemente).

Aus unserer Sicht entwickelt sich gerade zur Zeit die Bioinformatik mit dem Aufkommen viele Einzelinformationen integrierender Datenbanken zu einem Startpunkt einer molekular verorteten Systembiologie. Um diesen Weg hin zu einer systemorientierten und modellierenden Bioinformatik weiter auszugestalten, sind Kenntnisse aus angrenzenden Themenfeldern erforderlich, etwa der Komplexitätsforschung und der Netzwerkbiologie. Kapitel 5 stellt diese Gedanken dar. Besonders bei Methoden der Graphentheorie steht hinter den formalen, abstrakten Begriffen ein interessanter vereinheitlichender Blick auf extrem unterschiedliche biologische Objekte: Mit denselben theoretischen Werkzeugen können so genetische Netzwerke, Protein-Interaktionsnetzwerke und metabolische Regulationsnetzwerke beschrieben, funktionell charakterisiert und verglichen werden.
Die Komplexitätstheorie ist eng verzahnt mit fraktaler Geometrie. Ein Fraktal ist ein selbstähnliches Objekt, d. h. dass eine vergrößerte Kopie eines Ausschnitts vom Original nicht prinzipiell zu unterscheiden ist. Ein solches Fehlen einer charakteristischen Längenskala (die bei Vergrößerungen oder Verkleinerungen eine Orientierung liefern könnte) gibt es auch bei DNA-Sequenzen. Wir werden fraktale Eigenschaften von DNA-Sequenzen sichtbar machen, um diese Parallele zwischen Fraktalen und DNA-Sequenzen schließlich auf ihre biologischen Ursachen zu befragen. Am Ende des Kapitels werden wir schließlich eine interessante, aber keineswegs triviale Parallele zwischen genetischen Netzwerken und fraktaler Geometrie verfolgen, die sich als sehr eleganter Zugang zur Systembiologie herausstellen wird.

In den Anwendungsbeispielen der Methoden beschränken wir uns sehr oft auf Eukaryoten. Vor allem steht an vielen Stellen das menschliche Genom im Vordergrund. Entsprechend sind auch viele Kapitel zum biologischen Hintergrund (etwa zum Genaufbau oder zur Genomorganisation) sehr stark aus einer eukaryotischen Perspektive abgefasst.

Die angegebenen Literaturhinweise zu jedem Kapitel spiegeln stark unsere persönlichen Vorlieben wider. Diese Empfehlungen sind keinesfalls als systematische (oder gar vollständige) Bibliografie zu verstehen. Zu vielen Fachbegriffen geben wir im

Text die englische Übersetzung an, um die Suche nach Forschungsartikeln zu diesem Thema zu erleichtern.

Natürlich ist dieses Buch auch ein Produkt intensiver Dialoge.

Wir danken Werner E. Helm für viele Diskussionen über die Verbindung von Statistik und Biologie und für unsere gemeinsamen bioinformatischen Forschungsarbeiten, die explizit (vor allem in Kapitel 2 und 4) oder implizit in die hier diskutierten Anwendungen eingeflossen sind.

Danken möchten wir auch den Teilnehmerinnen und Teilnehmern unserer Darmstädter Bioinformatik-Lehrveranstaltungen, die mit Fragen, kritischen Rückmeldungen und Diskussionen unsere Darstellung mit geprägt haben.

Christiane Hilgardt danken wir für die Mitarbeit bei der Erstellung der elektronischen Fassung und eine gründliche Lektüre der biologischen Fallbeispiele. Eine Vielzahl von Skizzen wurde von Doris Schäfer in sehr schöne digitale Abbildungen verwandelt. Teile der elektronischen Fassung wurden zudem von Carsten Marr, Stefan Schmelz, Rainer Plaumann und Philipp Weil bearbeitet.

Gerhard Thiel und Brigitte Hertel danken wir für ihre Hilfestellungen bei Kaliumkanälen und anderen Beispielen zur Verbindung von Sequenz und Struktur von Proteinen.

Arnulf Kletzin hat große Teile des Manuskripts, die Aspekte der praktischen Bioinformatik betreffen, kritisch durchgesehen.

Erich Bohl hat einen großen Einfluss auf die begriffliche und mathematische Feinstruktur der Kapitel 1 und 2 gehabt.

Für eine sehr umfassende Durchsicht des Textes und des Layouts der Endfassung danken wir Stefan Christ und Heike Hameister.

Kapitel 4.2 hat sehr profitiert von einem gemeinsam mit Markus Porto (Fachbereich Physik der TU Darmstadt) veranstalteten Seminar 'Biophysikalische Prinzipien der Genomorganisation' im Sommersemester 2005.

Für intensive Korrekturen von Teilen des Manuskripts, für Diskussionen und Änderungsvorschläge danken wir zudem Erich Bohl, Stefan Bornholdt, Markus Domschke, Christoph Fretter, Werner E. Helm, Christiane Hilgardt, Franz-Josef Meyer-Almes, Dirk Plendl, Markus Porto, Stefanie Sammet, Gerhard Thiel und Katrin Wolff.

Dem Team vom Springer-Verlag, vor allem Frau Stefanie Wolf, danken wir für die engagierte und professionelle Betreuung dieses Buchprojekts.

Es ist klar, dass der gedruckte Text nicht das ideale Medium für die Programmzeilen unserer *Mathematica*-Exkurse darstellt. Wir haben daher die elektronischen Fassungen auf einer Internetseite *www.bioinformatik-mathematica.de* zur Verfügung gestellt.

Das Buch ist geprägt von unserer persönlichen Perspektive, die – trotz aller intensiven Auseinandersetzung mit der Biologie und der jahrelangen Arbeit in diesem Fach – unsere *formations professionelles* als Mathematiker und theoretischer Physiker nicht verbergen kann.

Darmstadt im Januar 2006,   *Marc-Thorsten Hütt*
                                                    Manuel Dehnert

Inhaltsverzeichnis

Skizze des Fachs

Aus unserer Sicht hat die Bioinformatik die Aufgabe, mathematische Methoden und Algorithmen für die Analyse von DNA- und Proteinsequenzen bereitzustellen, ebenso für die Untersuchung von aus solchen Sequenzdaten abgeleiteter biologischer Information (etwa die dreidimensionalen Strukturen der beteiligten Makromoleküle oder ihre Vernetzung durch Interaktionen und biochemische Reaktionen). Produkte der Bioinformatik sind folglich mathematische Aussagen über allgemeine Zusammenhänge dieser Gegenstände (z. B. Sequenz – Struktur) und Software, die den Anwendern in der Biologie solche im Rahmen der Bioinformatik entwickelten Algorithmen zur Verfügung stellt. Diese Vorstellung von Bioinformatik werden wir im Verlaufe des Buchs ausführlich in einer Vielzahl von Fallbeispielen darstellen. Im Alltag biologischer Forschung erfährt der Begriff der Bioinformatik jedoch noch eine Vielzahl anderer Rollenzuweisungen – von der Entwicklung neuer Datenstrukturen mit prinzipiell biologischer Anwendbarkeit bis hin zur routinemäßigen Auswertung von Transkriptomdaten (also der gleichzeitigen Bestimmung der Häufigkeit von Genprodukten, dem *Transkriptom*, einer Zelle) im Labor. Neuere Sequenzierungsverfahren und andere Hochdurchsatzmethoden (etwa zur Bestimmung von Proteininteraktionen und zur Messung von Metabolitenkonzentrationen) haben gerade in den letzten Jahren zu einer Vielzahl weiterer algorithmischer Fragen geführt, denen sich die Bioinformatik stellen muss.

Hinzu kommen Probleme aus der statistischen Grundlagenforschung, die durch bioinformatische Fragestellungen nahegelegt und in diesem Kontext auf hohem mathematischen Niveau behandelt werden.

Gerade in dieser offensichtlichen Heterogenität und Interdisziplinarität des Fachs liegt eine erhebliche Einstiegshürde bioinformatischer Beschäftigung. Wir werden daher in diesem Kapitel den allgemeinen Arbeitshintergrund der Bioinformatik stichwortartig darstellen, um uns dann in den folgenden Kapiteln der oben genannten spezielleren Perspektive auf das Fach Bioinformatik zu widmen. Viele Kernbegriffe der Bioinformatik, die in diesem Kapitel kurz erwähnt werden, findet man in einem der folgenden Kapitel ausführlich dargestellt, in einen mathematischen Zusammenhang eingebettet und mit biologischen Anwendungsbeispielen versehen wieder. Zudem umreißt das vorliegende Kapitel in aller Kürze das genetische und molekularbiologische Fundament dieses stark interdisziplinären Forschungsfelds. Ein weiteres Ziel des Kapitels ist, eine angemessene Programmierumgebung bereitzustellen, in der die diskutierten Methoden im Detail besprochen und ausprobiert werden können. Mit dem Computeralgebra-Programm *Mathematica* haben wir eine Wahl getroffen, die diese Ebene der Darstellung auch ohne wesentliche Programmierkenntnisse erreichbar macht. Eine elementare erste Einführung in *Mathematica* erfolgt in Kap. 1.5.

1.1 Zum Begriff Bioinformatik

Ohne Zweifel hat sich die Bioinformatik in den letzten Jahren als Schmelztiegel molekularbiologischer, mathematischer und informatischer, aber auch biochemischer und biophysikalischer Sachkompetenz erwiesen. In gewissem Sinne erfüllt die Bioinformatik damit die transdisziplinäre Hoffnung, die der Konstanzer Wissenschaftsphilosoph Jürgen Mittelstraß 1999 in seiner Frage zum Ausdruck brachte (Mittelstraß 1999)

> *Wenn die Natur nicht zwischen Physik, Chemie und Biologie unterscheidet, warum sollten dies [...] diejenigen Wissenschaften tun, die sie erforschen?*

Über ihre offensichtliche Interdisziplinarität hinaus ist das explosionsartige Wachstum der zugrunde liegenden Daten und Werkzeuge ein Wesensmerkmal der Bioinformatik. Abbildung 1.1 zeigt die zeitliche Entwicklung des Umfangs einer der wichtigsten molekularbiologischen Datenbanken, der US-amerikanischen *GenBank* an den *National Institutes of Health* (NIH). Abbildung 1.1a zeigt den Verlauf in der Zahl der Basenpaare, während Abb. 1.1b den Verlauf in Sequenzen angibt. Die Anstiege der Kurven wurde im letzten Jahrzehnt vor allem durch drei Entwicklungen beeinflusst: die stark angewachsene Zahl der Genomprojekte, neue Sequenziertechnologien und Metagenomikprojekte. In den GenBank-Statistiken werden daher die Genomprojekte und – je nach Datenform – zum Teil auch die Metagenomikprojekte als separate Statistik unter dem Begriff *Whole Genome Shotgun* (WGS)-Projekte geführt (gestrichelte Kurve in Abb. 1.1). Als *Metagenom* bezeichnet man die Summe aller genomischen Information der (vor allem Mikro-)Organismen einer bestimmten Lebensgemeinschaft. Metagenomikprojekte haben die Zielsetzung, diese genomische Information durch moderne Sequenzierungsmethoden zu bestimmen und so die Funktionsweise und Interaktionsmuster dieser Lebensgemeinschaft aufzuklären. Im Folgenden wollen wir versuchen, uns der Bioinformatik etwas zu nähern. Abbildung 1.2 zeigt drei Gemälde, die im übertragenen Sinne die Ansätze und Unterschiede einiger eng verwandter Disziplinen verdeutlichen sollen. Charakteristisch für das Gemälde von Albrecht Dürer (Abb. 1.2a), das hier die Biologie repräsentieren soll, ist die offensichtliche Vielfalt und die Komplexität schon im kleinsten Ausschnitt. Das Bild von Piet Mondrian (Abb. 1.2b), unser Repräsentant der theoretischen Biologie, zeichnet sich aus durch einen sehr formalen Zugang, jedoch mit einer dem

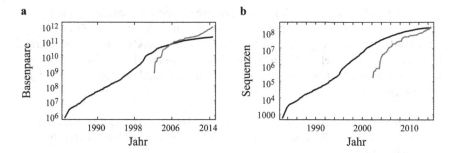

Abb. 1.1 Zeitliche Entwicklung der Datenmenge von *GenBank* bis 2014. **a** Zahl der Basenpaare über die Zeit. **b** Zahl der Sequenzen über die Zeit. Ab April 2002 sind die Daten aus unvollständigen, in Arbeit befindlichen Genomprojekten in der Rubrik *Whole Genome Shotgun* (WGS) separat aufgeführt. Wie man an dem nahezu linearen Verlauf in dieser einfachlogarithmischen Darstellung erkennen kann, weist der gesamte Sequenzinhalt von *GenBank* seit fast drei Jahrzehnten durchgehend ein exponentielles Wachstum auf

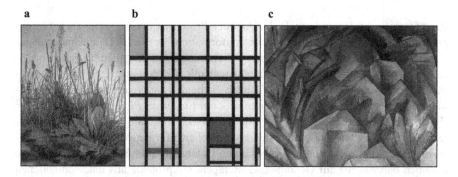

Abb. 1.2 **a** Albrecht Dürer, Das große Rasenstück (1503), Grafische Sammlung Albertina, Wien, **b** Piet Mondrian, Composition with Red, Yellow and Blue (1921), Musée d'Orsay, Paris, **c** Georges Braque, Häuser in L'Estaque (1908), Kunstmuseum Bern

Bild nicht abzusprechenden Ästhetik trotz des Verlusts seiner unmittelbaren Gegenständlichkeit. Vertreten durch den Bildausschnitt von Georges Braque (Abb. 1.2c) steht die Bioinformatik hier als Ausdruck kubistischer Vorstellungen, jenseits aller gewünschten Verfremdung die wesentlichen Eigenschaften des Gegenstands hervortreten zu lassen. Gerade durch diese Parallele kubistischer Dekonstruktion und der bioinformatischen Reduktion biologischer Objekte zu Abfolgen von Symbolen ist dieser Vergleich des Gemäldes mit der Disziplin keinesfalls banal. Doch wie lässt sich der Begriff Bioinformatik nur in Worten definieren? Betrachten wir dazu zwei Meinungen vor sehr unterschiedlichem Hintergrund. Aus der Perspektive der klinischen Anwendung etwa könnte man als Antwort erhalten, Bioinformatik beinhalte vor allem die Analyse von Transkriptomprofilen (also – wie oben kurz erwähnt – von hochparallelen Messungen von Genexpressionsstärken). Ein Entwickler in der

Informatik würde Bioinformatik möglicherweise als die Entwicklung optimaler Algorithmen zur Lösung biologischer Fragestellungen definieren. Hier würde also eine sehr formale Perspektive gewählt, die den Gegenstand merklich in den Hintergrund rücken lässt, ganz ähnlich vielleicht wie das Mondrian-Gemälde in Abb. 1.2b. Schaut man im Internet nach Definitionen, so lassen sich die Charakterisierungen in folgender Weise zusammenfassen:

> Bioinformatik ist die Entwicklung und das Betreiben von Datenbanken, Software und mathematischen Werkzeugen zur Analyse, Organisation und Interpretation biologischer Daten.

Geht man diesen Einzelbegriffen nach, so gelangt man bereits zu einem recht umfassenden Eindruck bioinformatischer Arbeitsfelder. Wir wollen daher im Folgenden die sechs zentralen Begriffe dieser Definition kurz an Beispielen illustrieren.

Datenbanken

Bioinformatische Befunde (z. B. DNA- oder Proteinsequenzen, aber auch Genexpression, Struktur- und Wechselwirkungsinformation) werden in Datenbanken abgelegt. Dazu sind neben der tatsächlichen Speicherung noch Vorgaben für Datenformate und Suchwerkzeuge in einer solchen Datenbank erforderlich. Abbildung 1.3 zeigt das Internetportal von *GenBank*[1]. Wie auch die beiden anderen großen primären Nukleotiddatenbanken, nämlich die Datenbank am *European Bioinformatics Institute*[2] (EBI), der Außenstelle des EMBL[3], und die DDBJ[4] in Japan, erweist sich diese Internetseite als ein Jahrmarkt molekularbiologischer Information. Es gibt Menüpunkte, die eine Stichwortsuche in der gesamten Datenbank erlauben. Andere Verweise erlauben den Zugriff auf Genom- und Metagenomikprojekte aus unterschiedlichen Quellen und in verschiedenen Entwicklungsstadien. Darüber hinaus findet man Zugang zu bioinformatischer Software, Zusammenstellungen aktueller Forschungsergebnisse, verschiedene Visualisierungsmöglichkeiten der gefundenen Sequenzinformation und vieles mehr. Die drei großen Datenbanken *GenBank*, EBI und DDBJ werden regelmäßig synchronisiert, so dass eine Suche nach Sequenzinformationen in allen drei Datenbanken in der Regel auf dieselben Datensätze führt.

Durch eine Vielzahl von Softwareprojekten abseits dieser großen Zentren hat sich die Software- und Datenbanklandschaft in den letzten Jahren explosiv entwickelt. Es gibt Klassifikationsschemata (Ontologien), mit denen biologische Funktion in standardisierter Weise beschrieben werden soll (z. B. *Gene Ontology*[5]), ebenso wie Datenbanken zu regulatorischen Netzwerken (z. B. *RegulonDB*[6]) und zu Genexpres-

---

[1] http://www.ncbi.nlm.nih.gov/genbank/

[2] http://www.ebi.ac.uk/

[3] *European Molecular Biology Laboratory*, http://www.embl.org/

[4] *DNA DataBank of Japan*, http://www.ddbj.nig.ac.jp/

[5] http://www.geneontology.org/

[6] http://regulondb.ccg.unam.mx/

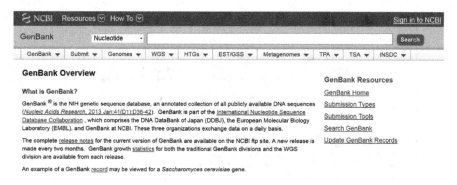

Abb. 1.3 Internetseite von *GenBank*, der Datenbank des *National Center for Biotechnology Information* (NCBI) an den *National Institutes of Health* (NIH)

sionsmessungen. Zwei wichtige Datenbanken für Genexpressionsdaten sind *Gene Expression Omnibus*[7] (GEO) vom NCBI und *ArrayExpress*[8] vom *European Bioinformatics Institute* (EBI).

Software

Viele Arbeitsschritte der Bioinformatik werden mithilfe von Softwarewerkzeugen durchgeführt. Die Aufgaben reichen von einfachen Formatänderungen in Daten bis zu umfassenden Analysen z. B. der Sequenzähnlichkeit. Wir werden viele dieser Ansätze noch bis herunter zur Ebene der einzelnen Programmzeilen betrachten. Ein erster Eindruck soll jedoch schon hier gegeben werden. Abbildung 1.4 zeigt als Illustration dieses zweiten Begriffs in der oben genannten Definition der Bioinformatik eine Abfolge von Bildschirmansichten (engl. *screenshots*) der bekannten Software PHYLIP[9] zur Berechnung phylogenetischer Zusammenhänge. Ein Symbol für Symbol durchgeführter Vergleich zweier Sequenzen kann die Definition eines Abstands der beiden Sequenzen ermöglichen. Vergleicht man mehrere solche Sequenzen, so kann man diese paarweisen Abstände als Zahlenwerte in eine *Distanzmatrix* eintragen. Für ein elementares (dem Benutzerhandbuch von PHYLIP entnommenes) Beispiel ist eine solche Distanzmatrix in Abb. 1.4b angegeben. Über Clusteralgorithmen, die wir in Kap. 3 genauer kennenlernen werden, kann man diese Distanzmatrix in eine Baumstruktur übersetzen (Abb. 1.4c). Sind die Abstände zwischen den Sequenzen evolutionären Ursprungs, so lässt sich diese Struktur als phylogenetischer Baum, also als eine evolutionäre Differenzierung von Spezies interpretieren. Das Programmpaket PHYLIP bietet neben diesem Verfahren eine Vielzahl anderer bioinformatischer Werkzeuge zur Untersuchung phylogenetischer Zusammenhänge.

---

[7] http://www.ncbi.nlm.nih.gov/geo/

[8] http://www.ebi.ac.uk/arrayexpress/

[9] Phylogeny Inference Package – computer programs for inferring phylogenies, http://evolution.genetics.washington.edu/phylip.html

a Parametereinstellungen

```
Neighbor-Joining/UPGMA method version 3.6a3

Settings for this run:
  N         Neighbor-joining or UPGMA tree?  Neighbor-joining
  O                        Outgroup root?  No, use as outgroup species  1
  L         Lower-triangular data matrix?  No
  R         Upper-triangular data matrix?  No
  S                        Subreplicates?  No
  J     Randomize input order of species?  No. Use input order
  M          Analyze multiple data sets?  No
  0   Terminal type (IBM PC, ANSI, none)?  (none)
  1      Print out the data at start of run  No
  2   Print indications of progress of run  Yes
  3                        Print out tree  Yes
  4      Write out trees onto tree file?  Yes


  Y to accept these or type the letter for one to change
```

b Distanzmatrix

```
    7

Bovine    0.0000  1.6866  1.7198  1.6606  1.5243  1.6043  1.5905
Mouse     1.6866  0.0000  1.5232  1.4841  1.4465  1.4389  1.4629
Gibbon    1.7198  1.5232  0.0000  0.7115  0.5958  0.6179  0.5583
Orang     1.6606  1.4841  0.7115  0.0000  0.4631  0.5061  0.4710
Gorilla   1.5243  1.4465  0.5958  0.4631  0.0000  0.3484  0.3083
Chimp     1.6043  1.4389  0.6179  0.5061  0.3484  0.0000  0.2692
Human     1.5905  1.4629  0.5583  0.4710  0.3083  0.2692  0.0000
```

c Ergebnis

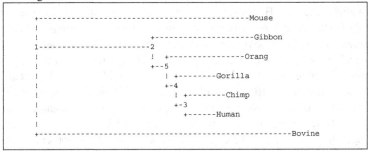

```
    +---------------------------------------------Mouse
    !
    !                     +--------------------Gibbon
  1-----------------------2
    !                     !   +----------------Orang
    !                     +--5
    !                       ! +--------Gorilla
    !                       +-4
    !                       ! ! +--------Chimp
    !                       +-3
    !                           +------Human
    !
    +---------------------------------------------------Bovine
```

Abb. 1.4 Der Weg von den Parametereinstellungen **a** über die Distanzmatrix **b** hin zum Ergebnis **c** für eines der bekanntesten Programmpakete phylogenetischer Analysen, PHYLIP, als
Beispiel einer bioinformatischen Software. Man erkennt, dass über eine Vielzahl von Ja-Nein-
Entscheidungen die verwendete Analysemethode und Eigenschaften des Outputs gesteuert
werden können. Die bereitgestellte Distanzmatrix, die in **b** gezeigt ist, wird dann in einen
phylogenetischen Baum umgesetzt (vgl. Kap. 3.3 für eine ausführliche Darstellung dieses
Verfahrens). (Beispieldaten aus: PHYLIP, Version 3.6)

Für phylogenetische Analysen steht heute eine Vielzahl äußerst komfortabler Softwarepakete zur Verfügung.[10]

---

[10] Die folgende Webseite gibt einen sehr detaillierten Überblick über die verschiedenen Pake-
te: http://evolution.genetics.washington.edu/phylip/software.html. Besonders bemerkenswert ist die aus der Vielzahl von Logos zusammengesetzte Kopfzeile.

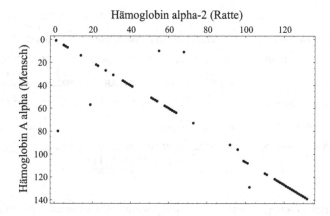

Abb. 1.5 Der Dotplot als Beispiel für ein mathematisches Verfahren einer Sequenzbetrachtung. Die Achsen werden durch die beiden Sequenzen gebildet. Die Punkte in der Ebene markieren identische Symbole in den beiden Sequenzen. Die so entstehenden Punktverteilungen lassen sich biologisch interpretieren. Die beiden hier dargestellten Sequenzen sind Proteinsequenzen, die für unterschiedliche Hämoglobine von zwei verschiedenen Organismen codieren. Man erkennt deutlich die homologen Regionen als diagonale Liniensegmente im Dotplot. Tatsächlich wurden in diesem Bild keine Einzelsymbole, sondern Symbolsegmente der Länge $n = 3$ (n-Worte) verglichen. Ein Punkt gibt ein identisches n-Wort bei überlappender Zählung in den beiden Sequenzen an. Genaue Angaben zu den betrachteten Sequenzen und auch zur Interpretation eines solchen Dotplots finden sich in Kap. 3

Mathematische Werkzeuge

Im Vorgriff auf die späteren Kapitel hätte man hier eine ganze Reihe von mathematischen Begriffen und Methoden anführen können, etwa Hidden-Markov-Modelle oder Aspekte einer Parameterschätzung. Abbildung 1.5 setzt sich davon ab und zeigt ein grafisches Werkzeug mit – wie wir später sehen werden – interessanten mathematischen Implikationen: den *Dotplot*. Das Ziel ist der Vergleich zweier Sequenzen. In vertikale und horizontale Richtung ist dabei jeweils eine Sequenz aufgetragen. Auf den Achsen sind die fortlaufenden Nummern der Nukleotide für die beiden im Dotplot verglichenen Sequenzen dargestellt. Ein Punkt in dieser Dotplot-Ebene gibt eine Übereinstimmung der beiden Sequenzen an dieser Stelle an. Wenn sich nun solche Punkte zu Linien ordnen, gibt es in den Sequenzen größere übereinstimmende Bereiche. Trotz seiner äußerst einfachen Struktur bildet der Dotplot die mathematische Grundlage für Verfahren des paarweisen Sequenzalignments. Letztlich ist das Ziel von Alignmentalgorithmen, Pfade im Dotplot zweier Sequenzen zu finden, die Bereiche großer Übereinstimmung verbinden.

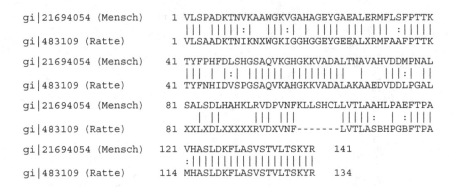

Abb. 1.6 Beispiel für ein paarweises Sequenzalignment. Die Proteinsequenzen aus Abb. 1.5 wurden hier in ein Alignment gebracht. Dabei sind Lücken (Gaps) als waagrechte Striche dargestellt. Exakte Übereinstimmungen sind mit einem senkrechten Strich zwischen den Symbolen gekennzeichnet, während ähnliche Aminosäuren, die durch das Alignment gepaart wurden, mit einem Doppelpunkt markiert sind. Wie diese Ähnlichkeit formal definiert ist, werden wir in Kap. 3.1.1 sehen. Man erkennt deutlich die homologen Regionen die durch Einschübe oder Bereiche geringer Ähnlichkeit unterbrochen sind

Analyse

In Abb. 1.6 ist als Beispiel für die Analyse von Sequenzähnlichkeit ein Alignment zweier Proteinsequenzen dargestellt. Exakte Übereinstimmungen sind schwarz unterlegt. Um möglichst viele Übereinstimmungen zu erhalten, muss man oft Lücken (*Gaps*) einfügen, die in der Abbildung als Striche dargestellt sind. Mit einer solchen Analyse sind also auch stets Hypothesen über den evolutionären Zusammenhang dieser Sequenzen verbunden, da man die Gap-Bereiche als Löschungen (Deletionen) oder (in der Vergleichssequenz) als Einfügungen (Insertionen) deutet. Unterschiede an einzelnen Positionen in ansonsten identischen Bereichen werden in diesem Sinne als Mutationen interpretiert. Wir werden in den folgenden Kapiteln noch sehen, dass die Bereitstellung effizienter Algorithmen für das Sequenzalignment eine der Schlüsselkompetenzen der Bioinformatik darstellt. In Kap. 3 werden wir einige dieser Wege nachzeichnen. Wichtige Fragen sind dabei: Was ist das optimale Alignment zweier Sequenzen? Welche Parameter besitzt ein Sequenzalignment? Was sind schnelle Algorithmen des Sequenzalignments und welche systematischen Abweichungen von exakten Lösungen weisen solche geschwindigkeitsoptimierten Verfahren auf?

Die Begriffe Software, mathematische Methode und Analyse sind in der Bioinformatik natürlich eng verwandt. So steht z. B. hinter dem Alignment zweier DNA-Sequenzen eine aufwendige mathematische Methode. Zugleich ist dies aber auch eine Form der Analyse, da Ähnlichkeiten zwischen Sequenzen sichtbar gemacht werden sollen. Bei großen Datenbanken ist dieser Analyseschritt jedoch nur durch effiziente Softwareimplementierungen möglich, so dass dieser Vorgang in erster Linie unter dem Stichwort Software einzuordnen wäre.

```
LOCUS        B90284                    134 aa           linear   ROD 09-MAY-2004
DEFINITION   hemoglobin alpha-2 chain - rat (tentative sequence) (fragments).
ACCESSION    B90284
VERSION      B90284  GI:483109
DBSOURCE     pir: locus B90284;

                              [ ... ]

KEYWORDS     oxygen carrier.
SOURCE       Rattus norvegicus (Norway rat)
  ORGANISM   Rattus norvegicus
             Eukaryota; Metazoa; Chordata; Craniata; Vertebrata; Euteleostomi;
             Mammalia; Eutheria; Euarchontoglires; Glires; Rodentia;
             Sciurognathi; Muroidea; Muridae; Murinae; Rattus.
REFERENCE    1  (residues 1 to 134)
  AUTHORS    Garrick,L.M., Sharma,V.S., McDonald,M.J. and Ranney,H.M.
  TITLE      Rat haemoglobin heterogeneity. Two structurally distinct alpha
             chains and functional behaviour of selected components
  JOURNAL    Biochem. J. 149 (1), 245-258 (1975)
   PUBMED    242324

                              [ ... ]
```

Abb. 1.7 Beispiel für einen Datenbankeintrag im *GenBank* FlatFile-Format. Der hier dargestellte Ausschnitt aus dem Kopfbereich entstammt dem Datenbankeintrag zu einer der Proteinsequenzen aus Abb. 1.6

Organisation

Abbildung 1.7 zeigt den Kopf eines Datenblatts im *GenBank*-Format. Neben Angaben zum Organismus und zur Länge des Sequenzsegments finden sich Hinweise auf wissenschaftliche Publikationen zu diesem Segment. Im Fall von DNA-Sequenzen sind zudem codierende Bereiche benannt, und oft ist zu der basengenauen Angabe des codierenden Bereichs die resultierende Proteinsequenz angegeben. Diese Darstellung zeigt, dass die Funktion solcher großen Datenbanken der Bioinformatik weit über das einfache Archivieren von Sequenzen hinausgeht. Die Organisation dieser Daten, die Erstellung von Verknüpfungen zwischen Datensätzen und die Annotation solcher Datensätze sind für die praktische Verwendung von erheblicher Bedeutung. Jede automatisierte Datenextraktion beruht darauf, dass die Abb. 1.7 zugrunde liegenden Formatvorgaben strikt eingehalten werden.

Interpretation

In den kurzen Bemerkungen zu den zentralen Stichworten unserer Definition von Bioinformatik deutete sich bereits an, dass die verschiedenen Formen der Sequenzanalyse auch stets mit einer *Interpretation*, also einer Hypothese über Ursachen und Wirkung der Analyseergebnisse, verbunden ist. Ähnlichkeit zweier Proteinsequenzen lässt sich oft als evolutionäre Verwandtschaft interpretieren oder erlaubt die Hypothese einer strukturellen Ähnlichkeit der beiden Proteine. Andere Beobachtungen lassen einen Schluss auf biologische Funktion zu. Hier stellt sich die grundsätzliche Frage, ob solche Interpretationen tatsächlich in den 'Aufgabenbereich' der Bioinformatik fallen. Aus unserer Sicht ist diese Verzahnung der Bioinformatik mit der experimentell ausgerichteten Biologie zwingend, um einem Verlust des Gegenstands, also der konkreten biologischen Fragestellung, vorzubeugen. In all diesen Fällen ist es jedoch wichtig, zwischen den auf formalem Wege (z. B. durch Anwendung bestimmter Algorithmen auf Sequenzdaten) gewonnenen Ergebnissen der Analyse und der Interpretation dieser Ergebnisse, also dem Schritt zu biologischer Funktion, zu unterscheiden.

1.2 Ideengeschichte der Genomanalyse

Schon aufgrund der riesigen Fortschritte der Genomprojekte in den letzten Jahren, die Sequenzierung, Sequenzanalyse und -interpretation bis in das Gesichtsfeld der großen Feuilletons gerückt haben, ist es angebracht, die historische Entwicklung in einigen Worten zu erläutern. Dieser Abschnitt orientiert sich in großen Zügen an den Informationen aus *www.genomenewsnetwork.org*. Dort findet sich auch eine Reihe von weiteren geschichtlichen Rahmendaten der Sequenzanalyse, die über die hier zusammengestellte sehr subjektive Auswahl weit hinausgehen.

Ein zentrales Organisationsprinzip der Evolution ist zu einer Zeit formuliert worden, als DNA-Sequenzen und ihre Bauweise noch vollkommen unbekannt waren. Es ist daher umso erstaunlicher, dass 1859 Charles Darwin in seinem Hauptwerk *On the Origin of Species* eine sehr präzise Modellvorstellung von Evolution entwickeln konnte, die bis heute den gedanklichen Rahmen für den Nachweis und die Interpretation evolutionärer Zusammenhänge liefert. Nach Darwin wirken zufällige, ungerichtete Einzelereignisse mit einer auf ein optimales Funktionieren in einer gegebenen Umwelt hin gerichteten Selektion zusammen und legen so auf einer sehr langen Zeitskala sowohl die Erhöhung der Anpassung von Organismen an ihre Umwelt als auch die Ausdifferenzierung an spezielle Umgebungen angepasster Spezies fest. Anfang des 20. Jahrhunderts erkannte man, dass Mutation und Rekombination molekulare Ursachen für die von Darwin beschriebene Variationsbreite in der Ausprägung der Individuen einer Art sind.

Wenige Jahre nach Darwins Betrachtungen, nämlich 1866, gelang es dem Mönch Gregor Mendel anhand von Kreuzungsstudien mit Erbsen (*Pisum sativum*) grundlegende Gesetzmäßigkeiten der Vererbung zu formulieren. Aufgrund von quantitativen Analysen postulierte Mendel, dass spezifische Merkmale sich voneinander unabhängig ausbilden und dass ein Individuum jeweils zwei Ausprägungen eines solchen Merkmals, *Allele*, besitzt, eines von jedem Elternteil. Die aus diesen Grundregeln folgenden statistischen Überlegungen stellen eine frühe Form einer bioinformatischen Perspektive auf experimentelle Befunde dar. Betrachten wir eine solche Eigenschaft am Beispiel der dominant-rezessiven Vererbung der Blütenfarbe von Erbsen. Mendel kreuzte jeweils reinerbige (homozygote) Individuen mit violetten und weißen Blüten (Abb. 1.8). In der ersten Nachkommen- oder Filialgeneration (F1) dieser Kreuzung fand er ausschließlich in ihrer Ausprägung uniforme Pflanzen mit violetten Blüten. Diese Farbe ist offensichtlich das dominante Merkmal der beiden Blütenfarben. Die Merkmalsausprägung bleibt auch beim Tausch des Geschlechts

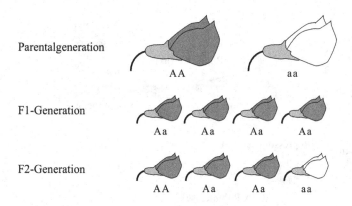

Parentalgeneration

F1-Generation

F2-Generation

Abb. 1.8 Illustration von Mendels elementaren Grundregeln der Vererbung. Die heterozygoten Nachkommen homozygoter Elternteile sind uniform in ihrem Phänotyp, in der F2-Generation kommt es zur Aufspaltung der Merkmale im Verhältnis 3:1. Man erkennt, wie eine statistische Beobachtung zusammen mit einem kombinatorischen Modell auf ein biologisches Prinzip führt

der Eltern erhalten. Durch die Kreuzung von Individuen der ersten Filialgeneration (F1) fand Mendel ein universelles Zahlenverhältnis von 3:1 in der Ausprägung der beiden Blütenfarben in der zweiten Filialgeneration (F2). Sowohl die Vererbung eines Allels von jedem Elternteil als auch die Existenz dominanter und rezessiver Merkmale konnte Mendel aus diesen und anderen Beobachtungen ableiten. Die wesentliche Bedeutung dieser Arbeiten liegt in der Erkenntnis, dass die Vererbung von bestimmten Merkmalen durch partikuläre Elemente erfolgt. Die diskreten Faktoren, wie Mendel sie nannte, repräsentieren die Einheiten, die wir heute als Gene bezeichnen.

Ende der 1940er Jahre untersuchte Erwin Chargaff chromatografisch die quantitative Zusammensetzung von Nukleinsäuren. Er beobachtete, dass die Mengenverhältnisse der Basen Adenin und Thymin ebenso wie Cytosin und Guanin in einem DNA-Molekül jeweils gleich ist (Chargaff-Regel). Neben dieser Schlüsselbeobachtung sind es vor allem die kristallografischen Röntgenstrukturanalysen von Nukleinsäuren durch Rosalind E. Franklin und Maurice H. F. Wilkins, die 1953 Francis Crick und James Watson auf die Doppelhelixstruktur des DNA-Moleküls führten. Tatsächlich erklärt sich die Chargaff-Regel unmittelbar aus dieser Struktur und den chemischen Eigenschaften der Nukleotide. Die Paarung im DNA-Doppelstrang jeweils einer Purinbase mit einer Pyrimidinbase folgt daraus, dass der Abstand von 20Å zweier solcher gepaarter Nukleotide in der Helixstruktur zu klein[11] für zwei Purinbasen und deutlich zu groß für zwei Pyrimidinbasen ist. Die Kombination A und T bzw. C und G wiederum erklärt sich aus den dann möglichen Wasserstoff-

---

[11] 1 Ångström = 1 Å = 0.1 nm = 10^{-10} m

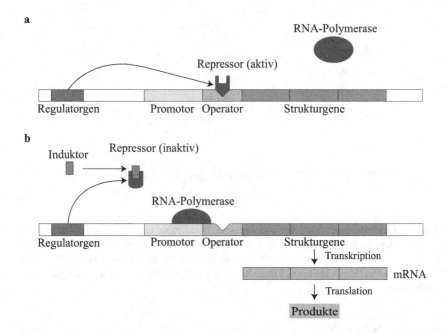

Abb. 1.9 Schematische Illustration des Operonmodells von Jacob und Monod. **a** Befindet sich keine Laktose in der Umgebung, blockiert der Repressor die Operatorregion (aktive Form). Die RNA-Polymerase kann nicht an den Promotor binden, und die Transkription der Struktur-gene unterbleibt. **b** Der Induktor (Laktose) bindet an den Repressor und bewirkt eine Konfor-mationsänderung des Proteins. Der Repressor-Induktor-Komplex dissoziiert von der Operator-region und gibt so den Promotor frei. Die RNA-Polymerase kann nun an die Promotorstruktur binden, und die Transkription der Strukturgene erfolgt. Als Produkte der Translation entstehen β-Galaktosidase, Permease und Transacetylase

brückenbindungen, nämlich zwei zwischen A und T und drei zwischen C und G, die diese Paarungen strukturell stabil machen.

1961 fanden François Jacob und Jacques Monod ein Grundprinzip genetischer Re-gulation. Dieses *Operonmodell* ist am Beispiel des *lac*-Operons von *Escherichia coli* in Abb. 1.9 dargestellt. Eine solche Regulationseinheit von Genen auf einer DNA-Sequenz besteht aus einem regulatorischen Gen, einem oder mehreren Strukturge-nen und einem Operator, einer Nukleotidsequenz, die sich zwischen dem Promotor und den Strukturgenen befindet. Die Transkription der Strukturgene hängt von der Aktivität des Regulatorgens ab, das für ein Repressorprotein codiert, das wiederum am Operator andocken kann. Wenn ein Repressorprotein an den Operator bindet, ist der Promotor blockiert, und es kann keine Transkription der Strukturgene durch die RNA-Polymerase erfolgen. Ein Induktor (im Fall des *lac*-Operons: die Lakto-se, die dieser Struktur ihren Namen verleiht) kann jedoch an das Repressorprotein binden und dessen Bindung an den Operator verhindern. Diese empirisch begründe-te modellhafte Formulierung zur Regulation der Genexpression war ein Meilenstein auf dem Weg von der DNA-Sequenz hin zum genetischen Regulationsnetzwerk, ein Schritt, der gerade heute Gegenstand aktueller bioinformatischer und systembiologischer Forschung ist.

Das wichtigste Datenmaterial der Bioinformatik sind Sequenzen. Nachdem Aufbau und Struktur der DNA-Sequenz in den 50er und 60er Jahren des 20. Jahrhunderts verstanden wurden, ist die Zeit seit den 70er Jahren besonders grundlegenden und dann immer effizienter werdenden Verfahren der Sequenzbestimmung, der *Sequenzierung*, gewidmet. 1977 haben Walter Gilbert und Frederick Sanger in unabhängigen Arbeiten neue Techniken entwickelt, die ein automatisiertes, schnelles Sequenzieren von DNA ermöglichen. Auf der Grundlage dieser Methoden entwickelte 1986 Leroy Hood mit seiner Firma *Applied BioSystems Inc.* den ersten automatischen Sequenzierer. Die von einer der prominentesten Gestalten der Sequenzanalyse, Craig Venter, gegründete Firma TIGR (*The Institute for Genome Research*) legte 1995 eine erste vollständige Genomsequenz, nämlich die des Bakteriums *Haemophilus influenzae*, vor. Venter demonstrierte so unter anderem die Leistungsfähigkeit einer neuen Technologie, die des *Shotgun Sequencing*. Dabei werden zufällige Segmente der ursprünglichen DNA-Sequenz sequenziert und dann mithilfe von Softwarewerkzeugen aufgrund ihres Überlapps zusammengefügt. Dieser Schritt des *Sequence Assembly* ist immer noch eine wichtige Komponente bei der heutigen Sequenzierung vollständiger Genome. Mit *Drosophila melanogaster* wurde 2000 ein erster großer eukaryotischer Modellorganismus sequenziert. Die von der Venter-Gruppe in der Zeitschrift *Science* publizierte Sequenzinformation hatte eine Größe von etwa 180 Mio. Basen (Mb) mit knapp 14 000 vorhergesagten Genen (Adams et al. 2000). Im Jahre 2001 erfolgte zeitgleich vom *Human Genome Consortium* (in der Zeitschrift *Nature*, Bd. 409, S. 860–921) und von ihrem an der Firma *Celera Genomics* angesiedelten, durch Craig Venter geleiteten kommerziellen Gegenstück (in *Science*, Bd. 291, S. 1304–1351) die Publikation einer ersten Fassung des menschlichen Genoms. Mit der Sequenzierung des Mausgenoms (Mouse Genome Sequencing Consortium 2002) erhielt das große Feld der vergleichenden Genomanalyse (engl. *comparative genomics*) eine neue Dimension. So konnten auf der genomweiten Skala ein systematischer Vergleich zweier relativ eng verwandter Genome unternommen und Strukturierungsabläufe sowie evolutionäre Konservierung sichtbar gemacht werden.

In den letzten zwei Jahrzehnten haben dramatische Fortschritte in der Sequenzierungstechnologie den Weg zu einer vollkommen neuen, hoch quantitativen Betrachtung biologischer Systeme eröffnet. Das Moore'sche Gesetz einer Verdopplung der Computerleistung etwa alle zwei Jahre[12] ist weit bekannt als Ausdruck der enormen Wachstumsgeschwindigkeit der Computerindustrie und des technologischen Fortschritts allgemein. Besonders in den letzten zehn Jahren wurde dieser Anstieg dra-

---

[12] Das Moore'sche Gesetz bezieht sich in seiner ursprünglichen Form auf die Komplexität (also z. B. die Zahl der Transistoren) des Computerprozessors, der zum gegebenen Zeitpunkt mit minimalen Kosten der Komponenten gefertigt werden kann. Der Zusammenhang zur Leistung (z. B. Prozessorgeschwindigkeit) ist nur indirekt.

matisch übertroffen vom Zuwachs an Sequenziergeschwindigkeit um das Zehntausendfache.

In diesem einführenden Kapitel werden wir diese Entwicklung nur kurz entlang der folgenden Begriffe skizzieren: Sequenzierungsverfahren, Fortschritte der Genomprojekte, neue biologische Phänomene und Implikationen für die Bioinformatik. Im Kern dieser Revolution steht die Entwicklung und – seit wenigen Jahren – breite Verfügbarkeit von Sequenzierungsverfahren der nächsten Generation (engl. *next-generation sequencing*, NGS). Im Gegensatz zu den bisherigen Methoden (vor allem der Sanger-Sequenzierung), die hinter den ersten menschlichen Genomprojekten und anderen Sequenzierungsprojekten dieser Zeit standen, basieren diese Hochdurchsatz-NGS-Methoden auf hochparalleler Sequenzierung. Auf diese Weise haben sich die laufenden Kosten pro Million sequenzierter Basen (Mb) von etwa 2000 Euro (Sanger-Sequenzierung) auf wenige Cent (Illumina-Sequenzierung) reduziert.

Qualitativ lassen sich NGS-Methoden in vier Schritte unterteilen: Im ersten Schritt wird die DNA in zufällige Fragmente zerlegt und an den Enden der DNA-Fragmente werden Verbindungssequenzen angefügt. Im zweiten Schritt werden die Fragmente auf einem Trägermaterial mittels der Verbindungssequenzen fixiert. Das können kleinste Kugeln oder ein flacher Glasträger sein. Im dritten Schritt werden die Fragmente zu mehreren Kopien 'amplifiziert'. Der vierte Schritt ist die Sequenzierungsreaktion. Die Sequenzierung erfolgt durch Synthetisierung der Sequenz, also einen graduellen Aufbau durch Hinzufügen geeigneter komplementärer Basen entlang des DNA-Fragments. Jeder erfolgreiche Einbau einer Base wird entweder über einen Lichtblitz, oder über das Aufleuchten der gerade eingebauten Base nach Anregung mittels einer Lichtquelle angezeigt. Die zeitliche Abfolge der Lichtblitze und Farbmuster an jedem Ort der Trägermatrix stellt die Sequenzinformation dar. NGS ist damit eine massiv parallele Sequenzierung, mit Millionen von Sequenzierungsschritten, die gleichzeitig durchgeführt werden. Aus diesem Grund bildet diese Methode auch die Grundlage für eine quantitative Bestimmung von mRNA-Kopien in einem biologischen System (RNA-Seq-Daten) und damit eine moderne Alternative zu Microarrays für die Messung von Genexpression. Die Fehlerquote der NGS-Methoden wird auf etwa 3 % geschätzt. Ein wichtiger Parameter der NGS-Methoden ist die Abdeckung (engl. *coverage*), die aussagt, wie häufig jede Base im Mittel sequenziert worden ist. Die Abdeckung C ist über die Lander-Waterman-Gleichung, $C = NL/G$, mit der Genomlänge G, der Länge L und Zahl N der erzeugten Sequenzsegmente (*reads*) verknüpft. An dieser Stelle beginnt der bioinformatische Teil des NGS. Einige statistische Aspekte hinter der Lander-Waterman-Gleichung und dem Zusammenhang von *reads* und *coverage* erläutern wir in einem späteren *Mathematica*-Exkurs (Kap. 2.5).

Seit 1995 wurden die Genome von mehr als 60 000 Organismen sequenziert. Eine Übersicht bietet die Seite *gold.jgi-psf.org*. Die Verfügbarkeit der NGS-Technologien bildet zugleich die Grundlage für wissenschaftliche Großprojekte, mit denen über die reine Sequenzierung hinaus die biologische Funktion genomischer Elemente entschlüsselt werden soll. Das *1000 Genomes Project* hat es sich zum Ziel gesetzt, einen Katalog der Variationen im menschlichen Genom anzulegen und bioinformatische Werkzeuge für die Analyse solcher Variationen zu entwickeln (Clarke et al. 2012).

Im Jahr 2012 hat das ENCODE-Projekt (*Encyclopedia of DNA Elements*) neue Daten zu funktionellen Elementen im menschlichen Genom vorgelegt (The ENCODE Project Consortium 2012). Neben der Sequenzinformation enthält das ENCODE-Projekt auch Daten über DNA-Methylierung und Histonmodifikationen, ebenso wie langreichweitige Chromatinwechselwirkungen (also Verbindungen zwischen genomischen Regionen, die durch die komplexe 3D-Architektur der Genoms entstehen und die Transkription beeinflussen können) und Bindeaffinitäten von Transkriptionsfaktoren und anderen regulatorischen Elementen.

Von großer Bedeutung sind auch Metagenomikprojekte, bei denen aus Umweltproben das vollständige genetische Material – das Metagenom – sequenziert und über bioinformatische Methoden sortiert und interpretiert wird. Sowohl Bakteriengemeinschaften in marinen Habitaten (siehe z. B. Teeling et al. 2012) als auch die Bakterienkulturen des menschlichen Darms (siehe z. B. Borenstein 2012) können durch solche metagenomische Ansätze funktionell besser verstanden werden.

1.3 Einige biologische Grundbegriffe

Dieses Kapitel stellt einige biologische Grundlagen für die folgenden Untersuchungen zusammen. Die Perspektive ist dabei strikt bioinformatisch gehalten. Es werden also nicht die biochemischen und molekularbiologischen Details und Mechanismen beschrieben, sondern eine Auswahl biologischer Gegebenheiten qualitativ dargestellt, stets vor dem Hintergrund der Frage, welche Aspekte die Bioinformatik betreffen können, sei es als mögliche Zielsetzung (Wie weist man diesen Sachverhalt anhand von Sequenzinformationen nach?) oder als Ausgangspunkt (Wie wirkt sich dieser Sachverhalt z. B. auf die statistischen Eigenschaften einer Sequenz aus?). So erfordert die Entwicklung eines Algorithmus zur Genidentifikation natürlich die genaue Kenntnis der biologischen Merkmale, die ein Gen charakterisieren. Ebenso ist einsichtig, dass der Doppelhelixstruktur der DNA oder der Sekundär- und Tertiärstruktur von Proteinen bestimmte Voraussetzungen in den entsprechenden Symbolsequenzen zugrunde liegen.

Aus bioinformatischer Sicht gliedert sich die Proteinbiosynthese in eine Abfolge formaler Übersetzungsvorgänge auf Symbolsequenzen. Dabei werden lineare Makromoleküle vereinfacht durch die Abfolge ihrer Konstituenten dargestellt. Den Bausteinen der DNA-Sequenz, den Nukleotiden, die sich jeweils aus einer universellen Phosphat-Zucker-Struktur und einer spezifischen Base zusammensetzen (Adenin, Guanin, Cytosin und Thymin), steht also auf der Ebene der Symbolsequenz das Alphabet

$$\Sigma = \{A, G, C, T\} \tag{1.1}$$

gegenüber. Abbildung 1.10a stellt diese beiden Perspektiven schematisch nebeneinander dar. Doppelsträngige DNA ergibt sich auf der biochemischen Ebene aus den in Kap. 1.2 angesprochenen Wasserstoffbrückenbindungen. Dieser DNA-Doppelstrang bildet die charakteristische Helixstruktur aus (Abb. 1.10b, c).

Die Transkription einer DNA-Sequenz, also die Abschrift in eine komplementäre RNA-Sequenz, ist – zumindest auf elementarster Ebene – der Wechsel zum RNA-Alphabet

$$\tilde{\Sigma} = \{A, G, C, U\}, \tag{1.2}$$

wobei Thymin durch Uracil ersetzt wird und Ribose anstelle von Desoxyribose als Zuckerbaustein dient (vgl. Abb. 1.11). Auf der molekularen Ebene wird der Vorgang der Transkription durch RNA-Polymerasen katalysiert. Dieser Prozess ist biochemisch äußerst kompliziert und beinhaltet unter anderem die lokale Trennung der DNA-Stränge und die sequentielle Konstruktion der dem einen DNA-Strang komplementären einzelsträngigen RNA-Sequenz. Eine Reihe weiterer, dem Wechsel des Alphabets nachgeordneter Prozesse überführt das primäre Transkript in die *messenger*-RNA (mRNA). Auf diesen Reifungsprozess, der in seinen Details eine Reihe bioinformatisch interessanter Aspekte enthält, kommen wir später noch zurück. Der nächste Wechsel des Alphabets ist durch die Translation der mRNA in eine Proteinsequenz gegeben. Dabei werden Nukleotidtripletts (Codons) auf Aminosäuren abgebildet (vgl. Abb. 1.11). Auch hier liegt dem Vorgang wieder eine aufwendige biochemische Maschinerie zugrunde. *Ribosomen* lagern sich mit der mRNA zusammen und übersetzen die Codonabfolge in einen entsprechenden Polypeptidstrang (Abb. 1.12a). Ein genauerer Blick auf die Funktionsweise der Ribosomen zeigt, dass der eigentliche Übersetzungsprozess, nämlich die Verbindung zwischen einem erkannten Codon und der diesem Triplett zugeordneten Aminosäure, durch *transfer*-RNA (tRNA) hergestellt wird. Für jede der 20 proteinogenen Aminosäuren gibt es dabei jeweils eine spezifische tRNA. Abbildung 1.12b zeigt diesen Vorgang schematisch. Die tRNA ist damit die direkte Schnittstelle (also das Adaptermolekül) zwischen der Aminosäuresequenz eines Polypeptids und der durch die mRNA repräsentierten Information in der DNA. Die tRNA-Moleküle kommen in zahlreichen Modifikationen vor, die alle zwischen 73 und 95 Nukleotide lang sind. Abbildung 1.12c zeigt die charakteristische Sekundärstruktur der tRNA in ihrer durch Basenpaarungen hervorgerufenen 'Kleeblattstruktur'. Der Weg von der tRNA-Sequenz zur Sekundärstruktur der tRNA-Moleküle, ihre evolutionäre Entwicklung und ihre Robustheit gegenüber der Variation einzelner Nukleotide bilden einen wichtigen Forschungsgegenstand der Bioinformatik. Damit sind wir beim letzten Schritt der Proteinbiosynthese angekommen. Proteine sind auf der einen Seite Symbolsequenzen auf dem Alphabet der Aminosäuren und auf der anderen Seite Makromoleküle mit komplexer dreidimensionaler Struktur. Die biologische Funktion wird dabei in hohem Maße von der Struktur bestimmt. Regionen einer Proteinsequenz bilden als elementare Grundformen der dreidimensionalen Struktur α-Helizes und β-Faltblätter aus. Diese Strukturen bezeichnet man als die *Sekundärstruktur* eines Proteins. Über Zwischenregionen verbunden setzen sich aus diesen Motiven komplexere dreidimensionale Strukturen

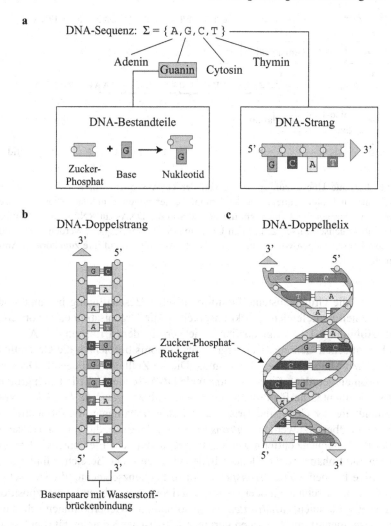

Abb. 1.10 a Identifizierung der chemischen Bausteine des Makromoleküls DNA mit den Elementen des formalen Alphabets der Symbolsequenz DNA. Der fortlaufende Zucker-Phosphat-Strang trägt in Form der Nukleotide die das Alphabet konstituierenden Basen, so dass sich diese komplexe chemische Struktur als lineare Symbolsequenz auffassen lässt. **b** Über Wasserstoffbrückenbindungen kann ein solcher DNA-Einzelstrang sich mit seinem komplementären, in die andere Leserichtung orientierten Strang zusammenlagern. Dies ist der DNA-Doppelstrang. **c** Aus diesem DNA-Doppelstrang ergibt sich aus energetischen Gründen als Tertiärstruktur die charakteristische Doppelhelix der DNA-Sequenz

zusammen (Domänen), die man als die *Tertiärstruktur* eines Proteins bezeichnet. Lagern sich solche Tertiärstrukturen aneinander, um Proteinkomplexe zu bilden, so spricht man von der *Quartärstruktur* eines Proteins (Abb. 1.13).

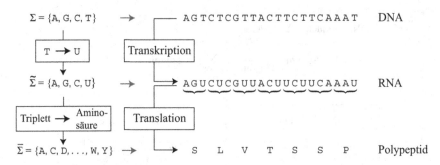

Abb. 1.11 Formale Übersetzungsprozesse von der DNA-Sequenz zur RNA-Sequenz und schließlich hin zur Proteinsequenz auf der Grundlage der reinen Symbolabfolgen. In dieser einfachen symbolhaften Sicht entspricht der Schritt von der DNA- zur RNA-Sequenz formal einem Alphabetwechsel Σ nach $\tilde{\Sigma}$. Für den Übergang zur Proteinsequenz werden Nukleotidtripletts, also Dreiergruppen von Symbolen in der RNA-Sequenz, auf ihre zugehörigen Aminosäuren abgebildet

Nachdem nun die Grundbausteine bioinformatischer Beschäftigung benannt sind, wollen wir einen vertiefenden Aspekt ansprechen: die Organisation eukaryotischer Genome. Abbildung 1.14 zeigt qualitativ die verschiedenen Ebenen des Aufbaus eines eukaryotischen Genoms. Der Begriff des Genoms bezeichnet die Gesamtheit des genetischen Materials eines Organismus. Die im Zellkern vorliegende DNA ist in Chromosomen geordnet. Eine chromosomale DNA-Sequenz gliedert sich grob in *Gene*, also Segmente, die für Proteine codieren, und *intergenische Bereiche*. Typische Bestandteile der Gene sind *Exons* (also Sequenzsegmente, die tatsächlich in Proteinsequenz übersetzt werden), *Introns* (dies sind Bereiche, die vor der Translation aus der RNA-Sequenz entfernt werden) und regulatorische Elemente wie Promotorregionen und Enhancer oder Silencer. In den intergenischen Bereichen finden sich z. B. repetitive Elemente, etwa *Transposons* (also Sequenzsegmente, die sich selbst aus dem Genom ausschneiden oder kopieren und an einer anderen Sequenzposition wieder einsetzen können), *Mikrosatelliten* (also häufige Wiederholungen sehr kurzer Sequenzsegmente) und Regionen geringer statistischer Komplexität (engl. *low-complexity regions*). Darüber hinaus finden sich in diesen intergenischen Bereichen *Pseudogene*, also Genen ähnliche Strukturen, die von der zellulären Maschinerie nicht mehr abgelesen werden, und regulatorische Bereiche, die auf (meist nahegelegene) Gene wirken. Abbildung 1.15 zeigt qualitativ das Layout eines typischen Gens. Nach einer Promotorregion am 5'-Ende folgt typischerweise eine wechselnde Anordnung von Exons und Introns, beendet von einer Terminatorregion am 3'-Ende. Der bisher beschriebene Vorgang der Transkription bildet die RNA-Sequenz aus dem Bereich hinter der Promotorregion. Das Produkt bezeichnet man als primäres RNA-Transkript. In der folgenden Prozessierung dieses primären Transkripts werden nun die Intronregionen herausgeschnitten und die flankierenden Exonbereiche aneinandergefügt. Neben einigen weiteren Modifikationen, die die Endbereiche dieser RNA betreffen, führt dieser Vorgang, den man als Spleißen (engl. *splicing*) bezeichnet, zu

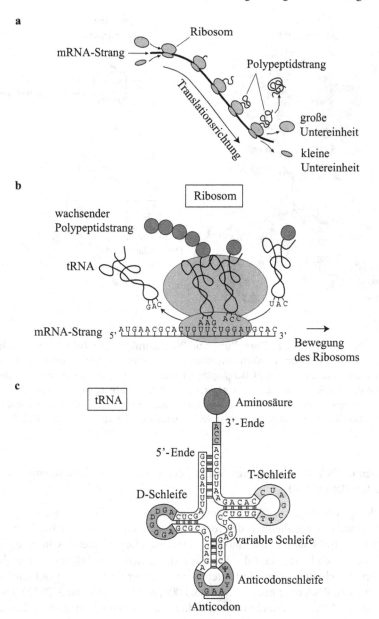

Abb. 1.12 Funktionelle Umsetzung der mRNA in eine Proteinsequenz. Der formale Übersetzungsvorgang, den wir in Abb. 1.11 kennengelernt haben, geschieht durch die Ribosomen. **a** Durch die am mRNA-Strang angelagerten, aus zwei Untereinheiten bestehenden Ribosomen wird die mRNA abgelesen, und es bildet sich auf der Grundlage dieser Information ein entsprechender Polypeptidstrang: das durch die mRNA codierte Protein. **b** Ribosomen vermitteln diese Übersetzung der Codon für Codon durch die mRNA gegebenen Informationseinheiten in eine Abfolge von Aminosäuren durch tRNA-Moleküle. Diese tRNA-Moleküle besitzen die entsprechenden spezifischen Bindestellen für ein codonweises Binden an den mRNA-Strang und für die zugehörige Aminosäure. **c** Sekundärstruktur einer tRNA

Protein
(Quartärstruktur)

Domäne
(Tertiärstruktur)

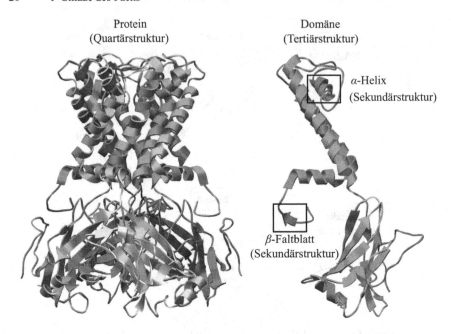

α-Helix
(Sekundärstruktur)

β-Faltblatt
(Sekundärstruktur)

Abb. 1.13 Zusammenfassende Darstellung zur Proteinstruktur. Die beiden strukturellen Grundelemente von Proteinen, nämlich α-Helizes und β-Faltblätter, bezeichnet man als Sekundärstruktur. Die daraus und aus Übergangsbereichen gebildeten Strukturen höherer Ordnung stellen die Tertiärstruktur dar. Aus mehreren Domänen aufgebaute Proteine, also die Zusammensetzung mehrerer solcher Tertiärstrukturen, bezeichnet man als die Quartärstruktur des Proteins. Das hier dargestellte Protein ist der Kaliumkanal KirBac1.1 (s. Kuo et al. 2003)

der gereiften mRNA, die im weiteren Verlauf der Proteinbiosynthese in eine Proteinsequenz translatiert wird.

Unser bisheriges biologisches Verständnis ging davon aus, dass die meiste genetische Information, einschließlich der regulatorischen Information, durch Proteine umgesetzt wird. In Menschen und anderen komplexen Organismen erscheint es zunehmend wahrscheinlicher, dass die Mehrheit der genetischen Information in den riesengroßen Abschnitten nicht (für Proteine) codierender Sequenzen eingebettet ist, die regulatorische RNA exprimieren (Mattick 2008, Mercer und Mattick 2013). Dass das Proteom des Menschen durch die verstärkte Anwendung alternativen Spleißens vergrößert wird, reicht alleine nicht aus, um die höhere organismische Komplexität zu erklären. Auch die Tatsache, dass sich schon auf der Ebene der auf Proteinen basierenden regulatorischen Wechselwirkungen bei höheren Organismen komplexere regulatorische Systeme ergeben, kann die enormen organismischen Komplexitätsunterschiede nicht angemessen abbilden. Regulatorische RNA könnte eine erste Erklärung für diese Unterschiede liefern. Es wird daher diskutiert, eukaryotische Genome eher als eine RNA-Maschine zu sehen (Amaral et al. 2008) und nicht als "Inseln

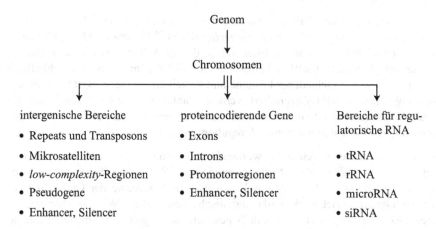

Abb. 1.14 Organisation eines eukaryotischen Genoms. Diese schematische Übersicht benennt die wichtigsten Gruppen von Beiträgen zu dem in Chromosomen angeordneten Sequenzinhalt. Die Unterteilung erfolgt hier in Gene, DNA-Bereiche, die für regulatorische RNA codieren, und weitere intergenische Bereiche

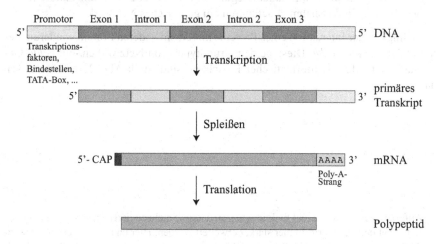

Abb. 1.15 Schematische Darstellung des Wegs von einem Gen über die mRNA zum Polypeptidstrang als Proteinsequenz mit den zugehörigen Prozessen der Transkription, des Spleißens und der Translation

von Protein-kodierenden Genen in einer sich ausweitenden See aus evolutionärem *junk*" (Mattick 2008). Die molekulare Spezies 'RNA' wird aus diesem Grund immer zentraler für die Bioinformatik. Neben ribosomaler RNA (rRNA, also RNA, die neben den entsprechenden Proteinen zum Aufbau von Ribosomen verwendet wird) und *transfer*-RNA (tRNA, die im Ribosom an der Übersetzung von RNA in Aminosäuresequenzen beteiligt ist; vgl. Abb. 1.12) sind dabei regulatorische RNA in den letzten Jahrzehnten verstärkt in den Fokus des Interesses gerückt.[13] Darunter fallen z. B. microRNA und siRNA (*small interfering* RNA).[14] Die etwa 19 bis 23 Nukleotide langen siRNA sind zentrale Elemente in der RNA-Interferenz, einem Mechanismus, bei dem zu den siRNA komplementäre mRNA 'markiert' und schließlich unter Beteiligung verschiedener Proteine und Proteinkomplexe (z. B. *RNA-inducing silencing complex*, RISC) degradiert werden. Ähnliche Prozesse stehen hinter der regulatorischen Aktivität von microRNA. Es wird vermutet, dass etwa 20–30 % der menschlichen Gene durch microRNA reguliert werden.[15]

Ein weiterer immer bedeutender werdender Forschungsgegenstand der Bioinformatik und – vor allem – der Systembiologie sind Netzwerke, die als Abstraktionen großer zellulärer Organisationsebenen dienen: Netzwerke der Genregulation, Protein-Interaktionsnetzwerke und metabolische Netzwerke.[16] Wie wir schon bei unserer kurzen Skizze des Operonmodells gesehen haben, gibt es spezifische Proteine (Regulatorproteine), die auf die regulatorischen Regionen eines Gens wirken und so die Genexpression beeinflussen. Da solche Regulatorproteine wiederum Genprodukte sind, lässt sich diese Situation als eine (aktivierende oder inhibitorische) Einflussnahme eines Gens auf die Expression eines anderen Gens über den Umweg eines regulativ wirksamen Genprodukts (Regulatorproteine, Transkriptionsfaktoren) verstehen. Solche Einflussnahmen definieren ein genetisches Netzwerk.

Die Fähigkeit der Interaktion eines Proteins mit einem anderen Protein wiederum definiert *Proteinnetzwerke*. Diese beiden Grundtypen von Netzwerken, die beide Gegenstand aktueller bioinformatischer Forschung sind, stellt Abb. 1.16 schematisch dar.

---

[13] Aufgrund der Diversität und funktionellen Bedeutung nicht codierender RNA ist im letzten Jahrzehnt der Genbegriff immer stärker erweitert worden. Hier und im Folgenden verwenden wir den Begriff 'Gen' im Sinne von 'für Proteine codierender Sequenzabschnitt'. An allen Stellen, die nicht codierende RNA und die dahinter stehenden DNA-Sequenzabschnitte bezeichnen, ist auf diese erweiterte Verwendung des Genbegriffs explizit hingewiesen.

[14] Es gibt noch eine Vielzahl weiterer Klassen regulatorischer RNA, auf die wir hier nicht eingehen können, etwa *piwi-interacting* RNA (piRNA), Riboswitches und Ribozyme.

[15] In der in Abb. 1.14 gezeigten Aufteilung haben wir eine Reihe von Komplexitätsstufen weggelassen. Zum Beispiel codieren Transposons die Gene, die sie für die Retrotransposition (also das Kopieren und Einbauen in die DNA-Sequenz) benötigen. Ebenso sind microRNA nicht so einfach den nicht codierenden Bereichen zuzuordnen. Und – in unserem heutigen Genverständnis – werden natürlich die genannten Klassen von RNA zum großen Teil von ihren Genen codiert.

[16] Gelegentlich werden auch Signaltransduktionsnetzwerke diskutiert; hier ist aber die Beschreibung als (nahezu lineare) Signaltransduktions*pfade* gebräuchlicher.

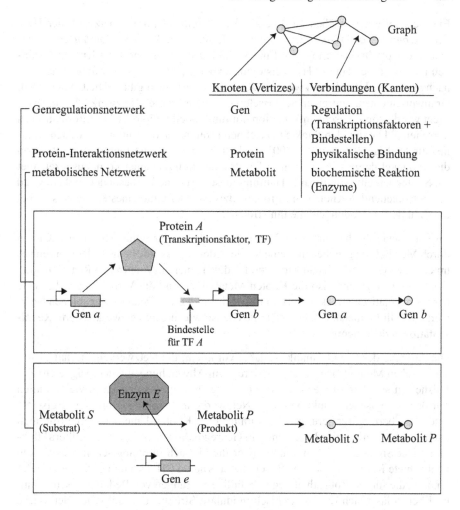

Abb. 1.16 Definitionen hinter drei wichtigen molekularbiologischen Netzwerken: Genregulationsnetzwerke, Protein-Interaktionsnetzwerke und metabolische Netzwerke. Um solche Netzwerkdarstellungen zu verstehen und bioinformatisch zu verarbeiten, ist es zwingend, eine klare Definition der Knoten und Verbindungen zu formulieren. In genregulatorischen Netzwerken (wir beschränken uns hier auf eine Klasse: Transkriptions-Regulations-Netze; engl. *transcriptional regulatory networks, TRNs*) sind die Knoten Gene und eine (gerichtete) Verbindung beschreibt die regulatorische Wirkung eines Gens auf ein anderes Gen. Spezifischer bezeichnet eine Verbindung zwischen den Genen *a* und *b* im TRN den biologischen Prozess, bei dem Gen *a* ein Protein *A* exprimiert, das dann als Transkriptionsfaktor eine Bindestelle in der regulatorischen Region des Gens *b* besitzt. Im Fall von Protein-Interaktionsnetzwerken bezeichnet eine Verbindung zwischen zwei Proteinen die (experimentell nachgewiesene) Fähigkeit einer physikalischen Bindung zwischen den beiden Proteinen. Für metabolische Netzwerke gehen wir hier von einer metabolitenzentrischen Netzwerkrepräsentation aus, bei der die Knoten Metaboliten sind und eine Verbindung die durch ein Enzym oder einen Enzymkomplex katalysierte biochemische Reaktion darstellt. Die Abbildung zeigt einen einfachen Fall mit einem Substrat *S*, das in ein Produkt *P* überführt wird. Im Fall von mehreren Substraten und Produkten ist es zur Gewinnung einer Netzwerkrepräsentation des Metabolismus üblich, jedes Substrat mit jedem Produkt zu verbinden. (Angepasst aus: Smith und Hütt 2010)

Ein Beispiel eines solchen Netzwerks, das Protein-Interaktionsnetzwerk der Hefe *Saccharomyces cerevisiae*, zeigt Abb. 1.17. Jeder Punkt, jeder *Knoten* des Netzwerks, entspricht einem Protein. Eine Verbindung[17] zwischen zwei Knoten ist eingetragen, wenn es eine in Hybridisierungsexperimenten (engl. *two-hybrid screens*) nachgewiesene Interaktion zwischen den beiden Proteinen gibt.[18] Die Codierung in Grauwerten entstammt einer Schlüsseluntersuchung dieses Netzwerks, bei der versucht wurde, topologische Information mit funktioneller biologischer Information zu korrelieren. Die dunklen Punkte bezeichnen Proteine, deren Entfernen für den Organismus letal ist. Jeong et al. (2001) diskutieren nun, ob die topologische Position dieser dunkel dargestellten essenziellen Proteine in irgendeiner Form ausgezeichnet ist. Sie fanden eine signifikante Häufung dieser Proteine bei besonders hohem Grad des entsprechenden Knotens im Proteinnetzwerk. Der Grad eines Knotens ist dabei die Zahl der Verbindungen, die ihn erreichen.

Im Fall metabolischer Netze sind (in einer häufigen Darstellungsform) die Knoten durch Metaboliten gegeben und eine Kante bedeutet, dass die beiden Metaboliten auf unterschiedlichen Seiten (Substrat und Produkt) einer enzymatischen Reaktion sind. Qualitativ gesagt sind also die Knoten Metaboliten und die Verbindungen Enzyme (bzw. enzymatische Reaktionen). In Kap. 5.2 werden wir Details einer solchen Netzwerkdarstellung metabolischer Systeme ebenso wie andere netzwerkbasierte Repräsentationen diskutieren.

Die Aufgabe der Bioinformatik ist dabei vor allem, die Netzwerkeigenschaften mit statistischen Methoden zu charakterisieren, um Abweichungen von (geeigneten) Zufallsnetzen sichtbar zu machen. Solche Abweichungen lassen sich in vielen Fällen mit der biologischen Funktion dieser Netzwerke in Verbindung bringen. Beispiele sind die Überrepräsentierungen bestimmter Drei-Knoten-Unternetzwerke (die man auch als Netzwerkmotive bezeichnet) in Genregulationsnetzen, die ein 'Filtern' fluktuierender Signale bewirken könnte, oder die vielfach in biologischen Netzwerken beobachtete Koexistenz sehr hoch vernetzter Knoten ('Hubs') und gering vernetzter Knoten, die für die Robustheit gegen zufällige Störungen von Bedeutung sein könnte. Ebenso lässt sich die hierarchisch-modulare Struktur metabolischer Netzwerke mit metabolischen Stoffgruppen in Verbindung bringen (Ravasz et al. 2002). Viele dieser Netzwerkeigenschaften werden wir in Kap. 5.2 noch ausführlich diskutieren.

In den letzten Jahren hat dieses Feld der 'Netzwerkbiologie' (Barabási und Oltvai 2004) eine erhebliche Erweiterung in Richtung medizinischer Anwendungen erfahren, hin zum Konzept einer 'Netzwerkmedizin' (Barabási et al. 2011). Auf diese Entwicklungen werden wir in Kap. 5.3 noch ausführlich eingehen.

---

[17] In der mathematischen Literatur finden sich auch oft die Begriffe 'Ecken' oder 'Vertizes' (Singular: 'Vertex') für Knoten und 'Kanten' für Verbindungen.

[18] Heute sind über einfache Hybridisierungsexperimente noch eine Vielzahl weiterer Verfahren zur Bestimmung von Proteininteraktionen üblich, etwa Fluoreszenz-Resonanzenergietransfer (FRET). Es gibt auch Versuche algorithmischer Vorhersagen von Proteininteraktionen.

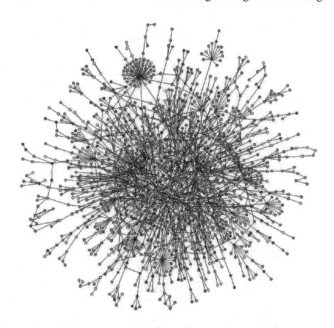

Abb. 1.17 Graphenrepräsentation des Protein-Interaktionsnetzwerks der Hefe *Saccharomyces cerevisiae*. Die verschiedenen Graustufen geben unterschiedliche Grade funktioneller Bedeutung für den Organismus an. (Aus: Jeong et al. 2001)

Viele Aspekte der bioinformatischen Forschung handeln von evolutionären Zusammenhängen. Evolutionäre Optimierungen einer Struktur werden sichtbar gemacht und Sequenzunterschiede werden quantifiziert und mit einer möglichen evolutionären Abfolge der Speziesdifferenzierung in Verbindung gebracht. Der Kerngedanke Darwin'scher Evolution, also das Zusammenwirken von Mutation und Selektion, wurde bereits am Anfang des Kapitels kurz diskutiert. An dieser Stelle ist es angebracht, noch einmal darauf hinzuweisen, dass die beiden Mechanismen Darwin'scher Evolution auf vollkommen unterschiedlichen organismischen Skalen angreifen. Dies ist in Abb. 1.18 dargestellt. DNA wird in RNA transkribiert. In Form von mRNA verlässt diese Information bei Eukaryoten den Zellkern und wird mithilfe der Ribosomen zu Proteinen translatiert. Auf zellulärer Ebene üben diese Proteine nun Funktionen aus, die letztlich in ihrer Summe das Individuum konstituieren. Das Ensemble vieler Individuen, die in vielfacher Weise in Interaktion treten, bildet nun eine Population. Diese kurze Aufzählung macht den Abstand in der Hierarchie biologischer Organisation deutlich, der zwischen dem Angriffspunkt der Mutation (DNA) und der Wirkungsskala von Selektion (das Individuum innerhalb der Population) liegt.

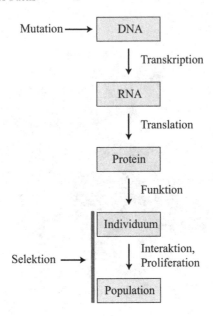

Abb. 1.18 Wirkungsschema der beiden Grundprozesse biologischer Evolution, nämlich Mutation und Selektion, und ihr Angreifen auf sehr verschiedenen organismischen Skalen

1.4 Kernfragen der Bioinformatik

Die Bioinformatik hat sich gerade in den letzten Jahren in explosiver Weise entwickelt. Dies ist vor allem auf drei große Strömungen zurückzuführen: (1) Die Datengrundlage, sowohl auf der Ebene der Sequenzen als auch auf der Ebene der Hochdurchsatzdaten zellulärer Zustände, wächst exponentiell. (2) Große wissenschaftliche Anstrengungen sind in das mathematische Fundament der Bioinformatik gegangen, besonders im Bereich der Statistik, der Parameterschätzung und der datengetriebenen Modellierung. (3) Es haben sich in produktiver Weise Verzahnungen der Bioinformatik zu angrenzenden Disziplinen etabliert, etwa zur Biotechnologie, zur Systembiologie und zur medizinischen Informatik und Medizinstatistik.

In diesem Kapitel sollen die Interessengegenstände der Bioinformatik in Form von kurzen Fragen umrissen werden. Unterschieden wird dabei zwischen drei Kategorien: Fragen, die heute zum Standard der 'praktischen Bioinformatik' gehören, also alltäglich von Anwendern durch gegebene Softwarewerkzeuge behandelt werden; Aspekte, die Gegenstand aktueller theoretischer Forschung sind; zukünftige Aufgaben, die mit dem derzeitigen Stand theoretischer Methoden noch nicht zu klären sind und deren Untersuchung sich noch in einem sehr exploratorischen Stadium befindet. Anhand dieser kleinen, sehr willkürlichen Auswahl von Fragen sollen die Denkweise der Bioinformatik, ihr Ansatz auf verschiedenen Skalen, die unterschiedlichen Grade ihrer derzeitigen Ausgestaltung und die Verzahnung der beteiligten Disziplinen dargestellt werden.

Allgemein ist zu beobachten, dass sich die Bioinformatik von einem ihr – durch die Orientierung an Sequenzinformation – inhärenten Reduktionismus entfernt und ebenso Raum bietet für mathematische oder formale Betrachtungen auf einer globalen, systemweiten Skala (z. B. im Fall genetischer Netzwerke). Die von Erwin Chargaff 1975 formulierte allegorische Warnung[19]

It is not the goal of Science to tear at the tapestry of the world and pull out the threads to see what colors the threads are. It is the goal of Science to see the picture on the tapestry.

scheint damit eine wichtige zukünftige Perspektive für bioinformatische Forschung zu bieten. Die Bioinformatik entwickelt sich entlang dieses Denkansatzes von einer Dienstleistungs- und Anwendungsdisziplin zu einem gleichberechtigten Teilbereich der Naturwissenschaften, der auf die Komplexität biologischer Phänomene mit einer pragmatischen, oft an Algorithmen orientierten theoretischen Behandlung reagiert.

Standardfragen der 'praktischen Bioinformatik':

- Ähnelt eine gefundene Sequenz einer bereits bekannten?
  Wie wir noch sehen werden, ist der quantitative Vergleich von Sequenzen eines der etabliertesten Gebiete der Bioinformatik. Dabei wird oft vergessen, dass die wichtigsten (diesem elementaren Problem verwandten) Methoden, um aus einer großen Datenbank die zu einer Testsequenz ähnlichsten Sequenzen herauszusuchen, nämlich BLAST und FASTA, selbst erst drei Jahrzehnte alt sind. Sie bilden einen informatisch sehr eleganten Kompromiss von exakter Behandlung und Geschwindigkeit (vgl. Kap. 3). Mittlerweile ist – gerade durch die riesigen Mengen an der in Datenbanken vorliegenden Sequenzinformationen – der Sequenzvergleich eine Alltagshandlung biologischer Grundlagenforschung sowohl an den Universitäten als auch in der Industrie geworden.

- Ist ein bestimmtes Sequenzsegment ein (für Proteine codierendes) Gen? Was sind die Grenzen von Exons und Introns?
  Von den Fragen bioinformatischer Forschung, die den biologischen Alltag betreffen, ist diese die am wenigsten befriedigend geklärte. Zwar existiert eine ganze Reihe von Softwarewerkzeugen zur Genidentifikation und Genvorhersage, die alle einen beachtlichen Grad an Sensitivität und Spezifität aufweisen. Die erheblichen Schwankungen in der Zahl vorhergesagter Gene im Verlauf der Sequenzierung des menschlichen Genoms hat jedoch die praktischen Schwierigkeiten der Genidentifikation sehr deutlich gezeigt. Eine der großen Herausforderungen der modellhaften Genvorhersage ist, tatsächliche Gene von Pseudogenen zu unterscheiden, die in ihrer Sequenzstruktur zwar den Genen ähnlich sind, von der

---

[19] Chargaff (1975), zitiert nach: Liebovitch und Scheurle (2000).

zellulären Maschinerie aber nicht verarbeitet werden. Im praktischen Umgang mit dieser Frage untersucht man typischerweise die Ähnlichkeit der Sequenz zu annotierten Genen anderer Spezies.

• Welche Gene sind unter bestimmten Bedingungen gleichzeitig aktiv?
Der Schritt von DNA-Microarray-Experimenten zu RNA-Seq-Experimenten, der sich zur Zeit vollzieht, ermöglicht einen wichtigen neuen experimentellen Zugang zu dieser Frage. In DNA-Microarrays sind DNA-Moleküle auf einer Struktur immobilisiert, die dann einer Reihe von Target-Substanzen ausgesetzt wird. Durch die Messung der Bindungshäufigkeit komplementärer Sequenzen an die fixierten DNA-Fragmente (Hybridisierung) kann man die transkriptionelle Aktivität einer Zelle bestimmen. In RNA-Seq-Experimenten werden die technischen Möglichkeiten des *next-generation sequencing* genutzt, um eine Momentaufnahme des Vorliegens und der Menge von RNA-Sequenzen in einer Zelle zu bestimmen. Der Einsatz solcher Methoden gehört gerade in medizinischen Bereichen mittlerweile zum Laboralltag. Dabei wird oft versucht, das beobachtete Aktivitätsmuster mit bestimmten Krankheitsbildern zu korrelieren. Die Entwicklung von quantitativen Analysemethoden für Microarray-Daten ist zu einem wichtigen aktuellen Forschungsfeld der Bioinformatik geworden.

Fragen der aktuellen Forschung:

• Welche dreidimensionale Proteinstruktur ergibt sich aus einer bestimmten Aminosäuresequenz? Welche Protein-Protein- und Protein-DNA-Interaktionen folgen daraus?
Die Rekonstruktion von Proteinstrukturen ist ein zentrales Forschungsfeld der Bioinformatik. Wenn auch eine Strukturvorhersage allein auf der Grundlage von Sequenzinformation im Allgemeinen nicht möglich ist, lassen sich doch verschiedene Methoden zur Strukturschätzung heranziehen. Das Spektrum reicht dabei von pragmatischen Verfahren, bei denen die bekannte Struktur von Proteinen ähnlicher Sequenz zur Strukturschätzung herangezogen wird, bis zu sehr grundlegenden Ansätzen, bei denen die Energielandschaft des Proteins simuliert wird. Diese Simulationen basieren auf einer einfachen Grundidee: Wenn zwei Aminosäuren in der Sequenz (aufgrund ihrer Ladungsverteilung) stark aneinander binden können, ist es wahrscheinlich, dass eine (stabile!) dreidimensionale Struktur diese beiden Aminosäuren in enge räumliche Nachbarschaft bringt. Die Proteinstruktur lässt sich so verstehen als gleichzeitige Realisierung vieler räumlicher Kontakte zwischen den Aminosäuren in der Proteinsequenz. Durch Simulation sucht man iterativ Minima in dieser Energie-Struktur-Relation. Während sich der erste Ansatz, der Vergleich mit bekannten Strukturen, ebenso unter den 'Standardfragen' einordnen lässt, da dieses Vorgehen mittlerweile zum Forschungsalltag in der praktischen Biologie gehört, sind die energiebasierten Verfahren zur Zeit Gegenstand intensiver theoretischer Forschung.

Mittlerweile haben Hochdurchsatzverfahren zur Bestimmung von Protein-Protein-Interaktionen (und damit die entsprechenden Netzwerke) und von Protein-DNA-Interaktionen (und damit regulatorischer Wirkungen) gegenüber der computergestützten Vorhersage solcher Wechselwirkungen auf der Grundlage der Proteinstruktur an Bedeutung gewonnen. Die bioinformatischen Aufgaben liegen dann vor allem in der Datenintegration und -interpretation. Netzwerke haben sich dabei als effiziente Datenstruktur erwiesen.

- Welche Teile eines Proteins können in einer Membran liegen?
  Es ist klar, dass die Positionierung eines Proteins in einer Lipidmembran wichtige Informationen über die Proteinfunktion enthält. Es ist daher sehr aufschlussreich zu überprüfen, ob die Identifikation von Untereinheiten eines Proteins, die sich prinzipiell in eine Lipidmembran einlagern können, allein aus der Aminosäuresequenz möglich ist. Wir werden sehen, dass diese Vorhersage ebenfalls eine interessante Anwendung von Hidden-Markov-Modellen darstellt. In solchen Modellen werden die Übergänge von einem Symbol zum nächsten in einer gegebenen Sequenz ausgewertet, um eine unbekannte (verborgene) Eigenschaft für jedes Sequenzsymbol vorzuschlagen. Im Fall der Membranproteine ist die verborgene Eigenschaft die Positionierung innerhalb oder außerhalb der Membran.

- Hat ein bestimmtes Sequenzsegment eine regulatorische Funktion?
  Durch die Vielfalt repetitiver Sequenzbereiche, ihre evolutionäre Entwicklung und (z. B. im Fall von Transposons) ihre Dynamik besitzen eukaryotische Genome eine sehr komplizierte, mosaikartige Zusammensetzung. Die Annotation der einzelnen Bestandteile, die Entschlüsselung ihrer (evolutionären) Dynamik, der Vergleich unterschiedlicher Spezies in diesen Eigenschaften, aber auch die Korrelation solcher Sequenzbereiche mit codierenden Segmenten sind wichtige Folgeuntersuchungen der Genomprojekte. In Kap. 4 werden wir diesen Themenkomplex aus der Perspektive der Informationstheorie diskutieren.

Die Vielzahl neuer Regulationsmechanismen, die in den letzten zwei Jahrzehnten entdeckt worden sind, hat dieser scheinbar einfachen Frage eine enorme Komplexität verliehen. Die systematische Durchmusterung des menschlichen Genoms nach regulatorischen Elementen im Rahmen des ENCODE-Projekts bildet eine wichtige Datengrundlage für diese bioinformatische Aktivität. Neben einer Vielzahl von anderen Informationen werden drei zentrale Signale herangezogen: die evolutionäre Konservierung (Sind die Variationen auf der Ebene einzelner Positionen über viele individuelle Genome hinweg im Einklang mit neutraler Evolution, also einem auf zufälligen Mutationen ohne Selektion basierenden Modell?), Nachweise von regulatorischer RNA (etwa durch angepasste RNA-Seq-Methoden) und (durch Chromatin-Immunpräzipitation, ChIP, gemessene) Protein-DNA-Interaktionen, die Aufschluss über Bindestellen regulatorischer Proteine (z. B. Transkriptionsfaktoren) geben können. Bioinformatische Methoden sind an jeder Stelle dieses Arbeitsprogramms erforderlich – von der Theorie der Mutationsstatistiken bis hin zur Zusammenführung und funktionellen Interpretation (z. B. in Form von Netzwerken) der regulatorischen Information in diesen Daten.

Zukünftige Aufgaben:

- Wie funktioniert eine bakterielle Zelle?
  An der Schnittstelle von Bioinformatik und Systembiologie hat es in den letzten zehn Jahren beachtliche Fortschritte in der Formulierung von Modellen einiger wichtiger Ebenen zellulärer Organisation gegeben: vor allem zum Metabolismus und zur Genregulation. Seit einigen Jahren liegen metabolische Modelle einer Reihe von Modellorganismen vor, die Vorhersagen von Wachstumsraten und metabolischen Flüssen erlauben, welche in sehr guter Übereinstimmung mit experimentellen Befunden sind.

  Aus diesen Entwicklungen begründen sich zwei wichtige aktuelle Forschungszweige. Zum einen wurden 2007 und 2013 die ersten metabolischen Modelle menschlicher Zellen vorgelegt (Duarte et al. 2007, Ma et al. 2007, Thiele et al. 2013), die eine Schlüsselfunktion in dem sich gerade konstituierenden Themenfeld der *Systemmedizin* haben können. Zum anderen wurde auf der bakteriellen Ebene durch immer stärkere Datenintegration und Zusammenführung einer großen Zahl über den Metabolismus hinausgehender Information 2012 das erste vollständige Modell einer ganzen bakteriellen Zelle vorgelegt (*Mycoplasma genitalium*, Karr et al. 2012). Wenn auch dieses am Ende enormer bioinformatischer Anstrengungen der Datenintegration stehende Computermodell immer noch einige Ebenen der bakteriellen Informationsverarbeitung stark vereinfacht (etwa die Aspekte der Genregulation, die über die DNA-Struktur vermittelt werden), so zeigt dieser Fortschritt dennoch, dass sich eine solch globale Frage (Wie funktioniert eine bakterielle Zelle?) mit gutem Recht als Gegenstand aktueller bioinformatischer Forschung bezeichnen lässt.

- Wie lassen sich regulatorische, epigenetische und metabolische Daten zusammenfügen?
  In der Bioinformatik finden wir heute eine Situation vor, bei der die Algorithmen, aber auch die in Datenbanken organisierte biologische Information, über eine nahezu unüberschaubare Vielzahl von Ressourcen verteilt ist. Erhebliche wissenschaftliche Energie geht daher gerade auch in die Verknüpfung bestehender Datenbanken und die Zusammenführung solcher Ressourcen.[20]

  Die Fortschritte auf der Ebene von Hochdurchsatzdaten (neben den etablierten Genexpressionsprofilen und den Messungen einer Vielzahl von Metabolitenkonzentrationen im Rahmen von *Metabolomics*-Experimenten, gelangen gerade im-

---

[20] Es gibt Softwarewerkzeuge, die verschiedene Bezeichnungen und Klassifikationsschemata von Genen verknüpfen und 'Übersetzungstafeln' bereitstellen (siehe z. B. Chavan et al. 2011).

mer stärker Messungen von epigenetischen Signalen in den Vordergrund[21]) erfordern neue bioinformatische Methoden. Es gehört zu den Schlüsselfragen der Bioinformatik, diese Datensätze funktionell zu interpretieren.

• Wie ist das Chromatin raumzeitlich organisiert und wie beeinflusst diese Organisation die Genaktivität?
Die DNA als Symbolsequenz ist der Ausgangspunkt für die meisten bioinformatischen Analysen. Außer Acht gelassen wird dabei oft, dass die eukaryotische DNA über viele Hierarchiestufen hinweg kompaktifiziert im Zellkern vorliegt[22] und z. B. für ein Ablesen durch die RNA-Polymerase dekompaktifiziert (geöffnet, 'entpackt') werden muss. Die raumzeitliche Organisation dieser sich dynamisch und hoch reguliert wandelnden Struktur, dem Chromatin, zu verstehen und in ihrer regulatorischen Bedeutung zu interpretieren, ist ein wichtiger Punkt auf der Agenda zukünftiger Bioinformatik. Schon heute leistet die Bioinformatik wichtige Beiträge dazu: Aus strukturellen Momentaufnahmen (vor allem aus durch ChIP-ähnliche Methoden, die Überkreuzungen von DNA messen: *chromosome conformation capture*, 3C) muss die raumzeitliche Dynamik rekonstruiert und mit anderen Informationen (vor allem der Modifikation von Histonen, die einen ganz direkten Einfluss auf die raumzeitliche Organisation des Chromatins besitzen) in Verbindung gesetzt werden. Der grundsätzlich neue Charakter dieser Daten (die raumzeitliche Organisation einer im dreidimensionalen Raum nahezu kontinuierlich deformierbaren linearen Struktur verglichen mit den konventionellen Datenformen der Symbolsequenzen) hat es erfordert, vollkommen neue Richtungen der Bioinformatik heranzuziehen, etwa aus der Polymerphysik (siehe z. B. Fudenberg und Mirny 2012, Schiessel 2003).

Schon im Fall bakterieller Genregulation ist es in den letzten Jahrzehnten immer deutlicher geworden, dass es dem Chromatin ähnliche Regulationsmechanismen gibt (Travers und Muskhelishvili 2005). Die Rolle der Histone wird dabei, vereinfacht gesagt, von Strukturproteinen übernommen (z. B. FIS, H-NS und HU), die die Möglichkeiten der dreidimensionalen Organisation systematisch auf bestimmte strukturelle Merkmale (stabilisierte Schleifen, stark kompaktifizierte DNA-Regionen) einschränken. Das übergeordnete Prinzip ist dabei dasselbe wie im Fall der – wesentlich komplexeren – Organisation des eukaryotischen Chromatins: Ist ein bestimmtes DNA-Segment stark kompaktifiziert, so wird zu diesem Zeitpunkt ein dort verortetes Gen nicht abgelesen werden können, ganz gleich, wie viele aktivierende Signale (oder Netzwerkverbindungen) auf dieses

---

[21] Der Begriff *Epigenetik* bezeichnet Änderungen an Chromosomen, die nicht mit einer Änderung der DNA-Sequenz einhergehen. Die wichtigsten epigenetischen Signale sind *DNA-Methylierung* und *Histonmodifikation* (also eine chemische Veränderung an Histonproteinen, den spindelartigen Proteinen, um die die DNA gewickelt ist und die an der dichten Packung der DNA beteiligt sind).

[22] Die menschliche DNA-Sequenz hätte mit ihren etwa 3.3 Mrd. Basenpaaren (3.3 Gbp) linear ausgebreitet eine Länge von etwa 1.8 m. In der kompakten Chromatinstruktur ist diese DNA im Zellkern (Durchmesser: etwa 10 μm) aufbewahrt. Der DNA-Doppelstrang ist um Histonproteine gewickelt, die wiederum dicht als Chromatinfasern gepackt sind.

Gen 'weisen'. Dieses einfache Gedankenexperiment zeigt, wie irreführend Analysen und Untersuchungen sein können, die ausschließlich mit genregulatorischen Netzwerken (oder anderen isolierten Untersystemen zellulärer Organisation) argumentieren.

1.5 Einführung in das Computeralgebra-Programm *Mathematica*

Um in den folgenden Kapiteln über die formale Schilderung hinaus hinter die Algorithmen der Bioinformatik zu schauen, benötigen wir eine geeignete Programmierumgebung. Dieser Schritt ist nicht trivial, da er auf eine Ebene bioinformatischer Anwendungen führt, die üblicherweise unter der Oberfläche der Softwarepakete verborgen bleibt. Durch die relativ kompakte und übersichtliche Schreibweise und durch das suggestive und in Grundzügen überschaubare Befehlsinventar bietet *Mathematica* den idealen 'Pseudocode' zur algorithmischen Beschreibung bioinformatischer Werkzeuge. Zugleich erhalten wir auf diesem Wege nicht nur anschauliche und verständliche, sondern sogar recht effiziente und anwendbare Implementierungen der Werkzeuge. Alle *Mathematica*-Notebooks, die in diesem Buch diskutiert werden, sind auf folgender Internetseite zugänglich: www.bioinformatik-mathematica.de.

Der Erfolg programmierbarer Taschenrechner in den 80er Jahren begründete sich letztlich in zwei wichtigen Erweiterungen herkömmlicher Geräte: die Möglichkeit zu automatisieren und die (begrenzte) Fähigkeit der unmittelbaren Visualisierung von Ergebnissen. Für den Einsteiger stellt sich *Mathematica* anfangs als eine Art programmierbarer Taschenrechner dar. Numerische Ausdrücke werden mit dem Befehl **N[]** in explizite Zahlenwerte überführt:

```
In[1]:= N[10 * 2 + 8^3 - 16]
Out[1]= 516.
```

Aus diesem Beispiel lassen sich schon einige der syntaktischen Eigenarten von *Mathematica* erschließen. Ein Befehl B wird typischerweise mit eckigen Klammern auf einen Ausdruck a angewendet, B[a]. In unserem Beispiel ist dieses Argument a eine Kombination verschiedener elementarer Rechenoperationen; dort tauchen neben Rechenzeichen wie '+' und '−' auch Befehle auf, die sich in vielen Programmiersprachen durchgesetzt haben, etwa das Multiplikationszeichen '*' oder das Symbol für das Potenzieren '^'. Über jeden Befehl B[ ] in *Mathematica* kann man über das Hilfsmenü oder explizit innerhalb einer Zeile mit der Abfrage ?B weitere Informationen erhalten. Für den Befehl **N[]** hat man etwa

```
In[2]:= ?N
```

N[*expr*] gives the numerical value of *expr*.

N[*expr*, *n*] attempts to give a result with *n*- digit precision .   ≫

Der Hyperlink am Ende der Ausgabe verweist dabei auf ein externes Hilfsfenster. In *Mathematica* findet man eine Symbiose aus einer Benutzeroberfläche, einer Bedienung auf Kommandozeilenbasis und der Möglichkeit, eigene ausführbare Programme zu schreiben und anzuwenden. Für den erstgenannten Punkt stehen Menüpunkte zur Verfügung (etwa Speichern, Kopieren und Einfügen), die auf das aktuelle Fenster wirken. Die Fenster zeigen *Mathematica*-Dateien, *Notebooks*, die sich mit den in ihnen sichtbaren Informationen (also den Eingaben und Ausgaben) speichern lassen. Die beiden anderen Punkte, Verwendung von Kommandozeilen und eigene Programme, handeln von den Inhalten solcher Notebooks. Betrachten wir zuerst die einzelnen Kommandozeilen. Auf die Erstellung eigener Programme werden wir am Ende dieses Kapitels und natürlich in den *Mathematica*-Exkursen der folgenden Kapitel zurückkommen. Unsere einfache Anwendung des Befehls N[], die wir oben diskutiert haben, zeigt schon recht klar, dass es sich dabei um einen Dialog zwischen dem Benutzer und dem Rechenprogramm, dem im Hintergrund ablaufenden *Mathematica*-Kernel handelt. Auf der linken Seite des Notebook-Fensters gliedern *In*- und *Out*-Markierungen mit fortlaufenden Nummern diesen Dialog, auf der rechten Seite sieht man (in der elektronischen Fassung der Notebooks) eine Klammerung, die einzelne Kommandozeilen begrenzt und eine Hierarchisierung (z. B. das Zusammengehören von Ein- und Ausgabe) erlaubt.

Mathematica stellt eine recht komfortable Bibliothek mathematischer Grundlagen und Funktionen zur Verfügung. So kann man z. B. auf Konstanten wie die Zahl π explizit zugreifen:

```
In[3]:= Pi
Out[3]= π
```

An der Ausgabe erkennt man, dass in *Mathematica* solche Konstanten als (im Rahmen der Rechnergenauigkeit) exakte Werte verwendet und nicht durch eine Zahl mit wenigen Nachkommastellen approximiert werden. Eine solche Approximation durch eine Dezimalzahl kann man nun jedoch mit dem Befehl N[] erzwingen:

```
In[4]:= N[Pi]
Out[4]= 3.14159
```

Als zweites Argument im Befehl N[] lässt sich die gewünschte Zahl der Nachkommastellen dieser Approximation angeben. Hier erhält man einen ersten Eindruck von der Leistungsfähigkeit dieses Programms, da die Ausgabe von 500 Nachkommastellen der Zahl π ohne Schwierigkeiten möglich ist.

```
In[5]:= N[Pi,500]
```

Out [5] = 3.14159265358979323846264338327950288419716939937510582

9749445923078164062862089986280348253421170679821480865

1328230664709384460955058223172535940812848111745028410

2701938521105559644622949549303819644288109975665933446

1284756482337867831652712019091456485669234603486104543

2664821339360726024914127372458700660631558817488152092

9628292540917153643678925903600113305305488204665211384

1469519415116094330572703657595919530921861173819326117

9310511854807446237996274956735188575272489122793818301

19491

Eine gewisse Herausforderung bei der Gewöhnung an *Mathematica* als neue Arbeits-
umgebung stellt die Verwendung der verschiedenen Klammertypen dar. Wir hatten
eckige Klammern, [ ], bereits als Abgrenzung der Argumente einer Funktion (also
der Eingabewerte, auf die eine Funktion wirkt) kennengelernt. Dies setzt sich konse-
quent fort. Man schreibt etwa:

In [6] := **Sin[0.2]**
Out [6] = 0.198669

um einen Funktionswert der Sinusfunktion abzufragen und **Plot[f[x], {x, a, b}]**,
um die Funktion **f** in Abhängigkeit von **x** im Bereich von **a** bis **b** grafisch darzustellen. Erneut am Beispiel der Sinusfunktion hat man:

In [7] := **Plot[Sin[x], {x, 0, 10}]**
Out [7] =

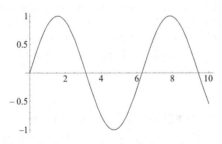

Dieser letzte Befehl stellt unseren Einstieg in komplexere Befehlsstrukturen dar. Hier
wird die Funktion sin(*x*) im Intervall von 0 bis 10 grafisch dargestellt. Man erkennt,
dass auch die Argumente von **Plot[]** durch eckige Klammern umgrenzt sind. Das
erste Argument ist die darzustellende Funktion, das zweite Argument stellt den entsprechenden Wertebereich dar. Hier kommt ein weiterer Typ von Klammern zum
Einsatz: Geschweifte Klammern, { }, geben Aneinanderreihungen ('Listen') von
Elementen an. Wir werden im Folgenden noch sehen, dass diese Elemente nicht nur
Zahlen oder Variablen sein können, sondern auch Funktionen, Grafiken, Töne, ganze
Datensätze und vieles mehr. Will man mehrere Funktionen darstellen, so reiht man
sie in geschweiften Klammern aneinander. Der letzte Klammertyp, nämlich normale

(runde) Klammern, ( ), wird in der üblichen Weise für das Abgrenzen mathematischer Ausdrücke verwendet, etwa wie bei der Funktion im folgenden **Plot**-Befehl.

```
In[8] := Plot[(1 - x)/(1 + x)^2, {x, 0, 30}]
Out[8] =
```

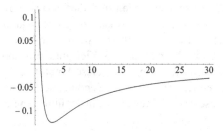

Während eckige und geschweifte Klammern in *Mathematica* syntaktische Aufgaben übernehmen, werden runde Klammern ausschließlich in dieser üblichen mathematischen Weise verwendet.

Neben Standardbefehlen (wie z. B. **Plot[]**) stehen in *Mathematica* Bibliotheken mit vordefinierten Funktionen zu verschiedenen Themengebieten zur Verfügung. Durch das Einbinden eines solchen *Package* sind damit alle in dieser Bibliothek enthaltenen Befehle einsetzbar. In späteren Kapiteln werden wir auf Befehle zurückgreifen, die in dem Package *HierarchicalClustering* für die Bestimmung von Gruppen in Daten vordefiniert sind. Durch den Befehl

```
In[9] := << HierarchicalClustering'
```

wird das Package geladen. In allen folgenden *Mathematica*-Exkursen werden zu Beginn die benötigten Packages geladen.

Nach diesem etwas formalen Einstieg, der allerdings absolut zentral ist für unser Ziel, mit *Mathematica* zu einer gut verständlichen algorithmischen Darstellung der bioinformatischen Methoden zu gelangen, können wir nun das Anwendungsspektrum dieses Programms genauer betrachten. In *Mathematica* entspricht eine zweidimensionale Matrix (also eine Tabelle) formal einer Liste, deren Elemente wieder Listen sind. Ein Beispiel mit Zufallszahlen wird durch folgenden Befehl erzeugt:

```
In[10] := tab = Table[RandomReal[], {4}, {5}]
Out[10] = {{0.668693, 0.8312, 0.781807, 0.124634, 0.934537},
          {0.600252, 0.758355, 0.969089, 0.125699, 0.575636},
          {0.755052, 0.821438, 0.604601, 0.194465, 0.657307},
          {0.559559, 0.836731, 0.160536, 0.854436, 0.945436}}
```

Die Befehlsstruktur ist auch hier wieder sehr klar. Die Bezeichnung **tab** auf der linken Seite der Zuweisung ist ein frei wählbarer Variablenname. Unter diesem Namen kann man die Matrix später wieder aufrufen. Der **Table**-Befehl hat (ähnlich wie der **Plot**-Befehl) mehrere Argumente. An erster Stelle steht der Befehl zur Erzeugung der einzelnen Matrixelemente. Dabei ist **RandomReal[]** eine Abkürzung für **RandomReal[{0, 1}]**. Lässt man die Klammern leer, werden also reellwertige Zufallszahlen zwischen Null und Eins ausgegeben.[23] Solche Voreinstellungen (*Default-Werte*) kennt man aus vielen Programmen. Möchte man nun z. B. eine zufällige ganze Zahl zwischen Eins und Sechs erzeugen, so geschieht dies mit dem Befehl **RandomInteger[{1, 6}]**. Die beiden anderen Argumente des **Table**-Befehls geben die Größe der Matrix (also vier Zeilen und fünf Spalten) an. Auch dies ist die Abkürzung einer längeren Angabe unter Ausnutzung der Default-Einstellungen. So steht **{4}** für **{i, 1, 4}**. Dabei ist **i** ein frei wählbarer Name für eine Laufvariable, die der Reihe nach die Werte Eins bis Vier annimmt und in dem ersten **Table**-Argument aufgerufen werden kann. Für diese kompliziertere Konstruktion werden wir noch Beispiele kennenlernen. Die Anwendung des Formatierungsbefehls **MatrixForm[tab]** stellt diese geschachtelte Liste in der üblichen Form einer Matrix dar

```
Out[11]//MatrixForm=
```

$$\begin{pmatrix} 0.668693 & 0.8312 & 0.781807 & 0.124634 & 0.934537 \\ 0.600252 & 0.758355 & 0.969089 & 0.125699 & 0.575636 \\ 0.755052 & 0.821438 & 0.604601 & 0.194465 & 0.657307 \\ 0.559559 & 0.836731 & 0.160536 & 0.854436 & 0.945436 \end{pmatrix}$$

Ein Zugriff auf die einzelnen Matrixelemente erfolgt in *Mathematica* über doppelte eckige Klammern, in denen Zeilennummer und Spaltennummer angegeben werden. So ergibt z. B. **tab[[1, 2]]** gerade den Wert 0.8312. Die Matrix **tab** kann nun in Graustufen dargestellt werden. Jedem Element der Matrix zwischen 0 (Schwarz) und 1 (Weiß) wird eine Graustufe zugeordnet.

```
In[12] := ArrayPlot[tab, Mesh → True]
Out[12] =
```

Die in den vorangegangenen Beispielen verwendeten vordefinierten Funktionen stellen nur einen Bruchteil aller in *Mathematica* verfügbaren Funktionen dar. Das gesamte Spektrum reicht von numerischer Integration über 3D-Visualisierungen bis zur Verarbeitung von Symbol- und Zahlenfolgen. Da für die Sequenzanalyse die Verarbeitung von Symbolfolgen essenziell ist, werden wir das zweite einführende Beispiel an dieser Problemstellung ausrichten. Eine Abfolge von Symbolen sei als ein Wort (oder String) gegeben. Dies entspricht der Formatierung, in der z. B. DNA-

---

[23] Die Erzeugung solcher Zufallszahlen auf einem (deterministisch, also gerade nicht zufällig, arbeitenden) Computer ist ein eigenes Forschungsfeld (vgl. hierzu z. B. Knuth 1997).

Sequenzen in Datenbanken vorliegen. Ein erster Schritt ist die Zerlegung des Worts in seine Elemente:

```
In[13] := data = "TCGCTTGCCGCCTGACCCAGATGGCCTGCGTTTGAA"
Out[13]= TCGCTTGCCGCCTGACCCAGATGGCCTGCGTTTGAA

In[14] := tmp1 = Characters[data]
Out[14]= {T, C, G, C, T, T, G, C, C, G, C, C, T, G, A, C, C, C,
          A, G, A, T, G, G, C, C, T, G, C, G, T, T, T, G, A, A}
```

Eine einfache statistische Eigenschaft, die absolute Häufigkeit, mit der die Symbole A, G, C, T in dieser Beispielsequenz auftreten, wird als Nächstes berechnet und durch ein Histogramm grafisch visualisiert. Die zugehörige Befehlsabfolge (oder besser: Befehlsschachtelung) stellt ein erstes eigenständiges kleines Programm in *Mathematica* dar: Auf **tmp1** wird der Befehl **Count** angewendet. Das zweite Element von **Count** ist das zu zählende Element. Über den Befehl **Map** werden der Reihe nach an diese zweite Position alle möglichen Symbole des Alphabets einer DNA-Sequenz gesetzt. Das *Slot*-Symbol **#** markiert diese Position. Das Symbol **&** steht für den *Mathematica*-Befehl **Function** und führt auf das Eintragen des Arguments aus der Liste an der Stelle **#** in der Funktion **Count**. Insgesamt hat man:

```
In[15] := baseCount = Map[Count[tmp1, #]&, {"A", "G", "C", "T"}]
Out[15]= {5, 10, 12, 9}

In[16] := BarChart[baseCount, BarSpacing → 0,
              ChartLabels → {"A", "G", "C", "T"}]
Out[16]=
```

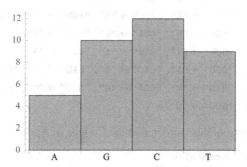

Formal unterscheidet sich DNA von RNA durch die Substitution von Thymin durch Uracil. Diese Abschrift lässt sich in *Mathematica* unmittelbar nachstellen:

```
In[17] := tmp2 = tmp1/. "T" → "U"
Out[17]= {U, C, G, C, U, U, G, C, C, G, C, C, U, G, A, C, C, C,
          A, G, A, U, G, G, C, C, U, G, C, G, U, U, U, G, A, A}
```

Diese Zeile liest sich als: 'Die (neue) Variable **tmp2** ist gleich der Variablen **tmp1** unter der Ersetzung (**/.**) des Symbols T durch das Symbol U.' Wenden wir uns nun einem weiteren Übersetzungsvorgang zu. Nicht überlappende Tripletts von RNA

(Codons) codieren die Aminosäuren der Proteine. Ein einfaches Beispiel ist der erste Leserahmen, der sich direkt durch die Partitionierung der Sequenz in Tripletts ergibt.

```
In[18] := tmp3 = Partition[tmp2, 3]
Out[18] = {{U, C, G}, {C, U, U}, {G, C, C}, {G, C, C},
          {U, G, A}, {C, C, C}, {A, G, A}, {U, G, G},
          {C, C, U}, {G, C, G}, {U, U, U}, {G, A, A}}

In[19] := tmp4 = tmp3 /. {x_, y_, z_} :> StringJoin[x, y, z]
Out[19] = {UCG, CUU, GCC, GCC, UGA, CCC, AGA, UGG, CCU, GCG, UUU, GAA}
```

Um nun von der Abfolge der Codons zu einer Abfolge von Aminosäuren zu gelangen, legen wir eine Ersetzungstabelle an. Dabei werden auch Stoppcodons berücksichtigt und als Stern ('*') dargestellt:

```
In[20] := codonTab = {"UCA" → "S", "UCC" → "S", "UCG" → "S",
                      "UCU" → "S", "UUC" → "F", "UUU" → "F", "UUA" → "L",
                      "UUG" → "L", "UAC" → "Y", "UAU" → "Y", "UAA" → " * ",
                      "UAG" → " * ", "UGC" → "C", "UGU" → "C", "UGA" → " * ",
                      "UGG" → "W", "CUA" → "L", "CUC" → "L", "CUG" → "L",
                      "CUU" → "L", "CCA" → "P", "CCC" → "P", "CCG" → "P",
                      "CCU" → "P", "CAC" → "H", "CAU" → "H", "CAA" → "Q",
                      "CAG" → "Q", "CGA" → "R", "CGC" → "R", "CGG" → "R",
                      "CGU" → "R", "AUA" → "I", "AUU" → "I", "AUC" → "I",
                      "AUG" → "M", "ACA" → "T", "ACC" → "T", "ACG" → "T",
                      "ACU" → "T", "AAC" → "N", "AAU" → "N", "AAA" → "K",
                      "AAG" → "K", "AGC" → "S", "AGU" → "S", "AGA" → "R",
                      "AGG" → "R", "GUA" → "V", "GUC" → "V", "GUG" → "V",
                      "GUU" → "V", "GCA" → "A", "GCC" → "A", "GCG" → "A",
                      "GCU" → "A", "GAC" → "D", "GAU" → "D", "GAA" → "E",
                      "GAG" → "E", "GGA" → "G", "GGC" → "G", "GGG" → "G",
                      "GGU" → "G"};
```

Mithilfe des Ersetzungsbefehls werden nun die Codons in Aminosäuren übersetzt.

```
In[21] := tmp4 /. codonTab
Out[21] = {S, L, A, A, *, P, R, W, P, A, F, E}
```

Den nächsten Leserahmen erhält man, indem man die Partitionierung erst beim zweiten Symbol der RNA-Sequenz beginnt. Diese Einzelbefehle lassen sich mithilfe der **Module**-Umgebung zu einer Funktion zusammenfügen, die unter der Angabe einer Sequenz und eines Leserahmens eine entsprechende Abfolge von Aminosäuren ausgibt. Der **Module**-Befehl lässt interne Variablen zu, die in Form einer Liste als erstes Argument angegeben werden. Zuweisungen zu diesen Variablen sind nur innerhalb der aktuellen **Module**-Umgebung wirksam. Die weiteren Argumente des **Module**-Befehls sind hintereinander ausgeführte, durch Semikolon getrennte Einzelbefehle. Die Funktion **readingFrame** illustriert dieses Konzept:

```
In[22]:= readingFrame[seq_,nr_] :=
           Module[{tmp1, tmp2, tmp3, tmp4},
             tmp1 = Characters[seq];
             tmp2 = tmp1/."T" -> "U";
             tmp3 = Partition[Drop[tmp2, nr - 1], 3];
             tmp4 = tmp3/.{x_,y_,z_} :> StringJoin[x,y,z];
             tmp4/.codonTab
           ]
```

Die drei möglichen Leserahmen werden durch eine Nummer codiert.

```
In[23]:= readingFrame[data, 2]
Out[23]= {R,L,P,P,D,P,D,G,L,R,L}

In[24]:= readingFrame[data, 3]
Out[24]= {A,C,R,L,T,Q,M,A,C,V,*}
```

Wir haben also mit äußerst einfachen Mitteln im Rahmen von *Mathematica* ein erstes bioinformatisches Werkzeug zur Übersetzung einer DNA-Sequenz in eine Proteinsequenz für einen wählbaren Leserahmen entworfen.

All diese Befehle sind hier natürlich nur als Spezialfälle an Einzelbeispielen vorgeführt. Die ideale Art, dieses Kapitel durchzuarbeiten, ist daher, die Beispiele selbst zu verändern, neue Befehle auszuprobieren und sich so die Anwendungsvielfalt dieser Programmierumgebung zu erschließen. Hierzu verweisen wir erneut auf die elektronische Fassung der *Mathematica*-Passagen aus diesem Buch.

Unserem Buch liegt *Mathematica* 10.0 (erschienen im September 2014) zugrunde. Die letzten großen Versionsupdates von *Mathematica* haben dieses Computeralgebra-Programm um zentrale bioinformatische Methoden erweitert. Einige Beispiele:

Version 7: Sequenzalignment; Integration von Befehlen wie **GenomeLookup** oder **ProteinData** sowie die Unterstützung wichtiger bioinformatischer Formate (GenBank, FASTA, etc.).
Version 8: Netzwerkanalysen als Kern von *Mathematica*.
Version 9: Einbindung der Suchmaschine *WolframAlpha*, Behandlung von stochastischen Differenzialgleichungen.
Version 10: Hidden-Markov-Modelle, andere Machine-Learning-Techniken (neuronale Netzwerke, *support vector machines* etc.) sowie eine große Zahl neuer Methoden zur Simulation von Zufallsprozessen.

Bis *Mathematica* 7 wurden nahezu alle graphentheoretischen Werkzeuge durch ein extern entwickeltes Programmpaket, *Combinatorica*, bereitgestellt. Seit *Mathematica* 8 sind die wesentlichen Bestandteile von *Combinatorica* (oft unter anderem

Befehlsnamen) in *Mathematica* integriert. In einem elektronisch verfügbaren *Mathematica*-Exkurs auf der Webseite zu unserem Buch gehen wir ausführlicher auf die wichtigsten Neuerungen in *Mathematica* ein.

Quellen und weiterführende Literatur

Adams MD, Celniker SE, Holt RA, Evans CA, Gocayne JD et al. (2000) The genome sequence of *Drosophila melanogaster*. Science 287:2185–2195

Amaral PP, Dinger ME, Mercer TR, Mattick JS (2008) The eukaryotic genome as an RNA machine. Science 319:1787–1789

Barabási AL, Oltvai ZN (2004) Network biology: understanding the cell's functional organization. Nat Rev Genet 5:101–13

Barabási AL, Gulbahce N, Loscalzo J (2011) Network medicine: a network-based approach to human disease. Nat Rev Genet 12:56–68

Borenstein E (2012) Computational systems biology and in silico modeling of the human microbiome. Brief Bioinf 13:769–780

Chargaff E (1975) A fever of reason: the early way. Annu Rev Biochem 44:1–20

Chavan SS, Shaughnessy JD, Edmondson RD (2011) Overview of biological database mapping services for interoperation between different 'omics' datasets. Hum Genomics 5:703–708

Clarke L, Zheng-Bradley X, Smith R, Kulesha E, Xiao C et al. (2012) The 1000 Genomes Project: data management and community access. Nat Methods 9:459–462

Duarte NC, Becker SA, Jamshidi N, Thiele I, Mo ML et al. (2007) Global reconstruction of the human metabolic network based on genomic and bibliomic data. PNAS 104:1777–1782

Fleischmann R, Adams M, White O, Clayton R, Kirkness E et al. (1995) Whole-genome random sequencing and assembly of *Haemophilus influenzae* Rd. Science 269:496–512

Fudenberg G, Mirny LA (2012) Higher-order chromatin structure: bridging physics and biology. Curr Opin Genet Dev 22:115–124

Hansen A (2005) Bioinformatik, 2. Aufl. Birkhäuser, Basel

Human Genome Sequencing Consortium (2001) Initial sequencing and analysis of the human genome. Nature 409:860–921

Jeong H, Mason SP, Barabási AL, Oltvai ZN (2001) Lethality and centrality in protein networks. Nature 411:41–42

Karr JR, Sanghvi JC, Macklin DN, Gutschow MV, Jacobs JM et al. (2012) A whole-cell computational model predicts phenotype from genotype. Cell 150:389–401

Knuth D (1997) The art of computer programming. Volume 2: Seminumerical algorithms. Addison-Wesley, Reading

Kuo A, Gulbis JM, Antcliff JF, Rahman T, Lowe ED et al. (2003) Crystal structure of the potassium channel kirbac1.1 in the closed state. Science 300:1922–1926

Lesk AM (2014) Introduction to bioinformatics, 4. Aufl. Oxford University Press, Oxford

Lewin B (2004) Genes VIII. Prentice Hall, Saddle River/NJ

Liebovitch LS, Scheurle D (2000) Two lessons from fractals and chaos. Complexity 5:34–43

Ma H, Sorokin A, Mazein A, Selkov A, Selkov E et al. (2007) The Edinburgh human metabolic network reconstruction and its functional analysis. Mol Syst Biol 3:135

Mattick JS (2008) ncRNA – nicht codierende regulatorische RNA. labor&more 5:6–8

Mercer TR, Mattick JS (2013) Structure and function of long noncoding RNAs in epigenetic regulation. Nat Struct Mol Biol 20:300–307

Mittelstraß J (1999) Transdisziplinarität – eine Chance für Wissenschaft und Philosophie. Phys Bl 55:3

Mouse Genome Sequencing Consortium (2002) Initial sequencing and comparative analysis of the mouse genome. Nature 420:520–562

Ravasz E, Somera AL, Mongru DA, Oltvai ZN, Barabási AL (2002) Hierarchical organization of modularity in metabolic networks. Science 297:1551–1555

Schiessel H (2003) The physics of chromatin. J Phys: Condens Matter 15:R699

Smith J, Hütt M (2010) Network dynamics as an interface between modeling and experiment in systems biology. In: Tretter F, Gebicke-Haerter PJ, Mendoza ER, Winterer G (Hrsg) Systems biology in psychiatric research: from high-throughput data to mathematical modeling, Wiley-VCH, Weinheim, S 234–276

Teeling H, Fuchs BM, Becher D, Klockow C, Gardebrecht A et al. (2012) Substrate-controlled succession of marine bacterioplankton populations induced by a phytoplankton bloom. Science 336:608–611

The ENCODE Project Consortium (2012) An integrated encyclopedia of DNA elements in the human genome. Nature 488:57–74

Thiele I, Swainston N, Fleming, Ronan MT, Hoppe A, Sahoo S et al. (2013) A community-driven global reconstruction of human metabolism. Nat Biotechnol 31:419–425

Travers A, Muskhelishvili G (2005) DNA supercoiling – a global transcriptional regulator for enterobacterial growth? Nat Rev Microbiol 3:157–169

Venter JC, Adams MD, Myers EW, Li PW, Mural RJ et al. (2001) The sequence of the human genome. Science 291:1304–1351

Statistische Analyse von DNA-Sequenzen

2.1 Grundidee

Viele Aspekte der Bioinformatik handeln davon, biologische Situationen in eine symbolische Sprache zu übertragen. In Kap. 1 haben wir mit der Reduktion des linearen Moleküls DNA auf die Abfolge der unterschiedlichen Basen und der Identifikation eines Proteins mit der Abfolge von Aminosäuren entlang des Polypeptidstrangs schon Beispiele für solche Übertragungen kennengelernt. Diese Reduktion der Komplexität realer biologischer Zusammenhänge bildet eine notwendige Voraussetzung für weitere Untersuchungen. Eine wichtige Fragestellung ist dabei, welche biologischen (oder chemischen) Eigenschaften durch diese Übertragung ausgeblendet werden, also einer Analyse auf der Grundlage der Symbolsequenz nicht mehr zugänglich sind, und – umgekehrt – welche biologischen Eigenschaften in der Symbolsequenz gerade einfacher diskutiert werden können. In den meisten Fällen wird die Verbindung von statistischen Eigenschaften der Symbolsequenzen und biologischen Eigenschaften des realen Objekts (z. B. des DNA-Strangs) durch *Wahrscheinlichkeitsmodelle* hergestellt. Solche auf statistischen Aussagen basierenden Funktionszuweisungen sind Gegenstand einer großen Klasse bioinformatischer Analysen. Abbildung 2.1 fasst diese Situation zusammen. Der Weg (reale Struktur → abstraktes, mathematisch zugängliches Objekt → Funktionszuweisung durch Analyse des abstrakten Objekts) erweist sich als universelles Arbeitsprinzip der Bioinformatik. Abbildung 2.2 zeigt, wie z. B. die Analyse genetischer Netzwerke mithilfe der Graphentheorie genau diesem Vorgehen entspricht. Auf Einzelheiten dieser speziellen Betrachtung werden wir in Kap. 5.2 noch ausführlich eingehen.

Ein mathematisches Modell hat in der Regel den Zweck, ein reales (beobachtetes) Phänomen numerisch zu simulieren, es also in Form mathematischer Regeln nachzustellen und es dadurch in seiner Funktion besser zu verstehen. Dabei lassen sich Einzelheiten des realen Systems so weit ausblenden, dass man versteht, welche Systemkomponenten oder -eigenschaften essenziell für bestimmte Aspekte des beobachteten Verhaltens sind (minimale Modelle). Ebenso lassen sich aus dem Mo-

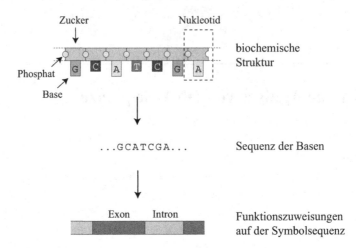

Abb. 2.1 Schematische Darstellung des durch die Begriffabfolge Struktur, Abstraktion, Analyse gegebenen bioinformatischen Arbeitsprinzips am Beispiel einer DNA-Sequenz. Mit dem oberen Bildelement ist hier das Makromolekül selbst mit seinen vielfältigen biochemischen Eigenschaften gemeint. Damit ist klar, welche enorme Abstraktion in dem Schritt zur Symbolsequenz liegt. Der Weg von der Sequenz zur zugewiesenen Funktion führt dann oft über spezielle Modelle

dell oft Eigenschaften analytisch herleiten, so dass man eine Information darüber erhält, welche Aspekte des realen Phänomens zwangsläufig aus den (oft wenigen) im Modell festgelegten Grundeigenschaften folgen. Während die beiden letztgenannten Punkte üblicherweise Gegenstand der *theoretischen Biologie* sind, findet sich der erste Aspekt, die numerische Simulation, in einer Vielzahl bioinformatischer Untersuchungen. Die dabei verwendeten Modelle sind Wahrscheinlichkeitsmodelle. Ein Wahrscheinlichkeitsmodell erzeugt z. B. Sequenzen. Die (in dem Modell möglichen) Sequenzen werden im Allgemeinen mit unterschiedlichen Wahrscheinlichkeiten hervorgebracht, die von den Parametern des Modells abhängen. Dieses elementare Szenario werden wir in den Kapiteln 2.2 und 2.3 diskutieren. Wir werden im Folgenden anhand einfacher Beispiele sehen, wie man Wahrscheinlichkeitsmodelle formuliert, und vor allem, wie sich dann bei gegebener Modellstruktur die Modellparameter aus empirischen Befunden schätzen lassen. Die derzeit beste Darstellung, um von dieser pragmatischen und qualitativen Ebene zu einer mathematisch exakteren Ebene zu gelangen, ist das Buch von Durbin et al. (1998).

2.2 Wahrscheinlichkeitsmodelle

Einen Zugang zu dem abstrakten Begriff der Wahrscheinlichkeitsmodelle gewinnt man über Beispiele. Es ist klar, dass die für uns relevanten Objekte Sequenzen sind

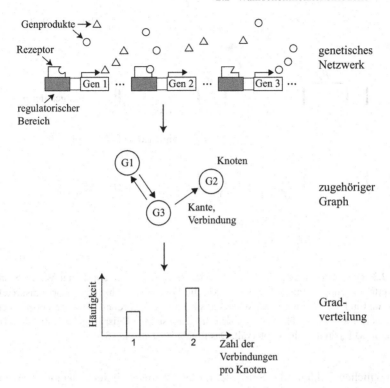

Abb. 2.2 Dasselbe durch Struktur, Abstraktion und Analyse gegebene Arbeitsprinzip wie in Abb. 2.1 hier für genetische Netzwerke. In diesem einfachen Schema reguliert Gen 3 über seine Produkte (Kreise) die Aktivität der Gene 1 und 2 und wird selbst von Gen 1 reguliert (Dreiecke). Damit gibt es in diesem formalen Graphen zwei Knoten (Gene) mit zwei Verbindungen und einen Knoten mit einer Verbindung. Diese Häufigkeitsverteilung ist im unteren Teil der Abbildung aufgetragen. Mit der Zahl der Verbindungen ist hier die *Summe* aus einlaufenden und herausgehenden Verbindungen für jeden Knoten gemeint

(für die dann z. B. funktionelle Bestandteile oder Aspekte der Molekülstruktur bestimmt werden sollen). Im Fall der DNA oder der Proteine sind dies dann Symbolsequenzen. In vielen anderen Beispielen stellen diese Sequenzen eine Abfolge von Zahlen dar.

Das bekannteste Beispiel eines Wahrscheinlichkeitsmodells ist ein Würfel. Die Modellparameter sind dann die Wahrscheinlichkeiten p_i, die Zahl i zu würfeln. Implizit sind wir damit vom klassischen Würfel, der eine Gleichverteilung aller sechs Zahlen besitzt, abgewichen und haben faire und unfaire Würfel gleichermaßen zugelassen. Ebenso könnten wir von den möglichen Zahlen $i = 1, \ldots, 6$ abweichen und ein Modell eines Würfels mit k Zahlen formulieren. Um die Notation einfach zu halten, wollen wir an der Beschränkung auf sechs Zahlen jedoch festhalten. Ein Wahrscheinlichkeitsmodell (in unserem Sinne) bringt also Zahlen und Symbole hervor. Die Menge

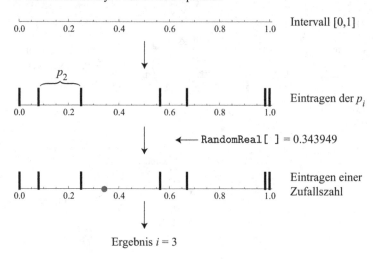

Abb. 2.3 Die Zerlegung des Einheitsintervalls als Grundgedanke diskreter Wahrscheinlich-keitsverteilungen. Die Intervallgrößen geben die Wahrscheinlichkeit für jedes (diskrete) Ereignis an. Ein kontinuierliches Zufallsereignis kann so eingeordnet und in ein entsprechendes diskretes Zufallsereignis übersetzt werden. Im dargestellten Beispiel gelangt die Zufallszahl **RandomReal[ ]** in das fünfte Intervall. Das Ergebnis ist also $i = 3$

der möglichen Zahlen oder Symbole, die ein Wahrscheinlichkeitsmodell erzeugen kann, bezeichnet man auch als *Zustandsraum* des Wahrscheinlichkeitsmodells. Bei solchen Parametern eines Modells handelt es sich um *Wahrscheinlichkeiten*, wenn die Parameter noch zwei Nebenbedingungen erfüllen: Zum einen dürfen die p_i nicht negativ sein, zum anderen muss die Summe über alle p_i gerade Eins ergeben,

$$p_i \geq 0 \; ; \quad \sum_{i=1}^{6} p_i = 1 \, , \qquad i = 1, \ldots, 6 \, . \tag{2.1}$$

Damit ist gesagt, dass als sicheres Ereignis, also mit der Wahrscheinlichkeit Eins, eines der Symbole aus dem Zustandsraum des Wahrscheinlichkeitsmodells tatsächlich als nächstes Symbol auftritt. Diese Vollständigkeitsbedingung stellt die erste mathematisch interessante Eigenschaft solcher Wahrscheinlichkeitsmodelle dar, denn je nach Perspektive hat sie die Gestalt einer Normierungsbedingung oder aber die Form der Zerlegung des Einheitsintervalls [0, 1] durch die Wahrscheinlichkeitsverteilung $p_1, \ldots, p_6$. Der Aspekt der Normierungsbedingung ist unmittelbar zu verstehen, wenn man sich die Schätzung der Parameter p_i aus den Häufigkeiten $N_1, \ldots, N_6$ der in einer Symbolsequenz tatsächlich vorliegenden Ereignisse vorstellt. Dabei gibt N_i die absolute Häufigkeit des Symbols i in einer durch den Würfel (also unser Wahrscheinlichkeitsmodell) hervorgebrachten Sequenz an. Verwandelt man die absoluten

Häufigkeiten N_i nun in relative Häufigkeiten r_i, indem man durch die Gesamtzahl von Symbolen in der Sequenz teilt,

$$p_i \approx r_i = \frac{N_i}{\sum_{j=1}^{6} N_j}, \qquad i = 1,\dots,6, \tag{2.2}$$

so erhält man eine Approximation[1] an die Wahrscheinlichkeiten p_i. Dass die relativen Häufigkeiten r_i (unter ziemlich schwachen Modellannahmen) im Limes unendlich vieler Stichproben ($n \to \infty$ mit $n = \sum_{j=1}^{6} N_j$) gegen die Größen p_i konvergieren, folgt aus dem *Gesetz der großen Zahlen*, einem Grundpfeiler der Wahrscheinlichkeitstheorie. Gerade aufgrund der Normierung beim Schritt zu den relativen Häufigkeiten erfüllen die so geschätzten p_i die oben aufgeführte Nebenbedingung *per constructionem*. In all diesen Zusammenhängen geht man typischerweise davon aus, dass die Stichproben (z. B. die hintereinander ausgeführten Würfelwürfe) unabhängig voneinander sind (also insbesondere nicht von ihrer Reihenfolge abhängen). Die lückenlose Aufteilung des Einheitsintervalls $[0, 1]$ durch die in dem Modell auftretenden Wahrscheinlichkeiten, die Zerlegung der Einheit, ist die zweite mögliche Sichtweise auf diese Nebenbedingung. Die Größe eines Unterintervalls ist dabei gerade durch den Wert der Wahrscheinlichkeit gegeben. Eine im Intervall $[0, 1]$ gleichverteilte reelle Zufallszahl befindet sich also in dieser Vorstellung in einem der Unterintervalle (z. B.: im $i$ten Unterintervall). Das hervorgebrachte Symbol ist somit gerade i. Zufallszahlen (und die praktischen Schwierigkeiten ihrer Erzeugung) haben wir bereits in Kap. 1.5 kurz angesprochen. Vollführt man dieses Zufallsexperiment oft hintereinander, so ist über die Intervallgröße sichergestellt, dass die relativen Häufigkeiten N_i mit einer immer größeren Sequenz von Zahlen (größere Stichprobe) immer besser die Wahrscheinlichkeit p_i approximieren. Abbildung 2.3 fasst diese Situation zusammen. Die grafische Vorstellung der Zerlegung der Einheit durch eine diskrete Wahrscheinlichkeitsverteilung $p_1, \dots, p_6$ ist ein nützliches Gedankenmodell für das Funktionieren von Wahrscheinlichkeitsverteilungen und zugleich ein geeigneter gedanklicher Ausgangspunkt für die konkrete informatische Implementierung solcher Zufallsprozesse. Sie stellt daher auch das Thema unseres ersten *Mathematica*-Exkurses dar. Zur weiteren Ausgestaltung des durch die p_i gegebenen Würfels als Wahrscheinlichkeitsmodell kann man nun *Sequenzen* von Zahlen diskutieren, also Abfolgen von Würfelergebnissen. Dies ist hier besonders einfach durch die bereits erwähnte Annahme, dass die Würfe alle unabhängig voneinander erfolgen. Man hat dann als (Gesamt-)Wahrscheinlichkeit z. B. für eine Sequenz $x = 2, 6, 5$ das *Produkt* der individuellen Wahrscheinlichkeiten:

$$P(x) = p_2\, p_6\, p_5 . \tag{2.3}$$

Diese Annahme einer Unabhängigkeit der Ereignisse definiert ein Wahrscheinlichkeitsmodell, das wir im Folgenden häufig zum direkten Vergleich mit realen Sequenzen heranziehen werden, nämlich das Modell einer rein *zufälligen Symbolsequenz* (engl. *random sequence model*, auch Bernoulli-Sequenz).

---

[1] In der Statistik bezeichnet man eine solche Approximation einer Wahrscheinlichkeit (also eines Modellparameters) durch empirische Größen als *Schätzer*.

Im Fall von DNA-Sequenzen hat man den aus den möglichen Nukleotiden gebildeten Zustandsraum

$$\Sigma = \{A, G, C, T\} \, . \tag{2.4}$$

Die Parameter des Modells sind dann die Wahrscheinlichkeiten p_a für das Vorliegen eines beliebigen Symbols $a \in \Sigma$ in der Sequenz.[2] Erneut wird das Modell ergänzt durch die Annahme, dass die Zufallsexperimente unabhängig sind. Betrachten wir eine Sequenz $x = x_1, x_2, \ldots, x_n$. Die Wahrscheinlichkeit $P(x)$ der Sequenz x in diesem Modell ist dann

$$P(x) = p_{x_1} \, p_{x_2} \, \cdots \, p_{x_n} = \prod_{i=1}^{n} p_{x_i} \, . \tag{2.5}$$

Die Bernoulli-Sequenz ist eine Art Minimal- oder Grundmodell, das man verwendet, um Aussagen aus anderen, fortgeschrittenen Modellen mit den Ergebnissen dieses Grundmodells zu vergleichen. Es dient als eine *Nullhypothese* der Sequenzmodelle.

Mathematica-Exkurs: Zerlegung der Einheit

Im Rahmen dieses Exkurses soll das prinzipielle Phänomen der Zerlegung des Einheitsintervalls durch eine diskrete Wahrscheinlichkeitsverteilung und die in Abb. 2.3 dargestellte Abfolge von Schritten zur praktischen Verwendung dieser Vorstellung in *Mathematica* rekonstruiert werden.

Das erste Element auf diesem Weg ist eine geeignete Wahrscheinlichkeitsverteilung. Dazu wird mit der Funktion **RandomReal[]**, die eine im Intervall [0, 1] gleichverteilte reellwertige Zufallszahl erzeugt, der Ausgangspunkt gelegt:

```
In[1]:= rand = Table[RandomReal[], {6}]
Out[1]= {0.817389, 0.11142, 0.789526, 0.187803, 0.241361, 0.0657388}
```

Diese Tabelle aus sechs Zufallszahlen lässt sich nun so normieren, dass die Summe gerade Eins ist:

```
In[2]:= probDist = rand/Apply[Plus, rand]
Out[2]= {0.369318, 0.0503424, 0.356729,
         0.0848545, 0.109053, 0.0297025}
```

Die Funktion **Plus** gibt die Summe ihrer Argumente aus, **Plus[x1, x2, x3]** = $x_1 + x_2 + x_3$. Um die Funktion **Plus** auf eine Liste von Elementen anzuwenden, ist der Befehl **Apply** nötig. **Plus[{x1, x2, x3}]** würde das Argument unausgewertet

---

[2] Aus unserer Diskussion der relativen Häufigkeiten ist klar, dass diese Größen von der Länge der betrachteten Sequenz abhängen. Diesen Aspekt betrachten wir hier nicht weiter. Im praktischen Umgang mit Sequenzmodellen benötigt man zur Parameterschätzung eine geeignete Menge von *Trainingsdaten*.

lassen, erst **Apply[Plus, {x1, x2, x3}]** führt auf $x_1 + x_2 + x_3$. Mit dem Anwenden der Funktion **Plus** auf die resultierende Liste,

```
In[3] := Apply[Plus, probDist]
Out[3] = 1.
```

lässt sich diese Normierung überprüfen. Eine Abkürzung dieses **Apply**-Befehls ist durch **@@** gegeben:

```
In[4] := Plus@@probDist
Out[4] = 1.
```

Damit sind die einzelnen Intervallgrößen festgelegt. Durch Bildung der Partialsummen

$$q_i = \sum_{j=1}^{i} p_j$$

erhält man daraus die Intervallgrenzen im Einheitsintervall $[0, 1]$. In *Mathematica* sind Partialsummen effizient zu formulieren, indem man die Funktion **Plus** iterativ auf eine Liste anwendet. Dazu verwenden wir die Funktion **FoldList**. Diese Funktion besitzt drei Argumente, nämlich eine zweiargumentige Funktion f, das Anfangselement A und eine Liste $L = \{L_1, \ldots, L_n\}$. Dann hat man

FoldList[f, A, L] $= \{A, f[A, L_1], f[f[A, L_1], L_2], \ldots\}$.

Die Iteration endet, wenn das letzte Listenelement erreicht ist. In unserem Fall bildet die untere Intervallgrenze, $A = 0$, den Anfangspunkt. Man hat also

```
In[5] := cumDist = FoldList[Plus, 0, probDist]
Out[5] = {0, 0.369318, 0.419661, 0.77639, 0.861244, 0.970297, 1.}
```

In eine grafische Darstellung des Einheitsintervalls,

```
In[6] := pl1 = Plot[0, {x, 0, 1}, Axes → {True, False},
               PlotRange → {{0, 1.01}, {-1, 1}}]
```

lassen sich nun diese Intervallgrenzen einzeichnen:

```
In[7] := Do[
             plX[k] = ListLinePlot[
                 {{cumDist[[k]], 0}, {cumDist[[k]], 0.2}},
                 PlotStyle → {AbsoluteThickness[3], Black}],
             {k, 1, Length[cumDist]}]
```

Die **Do**-Schleife ist ein zentrales Element der Programmierung in *Mathematica*. Die erste geschweifte Klammer enthält die Abfolge von Befehlen, die in jedem Schleifenschritt ausgeführt werden. In unserem Beispiel enthält sie nur einen einzigen Befehl. Die zweite Klammer legt die Schleifenvariable (hier: **k**) und ihren Anfangs-

und Endwert in der Schleife fest. Es ist deutlich zu sehen, dass in den Befehlen (erste Klammer) diese Variable verwendet werden kann.

```
In[8]:= p100 =
    Show[
        Flatten[{pl1, Table[plX[k], {k, 1, Length[cumDist]}]}]]
```

Die Ausführung der beiden letztgenannten Befehle ergibt die ersten Teile der Abb. 2.3. Die hier verwendeten Grafikoptionen eignen sich besonders für eigene kleine Experimente mit den *Mathematica*-Befehlen. Eine Zufallszahl

```
In[9]:= x = RandomReal[]
Out[9]= 0.542247
```

kann nun in diese Abbildung eingetragen werden:

```
In[10]:= pl2 = ListPlot[{{x, 0}},
        PlotStyle → {AbsolutePointSize[8], Red}];
    Show[p100, pl2]
```

Das zugehörige Ergebnis, also die Intervallnummer oder – in dem Gedankenexperiment dieses Kapitels – die von dem Würfel, der dieser Wahrscheinlichkeitsverteilung folgt, ausgegebene Zahl, kann man nun über einen kleinen Umweg ermitteln. Dazu fügt man die Zahl x der Liste von Intervallgrenzen hinzu (mit **Append**), sortiert die Einträge dieser Liste nach ihrer Größe (mit **Sort**) und lässt sich die Position von x in der sortierten Liste ausgeben (mit **Position**). Subtrahiert man 1 (sonst würden die möglichen Ergebnisse zwischen 2 und 7 liegen), so erhält man die Intervallnummer:

```
In[11]:= Position[Sort[Append[cumDist, x]], x][[1, 1]] - 1
Out[11]= 3
```

Damit haben wir Abb. 2.3 vollständig in *Mathematica* reproduziert. Zugleich haben wir ein mathematisch nicht triviales Objekt implementiert, nämlich eine Routine, die eine zwischen Null und Eins gleichverteilte kontinuierliche Zufallszahl in eine diskrete Zufallszahl überführt, die einer vorgegebenen Wahrscheinlichkeitsverteilung folgt. Diese Aussage können wir nun überprüfen. Abbildung 2.4 gibt eine Abfolge von zehn Zufallsexperimenten mit jeweils zehn Einträgen an. Die erheblichen Unterschiede zwischen den Punktverteilungen zeigen deutlich, dass zehn Wiederholungen keinesfalls ausreichen, um die zugrunde liegende Wahrscheinlichkeitsverteilung angemessen abzubilden. Abbildung 2.5 stellt drei Häufigkeitsverteilungen für unterschiedliche Stichprobengrößen sowie die tatsächliche Verteilung dar. Der optische Eindruck aus Abb. 2.4 bestätigt sich: Mit nur zehn Wiederholungen des Einzelereignisses lassen sich die Intervallgrößen nur unzureichend nachzeichnen. Mit wachsender Zahl der Wiederholungen (Stichprobengröße) approximieren die relativen Häufigkeiten jedoch immer besser die Intervallgrenzen (Abb. 2.5d).

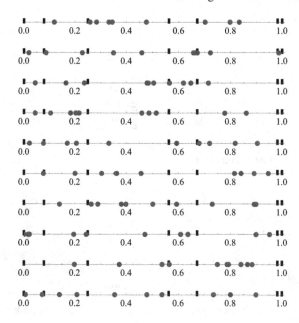

Abb. 2.4 Zehn Zufallsexperimente gemäß dem in Abb. 2.3 dargestellten Schema. Jedes Zufallsexperiment (also jede Zeile) besteht aus zehn Einzelereignissen. Man erkennt die bei dieser geringen Stichprobengröße starken Schwankungen in der Ausnutzung des (diskreten) Zustandsraums

2.3 Bedingte Wahrscheinlichkeiten

Wir haben nun an einfachen Beispielen gesehen, wie man Wahrscheinlichkeitsmodelle prinzipiell formuliert. In diesem Kapitel werden wir diskutieren, wie man solche Modelle praktisch verwendet und – vor allem – wie man sich zwischen konkurrierenden Modellen[3] entscheidet. Dazu müssen Datensätze gegeben sein (also Sequenzen; das können DNA-Sequenzen in einer Datenbank sein oder Würfelergebnisse, die in einer Datei abgelegt sind), um die Parameter zu bestimmen. Das wahrscheinlichkeitstheoretische Werkzeug, um solche Fragestellungen zu beantworten, ist die *bedingte Wahrscheinlichkeit*. Es wird sich im Folgenden auch als zentral bei der Formulierung fortgeschrittener Wahrscheinlichkeitsmodelle (z. B. für eine DNA-Sequenz) als eine einfache Bernoulli-Sequenz herausstellen. Wir betrachten zwei unterschiedliche Würfel W_1 und W_2. Die Wahrscheinlichkeit, mit W_1 die Zahl i,

---

[3] An dieser Stelle meinen wir mit 'Modelle' zwei Versionen desselben Wahrscheinlichkeitsmodells, die durch unterschiedliche Parameter ausgestaltet werden. Das ist für die vorliegende Diskussion ein angemessenes Vorgehen, später jedoch nicht mehr. Ein praktikablerer (und interessanterer) Modellbegriff ergibt sich, wenn Varianten, die sich nur in ihren Parametern unterscheiden, immer noch als *ein Modell* bezeichnet werden. Beide Vorstellungen findet man in bioinformatischen Untersuchungen. Die entsprechende Untersuchungsstrategie werden wir im Verlauf dieses Kapitels noch ausführlich diskutieren.

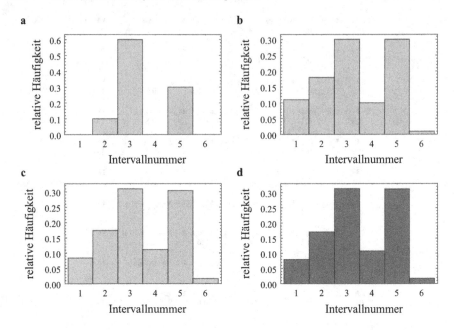

Abb. 2.5 Approximation der tatsächlichen (durch die Intervallbreiten in der Versuchsanordnung aus Abb. 2.3 gegebenen) Wahrscheinlichkeiten durch die relativen Häufigkeiten für verschiedene Stichprobengrößen der Zufallsexperimente: **a** $n = 10$, **b** $n = 100$, **c** $n = 1000$, **d** Darstellung der tatsächlichen Wahrscheinlichkeiten

mit $i \in \{1, \ldots, 6\}$, zu würfeln, ist dann die bedingte Wahrscheinlichkeit $P(i\,|\,W_1)$, also die Wahrscheinlichkeit für die Zahl i *unter der Bedingung* des Würfels W_1.

Zu einer Beziehung zu den üblichen Wahrscheinlichkeiten gelangt man, wenn man eine zufällige Auswahl des Würfels zulässt. Dann gibt es weitere Parameter $P(W_j)$, $j = 1, 2$, als Wahrscheinlichkeit für die Verwendung des Würfels W_j. Damit ist die gemeinsame (bzw. verknüpfte) Wahrscheinlichkeit $P(i, W_j)$ dafür, den Würfel W_j zu wählen und mit ihm die Zahl i zu würfeln:

$$P(i, W_j) = P(i\,|\,W_j)\, P(W_j) \,. \tag{2.6}$$

Gleichung (2.6) ist die übliche mathematische Präzisierung unserer Vorstellung einer bedingten Wahrscheinlichkeit. Für zwei Zufallsereignisse X und Y wird so ein Zusammenhang zwischen der bedingten und der gemeinsamen Wahrscheinlichkeit hergestellt:

$$P(X, Y) = P(X\,|\,Y)\, P(Y) \,. \tag{2.7}$$

Dabei ist $P(X, Y)$ die Wahrscheinlichkeit für das gemeinsame Auftreten von X und Y, $P(X\,|\,Y)$ die Wahrscheinlichkeit für X unter der Bedingung, dass Y vorliegt, und $P(Y)$ die Wahrscheinlichkeit für Y. Aus der gemeinsamen Wahrscheinlichkeit kann man durch Summation über den Möglichkeitsraum (oder Zustandsraum) einer Variablen die Einzelwahrscheinlichkeit zurückgewinnen. Diese Einzelwahrscheinlichkeit bezeichnet man dann als *Marginalwahrscheinlichkeit*:

$$P(X) = \sum_Y P(X, Y) = \sum_Y P(X \,|\, Y)\, P(Y)\,. \tag{2.8}$$

Für den speziellen Fall der beiden Würfel W_1 und W_2 ergibt sich die Wahrscheinlichkeit, die Zahl i zu würfeln, in folgender Weise als Marginalwahrscheinlichkeit:

$$\begin{aligned} P(i) &= \sum_{j=1}^{2} P(i, W_j) = \sum_{j=1}^{2} P(i \,|\, W_j)\, P(W_j) \\ &= P(i \,|\, W_1)\, P(W_1) + P(i \,|\, W_2)\, P(W_2)\,. \end{aligned} \tag{2.9}$$

Kehren wir noch einmal zu dem allgemeinen Fall aus Gl. (2.7) zurück. Aus dem Konzept der gemeinsamen Wahrscheinlichkeit folgt, dass stets $P(X, Y) = P(Y, X)$ gilt, und damit hat man auch

$$P(X \,|\, Y)\, P(Y) = P(Y \,|\, X)\, P(X)\,. \tag{2.10}$$

Dies erlaubt durch einfache Division den Zugriff auf die *Posteriorwahrscheinlichkeit* $P(Y \,|\, X)$ durch

$$P(Y \,|\, X) = \frac{P(X \,|\, Y)\, P(Y)}{P(X)}\,. \tag{2.11}$$

Gleichung (2.11) bezeichnet man als *Bayes-Theorem*.

Was bedeutet nun diese Posteriorwahrscheinlichkeit? Im Fall der Würfel W_1 und W_2 ist das recht klar. Dann ist $P(W_j \,|\, i)$ gerade die Wahrscheinlichkeit für W_j unter der Bedingung i, also die Wahrscheinlichkeit dafür, dass das beobachtete Ereignis (die gewürfelte Zahl i) mit dem Würfel W_j zustande gekommen ist. Schon aus einem solchen elementaren Beispiel wird klar, dass sich hinter diesem einfachen, durch das Bayes-Theorem ausgestalteten Zusammenhang eines der zentralen Werkzeuge der Bioinformatik verbirgt. Mit dem Konstrukt der Posteriorwahrscheinlichkeit ist es möglich, nach den erzeugenden Mechanismen hinter gegebenen Sequenzen zu fragen. Hidden-Markov-Modelle sind – wie wir in Kap. 2.8 sehen werden – gerade Umsetzungen dieses Grundgedankens. Nach dieser kurzen Einführung der Posteriorwahrscheinlichkeit ist auch klar, dass im Allgemeinen gilt

$$P(Y \,|\, X) \neq P(X \,|\, Y)\,. \tag{2.12}$$

Im Fall der beiden Würfel ist das besonders einsichtig: Die beiden Größen $P(i \,|\, W_j)$ (Ereignis: Zahl i unter der Bedingung, dass der Würfel W_j verwendet wurde) und $P(W_j \,|\, i)$ (Ereignis: Würfel W_j unter der Bedingung, dass die Zahl i gewürfelt wurde) sind offensichtlich vollkommen verschiedene Objekte, da im ersten Fall das Ereignis eine Zahl, in letzterem jedoch der verwendete Würfel ist. Eine weitere wichtige

Eigenschaft erhält man aus folgendem Spezialfall: Sind X und Y zwei unabhängige Ereignisse, gilt

$$P(X, Y) = P(X)\, P(Y) \tag{2.13}$$

und damit folglich:

$$P(X\,|\,Y) = P(X)\,. \tag{2.14}$$

Hier tritt die Ungleichheit der beiden bedingten Wahrscheinlichkeiten am deutlichsten zutage: In diesem Spezialfall unabhängiger Ereignisse wird $P(X\,|\,Y)$ zu $P(X)$, die Posteriorwahrscheinlichkeit $P(Y\,|\,X)$ jedoch zu $P(Y)$.

Zahlenbeispiel

Ein äußerst instruktives Beispiel für die Verwendung des Bayes-Theorems wird in Durbin et al. (1998) diskutiert, nämlich ein gelegentlich unehrliches Kasino. Wir betrachten ein Kasino, das zwei Sorten von Würfeln verwendet, einen fairen Würfel W_1 in 99 % aller Fälle,

$$W_1 \ : \quad P(W_1) = 0.99 \quad \text{und} \quad P_{1i} = \frac{1}{6}, \quad i = 1, \dots, 6\,, \tag{2.15}$$

und einen unfairen Würfel W_2 in 1 % der Fälle (also der Kasinobesucher!), der in der Hälfte der Versuche eine Sechs hervorbringt:

$$W_2 \ : \quad P(W_2) = 1 - P(W_1) = 0.01 \quad \text{und}$$
$$P_{26} = 0.5 \ \wedge \ P_{2i} = \frac{1 - P_{26}}{5} = 0.1 \quad \forall\, i \neq 6\,. \tag{2.16}$$

Dabei bezeichnet $P(W_i)$ die Verwendungswahrscheinlichkeit des Würfels W_i und P_{ij} die Wahrscheinlichkeit, mit dem Würfel W_i die Zahl j zu würfeln. Die Parameter P_{ij} sind dann gerade die bedingten Wahrscheinlichkeiten $P(j\,|\,W_i)$. Man hat also z. B. $P(6\,|\,W_2) = P_{26} = 0.5$ und $P(6\,|\,W_1) = P_{16} = 1/6$. Nun wählt man einen Würfel auf dem Tisch zufällig aus. Die oben im Umfeld des Bayes-Theorems diskutierten Wahrscheinlichkeiten lassen sich für dieses Szenario direkt ausrechnen. Einige Beispiele:

1. Wie groß sind $P(i = 6, W_2)$ und $P(i = 6, W_1)$?

$$P(i = 6, W_2) = P(i = 6\,|\,W_2)\, P(W_2) = P_{26}\, P(W_2) \tag{2.17}$$
$$= 0.5 \cdot 0.01 = 0.005\,;$$

$$P(i = 6, W_1) = P_{16}\, P(W_1) = \frac{1}{6} \cdot 0.99 = 0.165\,. \tag{2.18}$$

2. Wie groß ist die Wahrscheinlichkeit, mit einem zufällig ausgewählten Würfel eine Sechs zu würfeln?

Die Frage wendet sich an die Marginalwahrscheinlichkeit $P(i = 6)$:

$$P(i = 6) = \sum_{j=1}^{2} P(i = 6, W_j) = 0.165 + 0.005 = 0.17 \,. \tag{2.19}$$

Zum Vergleich: $\frac{1}{6} = 0.16667$. Auf der Ebene eines einzelnen Ereignisses verändert die Präsenz des unfairen Würfels die Wahrscheinlichkeit also nur minimal.

Nun nähern wir uns langsam – in demselben Beispielszenario eines gelegentlich unehrlichen Kasinos – der Diskussion von Sequenzen. Dazu betrachten wir erneut ein Beispiel aus Durbin et al. (1998), und zwar den Fall, dass mit demselben Würfel hintereinander dreimal eine Sechs gewürfelt wird, und fragen, ob daraus schon abzuleiten ist, dass wir vermutlich den unfairen Würfel W_2 vor uns haben. Wir fragen also nach der Posteriorwahrscheinlichkeit $P(W_2 \,|\, D)$ mit dem Datensatz $D = 6, 6, 6$. Der Datensatz D ist tatsächlich eine erste Form von Sequenz. Im Fall eines einzelnen Würfels lässt sich die Wahrscheinlichkeit dieses Datensatzes aus der Unabhängigkeit der Ereignisse direkt angeben. Für den Würfel W_1 z. B. hätte man $P(D) = P_{16}P_{16}P_{16} = P_{16}^3$. Wir berechnen die Posteriorwahrscheinlichkeit aus der bedingten Wahrscheinlichkeit gemäß Gl. (2.11). Man hat

$$P(W_2 \,|\, D) = \frac{P(D \,|\, W_2)\, P(W_2)}{P(D)} = \frac{P_{26}^3\, P(W_2)}{P_{16}^3\, P(W_1) + P_{26}^3\, P(W_2)} = 0.21 \,. \tag{2.20}$$

Gleichung (2.20) ist die direkte Anwendung des Bayes-Theorems. Die einzige geringfügige Schwierigkeit ist die Angabe von $P(D)$. Die Wahrscheinlichkeit für D beim Würfel W_1 ist P_{16}^3 und mit dem Würfel W_2 hat man P_{26}^3, also erhält man $P(D) = P_{16}^3\, P(W_1) + P_{26}^3\, P(W_2)$. In Gl. (2.20) ist die Annahme gemacht, dass nach einmaliger Auswahl der Würfel beibehalten wird.[4] Die Wahrscheinlichkeit für ein Vorliegen von W_2, wenn man den Datensatz D beobachtet, beträgt also nur 21 %. Es ist also trotz der drei Sechsen wahrscheinlicher, dass der faire Würfel verwendet wurde. Ab wie vielen Sechsen hintereinander kann man in diesem Beispiel sicher sein, dass man mit dem unfairen Würfel spielt? Sei

$$D_n = \underbrace{6, 6, \ldots, 6}_{n \text{ mal}} \tag{2.21}$$

ein Datensatz, der aus n Sechsen besteht. Als Posteriorwahrscheinlichkeit $P(W_2 \,|\, D_n)$

---

[4] Im anderen Fall könnte man fragen, ob der Würfel W_2 an der Erzeugung von D beteiligt ist. Man müsste dann (z. B. in $P(D)$) alle möglichen Würfelkombinationen einbeziehen.

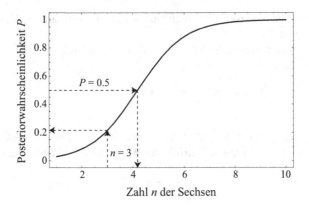

Abb. 2.6 Verlauf der Posteriorwahrscheinlichkeit $P = P(W_2 \mid D_n)$ aus Gl. (2.22) in Abhängigkeit der Zahl der Sechsen in dem Datensatz D_n (Gl. (2.21))

erhält man also

$$P(W_2 \mid D_n) = \frac{P_{26}^n \, P(W_2)}{P_{16}^n \, P(W_1) + P_{26}^n \, P(W_2)} . \tag{2.22}$$

Der grafische Verlauf dieses Ausdrucks ist in Abb. 2.6 dargestellt. Ab $n = 5$ liegt diese Wahrscheinlichkeit über 50 %.

Zahlenbeispiel

Als letztes Beispiel[5] für eine explizite Anwendung des Bayes-Theorems betrachten wir eine fiktive Situation, bei der die Posteriorwahrscheinlichkeit ein erstaunliches Ergebnis hervorbringt. Der Ausgangspunkt ist folgender: Eine seltene genetische Krankheit wird entdeckt. Es wird geschätzt, dass 1 : 1 000 000 Menschen diese Krankheit tragen. Ein genetischer Test kann herangezogen werden, um die Krankheit nachzuweisen. Der Test ist 100 % sensitiv (d. h., er ist immer korrekt bei Personen, die diese Krankheit besitzen) und 99.99 % spezifisch. Er gibt also in 0.01 % der Fälle fälschlicherweise positive Resultate (*false positives*). Uns interessiert, ob ein positives Testergebnis bei einer Person den Rückschluss auf ein Vorliegen der Krankheit erlaubt, also die Posteriorwahrscheinlichkeit $P(k \mid +)$. Dabei bezeichnet das erste Argument der Posteriorwahrscheinlichkeit den realen Zustand (also k = krank und g = gesund), während der zweite Eintrag das Testergebnis angibt (+ = Nachweis ist positiv, − = Nachweis ist negativ). Man hat

$$P(k \mid +) = \frac{P(+ \mid k) \, P(k)}{P(+)} . \tag{2.23}$$

---

[5] Dieses Beispiel findet sich u. a. als Übungsaufgabe in Durbin et al. (1998).

Mit den Zahlenwerten von oben erhält man

$$P(+\,|\,k) = 1, \ P(k) = 10^{-6},$$

$$P(+) = P(+\,|\,k)\,P(k) + P(+\,|\,g)\,P(g)$$

$$= 1 \cdot 10^{-6} + 1 \cdot 10^{-4} \cdot (1 - 10^{-6}) = 1.01 \cdot 1 \cdot 10^{-4}, \tag{2.24}$$

weil $0.01\,\% = 10^{-4}$ und $1/1\,000\,000 = 10^{-6}$, und damit ergibt sich $P(k\,|\,+) = 0.01$. Ein positives Testergebnis ist damit weitestgehend ohne Aussagekraft. Aufgrund der extrem geringen Zahl von Krankheitsfällen wird die Nachweisfähigkeit durch die *false positives* überschattet. Solche − recht gegenintuitiven − Sachverhalte quantitativ erfassen zu können, ist eine wichtige Anwendung des Bayes-Theorems.

2.4 Parameterschätzung

Die Parameter eines Wahrscheinlichkeitsmodells werden geschätzt aus einer großen Menge an Daten, von denen man weiß (oder hofft), dass sie zu dieser Modellklasse gehören, dass also das Wahrscheinlichkeitsmodell diese Daten prinzipiell auch als Simulationsergebnis produzieren könnte. Wie funktioniert nun dieser Vorgang der Parameterschätzung? Eine wichtige Vorbemerkung ist dabei, dass die Approximation der tatsächlichen Wahrscheinlichkeiten durch die relativen Häufigkeiten mit wachsender Datenmenge (Gesetz der großen Zahlen) einen *homogenen* Datensatz erfordert. Damit ist gemeint, dass die Daten in Bezug auf das Modell alle von der gleichen Art sind, sich also nicht in Eigenschaften unterscheiden, die unterschiedliche Modelle (oder zumindest unterschiedliche Parameterkonstellationen) erfordern würden.[6] Ein Weg der Parameterschätzung führt über die bedingten Wahrscheinlichkeiten. Sei $P(D\,|\,\Theta)$ die Wahrscheinlichkeit für den Datensatz D unter der Bedingung des durch den Parameter Θ spezifizierten Modells. Dabei kann Θ auch eine Schar von Parametern bezeichnen (nämlich z. B. alle, die zur Festlegung des betrachteten Wahrscheinlichkeitsmodells notwendig sind). Ändert man Θ, so ändert sich im Allgemeinen auch die Wahrscheinlichkeit $P(D\,|\,\Theta)$, dass dieses durch Θ gegebene Modell den Datensatz D hervorbringt. Man kann nun Θ so wählen, dass $P(D\,|\,\Theta)$ maximal ist. Diesen Weg der Parameterschätzung bezeichnet man als *Maximum-Likelihood* (ML)-Schätzung. Die bedingte Wahrscheinlichkeit $P(D\,|\,\Theta)$ bezeichnet man auch als *likelihood* des Datensatzes D unter dem Modell Θ.

Zur Illustration der ML-Schätzung diskutieren wir kurz ein weiteres sehr einfaches Wahrscheinlichkeitsmodell, nämlich eine *Münze*. Der Zustandsraum dieses Modells ist

$$\Sigma = \{Kopf, Zahl\} \equiv \{K, Z\}. \tag{2.25}$$

---

[6] Eine solche Homogenität der *Trainings-* oder Testdaten lässt sich z. B. überprüfen, indem man die Parameterschätzung für Teile der Trainingsdaten getrennt durchführt und die Ergebnisse vergleicht.

Die Parameter sind die Wahrscheinlichkeiten p_K und p_Z für die Ereignisse K und Z. Allerdings – und dies sollte aufgrund der Bemerkungen aus Kap. 2.2 (nämlich Gl. (2.1)) relativ offensichtlich sein – sind diese Parameter nicht unabhängig, es gilt

$$p_Z = 1 - p_K \,. \tag{2.26}$$

Wir betrachten nun einen Datensatz, bei dem in n Versuchen m-mal das Ergebnis K vorkommt. Die bedingte Wahrscheinlichkeit für diesen Datensatz D unter dem Parameter p_K ist damit proportional zu p_K^m und p_Z^{n-m}:

$$P(D \,|\, p_K) = c p_K^m (1 - p_K)^{n-m} \tag{2.27}$$

mit einer Proportionalitätskonstanten c. Diese Situation werden wir in Kap. 2.5 noch genauer untersuchen. Ein Extremum dieser Funktion findet man als Nullstelle der Ableitung. Wegen der Exponenten ist es einfacher, den Logarithmus dieser bedingten Wahrscheinlichkeit zu betrachten:

$$\log P(D \,|\, p_K) = \log c + m \log p_K + (n - m) \log(1 - p_K) \,. \tag{2.28}$$

Wegen $d/dx \, \log x = 1/x$ hat man dann

$$\frac{d}{dx} \log P(D \,|\, p_K) = \frac{m}{p_K} - \frac{n - m}{1 - p_K} = 0 \tag{2.29}$$

und somit als Lösung $p_K = m/n$. Der ML-Schätzer von p_K fällt hier also mit der relativen Häufigkeit von K im Datensatz D zusammen.

Die ML-Schätzung ist die wichtigste und verlässlichste Form der Parameterschätzung.[7] Dennoch kann es gelegentlich zu Komplikationen kommen. Betrachten wir dazu einen Datensatz D, der zur Schätzung des verbleibenden Parameters p_K herangezogen werden soll, nämlich

$$D = K, K, K \,. \tag{2.30}$$

Dies ist kein ungewöhnlicher Fall für normale (also durch $p_Z = p_K = 0.5$ charakterisierte) Münzen. In diesem Fall führt eine naive (und tatsächlich falsche Anwendung der) ML-Schätzung auf $p_K = 1$ und folglich auf $p_Z = 0$. Einen solchen Konstruktionsversuch eines Modells auf einem zu kleinen Datensatz bezeichnet man als *overfitting*: Offensichtlich ist die Datenmenge in D zu gering, um den Möglichkeitsraum der Ereignisse gleichmäßig aufzufüllen. Dieses Problem ist erheblich, gerade wenn man über einen einfachen (z. B. – wie im Fall der Münze – binären) Zustandsraum hinausgeht. Der Übergang zu zusammengesetzten Ereignissen oder sogar zu kontinuierlichen Zuständen, also zu einem wesentlich größeren (oder gar unendlichen) Möglichkeitsraum,[8] kann im Fall der einfachen Maximum-Likelihood-Schätzung zu

---

[7] Für eine ausführliche Darstellung der ML-Methode verweisen wir auf Bosch (1998).

[8] In unserem Sprachgebrauch bezeichnet der *Zustandsraum* die Menge der Elementarereignisse, während der *Möglichkeitsraum* den allgemeinen Fall elementarer und zusammengesetzter Ereignisse beschreibt.

Komplikationen führen, da schon die Bedingungen für eine angemessene Repräsentation des Zustandsraums im Datensatz nicht klar sind. Ein begrenzter Datensatz kann noch stärker als bei binären Entscheidungen zu nicht sinnvollen Ergebnissen führen, so wie wir es schon an unserem einfachen Beispiel des *overfitting* gesehen haben. Einen Ausweg aus dieser Schwierigkeit bieten Strategien, um Vorkenntnisse über die Daten in den Schätzprozess einzubeziehen. Dieses Vorgehen bezeichnet man als *Bayes'sche Parameterschätzung*. Die Grundidee dieses Verfahrens wird sofort deutlich, wenn man für einen Parameter Θ des Wahrscheinlichkeitsmodells das entsprechende Bayes-Theorem bezüglich eines Datensatzes D formuliert:

$$P(\Theta \mid D) = \frac{P(D \mid \Theta)\, P(\Theta)}{\sum_{\Theta'} P(D \mid \Theta')\, P(\Theta')} . \tag{2.31}$$

Dort[9] wird die Posteriorwahrscheinlichkeit $P(\Theta|D)$ für den Parameterwert Θ bei Vorliegen des Datensatzes D in Verbindung gesetzt mit der Wahrscheinlichkeit $P(D|\Theta)$ des Datensatzes D im Fall des Parameterwertes Θ (also dem *likelihood* $P(D \mid \Theta)$) und der *Priorverteilung* $P(\Theta)$ des Parameters Θ. Die Summe im Nenner läuft über alle möglichen Parameter*werte* Θ'. Sie ist also gerade die Gesamtwahrscheinlichkeit für den Datensatz D:

$$P(D) = \sum_{\Theta'} P(D \mid \Theta')\, P(\Theta') . \tag{2.32}$$

Durch Gl. (2.31) wird eine Alternative zur ML-Parameterschätzung motiviert. Statt den *likelihood* $P(D \mid \Theta)$ zu maximieren, kann man auch die Posteriorwahrscheinlichkeit $P(\Theta|D)$ maximieren. Dieses Vorgehen bezeichnet man als *maximum-a-posteriori*-Schätzung oder (MAP)-Schätzung. Dazu ist jedoch die Angabe der Priorwahrscheinlichkeit $P(\Theta)$ erforderlich, einer Größe, die dem Parameter Θ des Wahrscheinlichkeitsmodells unabhängig vom Datensatz D eine Wahrscheinlichkeit zuweist. Dies ist die Stelle, um Vorkenntnisse über die Daten jenseits des realen Datensatzes in den Schätzprozess einzubeziehen. Welche Möglichkeit gibt es nun, die Priorverteilung des Parameters Θ anzugeben?

1. Man nimmt eine Gleichverteilung über alle Θ an, also $P(\Theta) = $ const. In diesem Fall wird die MAP-Schätzung zur ML-Schätzung, weil ein Maximum von $P(D|\Theta)$ mit einem Maximum von $P(\Theta|D)$ zusammenfällt.

2. Vorkenntnisse über das System können explizit in $P(\Theta)$ implementiert werden. Beispiele auf der Ebene von Sequenzen sind:

   • Das Dinukleotid CG ist als Symbolpaar in eukaryotischen DNA-Sequenzen unterdrückt.

---

[9] Zwei Bemerkungen zur Notation sind hier angebracht: (1) Wir verwenden Θ' als Summationsvariable, um es nicht mit der Größe Θ im Zähler und auf der linken Seite von Gl. (2.31) zu verwechseln; (2) im Fall eines kontinuierlichen Parameters Θ müsste man die Summe durch ein Integral ersetzen; man hätte dann im Nenner den Ausdruck $\int P(D|\Theta')\, P(\Theta')\, d\Theta'$.

- Strukturelle Ähnlichkeiten zwischen Aminosäuren können auf ähnliche Häufigkeiten in Proteinsequenzen führen.

3. Man nimmt nicht eine Priorverteilung $P(\Theta)$, sondern eine ganze Schar von Verteilungen, führt jeweils eine MAP-Schätzung durch und kontrolliert so den Einfluss einer Variation der Priorverteilung auf die Parameterschätzung.

Ein einfacher sechsseitiger Würfel mit Wahrscheinlichkeiten p_i für die Ziffern i mit $i = 1, \ldots, 6$ stellt auch hier ein geeignetes Wahrscheinlichkeitsmodell dar, um eine solche Bayes'sche Parameterschätzung zu illustrieren. Nehmen wir also an, man hätte einen Würfel vor sich und könnte zehnmal würfeln, um daraufhin z. B. zu entscheiden, ob es sich um einen unfairen (gezinkten) Würfel handelt. Das Ergebnis sei

$$D = 2, 1, 1, 3, 2, 4, 6, 4, 4, 6 \,. \tag{2.33}$$

Eine naiv durchgeführte ML-Schätzung würde folglich auf $p_5 = 0$ führen, vollkommen außer Acht lassend, dass dies ein recht klares Beispiel für *overfitting* darstellt. Als Konsequenz wäre jeder Datensatz, der eine Fünf enthält, mit dem so geschätzten Modell nicht beschreibbar. Das Vorgehen der Bayes'schen Statistik lässt sich plakativ fassen, wenn man sich die Priorverteilung durch fiktive Daten realisiert vorstellt. In diesem Fall werden dem Datensatz D *Pseudoereignisse* hinzugefügt, deren interne Häufigkeitsverteilung *a-priori*-Annahmen über die Wahrscheinlichkeiten p_i abbildet. Nimmt man etwa einen fairen Würfel an, $p_i = 1/6 \; \forall \, i$, so würde man z. B. statt des Datensatzes D einen um entsprechende Pseudoereignisse erweiterten Datensatz

$$D' = \underbrace{1, 2, 3, 4, 5, 6}_{D_0} \cup D \tag{2.34}$$

wählen. Betrachten wir noch einmal einen allgemeinen Datensatz D der Länge 10 und diskutieren die Abhängigkeit des Parameters $p_5 = 0$ von der Menge an Pseudoereignissen. Welche Werte von p_5 sind nun − je nach konkret vorliegendem Datensatz D − möglich? Es ist klar, dass der Einfluss der tatsächlichen Daten D auf den Wert von p_5 mit wachsender Zahl von Pseudoereignissen immer geringer wird: Die Verteilung der möglichen p_5-Werte wird immer schmaler. Die Priorverteilung $P(\Theta)$, die hier als durch die Pseudoereignisse bestimmte Wahrscheinlichkeitsverteilung des Parameters p_5, $P(\Theta) \equiv P(p_5)$, aufgefasst werden kann, ist eine Kurve mit einem Maximum bei $p_5 = 1/6$. Je mehr Pseudoereignisse vom Typ D_0 dem Datensatz hinzugefügt werden, desto spitzer ist der Peak (vgl. die schematische Darstellung in Abb. 2.7). Abbildung 2.8 zeigt den theoretischen Verlauf der Priorverteilung zusammen mit der ML-Verteilung und der (mit diesen beiden Angaben aus dem Bayes-Theorem berechenbaren) Verteilung der Posteriorwahrscheinlichkeit. Man erkennt, wie sich die Form der Priorverteilung der Posteriorwahrscheinlichkeit aufprägt und eine Abweichung von der ML-Verteilung induziert. Wie die Breite der Priorverteilung mit einer immer größeren Zahl von Pseudoereignissen schmaler wird, ist Gegenstand unseres *Mathematica*-Exkurses über Pseudoereignisse.

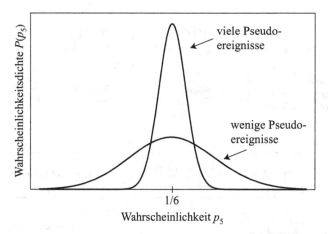

Abb. 2.7 Schematische Darstellung der Priorverteilung $P(p_5)$ für verschiedene Mengen an Pseudoereignissen

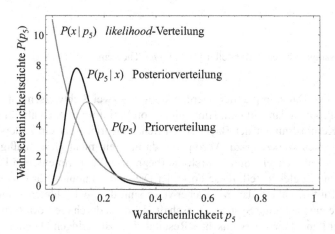

Abb. 2.8 Theoretischer Verlauf der Priorverteilung, der *likelihood*-Verteilung und der Posteriorverteilung. Dabei ist für einen Datensatz x aus zehn Würfelergebnissen, der keine 5 enthält, der *likelihood* $P(x \mid p_5)$ als Funktion von p_5 aufgetragen. Unter der Vorstellung eines binären Experiments (Ereignisse: 5, nicht 5) ist diese Größe durch eine Binomialverteilung gegeben (vgl. Kap. 2.5). Als Priorverteilung $P(p_5)$ wurde eine Verteilung mit einem Maximum bei $p_5 = 1/6$ angenommen. Gemäß dem Bayes-Theorem verrechnen sich diese Verteilungen zur Posteriorwahrscheinlichkeit $P(p_5 \mid x)$

Letztlich stellen diese beiden Konzepte – die formale Sprache der Bayes'schen Statistik, in der Verteilungen über den allgemeinen Zusammenhang des Bayes-Theorems ineinander überführt werden (Abb. 2.7 und 2.8), und die pragmatische Vorstellung von Pseudoereignissen, mit denen Vorkenntnisse über das System in die

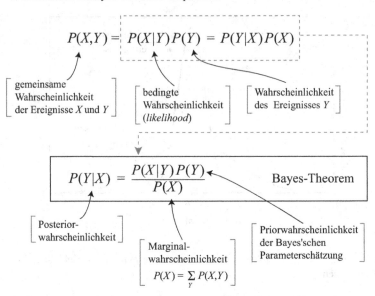

Abb. 2.9 Zusammenfassende Darstellung zum Bayes-Theorem

experimentellen Daten implantiert werden können – zwei Sichtweisen auf dasselbe statistische Problem dar. Mit dem Hinzufügen von Vorinformationen als Priorverteilung, dem Kerninstrument der Bayes'schen Schätztheorie, steht ein äußerst mächtiges statistisches Werkzeug zur Verfügung, da man ein nicht gleichmäßiges Ausschöpfen des Möglichkeitsraums durch die (begrenzten) experimentellen Daten reduzieren kann. Zugleich stellt diese Form der Datenbehandlung natürlich auch eine erhebliche Einflussnahme dar. Möglicherweise sind die beobachteten Häufigkeitsunterschiede eine wichtige Systemeigenschaft, die dann durch die Vorinformationen maskiert wird, und kein unerwünschtes Resultat einer zu geringen Datenmenge. Die Bayes'sche Parameterschätzung stellt damit einen Balanceakt zwischen der Vermeidung von *overfitting* und der Datenrespektierung dar, der in der Literatur methodisch immer noch intensiv diskutiert wird. Abbildung 2.9 fasst die Notation und formalen Zusammenhänge der wichtigsten Wahrscheinlichkeiten dieses Kapitels zusammen. Dort ist zu erkennen, wie sich das Bayes-Theorem aus den zwei Möglichkeiten ergibt, die gemeinsame Wahrscheinlichkeit $P(X, Y)$ zweier Ereignisse X und Y durch bedingte Wahrscheinlichkeiten auszudrücken. Ebenso sind die zentralen Begriffe Posterior-, Marginal- und Priorwahrscheinlichkeit benannt, die durch das Bayes-Theorem in Beziehung gesetzt werden.

Mathematica-**Exkurs: Pseudoereignisse**

In diesem Kapitel wurde die Schätzung unter *a-priori*-Annahmen am Beispiel des Würfels erklärt und die Priorverteilung für den Parameter p_5 qualitativ angegeben (vgl. Abb. 2.7). Mithilfe von *Mathematica* wollen wir nun unterschiedliche Datensätze D' erzeugen (im Sinne von Gl. (2.34)) und die resultierende empirische Verteilung der Wahrscheinlichkeit p_5 in Form eines Histogramms in Abhängigkeit von D_0 und D visualisieren. Eine Realisierung des Datensatzes D erhalten wir durch die folgende Funktion:

```
In[1] := SeedRandom[30]
         dataD := Table[RandomInteger[{1, 6}], {10}]
```

Diese Funktion gibt zehn zufällige, ganzzahlige Werte aus dem Intervall $[1, 6]$ aus. Hervorzuheben ist an dieser Stelle noch, dass es sich bei der Definition von **dataD** um eine verzögerte Zuweisung (:=) und nicht um eine einmalige Festlegung (=) handelt. Ruft man die Variable nun auf, so erfolgt die Erzeugung der Zufallszahlen dadurch jedes Mal aufs Neue. Wir setzen daher im Folgenden bei jedem Aufruf dieser Variablen den Zufallszahlengenerator mit dem Befehl **SeedRandom** auf einen neuen Anfangswert, um diese Zuweisung für das hier diskutierte Beispiel zu kontrollieren.

```
In[2] := dataD
Out[2] = {2, 2, 1, 6, 3, 1, 4, 6, 4, 2}
```

In diesem Beispiel fehlt also ebenfalls die Zahl 5 in der Ausgangsmenge D. Der Datensatz D_0 der Pseudoereignisse wird von uns definiert als

```
In[3] := dataD0 = {1, 2, 3, 4, 5, 6};
```

Wie in jeder Programmiersprache kann man das *n*-fache Aneinanderhängen des Datensatzes D_0 natürlich auf verschiedene Weise erreichen. Diese verschiedenen Wege einmal explizit zu diskutieren, ist sehr instruktiv, um das Möglichkeitsspektrum von *Mathematica* darzustellen, aber auch, um anzudeuten, dass sich Programmieraufgaben oft durch äußerst unterschiedliche Herangehensweisen bewältigen lassen. Zugleich sind die damit gegenübergestellten Verfahren der Iteration im Umgang mit *Mathematica* recht weit verbreitete algorithmische Grundstrukturen.

Weg 1: Um ein *n*-faches Aneinanderhängen des Datensatzes **dataD0** zu erreichen, kann man z. B. eine Tabelle mit fortlaufenden Zahlen als Indexliste erzeugen und dann über den Befehl **ReplaceAll** (der mit **/.** abgekürzt wird) jeden Index (also jede ganze (Integer-)Zahl) durch **dataD0** ersetzen. Anwenden von **Flatten** überführt danach das Resultat in eine aus *n* hintereinandergesetzten **dataD0**-Listen bestehende Liste von Pseudoereignissen.

```
In[4] := makePseudo[n_] :=
             Flatten[Table[j, {j, 1, n}] /. _Integer -> dataD0]
In[5] := makePseudo[3]
Out[5] = {1, 2, 3, 4, 5, 6, 1, 2, 3, 4, 5, 6, 1, 2, 3, 4, 5, 6}
```

Der Befehl **Join** verknüpft die Datensätze miteinander, und die Wahrscheinlichkeit p_5 kann für den Datensatz D' durch Nachzählen berechnet werden.

```
In[6] := SeedRandom[30]
         dataDprime = Join[makePseudo[1], dataD]
Out[6] = {1, 2, 3, 4, 5, 6, 2, 2, 1, 6, 3, 1, 4, 6, 4, 2}

In[7] := probP5 = Count[dataDprime, 5]/Length[dataDprime]
Out[7] = 1/16
```

Für diese konkrete Realisierung von D' wird p_5 also als $1/16$ geschätzt.

Weg 2: Durch eine **Do**-Schleife wird in jedem Durchgang ein Datensatz angehängt.

```
In[8] := tmp1 = dataD0;
         Do[tmp1 = Join[tmp1, dataD0], {j, 1, 3}]
         tmp1
Out[8] = {1, 2, 3, 4, 5, 6, 1, 2, 3, 4, 5, 6, 1, 2, 3, 4, 5, 6, 1, 2, 3, 4, 5, 6}
```

Weg 3: Mit dem Befehl **Nest[f, x, n]** kann man die Funktion f sehr einfach n-mal auf x schachteln. **Nest[f, x, 3]** ergibt also $f(f(f(x)))$. Hat die Funktion f mehrere Argumente, muss man mit dem *slot*-Zeichen **#** die Stelle benennen, die geschachtelt wird. Damit das Objekt dann noch als Funktion erkannt wird, muss man hinter den f-Ausdruck (also vor das erste Komma) das *function*-Zeichen **&** setzen. Für eine Funktion $f(x, y)$ ergibt **Nest[f(#, y)&, x, 3]** also gerade $f(f(f(x, y), y), y)$.

Trägt man für **f(x, #)** nun **Join[dataD0, #]** ein, so erhält man die n-fach hintereinandergehängte Liste von Pseudoereignissen.

```
In[9] := tmp2 = Nest[Join[dataD0, #]&, dataD0, 3]
Out[9] = {1, 2, 3, 4, 5, 6, 1, 2, 3, 4, 5, 6, 1, 2, 3, 4, 5, 6, 1, 2, 3, 4, 5, 6}
```

Nun gehen wir zur Verteilung $P(p_5)$ über, indem wir mehrere Datensätze D erzeugen und die relative Häufigkeit für das Auftreten der Zahl 5 berechnen. Die Menge an Pseudodaten D_0^n wird mit n variiert. Für $n = 0$, d. h. $D_0 = \{\}$, liefert die Funktion

```
In[10] := SeedRandom[30];
          probP5 =
          Table[Count[Join[makePseudo[0], dataD], 5]/
              Length[Join[makePseudo[0], dataD]], {i, 1, 10}]
Out[10] = {0, 1/5, 1/5, 0, 2/5, 1/5, 1/10, 1/10, 3/10, 1/5}
```

die jeweilige Wahrscheinlichkeit p_5 für zehn unterschiedliche Realisierungen von D in Form einer Liste. Die Visualisierung der empirischen Verteilung ist durch die Funktion **Histogram** möglich.

```
In[11] := Histogram[probP5, {0, 1, 0.05}]
```

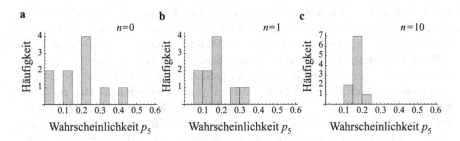

Abb. 2.10 Simulationsergebnisse für die in Abb. 2.7 schematisch dargestellte Priorverteilung $P(p_5)$ für verschiedene Größen des Datensatzes an Pseudoereignissen

Abbildung 2.10 zeigt die Histogramme für a: $n = 0$, b: $n = 1$ und c: $n = 10$. Man erkennt deutlich den bereits in der schematischen Darstellung, Abb. 2.7, angedeuteten Effekt: Mit wachsender Zahl der Pseudoereignisse entsteht eine immer schmalere Verteilung um den Wert $p = 1/6$.

2.5 Diskrete und stetige Verteilungen

Die bisher diskutierten Wahrscheinlichkeitsmodelle wurden auf einem endlichen und sehr einfachen diskreten Zustandsraum formuliert. Der Zustandsraum enthielt wenige elementare Ereignisse. Damit konnten wir die einfachste Form von Sequenzmodellen formulieren und wahrscheinlichkeitstheoretisch ausgestalten. In vielen praktischen Anwendungen jedoch diskutiert man die Verteilung von Ereignissen, die aus solchen Elementarereignissen zusammengesetzt sind. Im Allgemeinen wird der effektive Zustandsraum (der auch als Ereignisraum oder Möglichkeitsraum bezeichnet wird) dadurch erheblich größer,[10] und es ist typischerweise nicht mehr möglich, die Übergangswahrscheinlichkeiten zwischen den Elementen des größeren, effektiven Zustandsraums als einzelne Parameter eines Wahrscheinlichkeitsmodells zu verwenden. Daher werden wir in diesem Kapitel *Wahrscheinlichkeitsverteilungen* diskutieren, die angeben, mit welcher Wahrscheinlichkeit $P(x)$ ein bestimmtes Ereignis x aus einem solchen effektiven Zustandsraum auftritt. Das Ziel ist dabei zweierlei: Zum einen soll die große Zahl von Parametern auf der Ebene der Einzelwahrscheinlichkeiten oder Übergangswahrscheinlichkeiten reduziert werden, indem man als Parameter eines Wahrscheinlichkeitsmodells nur die (wenigen) freien Parameter der Funktion P, also der Wahrscheinlichkeitsverteilung, diskutiert. Zum anderen

---

[10] Ein Beispiel: Die Zahl der unterschiedlichen Worte der Länge n auf einem Zustandsraum Σ, der aus $k = |\Sigma|$ elementaren Ereignissen besteht, beträgt k^n. Dies ist dann die Größe des effektiven Zustandsraums aus n-Worten.

lassen sich aber auch empirisch beobachtete Häufigkeitsverteilungen solcher komplexen, zusammengesetzten Ereignisse mit diesen Wahrscheinlichkeitsverteilungen näherungsweise beschreiben, so dass eine Wahrscheinlichkeitsverteilung als Modell für Eigenschaften empirischer Daten dienen kann. Implizit haben wir uns in den vorangegangenen Kapiteln bereits mit diesem Konzept beschäftigt. So ist etwa (aus einer formalen Perspektive) die Abfolge von Wahrscheinlichkeiten p_1, ..., p_6 beim Würfel eine Wahrscheinlichkeitsverteilung. Die Notwendigkeit, Wahrscheinlichkeitsverteilungen als mathematische Funktionen zu diskutieren, wird besonders deutlich, wenn wir zu kontinuierlichen Ereignissen x übergehen.[11] Dann stellen nämlich solche funktionell (also als mathematische Funktionen) beschriebenen Wahrscheinlichkeitsverteilungen die einzige Möglichkeit dar, unsere im vorangegangenen Kapitel diskutierten Methoden einer wahrscheinlichkeitstheoretischen Analyse anzuwenden. Wir werden sehen, wie sich die wichtigsten kontinuierlichen (oder *stetigen*) Wahrscheinlichkeitsverteilungen formal im Limes unendlich langer Sequenzen aus bestimmten diskreten Wahrscheinlichkeitsverteilungen ergeben.

Betrachten wir zunächst das in Abb. 2.11 dargestellte binäre Experiment. Die beiden Zustände 1 und 0 werden mit der Wahrscheinlichkeit p bzw. $(1 - p)$ erreicht. Sobald die 1 erreicht ist, endet das Experiment. Von der 0 gibt es nun wieder beide Wege, nämlich zur 0 (mit der Wahrscheinlichkeit $(1 - p)$) und zur 1 (mit p). So setzt sich dieser Prozess fort. Auch in diesem Fall nehmen wir die einzelnen Schritte als unabhängig an. Man kann nun z. B. nach der Wahrscheinlichkeit fragen, nach dem n-ten Versuch erstmals eine 1 vorliegen zu haben. Dazu muss einmal die Wahrscheinlichkeit p und $(n - 1)$-mal die Wahrscheinlichkeit $(1 - p)$ erfüllt sein. Die Wahrscheinlichkeit für eine 1 nach dem n-ten Schritt ist also

$$P(n) = p(1 - p)^{n-1}, \qquad n = 1, 2, 3, \dots. \tag{2.35}$$

Eine Klasse möglicher Anwendungen dieses binären Experiments erhält man sofort, wenn man sich Laborversuche mit binärem Ausgang (Erfolg = 1 oder Fehlschlagen = 0) vorstellt. Dann gibt Gl. (2.35) die Wahrscheinlichkeit dafür an, dass genau das $n$te Experiment erfolgreich ist, nachdem die vorangegangenen $n - 1$ Experimente alle gescheitert sind. Gerade im Licht dieses einfachen Anwendungsbeispiels ist es interessanter zu fragen, wie groß die Wahrscheinlichkeit für mindestens ein erfolgreiches Experiment in diesen n Versuchen ist. Die Größe $P(n)$ gibt die Wahrscheinlichkeit für *genau* ein erfolgreiches Experiment im n-ten Versuch an. Die Wahrscheinlichkeit für mindestens ein erfolgreiches Experiment in den ersten zwei Versuchen ist damit $P(1) + P(2)$. Setzt man diesen Gedanken fort, so erhält man diese Erfolgswahrscheinlichkeit als Summe über die verschiedenen $P(i)$ aus Gl. (2.35) mit $i = 1, \dots, n$. Für diese Größe, die man als *kumulative Wahrscheinlichkeit* bezeichnet, gibt es auch einen sehr einfachen Ausdruck in Abhängigkeit von p und n. Man hat

$$\widetilde{P}(n) = \sum_{i=1}^{n} P(i) = \sum_{i=1}^{n} p(1 - p)^{i-1} = 1 - (1 - p)^n. \tag{2.36}$$

---

[11] Typische kontinuierliche Ereignisse sind etwa Zeitdauern, Gewichte oder Längen.

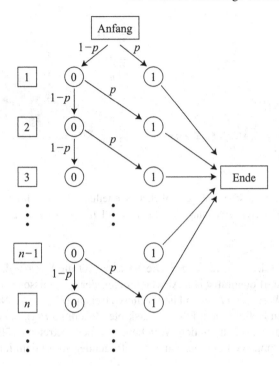

Abb. 2.11 Mehrschrittiges binäres Experiment zur geometrischen Verteilung. Die Pfeile kennzeichnen mögliche Übergänge zwischen den Zuständen. An den Pfeilen sind die entsprechenden Übergangswahrscheinlichkeiten angegeben

Der letzte Schritt folgt dabei aus dem bekannten Ausdruck für die endliche geometrische Reihe:

$$\sum_{i=1}^{n} q^{i-1} = 1 + q + q^2 + \ldots + q^{n-1} = \frac{q^n - 1}{q - 1}. \tag{2.37}$$

Man bezeichnet daher auch die Wahrscheinlichkeitsverteilungen $P(n)$ und $\widetilde{P}(n)$ als einfache und kumulative geometrische Verteilungen. Abbildung 2.12 zeigt diese Wahrscheinlichkeitsverteilungen als Funktion von n für zwei verschiedene Werte von p. Die Wahrscheinlichkeit eines Erfolgs genau im n-ten Experiment, also die Funktion $P(n)$, klingt sehr schnell mit n ab. Die kumulative Wahrscheinlichkeit $\widetilde{P}(n)$, also die Wahrscheinlichkeit, bis zum $n$ten Experiment eine erfolgreiche Durchführung gehabt zu haben, strebt entsprechend schnell mit n gegen die Wahrscheinlichkeit Eins. Aus dieser Betrachtung lassen sich zwei wichtige Kenngrößen einer Verteilung motivieren, der *Erwartungswert* und die *Varianz*. Der Erwartungswert ist die Summe der mit $P(n)$ gewichteten Ereignisse n und ergibt sich für die geometrische

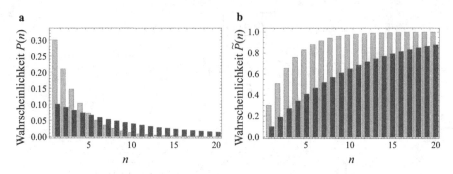

Abb. 2.12 a Geometrische Wahrscheinlichkeitsverteilung $P(n)$ und **b** kumulative geometrische Wahrscheinlichkeitsverteilung $\widetilde{P}(n)$ für $p = 0.1$ (*dunkelgrau*) und $p = 0.3$ (*hellgrau*)

Verteilung aus Gl. (2.35) als $1/p$.[12] Die Varianz gibt die Summe der (ebenfalls mit $P(n)$ gewichteten) quadratischen Abweichungen der Ereignisse n vom Erwartungswert $E[P]$ der Verteilung P an und ist für dieses Beispiel $(1-p)/p^2$. Notieren wir kurz die allgemeinen Definitionen: Für eine diskrete Verteilung $P(k)$, bei der der betrachtete Zustandsraum z. B. durch den Wertebereich einer diskreten Größe k gegeben ist, sind der Erwartungswert und die Varianz in folgender Weise definiert:

$$E[P] = \sum_{k \in \Sigma} k \cdot P(k) , \quad V[P] = \sum_{k \in \Sigma} (k - E[P])^2 \, P(k) \tag{2.38}$$

für die diskrete Wahrscheinlichkeitsverteilung $P(k)$. Die Wurzel aus der Varianz $V[P]$ bezeichnet man als *Standardabweichung*. Sie ist ein Maß für die Streuung in einem Datensatz.

An unserem ersten einfachen Beispiel einer diskreten Wahrscheinlichkeitsverteilung, der geometrischen Verteilung, erkennt man deutlich, warum diese Beschreibungsform durch den Übergang zu komplexeren, nicht elementaren Ereignissen erforderlich wird. Auf der Ebene der elementaren Ereignisse ist die Situation unseres binären Experiments aus Abb. 2.11 sehr einfach zu beschreiben: Die beiden einzigen Übergänge in diesem Modell, nämlich $0 \to 1$ und $0 \to 0$, tragen die Wahrscheinlichkeiten p und $(1 - p)$. Die Abbruchbedingung bei Erreichen der 1 ließe sich z. B. durch Einführung eines formalen Endzustands erfassen, in den der Zustand 1 mit der Wahrscheinlichkeit Eins übergeht. Die geometrische Verteilung aus Gl. (2.35) macht nun jedoch Aussagen über *Abfolgen* solcher Ereignisse in Kenntnis der Elementarereignisse. Diese Übersetzung von den elementaren Ereignissen zu komplexen, zusammengesetzten Ereignissen ist eine zentrale Aufgabe einer Wahrscheinlichkeitsverteilung. Gerade im Hinblick auf folgende Kapitel ist jedoch noch ein weiterer Hinweis angebracht. Wir können uns das Experiment aus Abb. 2.11 auch als einen formalen

---

[12] Der Erwartungswert für dieses Beispiel beschreibt, wie oft das Experiment im Mittel durchgeführt werden muss, bis es erfolgreich ist.

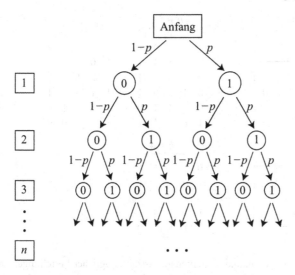

Abb. 2.13 Mehrschrittiges binäres Experiment zur Binomialverteilung. Die Notation ist die-selbe wie in Abb. 2.11

Apparat vorstellen, der eine Sequenz produziert. In diesem Fall gibt die Wahrschein-lichkeitsverteilung $P(n)$ gerade die Längenverteilung der produzierten Sequenzen an. Diese Beziehung zwischen der Architektur eines solchen Apparats und der dadurch bedingten *Längenverteilung* der Sequenzen werden wir bei unserer Diskussion der Hidden-Markov-Modelle als ein wichtiges Modellierungsverfahren kennenlernen.

Das Experiment aus Abb. 2.11 weist eine starke Asymmetrie zwischen den beiden Zuständen 0 und 1 auf. Es ist naheliegend zu fragen, zu welcher Wahrscheinlich-keitsverteilung man für eine vollkommen symmetrische Variante dieses Gedanken-experiments gelangt. Das entsprechende Experiment ist in Abb. 2.13 dargestellt. Mit der Wahrscheinlichkeit p geht ein Zustand in den Zustand 1 über, mit der Wahr-scheinlichkeit $(1 - p)$ geht er in den Zustand 0 über. Dieser Prozess setzt sich über n Stufen fort, so dass sich die regelmäßige, immer weiter verzweigte Struktur aus Abb. 2.13 ergibt. Wie schon zuvor in dem asymmetrischen binären Experiment aus Abb. 2.11 sind die Einzelversuche unabhängig voneinander. Das in Abb. 2.13 dargestellte binäre Experiment produziert also eine Sequenz der Länge n, ein n-Wort, auf dem Zustandsraum $\Sigma = \{0, 1\}$. Wir fragen nun nach der Wahrscheinlichkeit von genau k Einsen in einem solchen n-Wort. Die entsprechende Wahrscheinlichkeitsverteilung, die von n und p abhängt, hat eine ganz ähnliche Struktur wie die geometrische Ver-teilung aus Gl. (2.35). Man hat

$$P(k) = \binom{n}{k} p^k (1 - p)^{n-k}, \qquad k = 0, 1, 2, \ldots, n. \qquad (2.39)$$

Diesen Ausdruck bezeichnet man als *Binomialverteilung*. Analysieren wir kurz den Aufbau von Gl. (2.39). Die beiden hinteren Faktoren, die gerade demselben Sche-

$$\overbrace{}^{n=5}$$

$$\overbrace{}^{k=3}$$

$$\binom{5}{3} = 10 \longrightarrow$$

0	0	1	1	1		1	0	1	0	1
0	1	0	1	1		1	0	1	1	0
0	1	1	0	1		1	1	0	0	1
0	1	1	1	0		1	1	0	1	0
1	0	0	1	1		1	1	1	0	0

$$\overbrace{}^{k=4}$$

$$\binom{5}{4} = 5 \longrightarrow$$

0	1	1	1	1
1	0	1	1	1
1	1	0	1	1
1	1	1	0	1
1	1	1	1	0

Abb. 2.14 Illustration der Binomialkoeffizienten als Anzahl möglicher Verteilungen. Auf der linken Seite ist der Binomialkoeffizient angegeben, während auf der rechten Seite die entsprechenden, zu diesen Parametern gehörenden möglichen Verteilungen von Einsen in einer binären Sequenz dargestellt sind. Am unteren Beispiel ist gut zu erkennen, dass die fünf Verteilungen von Einsen tatsächlich alle Möglichkeiten abdecken: Die verbleibende Null nimmt jede mögliche Position ein

ma wie bei der geometrischen Verteilung zu folgen scheinen, sind sehr einfach zu erklären: Um genau k Einsen in diesem n-Wort zu finden, müssen k-mal die Wahrscheinlichkeit p und die verbleibenden $n - k$ Male die Wahrscheinlichkeit $(1 - p)$ erfüllt sein. Schwieriger ist der erste Faktor. Dies ist ein Binomialkoeffizient, den man über die Fakultätsfunktion berechnet:

$$\binom{n}{k} = \frac{n!}{k!(n-k)!}, \qquad n! = 1 \cdot 2 \cdot 3 \cdot \ldots \cdot n. \tag{2.40}$$

Ein solcher Binomialkoeffizient 'n über k' gibt die Zahl der Möglichkeiten an, k Elemente auf n Plätze zu verteilen. In unserem Fall stellt der Binomialkoeffizient also das statistische Gewicht des durch die letzten beiden Faktoren definierten Ereignisses dar: die Zahl der Möglichkeiten, die k Einsen in dem n-Wort zu verteilen. Abbildung 2.14 zeigt ein einfaches Zahlenbeispiel dazu. Die Binomialverteilung aus Gl. (2.39) lässt sich bei fester Versuchszahl n als Funktion von k betrachten. Abbildung 2.15 zeigt Beispiele für die Binomialverteilung für zwei verschiedene Werte des Parameters p, der das Elementarereignis in diesem in Abb. 2.13 dargestellten Prozess bestimmt. In Abb. 2.15 ist die k-Abhängigkeit für $n = 100$ angegeben. Der Erwartungswert dieser Verteilung ist $E[P] = n\,p$, die Varianz ist gegeben durch $V[P] = n\,p\,(1 - p)$.

Einen Schritt weiter gelangt man nun, wenn man *seltene Ereignisse* betrachtet, also den Fall einer großen Versuchsanzahl n bei zugleich kleiner Wahrscheinlichkeit p eines der Elementarereignisse. In diesem formalen Limes von großem n und klei-

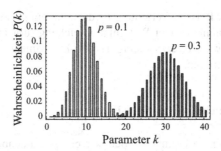

Abb. 2.15 Binomialverteilung $P(k)$ als Funktion von k für $n = 100$. Dabei stellen die hellgrauen Balken die Verteilung für $p = 0.1$ dar, während die dunkelgrauen Balken den Fall $p = 0.3$ angeben

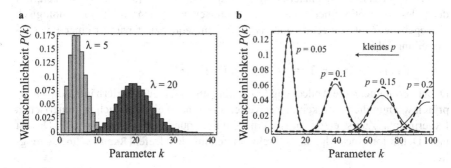

Abb. 2.16 Diskussion der Poisson-Verteilung: **a** $P(k)$ für $\lambda = 5$ (*hellgrau*) und $\lambda = 20$ (*dunkelgrau*), **b** Vergleich der Binomialverteilung $P(k)$ (*gestrichelt*) mit der entsprechenden Poisson-Verteilung $P(k)$ (*durchgezogen*) mit $\lambda = np$ für $n = 500$ und (von links nach rechts) $p = 0.05$, 0.1, 0.15 und 0.2. Man erkennt die immer stärkere Übereinstimmung mit sinkendem p

nem p, aber bei festgehaltenem Produkt $\lambda = np$ der beiden Parameter nähert sich die Binomialverteilung der *Poisson-Verteilung* an, in der die beiden Größen n und p nicht mehr unabhängig vorliegen, sondern die k-Abhängigkeit der Verteilung nur noch durch den neuen Parameter λ bestimmt ist. Diese Poisson-Verteilung hat die Form

$$P(k) = \frac{\lambda^k e^{-\lambda}}{k!}, \qquad \lambda = np, \qquad k = 0, 1, 2, \dots, \qquad (2.41)$$

mit $E[P] = \lambda$ und $V[P] = \lambda$. Für zwei verschiedene Werte von λ ist diese Verteilung in Abb. 2.16 dargestellt. Man erkennt sofort die Ähnlichkeit zur Binomialverteilung. Gerade mit Blick auf die Interpretation dieses Grenzübergangs von der Binomialverteilung hin zur Poisson-Verteilung als Weg hin zu seltenen Ereignissen ist es interessant, sich die bei immer geringerem p immer bessere Approximation der Binomialverteilung durch die zugehörige Poisson-Verteilung grafisch anzusehen. Dies ist in Abb. 2.16b angegeben.

Mit dem Einführen der Poisson-Verteilung ist dies nun ein geeigneter Moment, um auf die in Kap. 1.2 erwähnte Lander-Waterman-Gleichung zurückzukommen und die Statistik hinter *next-generation sequencing-* (NGS)-Experimenten mit einem *Mathematica*-Exkurs zu illustrieren.

Mathematica-Exkurs: ein fiktives NGS-Experiment

Im folgenden *Mathematica*-Exkurs werden wir einige Zahlenbeispiele zur Abdeckung in einem NGS-Experiment auf der Grundlage der Lander-Waterman-Gleichung darstellen.

Die Grundlage für die in Lander und Waterman (1988) dargestellte Statistik ist die Annahme, dass die Sequenzierhäufigkeit jedes Nukleotids (also die Häufigkeit, mit der jedes Nukleotid einer gegebenen genomischen Sequenz für die technologisch vorgegebene Zahl von *reads* und *read*-Längen sequenziert wurde) einer Poisson-Verteilung folgt:

```
In[1] := p[n_,c_] := (c^n * Exp[-c])/(n!)
```

Dabei bezeichnet **c** die Abdeckung (*coverage*) und **n** die Sequenzierhäufigkeit. Überprüfen wir nun die Gültigkeit dieser Verteilung anhand eines einfachen numerischen Experiments. Zuerst erzeugen wir eine Zufallssequenz der Länge **l = 100**. Das ist nach Definition eines Alphabets Σ sehr einfach mit dem Befehl **RandomChoice** möglich.

```
In[2] := l = 100;

In[3] := sigma = {"G", "C", "A", "T"};

In[4] := seq1 = RandomChoice[sigma, l]
Out[4] = {A, C, T, A, G, G, G, A, A, C, C, G, T, A, A, T, C, G, A, T,
          A, C, C, C, A, A, T, G, T, A, T, T, G, C, A, C, T, T, T, C,
          G, A, T, C, G, A, T, T, C, G, A, T, G, C, A, C, G, C, T, A,
          T, C, G, C, A, G, T, C, A, C, G, C, T, G, A, C, C, T, A, A,
          T, A, G, T, A, T, C, A, G, T, A, T, G, T, C, A, T, A, C, C}
```

Nun messen wir im Rahmen eines (fiktiven) NGS-Experiments **r = 200** *reads* der Länge **lr = 10**:

```
In[5] := r = 200;
         lr = 10;

In[6] := pos1 = RandomChoice[Range[1, l - lr], r];
```

Dabei haben wir jeden *read* durch seine (zufällig ausgewählte) Anfangsposition charakterisiert. Der fünfte *read* ist dann z. B.:

```
In[7] := Take[seq1, {pos1[[5]], pos1[[5]] + lr}]
Out[7] = {A, C, C, C, A, A, T, G, T, A, T}
```

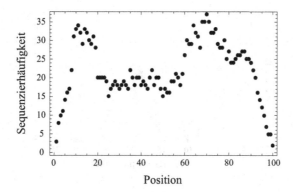

Abb. 2.17 Sequenzierhäufigkeit entlang der Sequenz für das im *Mathematica*-Exkurs besprochene fiktive NGS-Experiment

Es gibt viele Möglichkeiten, nun an eine Verteilung der Sequenzierungshäufigkeit pro Symbol zu gelangen. Wir werden hier einfach die Liste **pos1** in eine Liste von Positionen (**Table[j, j, n1, n1 + lr]**, wobei **n1** die Anfangsposition und **lr** die *read*-Länge bezeichnen) verwandeln und dann das Vorkommen jeder Position zählen.

```
In[8] := pos2 =
            Tally[
              Flatten[
                pos1 /. n1_Integer → Table[j, {j, n1, n1 + lr}]]];
In[9] := ListPlot[pos2, Frame → True,
            PlotStyle → {Black, AbsolutePointSize[5]}]
```

Abbildung 2.17 zeigt die Sequenzierhäufigkeit entlang der Sequenz. Man erkennt, dass die Wahrscheinlichkeit über die Sequenz hinweg starke Fluktuationen aufweist. In unserem Zahlenbeispiel ist natürlich die Sequenzlänge verglichen mit der Read-Länge sehr klein. Dadurch wirken die Randeffekte (die ersten und letzten **lr** Symbole der Sequenz haben eine geringere Wahrscheinlichkeit, getroffen zu werden) übermäßig deutlich.

Für den Vergleich mit der oben angegebenen Verteilung und mit der Lander-Waterman-Gleichung ist nun vor allem die Statistik der Häufigkeiten interessant:

```
In[10] := Histogram[pos2 /. {n1_, n2_} → n2, {1}, Frame → True]
```

Abbildung 2.18 stellt das entsprechende Histogramm zu den Sequenzierhäufigkeiten dar.

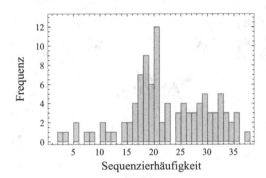

Abb. 2.18 Histogramm der Sequenzierhäufigkeiten für das im *Mathematica*-Exkurs besprochene fiktive NGS-Experiment

Die Abdeckung ist der Mittelwert aus dieser Verteilung

```
In[11] := N[Mean[pos2 /. {n1_, n2_} → n2]]
Out[11] = 22.
```

Die Lander-Waterman-Gleichung ergibt für diese Parameter

```
In[12] := r * lr/l
Out[12] = 20
```

Die Übereinstimmung liegt deutlich innerhalb der Standardabweichung der Verteilung von Sequenzierhäufigkeiten

```
In[13] := N[StandardDeviation[pos2 /. {n1_, n2_} → n2]]
Out[13] = 7.74597
```

Erzeugen wir diese Verteilung mit einer realistischeren Parameterwahl (als Genomlänge wählen wir l = 100000; als *read*-Länge lr = 100 und als Zahl der *reads* r = 4000), so ist diese Verteilung wesentlich klarer:

```
In[14] := l = 100000;
          r = 4000;
          lr = 100;
          seq1 = RandomChoice[σ, l];
          pos1 = RandomChoice[Range[1, l - lr], r];
          pos2 =
            Tally[
              Flatten[
                pos1 /. n1_Integer → Table[j, {j, n1, n1 + lr}]]];
In[15] := Histogram[pos2 /. {n1_, n2_} → n2, {1}, Frame → True]
```

Dieser Befehl ergibt das Histogramm in Abb. 2.19.

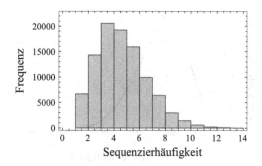

Abb. 2.19 Histogramm der Sequenzierhäufigkeiten für ein fiktives NGS-Experiment auf der Basis einer langen Sequenz unter realistischen Parametereinstellungen

Die Abdeckung (wieder gemessen als mittlere Sequenzierhäufigkeit) ist:

```
In[16]:= N[Mean[pos2 /. {n1_, n2_} → n2]]
Out[16]= 4.10669
```

Der Wert ist in sehr guter Übereinstimmung mit der Lander-Waterman-Gleichung:

```
In[17]:= r * lr/l
Out[17]= 4

In[18]:= N[StandardDeviation[pos2 /. {n1_, n2_} → n2]]
Out[18]= 1.94274
```

Ebenso ist die oben angegebene Poisson-Verteilung **p[n, c]** eine gute Beschreibung des tatsächlichen Histogramms der Sequenzierhäufigkeit. Um diese Größen direkt zu vergleichen, zeichnen wir das Histogramm erneut mit der Option **"PDF"**, durch die das Histogramm als Wahrscheinlichkeitsdichte (engl. *probability density function*) normiert wird:

```
In[19]:= pl1 = Histogram[pos2 /. {n1_, n2_} → n2, {1}, "PDF",
            Frame → True];

In[20]:= pl2 = Plot[p[n, r * lr/l], {n, 1, 14}, Frame → True,
            Axes → False,
            PlotStyle → {AbsoluteThickness[2], Black}];

In[21]:= Show[pl1, pl2]
```

In Abb. 2.20 ist die Vorhersage der Lander-Waterman-Gleichung zusammen mit dem normierten Histogramm dargestellt.

Eine weitere wichtige Frage ist die Zahl und Länge der *contigs* (also der zusammenhängenden sequenzierten Segmente, die sich aus den *reads* ergeben). Die Länge der *contigs* kann man aus unseren simulierten Daten leicht ermitteln, indem man die 'Lücken' sichtbar macht, also die Sequenzpositionen, die in **pos2** nicht vorkommen.

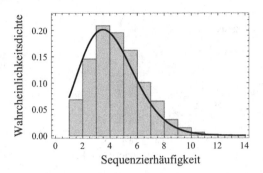

Abb. 2.20 Normierte Version des Histogramms aus Abb. 2.19, zusammen mit der Vorhersage der Lander-Waterman-Gleichung (durchgezogene Kurve)

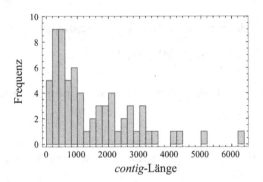

Abb. 2.21 Häufigkeitsverteilung der *contig*-Längen für das im *Mathematica*-Exkurs besprochene fiktive NGS-Experiment

```
In[22]:= pos3 = Complement[Range[1], pos2 /. {n1_, n2_} → n1];
```

Eine Liste aller Abstände zwischen benachbarten Einträgen dieser Komplementärliste, die größer als Eins sind, entspricht gerade der Liste von *contig*-Längen:

```
In[23]:= pos4 = Cases[Partition[pos3, 2, 1] /. {k1_, k2_} → k2 - k1,
              nn1_ /; nn1 > 1];
```

```
In[24]:= Histogram[pos4, {200}, Frame → True]
```

Das Resultat ist in Abb. 2.21 gezeigt.

Damit haben wir nun einige Beispiele für diskrete Wahrscheinlichkeitsverteilungen kennengelernt, die es erlauben, die in den vorangegangenen Kapiteln diskutierten Werkzeuge auch auf komplexe, zusammengesetzte Ereignisse zu übertragen. Erforderlich werden solche Wahrscheinlichkeitsverteilungen, wie wir gesehen haben, im Wesentlichen durch die Größe des Zustandsraums zusammengesetzter Ereignisse.

Der letzte Beitrag zu unserem methodischen Inventar ergibt sich nun beim Übergang zu einem unendlich großen Zustandsraum, zu dem man gelangt, wenn man nicht diskrete, sondern kontinuierliche Ereignisse diskutiert. Dies führt uns von Wahrscheinlichkeitskeitverteilungen zu *Wahrscheinlichkeitsdichten*. Im Fall diskreter Ereignisse x ist die Wahrscheinlichkeitsverteilung einfach die Abfolge von zu den Ereignissen gehörenden Wahrscheinlichkeiten $P(x)$. Im Fall einer kontinuierlichen Variablen x (z. B. dem Gewicht eines Objekts) ergibt diese Angabe keinen Sinn: Die Wahrscheinlichkeit, dass ganz exakt das Ereignis $x = x_0$ auftritt, ist Null. Stattdessen muss man Wahrscheinlichkeiten für Intervalle von x angeben. Die Wahrscheinlichkeit für ein gegebenes Intervall von Ereignissen (z. B. $[a, b]$) erhält man dann durch Integration:

$$P([a, b]) = \int_a^b f(x)\, dx\,. \tag{2.42}$$

Die Funktion $f(x)$ bezeichnet man als Wahrscheinlichkeitsdichte. Zu einem anschaulichen Verständnis der Funktion $f(x)$ ist es nützlich, auch eine diskretisierte Fassung von Gl. (2.42) anzusehen. Dabei beobachtet man die kontinuierlichen Ereignisse in 'Einheiten' der Größe Δx. Die Wahrscheinlichkeit, dass ein beobachtetes Ereignis in einem Intervall der Breite Δx von x bis $x + \Delta x$ liegt, ist gegeben durch:

$$P([x, x + \Delta x]) \equiv f(x)\, \Delta x\,, \tag{2.43}$$

wobei Δx klein ist, bzw. die Funktion $f(x)$ durch Gl. (2.43) formal im Limes $\Delta x \to 0$ definiert wird. Dieser Grenzübergang stellt dann die Konsistenz zu Gl. (2.42) her. Um die üblichen Eigenschaften von Wahrscheinlichkeiten für das Integral in Gl. (2.42) zu gewährleisten, muss die Funktion $f(x)$ einige Bedingungen erfüllen, nämlich

$$\int_{-\infty}^{+\infty} f(x)\, dx = 1\,; \quad f(x) \geq 0 \quad \forall x\,, \tag{2.44}$$

also eine Normierungsbedingung und die Forderung nicht negativer Werte. Die bekannteste solche Wahrscheinlichkeitsdichte ist durch die *Gauß-Funktion* gegeben:

$$f_N(x) = \frac{1}{\sqrt{2\pi}\,\sigma} \exp\left(-\frac{(x - \mu)^2}{2\,\sigma^2}\right)\,. \tag{2.45}$$

Diese Gauß- oder Normalverteilung liegt vielen statistischen Tests und Prozessen der Datenanalysen implizit zugrunde. Abbildung 2.22 zeigt den entsprechenden Funktionsverlauf, an dem sich auch die geometrische Bedeutung der beiden Parameter, nämlich die Lage μ und Breite σ des Peaks, deutlich erkennen lassen. Hinter dieser geometrischen Anschauung stehen die zwei zentralen statistischen Größen, nämlich der Erwartungswert und die Varianz einer Verteilung, die wir schon für diskrete Wahrscheinlichkeitsverteilungen kennengelernt haben. Im Fall einer kontinuierlichen Dichtefunktion $f(x)$ sind Erwartungswert $E[f]$ und Varianz $V[f]$ gegeben durch

$$E[f] = \int x \cdot f(x)\, dx\,, \quad V[f] = \int (x - E[f])^2\, f(x)\, dx\,, \tag{2.46}$$

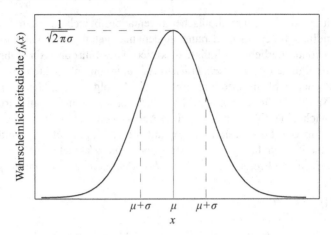

Abb. 2.22 Schematische Darstellung der Normalverteilung und geometrische Interpretation der Parameter aus Gl. (2.45). Dabei stellt der Parameter σ die (halbe) Breite auf der Höhe der Wendepunkte dar

wobei die Integrationen jeweils über den gesamten möglichen Wertebereich der Variablen x laufen. In vielen praktischen Anwendungen wird sich dieser Wertebereich von $-\infty$ bis $+\infty$ oder von 0 bis ∞ erstrecken. Im Vergleich zum diskreten Fall, Gl. (2.38), ersetzt man die Summation über alle möglichen Zustände also durch eine Integration über die Variable x. Wir werden die Gauß-Verteilung im weiteren Verlauf des Kapitels noch als eine Form von Grenzwertverteilung für große Stichprobenzahlen der Binomialverteilung kennenlernen. Zuerst wollen wir jedoch noch weitere Wahrscheinlichkeitsdichten diskutieren, die in den folgenden Kapiteln von großer Bedeutung sind. Dazu denken wir uns (zur Vereinfachung der Notation) die Ereignisse stets durch nicht negative Werte von x repräsentiert, $x \geq 0$. Ein Beispiel ist die *Exponentialverteilung*, deren Dichte gegeben ist durch

$$f_{exp}(x) = \lambda\, e^{-\lambda x} \tag{2.47}$$

mit dem Erwartungswert $E[f_{exp}] = 1/\lambda$ und der Varianz $V[f_{exp}] = 1/\lambda^2$. Ein weiteres Beispiel ist durch das *Potenzgesetz* gegeben:[13]

$$f_{PL}(x) = a\, x^{-\lambda} . \tag{2.48}$$

Wie wir in Kap. 5 sehen werden, gibt es eine Reihe von Situationen, bei denen Charakteristika einer Exponentialverteilung und einer Verteilung nach einem Potenzge-

---

[13] Ein Charakteristikum des Potenzgesetzes ist, dass einfache statistische Kenngrößen nicht notwendigerweise existieren. Das Integral $\int f_{PL}(x)\,dx$, das die Normierung dieser Funktion liefert, divergiert für einen bestimmten Wertebereich des Parameters λ. In Kap. 5.1 werden wir sehen, wie sich dieses Fehlschlagen herkömmlicher Statistik im Fall des Potenzgesetzes interpretieren lässt.

setz (engl. *power law*) miteinander verglichen werden. Ein fundamentaler Unterschied liegt in der statistischen Überhöhung der Anzahl sehr großer Ereignisse (also von Ereignissen mit sehr großen Werten von x) bei einem Potenzgesetz im Vergleich zu einer exponentiellen Verteilung. Diesen Unterschied sowie Hypothesen über die strukturellen Ursachen solcher Potenzgesetze findet man z. B. in dem großen Gebiet der Katastrophentheorie behandelt. Wir werden in Kap. 4 und 5 eine Reihe von Eigenschaften eukaryotischer DNA-Sequenzen kennenlernen, die solchen Potenzgesetzverteilungen folgen. Ein Potenzgesetz stellt eine relativ starre (und wie wir sehen werden auch in ihren Bildungsgesetzen schwer zu fassende) Verteilungsfunktion dar. Eine im Experiment beobachtete graduelle Überhöhung großer Ereignisse (verglichen mit einer Exponentialverteilung) kann oft auch parametrisiert werden durch eine *Weibull-Verteilung*

$$f_W(x) = \frac{\gamma}{\alpha} \left(\frac{x}{\alpha}\right)^{\gamma-1} \exp(-(x/\alpha)^\gamma), \quad \gamma, \alpha > 0 \,. \tag{2.49}$$

Die Parameter der Weibull-Verteilung skalieren (über den *scale* α) und deformieren (über die *shape* γ) den Kurvenverlauf. Man sieht zudem, dass man für $\gamma = 1$ die Exponentialverteilung aus Gl. (2.47) mit $\lambda = 1/\alpha$ wiedererlangt. Abbildung 2.23 zeigt einen Vergleich dieser drei Verteilungen in einer linearen, einfach logarithmischen und doppelt logarithmischen Darstellung. Es ist wichtig, sich diese unterschiedlichen Darstellungen bewusst zu machen: In der linearen Auftragung sind alle drei Kurven recht ähnlich. In der einfach logarithmischen Auftragung ist die Exponentialverteilung durch eine Gerade gegeben. Die doppelt logarithmische Auftragung zeichnet das Potenzgesetz als Gerade aus.

Betrachten wir noch einmal die Binomialverteilung aus Gl. (2.39). Wir haben gesehen, dass diese Verteilung im Limes seltener Ereignisse in die Poisson-Verteilung übergeht (vgl. Gl. (2.41)). Anhand des Erwartungswerts und der Varianz dieser Verteilung kann man noch einen weiteren Grenzübergang diskutieren, nämlich den Fall unendlich vieler Stichproben n. Der Mittelwert $m \equiv E[P]$ und die Varianz $\sigma^2 \equiv V[P]$ der Binomialverteilung sind gegeben durch

$$m = np, \quad \sigma^2 = np(1 - p) \,. \tag{2.50}$$

Was geschieht nun beim Übergang $n \to \infty$? Es ist klar, dass m und σ^2 formal divergieren. Durch den Übergang $k \to k'$ zu einer neuen Variablen k' mit $k' = (k-m)/\sigma$ erhält man jedoch eine diesem Limes entsprechende Wahrscheinlichkeitsdichte, nämlich

$$f(k') = \frac{1}{\sqrt{2\pi}} \exp\left(-\frac{k'^2}{2}\right), \tag{2.51}$$

also gerade eine Gauß-Verteilung um Null mit der Breite (also der Standardabweichung) Eins. Diese Beobachtung, dass sich im Limes unendlich langer Sequenzen aus der Binomialverteilung eine durch die Gauß-Funktion gegebene Wahrscheinlichkeitsdichte ergibt, ist eine der vielen Ausprägungen des *zentralen Grenzwertsatzes*.

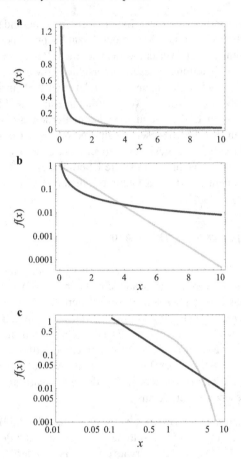

Abb. 2.23 Vergleich der exponentiellen (*hellgrau*), Weibull- (*dunkelgrau*) und Potenzgesetz-verteilung (*schwarz*) in einer **a** linearen, **b** einfach logarithmischen und **c** doppelt logarith-mischen Darstellung. In letzterem Fall ist der Graph des Potenzgesetzes eine Gerade. Man erkennt die charakteristische Überhöhung der Wahrscheinlichkeitsdichten gemäß dem Potenz-gesetz bei sehr kleinen und sehr großen Werten von x

Nachdem wir nun diese grundlegenden methodischen Werkzeuge formuliert haben, können wir einen ersten Blick auf bioinformatische Anwendungen solcher Begriffe werfen. Dazu diskutieren wir die Längenverteilungen von Introns eines menschli-chen Chromosoms. Wir werden aber die verschiedenenen Verteilungsfunktionen in den folgenden Kapiteln an vielen Stellen in sehr unterschiedlichen Kontexten wieder aufgreifen.

Mathematica-**Exkurs: Intronverteilung**

Die erste Hürde der folgenden Untersuchung liegt in der Beschaffung der Daten. Wir verwenden hierzu den UCSC *Genome Browser*. Der *Genome Browser* an der *University of California at Santa Cruz* (UCSC) stellt Annotationen auf der Ebene ganzer Chromosomen bereit. Wir haben hier den CCDS-Track verwendet. Der *Genome Browser* bietet eine Vielzahl anderer Genannotationen, die in ähnlicher Weise analysiert werden können. Über ein Menü lässt sich die gewünschte Information auswählen und als ASCII-Datei lokal speichern.[14] Die Längenverteilung von Introns für die Spezies Mensch liegt in der Datenbank nicht direkt vor, sie kann aber aus den Datenbankinformationen abgeleitet werden. Für ein annotiertes Gen sind im *Genome Browser* neben dem Namen, der Position auf dem Strang und vielen anderen Informationen auch die Start- und Endpositionen der in diesem Gen enthaltenen Exons aufgelistet. Die Längenverteilung von Introns für die Spezies Mensch liegt in der Datenbank nicht direkt vor, sie kann aber aus den Datenbankinformationen abgeleitet werden. Für ein annotiertes Gen sind im *Genome Browser* neben dem Namen, der Position auf dem Strang und vielen anderen Informationen auch die Start- und Endpositionen der in diesem Gen enthaltenen Exons aufgelistet. Diese Positionen können für alle annotierten Gene eines Chromosoms abgefragt und gespeichert werden.

Die lokal gespeicherten Daten für das menschliche Chromosom 19 werden mit dem Befehl **ReadList** als Wörter eingelesen (also mit der Einstellung **Word**) und mithilfe des Befehls **ToExpression** in Zahlen umgewandelt.

```
In[1]:= tmp01 =
        ReadList["HU_CCDS_chr19_May_2004_CUSC_exonStartEnd.txt",
        Word, WordSeparators → {"\t", ", "}, RecordLists → True];
In[2]:= tmp02 = ToExpression[tmp01];
```

Wie an vielen Stellen in den *Mathematica*-Exkursen unterdrücken wir vielfach die Ausgabe durch das Semikolon am Zeilenende. Um die verschiedenen Optionen dieses Einlesebefehl besser zu verstehen, empfehlen wir auch hier, in der elektronischen Version des *Mathematica*-Exkurses von Hand Änderungen vorzunehmen und unterschiedliche Einstellungen auszuprobieren. Für jedes Gen liegt nun eine Liste mit Start- und Endpositionen der Exons vor. Dabei besteht die erste Hälfte dieser Liste aus den Startpositionen und die zweite Hälfte aus den Endpositionen.

Mit der Funktion **Take[list, i]** fragt man die ersten **i** Elemente der Variablen **list** ab. Auf die Liste **tmp02** angewendet hat man für **i = 2**:

```
In[3]:= Take[tmp02, 2]
Out[3]= {{#exonStarts, exonEnds},
            {232387, 233133, 233751, 238473, 239019, 241951,
             232537, 233310, 233809, 238751, 239171, 242066}}
```

---

[14] http://genome.ucsc.edu/ unter der Rubrik *Tables*.

Dies ist eine Liste mit zwei Elementen. Diese Elemente sind, wie die Ausgabe zeigt, jedoch erneut Listen. Die Länge eines Introns ergibt sich nun aus der Differenz zwischen der Endposition eines Exons und der Startposition des darauf folgenden Exons. Damit werden die Startposition des ersten Exons und die Endposition des letzen Exons innerhalb eines Gens für die weiteren Betrachtungen nicht mehr benötigt und deshalb im Folgenden gelöscht. Alle Gene, die nur aus einem Exon bestehen, werden in diesem Schritt auf die leere Menge abgebildet:[15]

```
In[4]:= tmp03 = Map[Delete[#, {{1}, {-1}}]&, tmp02];

In[5]:= tmp03[[{1,2}]]
Out[5]= {{}, {233133, 233751, 238473, 239019,
              241951, 232537, 233310, 233809, 238751, 239171}}
```

Diese leeren Mengen werden im nächsten Schritt entfernt:

```
In[6]:= tmp04 = DeleteCases[tmp03, {}];
```

Um die Differenzen zwischen den Start- und Endpositionen effizient zu bestimmen, wird eine Partitionierung der Liste in zwei Hälften (und damit in Startpositionen und Endpositionen) vorgenommen. Die Berechnung der Längen der Introns geschieht nun über den Befehl **Subtract**, mit dem elementweise die Differenz zwischen der Liste der Startpositionen und der Liste der Endpositionen gebildet wird.[16]

```
In[7]:= tmp05 = Map[Partition[#, Length[#]/2]&, tmp04];

In[8]:= tmp06 =
          Flatten[Table[Subtract[tmp05[[i,1]], tmp05[[i,2]]] - 2,
          {i, 1, Length[tmp05]}]];
```

Der am Ende dieser Kette von Operationen angewendete Befehl **Flatten** entfernt die verbliebene Struktur in den Daten, und man erhält die Längen aller Introns für das Chromosom 19 in Form einer Liste.

Eine Visualisierung der Längenverteilung der Introns ('Wie häufig ist ein Intron der Länge n?') in Form eines Histogramms erhält man mit dem folgenden Befehlsblock. Zuerst werden der Bereich des Histogramms und die Breite der Balken (**binsize**) festgelegt. Dann erfolgt die Histogrammausgabe.

```
In[9]:= min = 0;
        max = 9000;
        binsize = 150;
```

---

[15] Auch der erste Eintrag, der aus der Tabellenüberschrift stammt, nämlich **{#exonStarts, exonEnds}** wird in diesem Schritt auf die leere Menge abgebildet.

[16] Eine Besonderheit des *Genome Browsers* ist seine Zählweise, nämlich an der Position Null orientiert (0-basiert) bei den Startpositionen und 1-basiert bei den Endpositionen. Daher ergeben sich die Längen als Differenz minus 2 (statt Differenz minus 1).

```
In[10]:= plIntrons = Histogram[tmp06, {min, max, binsize},
            Frame → True];
```

Die Darstellung ist vorerst (mit einem Semikolon am Zeilenende) unterdrückt und das Histogramm wird nur in die Variable **plIntrons** geschrieben, da wir die Abbildung noch um ein weiteres Bildelement ergänzen wollen. Möchte man die Verteilung der Abstände nun einer quantitativen Analyse unterziehen, so gibt man eine Verteilungsfunktion als Modell vor, schätzt die Parameter dieser Verteilung und sieht dann, ob das Modell in der Lage ist, die beobachteten Daten angemessen zu beschreiben. Im Verlauf dieses Kapitels haben wir bereits die geometrische Verteilung und ihr stetiges Analogon, die Exponentialverteilung, beschrieben. Obwohl die Verteilung der Introns diskret ist, gehen wir hier von einem kontinuierlichen Zustandsraum aus (eine Annahme, die in der Praxis sehr oft getroffen wird).[17] Der einzige Parameter der Exponentialverteilung ist die Abklingrate λ. Der Maximum-Likelihood-Schätzer für λ ist durch den Kehrwert $1/m$ des arithmetischen Mittels $m = 1/n \sum_{i=1}^{n} x_i$ gegeben, das sich in *Mathematica* mit dem Befehl **Mean** ermitteln lässt.

```
In[11]:= λ = 1/Mean[tmp06] //N
Out[11]= 0.000548307
```

Die Dichtefunktion der Exponentialverteilung aus Gl. (2.47) hat die Fläche Eins unter der Kurve, während die Fläche des Histogramms nicht auf Eins normiert ist. Um beide miteinander vergleichen zu können, muss man eine Skalierung durchführen. Wir werden hier die Dichtefunktion neu skalieren.[18] Dazu muss die Dichtefunktion mit der Anzahl der Beobachtungen und der Breite der Balken multipliziert werden. So erhält man die skalierte Dichtefunktion als

```
In[12]:= number = Length[tmp06];

In[13]:= fExpo[x_] := number * binsize * λ * e^{-λ*x}

In[14]:= plExpo =
            Plot[fExpo[x], {x, min + binsize/2, max - binsize/2},
              PlotRange → All];

In[15]:= Show[plIntrons, plExpo]
```

Abbildung 2.24 zeigt die angepasste Dichtefunktion der Exponentialverteilung zusammen mit dem Histogramm der Intronlängen. Offensichtlich werden die beobachteten Längen der Introns durch dieses Modell nur teilweise erklärt. Es ergaben sich systematische Abweichungen. Aus unserer Diskussion der Verteilungen im ersten Teil des Kapitels wissen wir, dass diese Abweichungen (die exponentielle Verteilung

---

[17] Dies lässt sich damit begründen, dass die Menge von Ereignissen (in unserem Fall also die möglichen Längen der Introns) recht groß ist: Die empirische Verteilung ist quasikontinuierlich.

[18] Im umgekehrten Fall würde wie zuvor die Option **"PDF"** im **Histogram**-Befehl zu einer Normierung der Fläche des Histogramms auf Eins führen, und Gl. (2.47) könnte direkt verwendet werden.

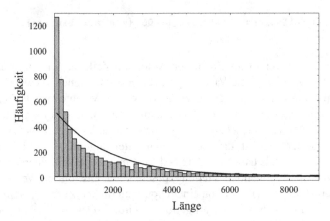

Abb. 2.24 Längenverteilung der Introns im menschlichen Chromosom 19, zusammen mit einer an die Daten angepassten Exponentialverteilung

unterschätzt die besonders großen und kleinen Längen und überschätzt die Häufigkeit der mittleren Längen) typisch für Weibull- und Potenzgesetzverteilungen sind. Wir möchten aus diesem Grund hier noch die Weibull-Verteilung als ein weiteres Modell diskutieren. Die Weibull-Verteilung berücksichtigt als Modell das Auftreten seltener Ereignisse und enthält als Spezialfall die Exponentialverteilung. Auf die formale Schätzung der Parameter für eine Weibull-Verteilung aus einem gegebenen Datensatz wollen wir hier nicht eingehen, sondern für vorhandene Parameter die angepasste Weibull-Verteilung mit dem Histogramm der Intronlängen vergleichen.

Mit den geschätzten Parametern α und γ ist die skalierte Dichtefunktion der Weibull-Verteilung gegeben durch:

```
In[16]:= α = 1429.58;
         γ = 0.7247;
```

$$In[17]:= \texttt{fWeibull[x\_]} := \texttt{number} * \texttt{binsize} * \frac{\gamma}{\alpha} * \left(\frac{x}{\alpha}\right)^{(\gamma-1)} * e^{-\left(\frac{x}{\alpha}\right)^{\gamma}};$$

Abbildung 2.25 zeigt die Weibull-Verteilung zusammen mit dem Histogramm der Intronlängen:

```
In[18]:= plWeibull = Plot[fWeibull[x],
             {x, min + binsize/2, max - binsize/2}, PlotRange → All];

In[19]:= Show[plIntrons, plWeibull]
```

Wie man deutlich sieht,[19] beschreibt die Weibull-Verteilung die beobachteten Daten besser als die Exponentialverteilung. Ein mathematisches Modell der Genomevolution, das die Entstehung und zeitliche Entwicklung von Introns zu beschreiben

---

[19] Die Qualität einer solchen Anpassung lässt sich mathematisch weiter untersuchen. Das erforderliche Werkzeug ist der χ^2-Test.

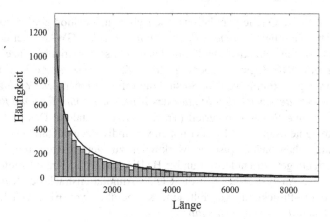

Abb. 2.25 Vergleich der Intronverteilung aus Abb. 2.24 mit einer Weibull-Verteilung

versucht, müsste also Mechanismen der Sequenzmodifikation finden, die eine solche systematische Abweichung der Längenverteilung von einem exponentiellen Verlauf erklären können.

Durch die Vielfalt der genomischen Annotation und der Werkzeuge zur Sequenzanalyse wie auch durch die Explosion neuer Erkenntnisse zu Mechanismen der Genregulation gibt es einen starken Bedarf an Metadatenbanken, die diese Vielfalt ordnen und zugänglich machen. Der UCSC *Genome Browser* ist eine der wichtigsten Metadatenbanken für genomische Analysen. Die Idee, dass sich neben der Annotation von DNA-Sequenzen auch eine Vielzahl anderer Informationen (bis hin zu Hochdurchsatzdaten, Protein-DNA-Interaktionen und regulatorischen Wechselwirkungen) auf die DNA-Sequenz abbilden lassen, hat auch eine interessante mathematische Ebene: Solche 'Vektoren' von Information auf jeder DNA-Base lassen sich statistisch vergleichen. Korrelationen zwischen genomischen Regionen lassen auf Interaktionen schließen, während Korrelationen zwischen Komponenten dieser (sehr hochdimensionalen) Vektoren Hinweise auf Abhängigkeiten der zugrunde liegenden biologischen Prozesse geben können. Im September 2012 waren genomische Informationen für 63 Organismen im UCSC *Genome Browser* verfügbar.

Der große Nutzen dieser Datenbank liegt aber in der Vielzahl zur Verfügung stehender Annotationen: evolutionäre Konservierung, Homologien zwischen Spezies, Genvorhersagen, aber auch Informationen zu regulatorischen Komponenten, zu Genexpression und zu Krankheitsassoziationen liegen für viele in der Datenbank zugängliche Organismen vor, ebenso wie die Annotation repetitiver DNA und statistische Informationen (etwa der GC-Gehalt und CpG-Inseln).

Von immer größerer Bedeutung sind epigenetische Signale (vor allem Methylierungsprofile) und genetische Variationen (etwa *single nucleotide polymorphisms*,

SNPs). Eine wichtige Quelle populationsgenetischer Information sind genomweite Assoziationsstudien (engl. *genome-wide association studies*, GWAS), bei denen eine große Zahl von Einzelnukleotidpolymorphismen, also Variationen einzelner Nukleotide in einem DNA-Segment, über eine große Zahl (meist: einige Tausend) von Individuen hinweg bestimmt werden. So sind die Informationen des *Catalog of Published Genome-Wide Association Studies* des *National Human Genome Research Institute* im *Genome Browser* integriert (Track: GWAS Catalog). Das Ziel solcher GWAS ist, die gemeinsamen SNPs in Gruppen von Individuen mit ähnlichen Krankheiten oder ähnlichen phänotypischen Merkmalen zu identifizieren, um Genotyp-Phänotyp-Beziehungen zu entdecken und z. B. Biomarker für Krankheiten zu etablieren. Für diese Analyse haben wir die CGDS-Annotationstrack des '*Consensus Coding Sequence*'-Projekts ausgewählt, eine Kooperation von EBI, NCBI, UCSC und dem *Wellcome Trust Sanger Institute*.

Mathematica-Exkurs: Häufigkeitsverteilung von SNPs

In diesem *Mathematica*-Exkurs werden wir (lokal gespeicherte) Daten aus dem UCSC *Genome Browser* in *Mathematica* verarbeiten. Über die Exportfunktion des *Genome Browser* haben wir den GWAS Catalog in eine Datei **gwas_temp** geschrieben, die wir zuerst einlesen.

```
In[1]:= gwas1 = Import["gwas_temp"];
```

Die Daten enthalten alle Einzelnukleotidpolymorphismen (SNPs), die in publizierten GWAS-Daten mit ausreichender Häufigkeit identifiziert worden sind und im *Catalog of Published Genome-Wide Association Studies* am *National Human Genome Research Institute* (NHGRI) abgelegt sind. Es handelt sich um etwa 19 000 Einträge:

```
In[2]:= Dimensions[gwas1]
Out[2]= {19880, 23}
```

Die erste Zeile dieser Liste enthält die Spaltenbeschriftung:

```
In[3]:= gwas1[[1]]
Out[3]= {#bin, chrom, chromStart, chromEnd, name, pubMedID,
         author, pubDate, journal, title, trait, initSample,
         replSample, region, genes, riskAllele, riskAlFreq,
         pValue, pValueDesc, orOrBeta, ci95, platform, cnv}
```

Für unsere Analyse sind wir vor allem an den Spalten 2 (dem Chromosom), 3 (dem Startpunkt des SNP) und 17 (der prozentualen Häufigkeit dieses SNP in der Population) interessiert. Wir beginnen mit der Frage, wie die Häufigkeiten verteilt sind und wie sich die SNPs über die Chromosomen verteilen. In einer Liste **gwas2** fassen wir die Spalten 2 und 17 zusammen (und beschränken uns auf die Fälle, bei denen eine reelle Zahl als Häufigkeit eingetragen ist):

```
In[4]:= gwas2 = Cases[gwas1[[All, {2, 17}]], {n1_, n2_Real}];
```

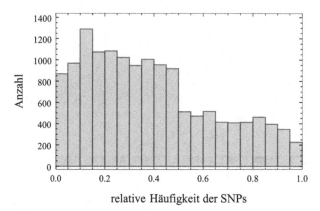

Abb. 2.26 Histogramm der SNP-Häufigkeiten. Jeder SNP ist durch seine relative Häufigkeit in der Population charakterisiert. Aus diesen Häufigkeiten lässt sich ein Histogramm erstellen, das angibt, wie oft diese Populationshäufigkeiten in den SNP-Daten auftreten. Dies ist hier für die im *Mathematica*-Exkurs verwendeten Daten aufgetragen

Der Befehl **Histogram** führt sofort auf die Verteilung der SNP-Prozentzahlen.

```
In[5] := Histogram[gwas2 /. {n1_, n2_} → n2, Frame → True,
           PlotRange → {{0, 1}, Automatic}]
```

Der Output dieses Befehls ist in Abb. 2.26 dargestellt.

Mit dem Befehl **Tally** lässt sich feststellen, wie häufig jedes Chromosom genannt ist:

```
In[6] := Tally[gwas2 /. {n1_, n2_} → n1]
Out[6] = {{chr1, 1075}, {chr2, 1044}, {chr3, 696},
          {chr4, 561}, {chr5, 651}, {chr6, 1182}, {chr7, 574},
          {chr8, 590}, {chr9, 531}, {chrX, 77}, {chr10, 654},
          {chr11, 680}, {chr12, 626}, {chr13, 285}, {chr14, 293},
          {chr15, 414}, {chr16, 516}, {chr17, 390}, {chr18, 254},
          {chr19, 399}, {chr20, 301}, {chr21, 119}, {chr22, 243},
          {chr6_apd_hap1, 136}, {chr6_cox_hap2, 361},
          {chr6_dbb_hap3, 319}, {chr6_mcf_hap5, 292},
          {chr6_qbl_hap6, 347}, {chr4_ctg9_hap1, 2},
          {chr6_mann_hap4, 334}, {chr6_ssto_hap7, 339},
          {chrUn_gl000248, 5}, {chr17_ctg5_hap1, 14},
          {chr1_gl000191_random, 1}, {chr1_gl000192_random, 1}}
```

Interessant ist nun, diese Häufigkeit auf die Chromosomenlänge zu normieren. Wir nutzen hierzu die direkte Verbindung von *Mathematica* auf die Suchmaschine *Wolf-*

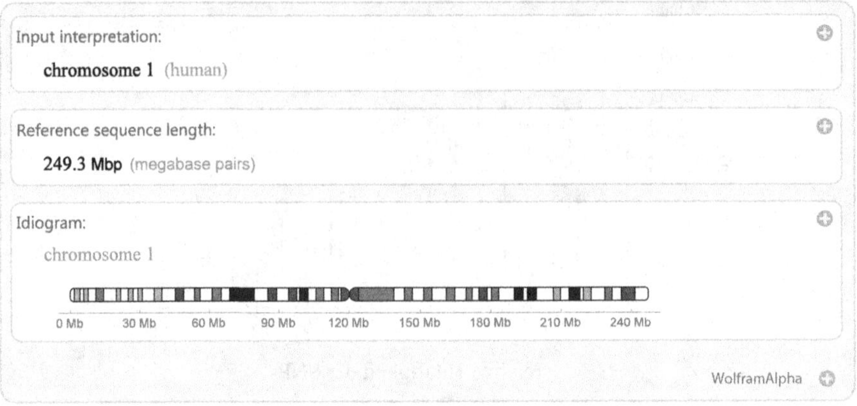

Abb. 2.27 Suchergebnis von *WolframAlpha* für den Suchbegriff *human chromosome 1*

ramAlpha. Für Chromosom 1 liefert die Suchabfrage sowohl die Länge als auch eine grafische Darstellung des Chromosoms:

```
In[7]:= WolframAlpha["human chromosome 1"]
```

Das Resultat ist in Abb. 2.27 angegeben. Die Längen für alle Chromosomen lassen sich auch direkt abfragen:

```
In[8]:= WolframAlpha["human chromosome 1",
            {{"ChromosomeLength:GenomeSequenceData", 1},
             "ComputableData"}]
Out[8]= 249.3 megabase pairs
```

Über diesen Weg können wir eine Liste der Chromosomenlängen erstellen. Dabei erzeugen wir (mit dem Befehl **ToString[k]**) den Sucheintrag direkt aus dem Laufindex. Das X-Chromosom fügen wir separat an.

```
In[9]:= tabLength =
          Append[
            Table[{"chr" <> ToString[k],
              WolframAlpha["human chromosome " <> ToString[k],
                {{"ChromosomeLength:GenomeSequenceData", 1},
                 "NumberData"}] * 1000000}, {k, 1, 21, 1}],
            {"chrX",
              WolframAlpha["human chromosome X",
                {{"ChromosomeLength:GenomeSequenceData", 1},
                 "NumberData"}] * 1000000}]
```

```
Out[9]= {{chr1, 2.493 × 10^8}, {chr2, 243000000},
         {chr3, 1.995 × 10^8}, {chr4, 1.913 × 10^8},
         {chr5, 1.809 × 10^8}, {chr6, 1.709 × 10^8},
         {chr7, 1.588 × 10^8}, {chr8, 1.463 × 10^8},
         {chr9, 1.403 × 10^8}, {chr10, 1.354 × 10^8},
         {chr11, 1.345 × 10^8}, {chr12, 1.323 × 10^8},
         {chr13, 1.141 × 10^8}, {chr14, 1.064 × 10^8},
         {chr15, 1.003 × 10^8}, {chr16, 8.883 × 10^7},
         {chr17, 7.877 × 10^7}, {chr18, 7.612 × 10^7},
         {chr19, 6.381 × 10^7}, {chr20, 6.244 × 10^7},
         {chr21, 4.694 × 10^7}, {chrX, 1.549 × 10^8}}
```

Die oben mit **Tally** erzeugte Häufigkeitsliste können wir nun in eine Übersetzungs-vorschrift verwandeln und den Quotienten mit der Länge bilden. Die grafische Darstellung dieser neuen Liste zeigt dann die Unterschiede der SNP-Dichten zwischen den Chromosomen:

```
In[10]:= tabLength2 =
           Thread[{tabLength /. {k1_, k2_} → k1,
             tabLength /.
               ( Tally[gwas2 /. {n1_, n2_} → n1] /.
                 {nn1_String, nn2_} → (nn1 → nn2))}] /.
           {kk1_, {kk2_, kk3_}} :→ {kk1, N[kk2/kk3]};
In[11]:= ListPlot[tabLength2 /. {n1_, n2_} → 10^6 n2,
           Frame → True, PlotStyle → {Black, AbsolutePointSize[5]},
           FrameTicks → {{Automatic, Automatic},
             {Thread[{Table[k, {k, 1, Length[tabLength]}],
               tabLength2 /. {n1_, n2_} → n1}], Automatic}},
           AspectRatio → 0.2, ImageSize → 600,
           FrameTicksStyle → Directive[Black, 10, Plain]]
```

Dies führt auf Abb. 2.28.

Als Nächstes wollen wir uns die lokale Häufigkeit von SNPs entlang eines Chromosoms ansehen. Dazu können wir die Abbildungen der Chromosomen aus *WolframAlpha* nutzen:

```
In[12]:= temp1 = WolframAlpha["human chromosome 1 ideogram",
           {{"Result", 1}, "Content"}]
```

Die so aus dem *WolframAlpha*-Output extrahierte Visualisierung des Chromosoms ist in Abb. 2.29 gezeigt.

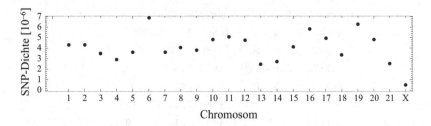

Abb. 2.28 Dichte (also relative Häufigkeit) der SNPs für menschliche Chromosomen

chromosome 1

Abb. 2.29 Aus *WolframAlpha* extrahierte grafische Darstellung des menschlichen Chromosoms 1

Wir legen zudem die Länge des Chromosoms in einer Variablen ab und setzen eine Fenstergröße für die Bestimmung der lokalen SNP-Häufigkeit fest:

```
In[13] := len1 =
            WolframAlpha["human chromosome 1",
                {{"ChromosomeLength:GenomeSequenceData", 1},
                "NumberData"}] * 1000000;

In[14] := sol1 = 500000;
```

Dann zählen wir, wie viele SNPs in (nicht überlappenden) Fenstern der Länge **sol1** entlang des Chromosoms (in diesem Fall: Chromosom 1) auftreten und stellen das Resultat grafisch dar. In den **Plot**-Befehl gehen eine Reihe von Formatierungen ein. Wir normieren die Kurve auf Werte zwischen 0 und 0.2 und verschieben sie dann um 0.05 nach oben, damit sie sich besser in die Grafik aus *WolframAlpha* einfügen lässt. Zugleich kopieren wir die Achsenbeschriftung aus der Abbildung über **FrameTicks** hinein.

```
In[15] := gwas1b =
            Table[{N[k1/len1],
                Count[Cases[gwas1, {n1_, n2_, n3__} /; n2 == "chr1"][[
                    All, 3]], nn1_Integer /; k1 ≤ nn1 ≤ k1 + sol1]},
                {k1, 0, len1, sol1}];
```

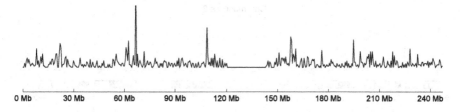

0 Mb   30 Mb   60 Mb   90 Mb   120 Mb   150 Mb   180 Mb   210 Mb   240 Mb

Abb. 2.30 SNP-Häufigkeit entlang des menschlichen Chromosoms 1

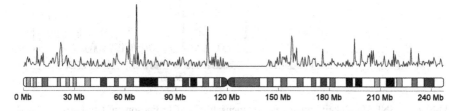

0 Mb   30 Mb   60 Mb   90 Mb   120 Mb   150 Mb   180 Mb   210 Mb   240 Mb

Abb. 2.31 Zusammenfügung von Abb. 2.29 und 2.30 zu einer Gesamtgrafik für die SNP-Häufigkeit entlang des menschlichen Chromosoms 1

```
In[16] := p1b =
            ListPlot[
            gwas1b /.
            {n1_, n2_} → {n1, 0.2 n2/Max[Flatten[gwas1b]] + 0.05},
            Joined → True, AspectRatio → 0.2, Axes → False,
            PlotRange → {{0, 1}, {-0.01, 0.2}},
            Frame → {True, False, False, False},
            FrameTicks →
              {{None, None},
                {(temp1[[1, 1, 1, 1, 1, 3, 2, 2, 1]] /.
                  {n1_Real, FormBox[n2_String, n3__]} :→
                  {n1, StringDrop[StringDrop[n2, 1], -1]}), None}}]
```

Diese Abfolge von Befehlen ergibt die in Abb. 2.30 angegebene Grafik.

Im letzten Schritt legen wir das Bild des Chromosoms noch zwischen Kurvenzug und Achse.

```
In[17] := Show[p1b, Graphics[temp1[[1, 1, 1, 1, 1, 1]]], p1b]
```

Diese neue Grafik ist in Abb. 2.31 dargestellt.

Eine Anwendung auf beliebige Chromosomen ist nun sehr einfach. Wir fügen dazu die oben einzeln aufgeführten Befehle in einem **Module**-Befehl zusammen. Dabei ist zu beachten, dass wir den Namen für die ursprüngliche Datenliste, **gwas1**,

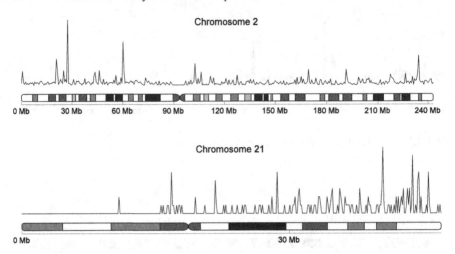

Abb. 2.32 SNP-Häufigkeit entlang zweier menschlicher Chromosomen: Chromosom 2 und Chromosom 21

festhalten. Die Auflösung wird auf 400 Punkte entlang des Chromosoms festgelegt. Der vollständige **Module**-Befehl ist in der elektronischen Fassung des *Mathematica*-Exkurses aufgeführt. Abbildung 2.32 illustriert die Verwendung dieser Routine für zwei weitere Chromosomen.

2.6 Nullhypothesen und Eigenschaften realer Sequenzen

Am Rande der Diskussion von Bernoulli-Sequenzen als einfaches Wahrscheinlichkeitsmodell wurde in Kap. 2.2 das Konzept der Nullhypothese kurz formuliert. Diese Vorstellung eines elementaren Referenzmodells für reale Sequenzen soll hier präzisiert werden. Im Fall von Bernoulli-Sequenzen haben wir darunter das Wahrscheinlichkeitsmodell einer DNA-Sequenz gefasst, bei dem die Symbole zufällig und unabhängig aneinandergereiht werden. Gemäß dem Alphabet $\Sigma = \{A, G, C, T\}$ werden Wahrscheinlichkeiten p_A, p_G, p_C und p_T definiert, die sich z. B. mit der ML-Methode schätzen lassen. Welche Wahrscheinlichkeiten für Nukleotid*paare* folgen daraus? In einer zufälligen Abfolge auf der Grundlage der p_X hat man z. B. $p_{AA} = p_A^2$, $p_{AG} = p_A p_G$ etc., da die beiden Symbole eines solchen Paars (für Bernoulli-Sequenzen) unabhängige Ereignisse darstellen und ihre Einzelwahrscheinlichkeiten somit multipliziert werden müssen, um die Paarwahrscheinlichkeit zu bestimmen. Es bieten sich also zwei vollkommen unterschiedliche Möglichkeiten, diese Wahrscheinlichkeiten zu ermitteln: Man kann zum einen die Wahrscheinlichkeiten p_{XY} aus einer gegebenen Sequenz (oder einer großen Zahl von Sequenzen, dem

Testdatensatz) schätzen oder mit diesem Minimalmodell, der Nullhypothese, berechnen. Man hat also empirische und theoretische Paarwahrscheinlichkeiten:

$$p^{(emp)}_{XY}, \quad p^{(th)}_{XY} = p_X p_Y. \tag{2.52}$$

Diese beiden Größen, die empirisch durch ML-Schätzung aus der Sequenz gewonnene Paarwahrscheinlichkeit und die theoretische, aus den Einzelwahrscheinlichkeiten über die Annahme einer Bernoulli-Sequenz berechnete Paarwahrscheinlichkeit lassen sich vergleichen. Auf diese Weise sieht man, welche Unterschiede zwischen den p_{XY} schon trivial durch die Unterschiede in den p_X induziert werden und welche Unterschiede auf der Ebene der Paare in den betrachteten Sequenzen neu hinzukommen. In derselben Weise lassen sich dann natürlich auch empirische und theoretische (aus einer Nullhypothese gewonnene) Wahrscheinlichkeiten für Tripletts und längere 'Worte' in der Sequenz vergleichen. Diesen Vergleich werden wir nun für eine reale Sequenz durchführen, nämlich die DNA-Sequenz eines menschlichen Enzyms, der Thymidylat-Synthase.

Zuvor aber werden wir überprüfen, welche statistischen Unterschiede z. B. zwischen Paar- und Triplettwahrscheinlichkeiten bei der ML-Schätzung schon allein durch die endliche Sequenzlänge hervorgerufen werden. Die Einbeziehung der Wahrscheinlichkeiten für Nukleotidtripletts ist − im Fall einer codierenden Sequenz − wegen der Codonstruktur von biologischem Interesse, da Abweichungen von der Nullhypothese auf dieser Ebene möglicherweise direkt mit biologischer Funktion korreliert werden können. Für unsere Vorabschätzung des statistischen Fehlers betrachten wir eine Bernoulli-Sequenz mit einer Gleichverteilung der Einzelsymbole, $p_X = 1/4 \; \forall X \in \{A, G, C, T\}$ und gleicher Länge wie die reale Sequenz, $L = 32\,000$ Basenpaare (bp). Die Gleichverteilung zusammen mit der Bernoulli-Eigenschaft impliziert eine Gleichverteilung auch auf der Ebene der Nukleotidpaare und -tripletts. Abbildung 2.33 zeigt, dass dies für die Paarwahrscheinlichkeiten noch recht gut erfüllt ist, während für die Triplettwahrscheinlichkeiten aufgrund der endlichen Sequenzlänge schon deutliche Unterschiede auftreten. Unterschiede zwischen den Wahrscheinlichkeiten aus der realen Sequenz und aus einer entsprechend konstruierten Nullhypothese sind nur dann mit Sicherheit systematischer Natur, wenn sie die statistischen Unterschiede aus Abb. 2.33 überschreiten. Diese Vorbetrachtung erlaubt also, die *Signifikanz* von Abweichungen zwischen den $p^{(emp)}_{XY}$ und den $p^{(th)}_{XY}$ einzuschätzen.

Im Fall der realen Sequenz sind die Einzelsymbole keinesfalls gleichverteilt. Eine geeignete Nullhypothese zu dieser Sequenz ist also eine Bernoulli-Sequenz auf der Grundlage der empirischen Einzelwahrscheinlichkeiten. Abbildung 2.34 zeigt den Vergleich der entsprechenden Paar- und Triplettwahrscheinlichkeiten. Man erkennt systematische Unterschiede schon auf der Ebene der Paarwahrscheinlichkeiten. Dieser Effekt verstärkt sich, wenn man zu den Triplettwahrscheinlichkeiten übergeht. Um zu verstehen, welche Abweichungen auf dieser Ebene durch die Paarwahrscheinlichkeiten induziert werden und welche neu hinzukommen, müsste man eine Bernoulli-Sequenz als Nullhypothese konstruieren, die diese Paarwahrscheinlichkeiten erfüllt. Wir wollen stattdessen die Unterschiede auf der Ebene der Paa-

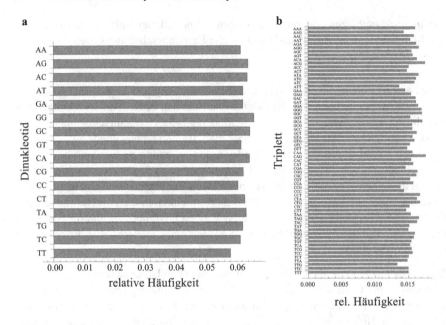

Abb. 2.33 Relative Häufigkeiten von **a** Symbolpaaren und **b** Symboltripletts für eine Bernoulli-Sequenz der Länge $L = 32\,000$ mit einer Gleichverteilung der Einzelsymbole

re, Abb. 2.34a, etwas genauer betrachten. Die deutlichste Abweichung tritt in Säule 10, bei der Wahrscheinlichkeit des Dinukleotids CG auf. Diese systematische Unterdrückung des *CpG-Gehalts*[20] ist ein häufiges Erkennungsmerkmal realer DNA-Sequenzen vieler eukaryotischer Organismen und, wie wir im Folgenden noch sehen werden, in seiner Variation entlang einer Sequenz ein wichtiger Indikator bestimmter biologischer Funktionen. Als Illustration der 'Erkennbarkeit' realer Sequenzen betrachten wir eine Sequenz, die vorgibt, real zu sein, nämlich die 1991 von dem Autor Michael Crichton in seinem Bestseller *Jurassic Park* abgedruckte DNA-Sequenz eines Dinosauriers. Abbildung 2.35 zeigt die Sequenz. Auf dieser Ebene ist keinesfalls klar, dass eine statistische Analyse die Fiktion aufzudecken vermag. Klar ist aber, dass wir mit einer Bernoulli-Sequenz mit entsprechend angepassten Einzelwahrscheinlichkeiten als Nullhypothese ein geeignetes erstes Analyseverfahren zur Verfügung haben. Abbildung 2.36 zeigt die Verteilung der Paarwahrscheinlichkeiten. Schon durch unsere Diskussion von Abb. 2.34 ist die Sequenz aus Abb. 2.35 als fiktiv entlarvt: Die CG-Häufigkeit übersteigt sogar noch die der Nullhypothese. Eine ausführlichere statistische Diskussion dieser *Jurassic-Park*-Sequenz und auch

---

[20] Die Notation C-Phosphat-G oder CpG deutet an, dass hier benachbarte Symbole in der DNA-Sequenz diskutiert werden und nicht etwa das Basenpaar C-G im DNA-Doppelstrang. Zudem ist die hier diskutierte Dinukleotidhäufigkeit noch vom *GC-Gehalt* einer Sequenz zu unterscheiden. Damit ist die Summe der G- und C-Häufigkeiten gemeint.

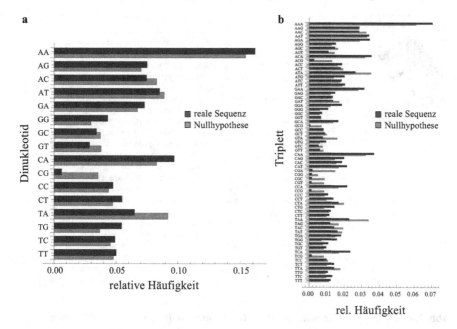

Abb. 2.34 Analyse der **a** Paarhäufigkeiten und **b** Tripletthäufigkeiten für die DNA-Sequenz der menschlichen Thymidylat-Synthase (*dunkle Balken*) zusammen mit den Paar- und Triplett-verteilungen einer entsprechend entworfenen Nullhypothese auf der Basis einer Bernoulli-Sequenz (*helle Balken*)

eine Reihe anderer molekularbiologisch interessanter Details des Romans sind von Boguski (1992) schon kurz nach Erscheinen geliefert worden.[21]

Anhand dieser einfachen, an Nullhypothesen orientierten Analysen konnten wir vor allem herausarbeiten, dass schon auf der Ebene der Nukleotidpaare in realen DNA-Sequenzen systematische Abweichungen von zufälligen Symbolabfolgen auftreten. Im Folgenden werden wir versuchen, näher an die biologische Interpretation solcher Abweichungen zu gelangen. Das führt uns auf einen recht spannenden Aspekt der Betrachtung von DNA-Sequenzen in einem evolutionären Kontext, nämlich die Diskussion von CpG-Inseln. Die Abfolge CG in einer eukaryotischen DNA-Sequenz ist, wie wir bereits kurz gesehen haben, häufig im Vergleich zu anderen Dinukleotiden CX mit X ≠ G deutlich unterdrückt, weil an diesen Stellen das C eine erhöhte Mutationsrate C→T besitzt, außer in Bereichen, die stark konserviert sind, bei denen also eine Mutation negative Folgen für den resultierenden Organismus mit sich bringt. Vor allem ist das in der Nähe von Promotorregionen und in Startregionen von

---

[21] Dieses Papier hatte eine kulturell recht bemerkenswerte Folge. Michael Crichton lud den Molekularbiologen Boguski ein, für sein Folgebuch *The Lost World* (1995) eine Dinosaurier-DNA-Sequenz beizusteuern, die solchen statistischen Tests standhält. Die weiteren Konsequenzen dieses interessanten Austauschs findet man z. B. in Davies (2001).

```
>JurassicPark DinoDNA from the book Jurassic Park
gcgttgctgg cgtttttcca taggctccgc ccccctgacg agcatcacaa aaatcgacgc
ggtggcgaaa cccgacagga ctataaagat accaggcgtt tccccctgga agctccctcg
tgttccgacc ctgccgctta ccggataact gtccgccttt ctcccttcgg gaagcgtggc
tgctcacgct gtaggtatct cagttcggtg taggtcgttc gctccaagct gggctgtgtg
ccgttcagcc cgaccgctgc gccttatccg gtaactatcg tcttgagtcc aacccggtaa
agtaggacag gtgccggcag cgctctgggt cattttcggc gaggaccgct ttcgctggag
atcggcctgt cgcttgcggt attcggaatc ttgcacgccc tcgctcaagc cttcgtcact
ccaaacgttt cggcgagaag caggccatta tcgccggcat ggcggccgac gcgctgggct
ggcgttcgcg acgcgaggct ggatggcctt ccccattatg attcttctcg cttccggcag
cccgcgttgc aggccatgct gtccaggcag gtagatgacg accatcaggg acagcttcaa
cggctcttac cagcctaact tcgatcactg gaccgctgat cgtcacggcg atttatgccg
caagtcagag gtggcgaaac ccgacaagga ctataaagat accaggcgtt tccccggaa
gcgctctcct gttccgaccc tgccgcttac cggatacctg tccgcctttc tcccttcggg
ctttctcatt gctcacgctg taggtatctc agttcggtgt aggtcgttcg ctccaagctg
acgaaccccc cgttcagccc gaccgctgcg ccttatccgg taactatcgt cttgagtcca
acacgactta acggttggc atggattgta ggcgccgccc tataccttgt ctgctccccc
gcggtgcatg gagccggggc acctcgacct gaatggaagc cggcggcacc tcgctaacgg
ccaagaattg gagccaatca attcttgcgg agaactgtga atgcgcaaac caacccttgg
ccatcgcgtc cgccatctcc agcagccgca cgcggcgcat ctcgggcagc gttgggtcct
gcgcatgatc gtgctagcct gtcgttgagg acccggctag gctggcgggg ttgccttact
atgaatcacc gatacgcgag cgaacgtgaa gcgactgctg ctgcaaaacg tctgcgacct
atgaatggtc ttcggtttcc gtgtttcgta aagtctggaa acgcggaagt cagcgccctg
```

Abb. 2.35 Fiktive DNA-Sequenz aus dem Roman *Jurassic Park* von Michael Crichton

Genen der Fall. Dort sind über Bereiche von einigen Hundert bis einigen Tausend Basen CG-Dinukleotide deutlich weniger unterdrückt. Man spricht von *CpG-Inseln*. Die bioinformatisch wichtige Frage ist nun natürlich: Wie kann man bei einem gegebenen Sequenzsegment feststellen, ob es aus einer CpG-Insel stammt? Eine weiter reichende, aber unmittelbar damit verwandte Frage ist: Wenn man ein sehr langes Sequenzsegment vor sich hat, wie kann man darin eine CpG-Insel finden und markieren? Für diese Frage werden wir im nächsten Kapitel einen mathematischen und formalen Rahmen entwerfen. Offensichtlich sind Dinukleotide, also Symbolpaare in einer Sequenz, für diese Betrachtung von Bedeutung. Ein entsprechendes Wahrscheinlichkeitsmodell muss also eine Aussage über den 'Zusammenhalt' der Symbole in einer Sequenz machen: Wie viel Information enthält ein Symbol über das nachfolgende Symbol? Oder: Wie stark hängt die Wahrscheinlichkeit für ein Symbol von dem vorangehenden Symbol ab?

2.7 Markov-Modelle

2.7.1 Formale Definition von Markov-Ketten

Die einfachste Modellvorstellung eines 'Zusammenhalts', einer Korrelation, zwischen Symbolen einer Sequenz ist die klassische Markov-Kette. Die Parameter einer solchen Markov-Kette sind die Übergangswahrscheinlichkeiten von einem Symbol zum nächsten. Man kann sich daher ein Markov-Modell als ein Ensemble durch

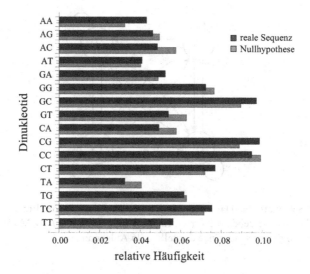

Abb. 2.36 Analyse der relativen Häufigkeiten von Symbolpaaren für die Sequenz aus Abb. 2.35 (*dunkle Balken*) zusammen mit einer entsprechenden Nullhypothese auf der Grundlage einer Bernoulli-Sequenz (*helle Balken*)

Übergangswahrscheinlichkeiten verketteter erlaubter Zustände vorstellen. Sobald ein Anfangssymbol festgelegt ist, gelangt man gemäß der Wahrscheinlichkeiten von Symbol zu Symbol, die Sequenz wird zu einem Pfad auf den Zuständen des Markov-Modells. Das Bild einer solchen 'Sequenzerzeugungsmaschine' ist in Abb. 2.37 angegeben: Die Pfeile zwischen den Zuständen deuten mögliche Übergänge von einem Nukleotid zum nächsten an. Jeder Pfeil besitzt eine bestimmte Übergangswahrscheinlichkeit, die einen Parameter dieses Wahrscheinlichkeitsmodells darstellt. Wie funktioniert ein solches Modell mathematisch? Die Parameter sind Übergangswahrscheinlichkeiten der Form

$$P_{ab} = P(x_i = b \,|\, x_{i-1} = a) \equiv P(x_i \,|\, x_{i-1}) \tag{2.53}$$

mit a und b aus dem Zustandsraum Σ. Gleichung (2.53) gibt die Wahrscheinlichkeit dafür an, an der i-ten Stelle der Sequenz das Symbol $b \in \Sigma$ zu beobachten, wenn an der $(i-1)$-ten Stelle das Symbol a vorliegt. Die Abkürzung P_{ab}, in der das i der rechten Seite nicht mehr auftritt, impliziert die Annahme, dass diese Übergangswahrscheinlichkeiten unabhängig von der Position i in der Sequenz sind. Diese Eigenschaft bezeichnet man als *Stationarität*.

In unserer Schilderung von Markov-Modellen und Hidden-Markov-Modellen orientieren wir uns an der exzellenten, aber äußerst knappen und formalen Darstellung aus Durbin et al. (1998). In der Notation von Gl. (2.53) wird formal unterschieden zwischen der Zufallsvariablen x_i und dem tatsächlichen Zustand b aus dem Zustandsraum Σ. Dies ist eine sehr häufige Notation in Lehrbüchern über Markov-Modelle (vgl. z. B. Karlin und Taylor 1975). Wir werden im Folgenden neben P_{ab} oft auch

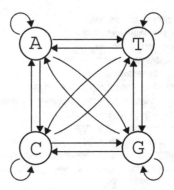

Abb. 2.37 Schematische Darstellung eines Markov-Modells zur Erzeugung von DNA-Sequenzen. Die Kreise geben die verschiedenen Zustände des Markov-Modells an, während die Pfeile die möglichen Übergänge darstellen. (In Anlehnung an: Durbin et al. 1998)

eine andere vereinfachte Notation verwenden, bei der diese Trennung aufgehoben ist, z. B. $P(x_i | x_{i-1})$ oder $P_{x_{i-1}x_i}$. Über die verschiedenen Notationen in Gl. (2.53) lässt sich also die Aufmerksamkeit von einer mathematischen Eigenschaft (z. B. der Abhängigkeit von den Zuständen) auf eine andere (etwa die Position in der Sequenz) verschieben. Betrachten wir nun zur Ausgestaltung dieses Konzepts eine Sequenz

$$x = x_1, x_2, x_3, \ldots, x_L \, . \tag{2.54}$$

Durch iterative Anwendung von $P(X, Y) = P(X | Y) \, P(Y)$ erhält man die Darstellung der zugehörigen Wahrscheinlichkeit $P(x)$ als

$$\begin{aligned} P(x) &= P(x_L, x_{L-1}, \ldots, x_1) \\ &= P(x_L | x_{L-1}, \ldots, x_1) \, P(x_{L-1}, \ldots, x_1) \\ &= P(x_L | x_{L-1}, \ldots, x_1) \, P(x_{L-1} | x_{L-2}, \ldots, x_1) \, \ldots \, P(x_1) \, . \end{aligned} \tag{2.55}$$

Diese Zerlegung gilt allgemein für jedes Wahrscheinlichkeitsmodell einer Sequenz. Die zentrale Eigenschaft einer Markov-Kette ist nun, dass die bedingten Wahrscheinlichkeiten sich nur über ein Symbol erstrecken, nicht über die gesamte vorangegangene Sequenz:

$$P(x_i | x_{i-1}, x_{i-2}, \ldots, x_1) = P(x_i | x_{i-1}) \equiv P_{x_{i-1}x_i} \, , \tag{2.56}$$

wobei der erste Schritt gerade die Markov-Eigenschaft darstellt, während im zweiten Schritt ähnlich wie durch Gl. (2.53) eine vereinfachte Notation für die verbleibenden Übergangswahrscheinlichkeiten eingeführt wird. Eine solche Notation findet sich z. B. in Honerkamp (1990). Unter der Annahme einer Markov-Eigenschaft für die Sequenz aus Gl. (2.54) erhält man als Ausdruck für die Gesamtwahrscheinlichkeit $P(x)$ somit:

$$P(x) = P(x_L | x_{L-1}) \, P(x_{L-1} | x_{L-2}) \, \ldots \, P(x_2 | x_1) \, P(x_1)$$

$$= P(x_1) \prod_{i=2}^{L} P_{x_{i-1} x_i} . \tag{2.57}$$

Wir diskutieren im vorliegenden Kapitel eine Markov-Eigenschaft erster Ordnung: Die bedingte Wahrscheinlichkeit aus Gl. (2.56) hängt nur vom vorangegangenen Symbol ab. Korrelationen längerer Reichweite beschreibt man oft durch Markov-Prozesse höherer Ordnung. Diesen erweiterten Formalismus werden wir in Kap. 4 betrachten. Die Markov-Eigenschaft hat eine Reihe interessanter wahrscheinlichkeitstheoretischer Konsequenzen. Betrachten wir erneut die Sequenz aus Gl. (2.54) unter der Bedingung, dass es sich um eine Markov-Sequenz handelt. Betrachten wir weiter drei Positionen k, m und n entlang der Sequenz mit $k < m < n \le L$. Dann gilt:

$$P(x_n | x_k) = \sum_{x_m \in \Sigma} P(x_n | x_m) P(x_m | x_k) . \tag{2.58}$$

Gleichung (2.58) ist eine universelle Eigenschaft von Markov-Sequenzen, die man als Chapman-Kolmogorov-Gleichung bezeichnet. Wie kann man Gl. (2.58) nun aus der Markov-Eigenschaft herleiten? Wir diskutieren dazu die gemeinsame Wahrscheinlichkeit $P(x_n, x_k)$ der Symbole x_n und x_k. Natürlich gilt

$$P(x_n, x_k) = P(x_n | x_k) P(x_k) . \tag{2.59}$$

Wegen der allgemeinen Beziehung

$$P(X) = \sum_{Y \in \Sigma} P(X, Y) \tag{2.60}$$

hat man aber auch

$$P(x_n, x_k) = \sum_{x_m \in \Sigma} P(x_n, x_m, x_k)$$

$$= \sum_{x_m \in \Sigma} P(x_k, x_m) \, P(x_n | x_m, x_k)$$

$$= \sum_{x_m \in \Sigma} P(x_m | x_k) \, P(x_k) P(x_n | x_m, x_k) . \tag{2.61}$$

Im letzten Term lässt sich nun die Markov-Eigenschaft verwenden:

$$P(x_n | x_m, x_k) = P(x_n | x_m) . \tag{2.62}$$

Damit wird Gl. (2.61) zu

$$P(x_n, x_k) = \sum_{x_m \in \Sigma} P(x_m \mid x_k) \, P(x_k) \, P(x_n \mid x_m) \, . \tag{2.63}$$

Gleichung (2.63) und (2.59) sind zwei vollkommen unterschiedliche Darstellungen der Wahrscheinlichkeit $P(x_n, x_k)$. Allerdings taucht in beiden Ausdrücken die Wahrscheinlichkeit $P(x_k)$ als globaler Faktor auf.[22] Somit kann man die verbleibenden Terme in beiden Darstellungen gleichsetzen und man erhält

$$P(x_n \mid x_k) = \sum_{x_m \in \Sigma} P(x_n \mid x_m) P(x_m \mid x_k) \, ,$$

also gerade Gl. (2.58).

Eine scheinbar triviale (aber vor allem technisch wichtige) Ergänzung zum Konzept der Markov-Sequenz stellt die Einbeziehung von Anfangs- und Endzuständen dar, um die Asymmetrie in Gl. (2.57) zwischen x_1 und den restlichen x_i, $i \neq 1$, zu vermeiden. Man legt formal fest:

$$P(x_1 = a) = P_{\alpha a} \, , \quad P(\varepsilon \mid x_L = b) = P_{b\varepsilon} \, , \tag{2.64}$$

d. h., man interpretiert die Wahrscheinlichkeit $P(x_1)$ für das erste Symbol x_1 der Sequenz als Übergangswahrscheinlichkeit von einem Grundzustand α in diesen ersten Zustand x_1. Ebenso weist man jedem möglichen letzten Zustand x_L eine Wahrscheinlichkeit zu, in den Endzustand ε überzugehen. In der Praxis nimmt man diese neuen, künstlichen Übergangswahrscheinlichkeiten als gleich für alle Zustände $a \in \Sigma$ an, z. B. $P_{a\varepsilon} = 1/|\Sigma| \; \forall \, a \in \Sigma$, mit $|\Sigma|$ der Zahl der Elemente im Zustandsraum Σ.

2.7.2 Anwendungsbeispiel

In diesem Abschnitt werden wir diskutieren, wie man die Markov-Sequenzen aus Kap. 2.7.1 zur Identifikation von CpG-Inseln nutzen kann. Trotz einer akzeptablen Leistung dieses Werkzeugs wird klar werden, dass sich viele Fragen nicht auf diese Weise beantworten lassen. Dies wird uns auf eine Fortführung der Markov-Sequenzen führen, die zu den wichtigsten Wahrscheinlichkeitsmodellen der Bioinformatik gehört, nämlich zu den Hidden-Markov-Modellen (HMM).

Wir hatten gesehen, dass eine globale Verminderung der Häufigkeit für das Dinukleotid CG ein Charakteristikum realer Sequenzen darstellen kann. Zur Unterscheidung von CG-Basenpaaren (also zweier auf den beiden Strängen der DNA-Doppelhelix gegenüberliegender Nukleotide) verwendet man oft die Notation C-Phosphat-G oder CpG. Damit wird angedeutet, dass es sich hier um benachbarte Nukleotide auf demselben Strang handelt. Die Verminderung des CpG-Gehalts ist,

---

[22] In Gl. (2.63) steht $P(x_k)$ nur scheinbar unter der Summe, da diese Größe $P(x_k)$ gar nicht von der Summationsvariablen x_m abhängt.

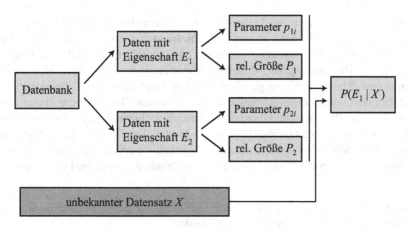

Abb. 2.38 Allgemeine Strategie zur Untersuchung von Sequenzeigenschaften mithilfe von Wahrscheinlichkeitsmodellen. Dabei soll die Wahrscheinlichkeit einer Eigenschaft E_1 für einen gegebenen Datensatz X ermittelt werden auf der Grundlage eines Trainings des Wahrscheinlichkeitsmodells anhand der annotierten Daten einer Datenbank

wie bereits kurz angedeutet, eine Folge der erhöhten Mutationsrate C→T, falls das nächste Nukleotid gerade ein G ist. Dieser Prozess wird durch eine Methylierung eingeleitet und betrifft nur Organismen (vor allem Säugetiere, aber auch *Drosophila* und möglicherweise Hefe), die ein entsprechendes Enzym zur Methylierung des Cytosins besitzen. Die Bereiche einer DNA-Sequenz mit dem höchsten (also am wenigsten verminderten) CpG-Gehalt bezeichnet man als CpG-Inseln.[23] Dies sind meist evolutionär stark konservierte Regionen. Solche CpG-Inseln sind also ein beobachtbares Signal evolutionärer Wirkung. Markov-Sequenzen scheinen hier die idealen Wahrscheinlichkeitsmodelle für die Beschreibung von CpG-Inseln zu sein, weil die Parameter gerade Dinukleotidwahrscheinlichkeiten (also Übergangswahrscheinlichkeiten von einem Symbol zum nächsten) sind. Wie geht man nun vor, um ein solches Wahrscheinlichkeitsmodell zu formulieren? Tatsächlich ist die Strategie dieselbe, wie wir sie für Nullhypothesen, aber auch für die gesamte Diskussion der Posteriorwahrscheinlichkeit bereits implizit kennengelernt haben. Abbildung 2.38 fasst das Vorgehen zusammen. Aus einer Datenbank werden über die vorliegende Annotation Gruppen von Datensätzen identifiziert, die entweder die Eigenschaft E_1 oder die Eigenschaft E_2 besitzen. Bei Datensätzen mit E_1 kann es sich z. B. um CpG-Inseln handeln, bei den Einträgen mit E_2 gerade um Sequenzen, die keine CpG-Inseln sind. Aus beiden Gruppen schätzt man nun die Modellparameter und erhält so die Möglichkeit, für einen unbekannten (also noch nicht in dieses durch E_1 und E_2 gegebene Schema eingeordneten) Datensatz X die Wahrscheinlichkeit für das E_1-Modell zu berechnen und mit der Wahrscheinlichkeit für das E_2-Modell zu vergleichen. Diese Größen sind gerade die Posteriorwahrscheinlichkeiten $P(E_i|X)$.

---

[23] Eine genaue Definition werden wir in Kap. 2.9.1 diskutieren.

In Kap. 2.9.1 werden wir den Trainingsprozess und die Bestimmung der Wahrscheinlichkeiten $P(E_i \mid X)$ für den Fall von CpG-Inseln noch in allen Einzelheiten diskutieren. Hier betrachten wir jedoch vorab schon ein typisches Ergebnis der Trainingsphase, also die Bestimmung der Modellparameter anhand vorgegebener klassifizierter Sequenzen. Man erhält zwei getrennte Markov-Modelle $+$ und $-$, deren Parameter sich in Form von Übergangstabellen darstellen lassen. Die Parameter dieser beiden Modelle sind $P^+_{x_{i-1}x_i}$ für die Übergangswahrscheinlichkeit $P(x_i \mid x_{i-1})$ im '$+$'-Modell und der entsprechenden Größe $P^-_{x_{i-1}x_i}$ im '$-$'-Modell. Das Ergebnis auf der Grundlage von 500 000 Symbolen und einer Maximum-Likelihood-Schätzung der Parameter ist in Tab. 2.1 angegeben. Man erkennt einen erheblichen Unterschied in den geschätz-

Tab. 2.1 Aus annotierten Daten geschätzte Parameter für die beiden Markov-Modelle zu CpG-Inseln. (In Anlehnung an: Durbin et al. 1998)

$+$	A	G	C	T	$-$	A	G	C	T
A	0.211	0.378	0.267	0.145	A	0.298	0.281	0.211	0.210
G	0.180	0.366	0.305	0.149	G	0.256	0.323	0.230	0.190
C	0.199	0.235	0.361	0.206	C	0.323	0.087	0.310	0.281
T	0.100	0.367	0.318	0.215	T	0.187	0.310	0.245	0.258

ten Wahrscheinlichkeiten für das Dinukleotid CG, ganz so, wie man es erwartet hat. Allerdings bemerkt man auch eine ganze Reihe weiterer Unterschiede zwischen den beiden Tabellen. Wie verfährt man nun mit dieser Information? Wir wollen an dieser Stelle die Diskussion der Posteriorwahrscheinlichkeit, so wie sie durch Abb. 2.38 nahegelegt wird, auf Kap. 2.9.1 (in einem etwas fortgeschritteneren Kontext) verschieben und hier den Weg über die *likelihoods* gehen. Diesen Weg haben wir bei der Diskussion der ML-Schätzung in Kap. 2.4 bereits kurz angesprochen. Er legt das Fundament für allgemeine Bewertungsverfahren (Scoring-Modelle) der Bioinformatik. Für eine gegebene Sequenz $x = x_1, \ldots, x_L$ kann man auf der Grundlage dieser beiden Tabellen die Wahrscheinlichkeiten $P(x \mid +)$ und $P(x \mid -)$ für die Sequenz x unter dem '$+$'-Modell und dem '$-$'-Modell berechnen und vergleichen. Dies geschieht meist durch die Angabe einer quantitativen Bewertung, eines *Scores*, der die beiden Wahrscheinlichkeiten in folgender Weise verrechnet:

$$
\begin{aligned}
S(x) &= \log\left(\frac{P(x \mid +)}{P(x \mid -)}\right) = \log\left(\frac{\prod_{i=2}^{L} P^+_{x_{i-1}x_i}}{\prod_{i=2}^{L} P^-_{x_{i-1}x_i}}\right) \\
&= \sum_{i=2}^{L} \log\left(\frac{P^+_{x_{i-1}x_i}}{P^-_{x_{i-1}x_i}}\right) = \sum_{i=2}^{L} \beta_{x_{i-1}x_i} .
\end{aligned}
\tag{2.65}
$$

Zahlenwerte für die Größen $P^+_{x_{i-1}x_i}$ und $P^-_{x_{i-1}x_i}$ werden hier durch ML-Schätzung gewonnen. An Gl. (2.65) ist eine Reihe von Aspekten bemerkenswert. Die ersten Besonderheiten beziehen sich auf die dort neu eingeführten Größen $S(x)$ und β_{ab}. Der

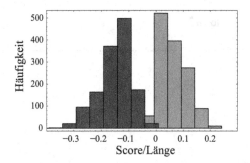

Abb. 2.39 Histogramm der Score-Verteilung für Sequenzen, die gemäß den beiden Markov-Modellen für CpG-Inseln bewertet worden sind. Dabei wurde der jeweilige Score der Sequenz gemäß Gl. (2.65) berechnet und auf die Sequenzlänge normiert. Die Scores zu den tatsächlichen CpG-Inseln bilden die hellgraue Verteilung, während die Scores zu Sequenzen, die keine CpG-Inseln darstellen, die dunkelgraue Verteilung bilden. Die Datengrundlage dieser beiden Verteilungen besprechen wir in einem *Mathematica*-Exkurs in Kap. 2.9.1

logarithmierte Wahrscheinlichkeitsquotient $S(x)$ stellt eine der Sequenz x zugewiesene Zahl dar, die den Unterschied zwischen den Wahrscheinlichkeiten angibt, die Sequenz x im '+'-Modell oder '−'-Modell zu erzeugen. Man kann nun z. B. ein Histogramm der Werteverteilung dieser Scores $S(x)$ erstellen. Dazu bestimmt man für einen Pool von Sequenzen (in dem sowohl CpG-Inseln als auch keine CpG-Inseln annotiert vorliegen) die Werte S und zählt nach, wie häufig diese Werte in einem bestimmten Intervall um den Wert S liegen. Diese Verteilung $P(S)$ ist in Abb. 2.39 angegeben. Man sieht deutlich die zwei etwas überlappenden, aber dennoch klar getrennten Peaks, die CpG-Inseln (hellgrau dargestellt) von den anderen Sequenzen trennen. Diese Überprüfung der Vorhersagekraft eines Modells erfordert wiederum bereits annotierte Daten, also Sequenzen, von denen die im Modell diskutierte Eigenschaft bekannt ist. Es ist klar, dass hierfür von den ursprünglichen Trainingsdatensätzen unabhängige Daten verwendet werden müssen. Nun zu der zweiten Gruppe neu eingeführter Größen: Mit den Größen β_{ab}, den *log-likelihoods*, ist eine Zahl für jedes Nukleotidpaar (a, b) gegeben, die ein Maß für den Unterschied zwischen den beiden Modellen in jedem Eintrag der Übergangsmatrix darstellt. Diese Zahlen, die also die 'Trennkraft' einzelner Nukleotidpaare messen, lassen sich somit wieder als Tabelle auftragen. Sie sind in Tab. 2.2 angegeben.

Auffallend in Gl. (2.65) ist zudem die Verwendung des Logarithmus, die – wie wir auch in den folgenden Kapiteln sehen werden – typisch für bioinformatische Anwendungen ist. Was ist also der Vorteil einer Logarithmierung der Wahrscheinlichkeiten? Abbildung 2.40 zeigt eine Skizze der Funktion $y = \log a$. Man sieht, dass im Wesentlichen das Intervall $[0, 1]$ in a auf das Intervall $] - \infty, 0]$ in y abgebildet wird. Sehr kleine Zahlen werden also auf sehr große, negative Zahlen geworfen. Betrachten wir zur Illustration dieser Abbildung von Wertebereichen erneut die Wahrscheinlichkeit $P(x)$ einer Bernoulli-Sequenz $x = x_1, x_2, \ldots, x_L$. Aufgrund der Bernoulli-Eigenschaft

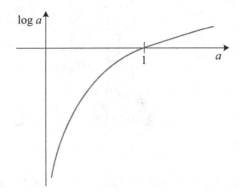

Abb. 2.40 Schematische Darstellung des Verlaufs der Funktion $y = \log a$ zur Illustration des Logarithmierens von Wahrscheinlichkeiten. Eine entscheidende quantitative Eigenschaft des Kurvenverlaufs ist der Nulldurchgang bei $a = 1$. Alle weiteren Zahlenwerte der Achsen würden von der Wahl der Basis des Logarithmus abhängen

hat man

$$P(x) = \prod_{i=1}^{L} p(x_i) \, . \tag{2.66}$$

Es werden also L Zahlen $p(x_i) \leq 1$ multipliziert, so dass $P(x)$ mit wachsendem L schnell eine sehr kleine Zahl wird. Bei einer Gleichverteilung über den Zustandsraum $\Sigma = \{A, G, C, T\}$, also $p(x_i) = 1/4 \; \forall x_i \in \Sigma$, und $L = 100$ hat man z. B. $P(x) \approx 6.2 \times 10^{-61}$. Der entsprechende Logarithmus ist $\log P(x) \approx -138.63$. Es ist klar, dass nahezu jede Verarbeitung dieser Wahrscheinlichkeit auf dem Computer mit der logarithmierten Darstellung besser verfahren kann. Eine zweite Konsequenz hängt unmittelbar damit zusammen. Betrachten wir eine logarithmische Fassung von Gl. (2.66). Wegen $\log(a\,b) = \log a + \log b$ hat man

$$\log P(x) = \log \prod_{i=1}^{L} p(x_i) = \sum_{i=1}^{L} \log p(x_i) \, , \tag{2.67}$$

das Produkt kleiner Zahlen wird also in eine Summe negativer Größen überführt.

Kehren wir zurück zu den CpG-Inseln. Unser Modell hat sich als recht aussagekräftig herausgestellt. Besonders die Auftrennung der Peaks in Abb. 2.39 ist ein Indikator, dass sich auch bei einzelnen unbekannten (also in dieser Eigenschaft nicht annotierten) Sequenzen über den Score $S(x)$ feststellen lässt, ob es sich um eine CpG-Insel handelt. Zur Beantwortung der zweiten oben formulierten Frage, nämlich

Wie kann man in einem langen Sequenzsegment CpG-Inseln finden?

liefert dieses Konzept zweier unabhängiger Markov-Modelle jedoch keine unmittelbare Handhabe. Wir benötigen ein Verfahren, das scharfe, präzise Grenzen von

Tab. 2.2 Matrix der logarithmierten Quotienten (zur Basis 2) aus den entsprechenden Übergangswahrscheinlichkeiten für den Pluszweig und den Minuszweig der Markov-Modellbeschreibung von CpG-Inseln aus Tab. 2.1 (*log-likelihoods*)

β	A	G	C	T
A	-0.500	0.427	0.336	-0.535
G	-0.512	0.178	0.407	-0.351
C	-0.701	1.437	0.219	-0.445
T	-0.905	0.242	0.377	-0.261

CpG-Inseln ausgibt. Der Schlüssel liegt darin, von jedem beobachteten Zustand explizit anzunehmen, dass er in zwei internen Zuständen, nämlich CpG-Inseln (+) und Rest (−), vorliegen kann. Zu dem üblichen Zustandsraum $\Sigma = \{A, G, C, T\}$ gibt es in dieser Vorstellung also noch einen internen oder 'verborgenen' Zustandsraum

$$\Sigma_{HMM} = \{A_+, G_+, C_+, T_+, A_-, \ldots, T_-\} . \tag{2.68}$$

Das ist das Konzept der *Hidden-Markov-Modelle* (HMM). Zu jeder Sequenz x, die auf dem üblichen, realen Zustandsraum Σ gebildet ist, gibt es also eine interne Sequenz π, die aus Elementen des verborgenen Zustandsraums Σ_{HMM} besteht. Verschiedene, erneut durch Parameter repräsentierte Beziehungen regeln die Übergänge auf Σ_{HMM} und die Verbindung von x und π. Im folgenden Kapitel werden wir diskutieren, wie man solche Hidden-Markov-Modelle mathematisch behandelt.

2.8 Hidden-Markov-Modelle

2.8.1 Parameter von Hidden-Markov-Modellen

In der Sprache von Hidden-Markov-Modellen unterscheidet man zwischen dem internen und dem emittierten Zustand. Abbildung 2.41 zeigt die Struktur des HMM für unsere Betrachtung von CpG-Inseln. Wie bei gewöhnlichen Markov-Modellen sind die Parameter eines Hidden-Markov-Modells Übergangswahrscheinlichkeiten. Allerdings treten in einem HMM zwei Sorten von Übergangswahrscheinlichkeiten auf:

1. Echte Markov'sche *Übergangswahrscheinlichkeiten* auf dem internen Zustandsraum Σ_{HMM}, also Größen der Form

$$a_{kl} = P(\pi_i = l \,|\, \pi_{i-1} = k) , \tag{2.69}$$

wobei π_{i-1} und π_i nun Zustandsvariablen auf Σ_{HMM} und k, l die tatsächlichen Zustände aus Σ_{HMM} bezeichnen.

2. Übergangswahrscheinlichkeiten von den internen zu den beobachteten Zuständen. Dies sind die *Emissionswahrscheinlichkeiten*

$$e_k(b) = P(x_i = b \mid \pi_i = k) .$$ (2.70)

Dabei bezeichnet k den internen (HMM-)Zustand und b den beobachten (emittierten) Zustand aus unserem üblichen Zustandsraum Σ.

Letztlich diskutiert man bei einem Hidden-Markov-Modell also immer zwei Sequenzen parallel, deren Struktur und Zusammenhang durch die verschiedenen Typen von Übergangswahrscheinlichkeiten bestimmt werden:

- die interne Sequenz $\pi = \pi_1, \pi_2, \ldots, \pi_L$,
- die beobachtete Sequenz $x = x_1, x_2, \ldots, x_L$.

Die Emissionswahrscheinlichkeiten $e_k(b)$, mit $k \in \Sigma_{HMM}$ und $b \in \Sigma$, regeln den Zusammenhang zwischen π und x, nämlich als Abbildung[24] $\Sigma_{HMM} \longrightarrow \Sigma$, $\pi \longmapsto x$. Im Fall unserer Formulierung eines HMM für CpG-Inseln sind die Wahrscheinlichkeiten $e_k(b)$ entweder 0 oder 1, z. B.:[25]

$$e_k(\mathrm{C}) = \begin{cases} 1, & k = \mathrm{C}_+ \quad \text{oder} \quad k = \mathrm{C}_- , \\ 0, & \text{sonst} . \end{cases}$$ (2.71)

Auf welche Weise sind verschiedenen internen Pfaden π zu demselben x unterschiedliche Wahrscheinlichkeiten zugeordnet? Das wird anhand der CpG-Inseln sofort klar: So besitzen die möglichen Decodierungen

$$\mathrm{C}_+, \mathrm{G}_-, \mathrm{C}_+, \mathrm{G}_- , \quad \mathrm{C}_-, \mathrm{G}_-, \mathrm{C}_-, \mathrm{G}_- \quad \text{oder} \quad \mathrm{C}_+, \mathrm{G}_+, \mathrm{C}_+, \mathrm{G}_+$$ (2.72)

eines beobachteten Sequenzsegments CGCG schon anschaulich extrem unterschiedliche Wahrscheinlichkeiten. Unter der plausiblen Annahme, dass ein Wechsel in eine CpG-Insel oder aus ihr heraus nur recht selten erfolgt (verglichen mit einem Verbleiben in dem jeweiligen Zweig), ist die Wahrscheinlichkeit der ersten Decodierung mit drei solchen Wechseln äußerst gering. In den beiden anderen Decodierungen verbleibt der interne Pfad in einer Hälfte (+ oder −) des HMM. Auch dort kann man jedoch – auch ganz ohne das explizite Einsetzen von Zahlen – unterschiedliche Wahrscheinlichkeiten vermuten: Der wichtigste Unterschied zwischen den beiden Modellzweigen ist, das haben unsere bisherigen Betrachtungen von CpG-Inseln eindeutig ergeben, eine Unterdrückung (also eine geringere Wahrscheinlichkeit) des

---

[24] Natürlich sind π und x Sequenzen. Daher wäre die mathematisch präzisere Notation $\Sigma_{HMM}^L \longrightarrow \Sigma^L$, $\pi \longmapsto x$.

[25] Eine gebräuchliche (aber für den ersten Kontakt mit solchen Modellen weniger eingängige) Formulierung geht von einem einfacheren Zustandsraum Σ_{HMM} aus, der nur das Label + oder − des Vorliegens einer CpG-Insel enthält. In diesem Fall besitzen die Emissionswahrscheinlichkeiten nicht mehr diese einfache Form. Wir werden den Zusammenhang und die Vor- und Nachteile beider Formulierungen im Folgenden noch genauer diskutieren.

CpG-Insel

keine CpG-Insel

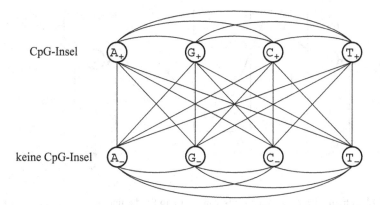

Abb. 2.41 Schematische Darstellung (Architektur) des Hidden-Markov-Modells zur Identifikation von CpG-Inseln. Der obere Zweig (Pluszustände) bezeichnet Symbole in einer CpG-Insel, während der untere Zweig (Minuszustände) Symbole kennzeichnet, die nicht zu einer CpG-Insel gehören

Übergangs C $\to$ G im Minuszweig, also $a_{C_-G_-} < a_{C_+G_+}$. Wir können daher vermuten, dass die zweite Decodierung (in der zwei Übergänge $C_- \to G_-$ vorkommen) eine geringere Wahrscheinlichkeit als die dritte besitzt.

Bevor wir die konkrete Anwendung der Hidden-Markov-Modelle auf CpG-Inseln diskutieren, gehen wir noch einmal auf das bereits im Rahmen der Bayes'schen Parameterschätzung diskutierte Beispiel eines gelegentlich unehrlichen Kasinos ein. Wir werden sehen, dass sich das Konzept der Hidden-Markov-Modelle hier unmittelbar anwenden lässt und man – sowohl in der Notation als auch in der konkreten Interpretation der 'Sequenzen' – zu einigermaßen erstaunlichen Ergebnissen gelangt. Wir betrachten also erneut die Kombination eines fairen Würfels W_1 mit einer Gleichverteilung über die sechs möglichen Zahlen und eines unfairen Würfels W_2, der die Zahl Sechs mit einer Wahrscheinlichkeit von 50 % hervorbringt, $p_{26} = 0.5$, während alle anderen Zahlen gleich wahrscheinlich sind. Zudem gibt es Verwendungswahrscheinlichkeiten $P_1 \equiv P(W_1)$ und $P_2 \equiv P(W_2)$ der beiden Würfel und damit auch Übergangswahrscheinlichkeiten zwischen den Würfeln. In Ausweitung unserer bisherigen Fragestellungen zum Kasino (z. B. wie viele Sechsen benötigt man als Beobachtung, um sicher zu sein, dass man den unfairen Würfel vor sich hat?) betrachten wir nun eine lange Sequenz gewürfelter Zahlen und stellen uns die Aufgabe zu entschlüsseln, welche Zahlen in der Sequenz von welchem Würfel stammen. Im Gegensatz zu unseren bisherigen Betrachtungen zum Kasinomodell auf der Basis einfacher Posteriorwahrscheinlichkeiten, bei denen wir ein Festhalten des Würfels nach einmaliger Auswahl gefordert hatten, lassen wir nun also einen Wechsel des Würfels zu. Das biologische Anwendungsspektrum, das sich hinter diesem etwas künstlichen Kasinobeispiel verbirgt, ist ganz offensichtlich: Viele annotierte (oder noch zu annotierende) Eigenschaften einer DNA-Sequenz sind von derselben Struktur eines Wechsels statistischer Eigenschaften mit dem Wechsel des internen Zustands entlang

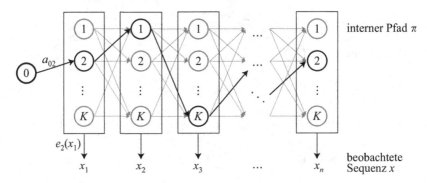

Abb. 2.42 Schema des Zusammenhangs von internem Pfad π und beobachteter Sequenz x für ein allgemeines Hidden-Markov-Modell aus K internen Zuständen

der Sequenz, den es zu detektieren gilt: etwa Gene und intergene Bereiche oder – im Fall von reinen Gensequenzen – Introns und Exons. Ebenso ist die Übertragung dieses Kasinoszenarios auf den Formalismus der Hidden-Markov-Modelle relativ klar: Wir betrachten die Würfelsorte F = fair = W_1 und U = unfair = W_2 als interne (HMM-)Eigenschaft. Eine typische Sequenz x beobachteter Ereignisse könnte dann etwa folgendermaßen aussehen:

$$x = 1, 2, 1, 6, 6, 2, 6, \ldots .$$ (2.73)

Die zugehörige Sequenz π aus Σ_{HMM} könnte dann z. B.

$$\pi = 1_F, 2_F, 1_F, 6_U, 6_U, 2_U, 6_U, \ldots$$ (2.74)

lauten, oder – das kann man aus der beobachteten Sequenz x nicht ablesen – auch

$$\pi' = 1_F, 2_F, 1_F, 6_F, 6_F, 2_F, 6_F, \ldots .$$ (2.75)

Beide internen Sequenzen π und π' sind mit der beobachteten Sequenz x verträglich. Wie kann man aus der Beobachtung x nun fundierte Schlussfolgerungen über die interne Sequenz π ziehen? Offensichtlich ist (zumindest bei dieser Wahl des Zustandsraums Σ_{HMM}) der Weg von π zu x weitestgehend trivial. Bei dem umgekehrten Schritt muss ausgenutzt werden, dass – abhängig von den Modellparametern – die beiden HMM-Sequenzen π und π' unterschiedliche Wahrscheinlichkeiten besitzen. Wie bei jedem bisher diskutierten Wahrscheinlichkeitsmodell ist auch im Fall der Hidden-Markov-Modelle eine Schätzung der Parameter aus in den verborgenen (HMM-)Zuständen bekannten Trainingsdatensätzen erforderlich. Kehren wir nach dieser ersten halbquantitativen Orientierung nun zu dem konkreten Aufbau eines HMM zurück. Abbildung 2.42 fasst für ein allgemeines Hidden-Markov-Modell noch einmal das Funktionieren des Modells und das Zusammenwirken der verschiedenen Ebenen zusammen. Das HMM wirkt hier wie eine Maschine, die nach internen Regeln bestimmte Konfigurationen durchläuft und Zeitschritt für Zeitschritt ein Symbol emittiert. Die einzelnen Schritte sind bestimmt von den Übergangswahr-scheinlichkeiten a_{kl} mit $k, l \in \Sigma_{HMM}$ und den Emissionswahrscheinlichkeiten $e_j(b)$ mit $j \in \Sigma_{HMM}$ und $b \in \Sigma$.

Es gibt grundsätzlich drei Aufgabentypen beim Umgang mit Hidden-Markov-Model-len:

1. **Training**: Diese Aufgabe beschäftigt sich mit der Schätzung der HMM-Parame-ter a_{kl} und $e_j(b)$ aus einer Schar $\{x\}$ von Sequenzen mit bekannter interner Struk-tur bezüglich Σ_{HMM}.

2. **Evaluation**: Dieser Punkt handelt von der Gewinnung der beobachteten Sequenz x aus der internen Sequenz π, also von dem Schritt $\pi \longmapsto x$.

3. **Decodierung**: Hier geht es darum, den internen Pfad π hinter einer gegebenen beobachteten Sequenz x zu ermitteln, also um eine Abbildung $x \longmapsto \pi$.

Wir werden uns im Folgenden vor allem mit einem Aspekt der Decodierung beschäf-tigen,[26] nämlich mit der Bestimmung des wahrscheinlichsten Pfads π^* unter der Be-obachtung x. Dazu[27] betrachten wir die gemeinsame Wahrscheinlichkeit $P(\pi, x)$ eines Pfads π auf Σ_{HMM} und einer Beobachtung x auf Σ. In der Darstellung der Decodie-rungsverfahren und der Analyse des Kasinobeispiels orientieren wir uns erneut an Durbin et al. (1998). Es ist nun relativ klar, wie sich die gemeinsame Wahrschein-lichkeit $P(x, \pi)$ eines internen Pfads π und einer emittierten Sequenz x durch diese Parameter eines HMM ausdrücken lässt. Von einem internen Zustand π_i aus hat man das gleichzeitige (also durch das Produkt der Wahrscheinlichkeiten ausgedrückte) Vorliegen des Übergangs zum Zustand π_{i+1} und der Emission des Symbols x_i. Der Anfang wird formal durch den Übergang vom nullten zum ersten Zustand $a_{\pi_0 \pi_1}$ ge-geben, was in der Praxis einem Auswürfeln des ersten Zustands entspricht, so wie wir es bereits beim Anfangszustand α eines Markov-Modells kennengelernt haben. Insgesamt hat man also

$$P(x, \pi) = a_{\pi_0 \pi_1} \prod_{i=1}^{L} e_{\pi_i}(x_i) \, a_{\pi_i \pi_{i+1}} \, . \qquad (2.76)$$

---

[26] Das Training solcher Hidden-Markov-Modelle erfolgt typischerweise mit dem Baum-Welch-Algorithmus. Die Kernidee ist, über Iterationen (die im Wesentlichen dem *forward*- und dem *backward*-Algorithmus entsprechen, die wir im Verlauf des Kapitels noch ken-nenlernen werden) zu Maximum-Likelihood-Schätzern für die Übergangs- und Emissions-wahrscheinlichkeiten zu gelangen. Dabei wird die Wahrscheinlichkeit für die Trainingsse-quenzen unter dem geschätzten Modell maximiert. Wir werden hier nicht auf diese Aspekte des Trainings eines HMM eingehen, sondern verweisen an dieser Stelle auf das Buch von Durbin et al. (1998). Ein Training durch direkte Schätzung der Parameter ist jedoch in Kap. 2.9.1 ausführlich dargestellt.

[27] Wir könnten auch die Posteriorwahrscheinlichkeit $P(\pi \mid x)$ zur Decodierung verwenden. Das wäre jedoch ein anderes Verfahren.

Der letzte Übergang in Gl. (2.76), $a_{\pi_L \pi_{L+1}}$, erfolgt in einen formalen Endzustand in Analogie zu Markov-Modellen. Die Notation solcher Hidden-Markov-Modelle, aber auch der definitorische Spielraum bei diesen Rollenzuweisungen, wird klar, wenn man die HMM-Lesart des Kasinos nun einmal explizit durchführt. Wie bereits angedeutet, hat man als internen Zustandsraum

$$\Sigma_{HMM} = \{1_F, 2_F, \ldots, 6_F, 1_U, 2_U, \ldots, 6_U\}, \tag{2.77}$$

während der Zustandsraum der beobachteten Sequenz,

$$\Sigma = \{1, 2, 3, 4, 5, 6\}, \tag{2.78}$$

unverändert bleibt. Um das Beispiel etwas aufwendiger als in Kap. 2.3 zu gestalten, betrachten wir unterschiedliche Verbleibewahrscheinlichkeiten für die beiden Würfel: Den fairen Würfel W_1 behält man mit einer Wahrscheinlichkeit $P_F = 0.95$ bei (und wechselt entsprechend mit einer Wahrscheinlichkeit $1 - P_F = 0.05$ zum Würfel W_2). Bei W_2 verbleibt man mit der Wahrscheinlichkeit $P_U = 0.9$. Der Rest des Modells bleibt bestehen: Mit der Wahrscheinlichkeit p_{Fi} bringt der faire Würfel die Zahl i hervor. Man hat $p_{Fi} = 1/6 \; \forall i \in \Sigma$. Für die entsprechenden Größen p_{Ui} des unfairen Würfels hat man $p_{U6} = 1/2$ und $p_{Ui} = 1/10$, $i \neq 6$. Die Übergangswahrscheinlichkeiten a_{ij} mit $i, j \in \Sigma_{HMM}$ ergeben sich nun als Produkte der Verbleibewahrscheinlichkeiten P_U und P_F und der Wahrscheinlichkeiten p_{Ui} bzw. p_{Fi}. Für den Übergang (also das Aufeinanderfolgen) 1_F nach 5_F z. B. muss der Pfad im fairen Würfel verbleiben und die Wahrscheinlichkeit p_{F5} muss erfüllt sein. Man hat also

$$a_{1_F 5_F} = P_F \cdot p_{F5} \tag{2.79}$$

und entsprechend beim Wechsel des Würfels z. B.

$$a_{1_F 5_U} = (1 - P_F) p_{U5} \tag{2.80}$$

und so fort. Die Emissionswahrscheinlichkeiten sind in dieser Darstellung nun sehr einfach. Die Wahrscheinlichkeit z. B., dass der interne Zustand $5F$ das beobachtete Symbol 5 hervorbringt, ist Eins. Jedes andere Symbol hat aus diesem internen Zustand heraus entsprechend die Emissionswahrscheinlichkeit Null. Allgemein ist also

$$e_{c_\lambda}(b) = \begin{cases} 1, & b = c \\ 0, & b \neq c \end{cases}, \quad b \in \Sigma, \quad c_\lambda \in \Sigma_{HMM}, \quad c \in \Sigma, \quad \lambda \in \{F, U\}. \tag{2.81}$$

Eine erhebliche Vereinfachung der etwas aufwendigen Parameterbeziehungen für die Übergangswahrscheinlichkeiten − einzig um den Preis, die binäre Form der Emissionswahrscheinlichkeiten zu verlieren − ergibt sich durch eine andere Wahl des Zustandsraums Σ_{HMM} dieses Hidden-Markov-Modells. Betrachten wir also

$$\Sigma_{HMM} = \{F, U\}. \tag{2.82}$$

In diesem Fall handelt der interne Pfad π des Modells also nur davon, welcher Würfel

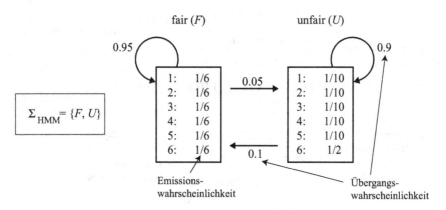

Abb. 2.43 Darstellung des Kasinobeispiels als Hidden-Markov-Modell auf dem zweielementigen Zustandsraum

gerade verwendet wird. Damit sind die Übergangswahrscheinlichkeiten nun durch die Größen P_U und P_F gegeben, z. B.

$$a_{FF} = P_F, \quad a_{FU} = 1 - P_F, \quad \text{etc.} \tag{2.83}$$

Die Emissionswahrscheinlichkeiten sind nun

$$e_l(b) = p_{lb}, \quad b \in \Sigma, \quad l \in \Sigma_{HMM} = \{F, U\}, \tag{2.84}$$

wobei die p_{lb} im Sinne der in den Gleichungen (2.79) und (2.80) genannten Wahrscheinlichkeiten p_{F5} und p_{U5} gemeint sind. Abbildung 2.43 fasst diese Formulierung des Hidden-Markov-Modells zum Kasino zusammen.

2.8.2 Viterbi-Decodierung

Wir kehren nun zurück zu der Aufgabe, den wahrscheinlichsten Pfad π^* zu einer beobachteten Sequenz x zu bestimmen. Die formale Definition dieses wahrscheinlichsten Pfads ist relativ einfach:

$$\pi^* = \underset{\pi}{\text{argmax}} \; P(x, \pi), \tag{2.85}$$

wobei die Funktion 'argmax bezüglich π' gerade das Argument (also π) zu dem Maximum aller $P(x, \pi)$ angibt. Dabei ist $P(x, \pi)$ in Gl. (2.85) als Menge (bzw. im Jargon der Informatik: als Liste) in Bezug auf π zu verstehen.[28] Nun ist Gl. (2.85) tatsächlich

---

[28] Die Notation ist nicht ganz einfach. Es ist z. B. zu beachten, dass die beobachtete Sequenz x fest ist und nur die interne Sequenz π zur Findung des Maximums variiert wird. Die Wahrscheinlichkeit $P(x, \pi)$ ist also eine Funktion von π. Nun zur Operation selbst: Betrachtet man – als elementares Beispiel zur Erläuterung der Operation argmax$_\pi$ – eine Funktion $f(x)$, dann würde argmax$_x$ $f(x)$ gerade den Wert $x = x_{max}$ ergeben, für den die Funktion $f(x)$ ihr Maximum hat.

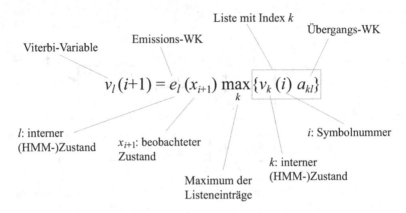

Abb. 2.44 Erläuterung der Bestandteile von Gl. (2.86), der Rekursionsvorschrift des Viterbi-Algorithmus. WK: Wahrscheinlichkeit

nur eine formale Schreibweise für die Eigenschaft von π^*, die wir schon in Worten gefordert haben, nämlich die Wahrscheinlichkeit $P(x, \pi)$ zu maximieren. Zur expliziten Berechnung des Pfads π^* verwendet man einen der berühmten Algorithmen der Bioinformatik: ein auf Andrew Viterbi zurückgehendes rekursives Verfahren, das es vermeidet, auf der Suche nach π^* den Raum aller Pfade eines Hidden-Markov-Modells zu durchlaufen. Die Schlüsselidee ist, dass ein Segment $\{\pi_1^*, \pi_2^*, \dots, \pi_n^*\}$ des optimalen Pfads unabhängig vom Folgesegment $\{\pi_n^*, \pi_{n+1}^*, \dots, \pi_L^*\}$ gesucht werden kann, sofern die beiden Segmente an der Stelle π_n^* übereinstimmen. Eine solche rekursive Zerlegung von Optimierungsproblemen bezeichnet man als *dynamische Programmierung*. Auf diese Weise ist es möglich, den Pfad π^* Schritt für Schritt zu konstruieren. Die naheliegende Alternative, nämlich eine große Zahl von Pfaden π 'auszuprobieren' (also $P(x, \pi)$ gemäß Gl. (2.76) für jeden solchen Pfad explizit zu berechnen), um π^* zu finden, ist schon bei relativ kurzen Sequenzen (der Länge L) sehr aufwendig, da die Zahl der Pfade mit $|\Sigma_{HMM}|^L$ anwächst. Das Kernstück des Verfahrens ist die Viterbi-Variable $v_k(i)$ mit $k \in \Sigma_{HMM}$ und der Symbolnummer i entlang der Sequenz. Der Viterbi-Algorithmus besteht nun im Wesentlichen aus einer Rekursionsvorschrift für die Variable $v_k(i)$ und einem Schema zur Auswertung dieser Rekursion. Formal lautet die Rekursionsvorschrift

$$v_l(i + 1) = e_l(x_{i+1}) \max_k \{v_k(i)\, a_{kl}\} \,. \tag{2.86}$$

Offensichtlich stellt Gl. (2.86) eine Beziehung zwischen der Viterbi-Variablen an der Position $i + 1$ und der Viterbi-Variablen an der Position i her. Etwas spezifischer sollte man allerdings von *den* Viterbi-Variablen an einer gegebenen Position (z. B. i) auf der Sequenz sprechen, da es eine Variable zu jedem HMM-Zustand l gibt. Diese Beobachtung ist zugleich der Schlüssel zur rechten Seite von Gl. (2.86). Die Maximumsfunktion wird auf eine Liste von Zahlen über k angewendet. Die Zahlen sind das Produkt aus der ursprünglichen Viterbi-Variablen zum HMM-Zustand k an der Position i und der Übergangswahrscheinlichkeit vom Zustand k in den Zustand l, der die Viterbi-Variable auf der linken Seite der Gleichung kennzeichnet. Als letztes Element enthält Gl. (2.86) noch die Emissionswahrscheinlichkeiten $e_l(x_{i+1})$, die bei dieser rekursiven Suche nach dem wahrscheinlichsten Pfad die Verbindung zu der vorgegebenen beobachteten Sequenz x herstellen. Abbildung 2.44 fasst diese Bemerkungen zur Notation von Gl. (2.86) zusammen.

Die Auswertung dieser Rekursion und schließlich die Bestimmung des Pfads π^* geschieht nun über ein Schema, das wir im Folgenden ausführlich diskutieren wollen:

$$\text{Initialisierung} \longrightarrow \text{Rekursion} \longrightarrow \text{Terminierung} \longrightarrow \text{Traceback.}$$

Der *Initialisierungsschritt* ist relativ einfach und ergibt sich aus der bereits diskutierten Ergänzung des Zustandsraums um einen Anfangszustand 0. Der gesamte Algorithmus operiert also formal auf einem erweiterten Zustandsraum $\Sigma_{HMM} \cup \{0\}$. Die Grundidee ist, durch explizite Angabe aller Viterbi-Variablen (also der Viterbi-Variablen $v_k(i)$ für jeden Zustand $k \in \Sigma_{HMM}$) für $i = 0$ den Beginn der durch Gl. (2.86) gegebenen Rekursionsvorschrift zu setzen. Man hat

$$v_0(0) = 1 , \quad v_k(0) = 0 \quad \forall k \in \Sigma_{HMM} . \tag{2.87}$$

Die Idee der *Rekursion* ist nun, aus den für den Rekursionsschritt i vorliegenden Werten der Viterbi-Variablen die entsprechenden Werte des folgenden Sequenzindex $i + 1$ mithilfe der Rekursionsvorschrift aus Gl. (2.86) zu berechnen. Eine entscheidende erste Frage ist, ob alle Informationen zum Auswerten der rechten Seite von Gl. (2.86) vorliegen. Das wichtigste Element der rechten Seite ist die Liste über $k \in \Sigma_{HMM}$, auf die die Maximumsfunktion angewendet wird. Die Listeneinträge sind Produkte aus den (zum Index i für jedes k bekannten) Viterbi-Variablen $v_k(i)$ und den (ebenfalls bekannten) Übergangswahrscheinlichkeiten a_{kl}. Nach der Maximumsentscheidung wird das Resultat mit der Emissionswahrscheinlichkeit für das $(i + 1)$-te Symbol der (gegebenen) beobachteten Sequenz x, also mit $e_l(x_{i+1})$, multipliziert. In allen expliziten Anwendungen des Viterbi-Algorithmus sind die Emissionswahrscheinlichkeiten natürlich ebenso wie die Übergangswahrscheinlichkeiten durch Schätzung an Trainingsdatensätzen bekannt. Wir werden dafür in den folgenden Kapiteln noch Beispiele diskutieren. An dieser Stelle reicht uns die Beobachtung, dass man die rechte Seite von Gl. (2.86) tatsächlich berechnen kann, wenn die Werte der Viterbi-Variablen zum vorangehenden Indexschritt vorliegen. Abbildung 2.45 fasst diesen Rekursionsschritt $i \to i + 1$ für das Kasinobeispiel zusammen. Die dort exemplarisch angegebene Größe des Zeigers (engl. *pointer*) ist interessant. Wir werden sehen, dass die Rekonstruktion des wahrscheinlichsten Pfads π^* erfordert, sich zu merken, welcher Zustand $k \in \Sigma_{HMM}$ bei dem jeweiligen Abfragen das Maximum liefert. Bei jedem Indexschritt $i \to i + 1$ gibt es für jedes $l \in \Sigma_{HMM}$ eine solche Maximumsfrage. Der das Maximum ergebende Zustand k wird in eine Zeigervariable $Z_i(l)$ geschrieben: $Z_i(l) = \text{argmax}_k\{v_k(i) a_{kl}\}$.

Betrachten wir nun das Ende dieser Rekursion. Es ist relativ klar, dass – genau wie der erste Schritt – der letzte Rekursionsschritt eine Besonderheit darstellt, da man

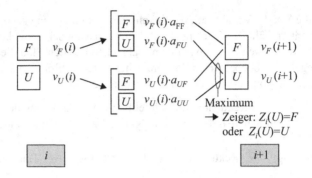

Abb. 2.45 Illustration eines einzelnen Iterationsschritts des Viterbi-Algorithmus für das Kasinobeispiel auf einem zweielementigen Zustandsraum

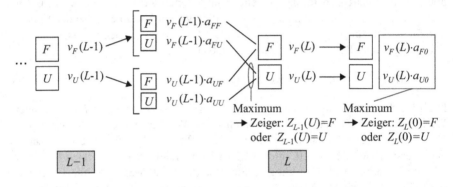

Abb. 2.46 Letzter Iterationsschritt und Terminierung des Viterbi-Algorithmus für das Kasinobeispiel auf einem zweielementigen Zustandsraum

nun die rekursive Berechnung formal beenden und zur Extraktion des Ergebnisses gelangen muss. Man bezeichnet diesen Schritt als *Terminierung*. Dazu nimmt man formal erneut einen Übergang von jedem möglichen letzten Symbol $k \in \Sigma_{HMM}$ des Pfads π in den Nullzustand an. Unter den (mit den Übergangswahrscheinlichkeiten a_{k0} multiplizierten) Viterbi-Variablen zum Index L wird nun erneut eine Maximumsbestimmung durchgeführt, um die letzte Zeigerzuweisung (nämlich für $Z_L(0)$) zu treffen, also $Z_L(0) = \text{argmax}_k\{v_k(L)\,a_{k0}\}$. Die Übergangswahrscheinlichkeiten in den Nullzustand werden typischerweise als über alle Zustände aus Σ_{HMM} gleichverteilt angenommen, $a_{k0} = 1/|\Sigma_{HMM}| \quad \forall\, k \in \Sigma_{HMM}$. Abbildung 2.46 illustriert diese Terminierung der Viterbi-Rekursion. Die resultierende Größe

$$\max_k\{v_k(L)\,a_{k0}\} \tag{2.88}$$

ist tatsächlich die gemeinsame Wahrscheinlichkeit $P(x, \pi^*)$.

Diese drei Elemente, Initialisierung, Rekursion und Terminierung, treten bei vielen rekursiv aufgebauten Algorithmen auf. Eine Besonderheit des Viterbi-Algorithmus

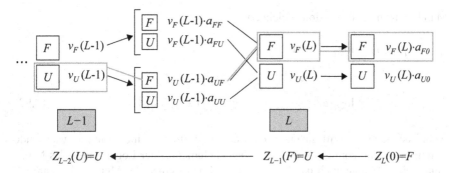

Abb. 2.47 Illustration des Traceback-Verfahrens zum Viterbi-Algorithmus für das Kasinobeispiel auf einem zweielementigen Zustandsraum. In der unteren Hälfte ist der Pfad durch die Zustände gezeigt, während die obere Zeile den zum jeweiligen Index gehörenden Wert der Zeigervariablen angibt

ist das Zurückverfolgen des Pfads unserer Rekursion im Index i, das *Traceback*. Dabei werden mithilfe des Zeigers $Z_i(k)$ die einzelnen Komponenten des wahrscheinlichsten Pfads π^* bestimmt. Auch hier spielt eine Rekursion eine Rolle. Wir haben gesehen, dass bei jedem Indexschritt $i \rightarrow i + 1$ eine Zeigervariable für jeden Zustand $k \in \Sigma_{HMM}$ ermittelt wird. Kennt man nun das Ende des Pfads π^*, also den Zustand π_L^*, so könnte man damit das vorangehende Element π_{L-1}^* des wahrscheinlichsten Pfads π^* bestimmen, nämlich als

$$\pi_{L-1}^* = Z_{L-1}(\pi_L^*) , \tag{2.89}$$

bzw. allgemein

$$\pi_{i-1}^* = Z_{i-1}(\pi_i^*) , \tag{2.90}$$

an einer beliebigen Stelle i des Pfads π^*. Aus dieser rückwärtigen Iteration stammt der Begriff des Traceback. Den Beginn des Traceback-Verfahrens erhält man dabei einfach aus dem letzten Zeigerzustand, $\pi_L^* = Z_L(0)$. In Abb. 2.47 ist − erneut für den Zustandsraum des Kasinobeispiels − der Ablauf des Traceback-Verfahrens dargestellt.

Wir haben bereits an verschiedenen Stellen gesehen, dass auf der Ebene ganzer Sequenzen oder Sequenzsegmente die zugehörigen Wahrscheinlichkeiten sehr klein sind. Aus der Rekursionsgleichung des Viterbi-Algorithmus wird klar, dass dieses Problem auch bei der Viterbi-Variablen auftritt, da hier in jedem Iterationsschritt Wahrscheinlichkeiten mit der aktuellen Variablen multipliziert werden. Die Zahlenbeispiele in Kap. 2.9 werden das resultierende exponentielle Absinken der Viterbi-Variablen sehr eindrücklich zeigen. Aus diesem Grund ist es auch bei der Viterbi-Variablen für die Verarbeitung auf einem Computer wünschenswert, zu einer logarithmischen Darstellung zu wechseln. Dies geschieht mit der Ersetzung

$$v_l(i) \longrightarrow \log_2 v_l(i) \equiv w_l(i) . \tag{2.91}$$

Man hat dann als Rekursionsgleichung

$$
\begin{aligned}
w_l(i+1) &= \log_2 v_l(i+1) \\
&= \log_2 \left[e_l(x_{i+1}) \max_k \left\{ v_k(i) a_{kl} \right\} \right] \\
&= \log_2 e_l(x_{i+1}) + \max_k \left\{ \log_2 v_k(i) + \log_2 a_{kl} \right\},
\end{aligned}
\tag{2.92}
$$

wobei der letzte Schritt ausnutzt, dass der Logarithmus eine monoton wachsende Funktion ist und somit (für positive Mengenelemente) der Logarithmus des Maximums einer Menge auch das Maximum der Logarithmen der Mengenelemente ist. Man erhält also:

$$
w_l(i+1) = \log_2 e_l(x_{i+1}) + \max_k \left\{ w_k(i) + \log_2 a_{kl} \right\}
\tag{2.93}
$$

als Rekursionsgleichung für die neue Variable $w_k(i)$. Die Parameter des Wahrscheinlichkeitsmodells sind in diesem Fall die logarithmierten Übergangs- und Emissionswahrscheinlichkeiten. Das gesamte Verfahren lässt sich damit auch auf den neuen Variablen $w_k(i)$ durchführen.

Zahlenbeispiel

Zum Schluss unserer Diskussion dieses zentralen Verfahrens werden wir noch einmal ein explizites Zahlenbeispiel angeben, um eine Reihe kleinerer praktischer Schwierigkeiten beim Implementieren oder Anwenden des Viterbi-Algorithmus ausschalten zu können. Betrachten wir eine kurze Würfelsequenz aus unserem Kasinobeispiel:

$$
x = 3, 1, 5, 6, 6 \, .
$$

Das konkrete Modell ist dabei gegeben durch den einfachen HMM-Zustandsraum, nämlich $\Sigma_{HMM} = \{F, U\}$, und symmetrische Übergangswahrscheinlichkeiten zwischen den beiden Zweigen, $a_{FF} = a_{UU} = 0.8$, $a_{FU} = a_{UF} = 0.2$. Als Zustand ist neben F und U im ersten Schritt noch der Anfangszustand 0 zugelassen, der in den weiteren Iterationsschritten keine Rolle mehr spielt.[29] Die Initialisierung der Viterbi-Variablen erfolgt in der üblichen Weise als $v_0(0) = 1$, $v_F(0) = 0$ und $v_U(0) = 0$. Ebenso hat man einen gleichverteilten Übergang vom Nullzustand in die beiden tatsächlichen HMM-Zustände: $a_{0F} = a_{0U} = 0.5$. Daraus erhält man

$$
\begin{aligned}
v_F(1) &= e_F(3) \max \left\{ v_0(0) a_{0F}, v_F(0) a_{FF}, v_U(0) a_{UF} \right\} \\
&= \frac{1}{6} \max \{1 \cdot 0.5, \ 0 \cdot 0.8, \ 0 \cdot 0.2\} = \frac{1}{12} \approx 0.0833
\end{aligned}
\tag{2.94}
$$

---

[29] In den *Mathematica*-Exkursen in Kap. 2.9 werden wir sehen, dass man den Nullzustand auch formal in jeden Schritt einbeziehen kann, ohne dass sich am Ergebnis etwas ändert.

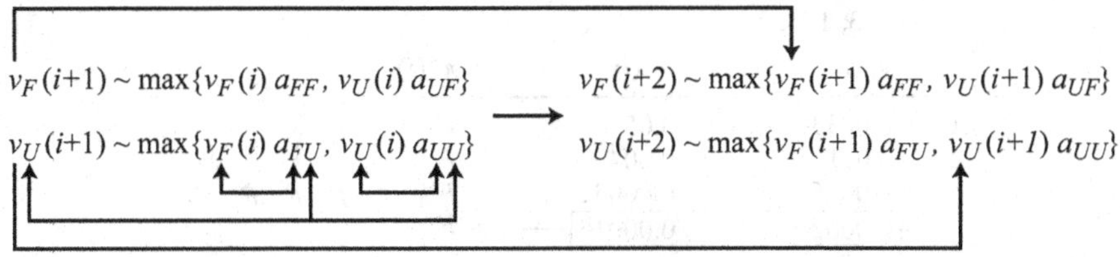

$$v_F(i+1) \sim \max\{v_F(i)\,a_{FF},\ v_U(i)\,a_{UF}\} \qquad v_F(i+2) \sim \max\{v_F(i+1)\,a_{FF},\ v_U(i+1)\,a_{UF}\}$$

$$v_U(i+1) \sim \max\{v_F(i)\,a_{FU},\ v_U(i)\,a_{UU}\} \qquad v_U(i+2) \sim \max\{v_F(i+1)\,a_{FU},\ v_U(i+1)\,a_{UU}\}$$

Abb. 2.48 Konsistenzbedingungen an die Indizes der Viterbi-Variablen und der Übergangs-wahrscheinlichkeiten in der Rekursionsvorschrift des Viterbi-Algorithmus am Beispiel des Kasinos auf einem zweielementigen Zustandsraum

und

$$v_U(1) = e_U(3)\ \max\{v_0(0)\,a_{0U},\ v_F(0)\,a_{FU},\ v_U(0)\,a_{UU}\} \tag{2.95}$$

$$= \frac{1}{10}\ \max\{1 \cdot 0.5,\ 0 \cdot 0.2,\ 0 \cdot 0.8\} = \frac{1}{20} = 0.05\,.$$

Schon in diesem Schritt erkennt man an den Ausdrücken für $v_F(1)$ und $v_U(1)$ die Symmetrien in den Indizes, die diese Rekursionsvorschrift befolgt. Abbildung 2.48 verdeutlicht diesen Punkt noch einmal. Im Schritt von $i = 1$ zu $i = 2$ spielt der Nullzustand keine Rolle mehr, und man hat das auch in allen folgenden Schritten bis zur Terminierung auftretende Schema zu befolgen. Die Ausdrücke für $v_F(2)$ und $v_U(2)$ als Funktion der vorangegangenen Variablen sind

$$v_F(2) = e_F(1)\ \max\{v_F(1)\,a_{FF},\ v_U(1)\,a_{UF}\} \tag{2.96}$$

$$= \frac{1}{6}\ \max\left\{\frac{1}{12} \cdot 0.8,\ \frac{1}{20} \cdot 0.2\right\}$$

$$\approx \frac{1}{6}\ \max\{0.067,\ 0.01\} = 0.011$$

und

$$v_U(2) = e_U(1)\ \max\{v_F(1)\,a_{FU},\ v_U(1)\,a_{UU}\} \tag{2.97}$$

$$= \frac{1}{10}\ \max\left\{\frac{1}{12} \cdot 0.2,\ \frac{1}{20} \cdot 0.8\right\}$$

$$\approx \frac{1}{10}\ \max\{0.0167,\ 0.04\} = 0.004\,.$$

Die zugehörigen Werte der Zeigervariablen ergeben sich direkt aus dem Listenein-trag, der das entsprechende Maximum geliefert hat: $Z_1(F) = F$ und $Z_1(U) = U$. Ab-bildung 2.49 fasst die Fortsetzung dieser Iteration für die gesamte Sequenz zusam-men. Aus der letzten Zeigervariablen ergibt sich dann über das Traceback-Verfahren der wahrscheinlichste Pfad π^* zur Sequenz x. Die gesamte Abfolge von Zeigerzu-ständen ist in Abb. 2.50 angegeben. In Abb. 2.49 sind zwei Fälle unterschieden, die

$x = 3, 1, 5, 6$

i	$v_F(i)$	$v_U(i)$	$\pi^*(i)$
1	0.0833	0.05	F
2	0.011	0.004	F
3	0.0015	0.00032	F
4	0.0002	0.00015 $\longrightarrow$	F

3 1 5 6
F F F F

$x = 3, 1, 5, 6, 6$

i	$v_F(i)$	$v_U(i)$	$\pi^*(i)$
1	0.0833	0.05	F
2	0.011	0.004	F
3	0.0015	0.00032	F
4	0.0002	0.00015	U
5	0.000026	0.000059 $\longrightarrow$	U

3 1 5 6 6
F F F U U

Abb. 2.49 Zahlenbeispiel zum Viterbi-Algorithmus für das Kasinoszenario auf einem zweielementigen Zustandsraum anhand einer einfachen Abfolge von Würfelergebnissen, zusammen mit der resultierenden Viterbi-Decodierung dieser Sequenz. In der oberen Hälfte wird eine Sequenz der Länge 4 diskutiert, während in der unteren Hälfte dieser Sequenz ein weiteres Symbol hinzugefügt ist

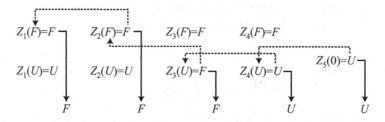

Abb. 2.50 Resultat für die Zeigerzustände im Zahlenbeispiel zum Viterbi-Algorithmus. Das Traceback-Verfahren ist durch die zurückweisenden Pfeile dargestellt. In der letzten Zeile stehen die Zustände des wahrscheinlichsten Pfads π^*

eindrucksvoll das Funktionieren des Traceback-Verfahrens illustrieren: Wendet man das Viterbi-Verfahren auf die verkürzte Sequenz 3, 1, 5, 6 an, so verbleibt der Pfad π^* vollständig im F-Zustand. Erst die Hinzunahme des letzten Symbols, also das Anwenden des Viterbi-Verfahrens auf die vollständige Sequenz 3, 1, 5, 6, 6, assoziiert die *beiden* letzten Symbole mit dem U-Zustand.

Mathematica-**Exkurs: Viterbi-Algorithmus**

In dem vorangegangenen Abschnitt wurde der Viterbi-Algorithmus eingeführt und am Beispiel eines Hidden-Markov-Modells für ein gelegentlich unehrliches Kasino erläutert. Dieses Modell soll uns nun auch als Beispiel für die Implementierung des Viterbi-Algorithmus in *Mathematica* dienen. Im ersten Schritt wird das Modell durch den Zustandsraum des HMM, den Zustandsraum der beobachteten Sequenz, die Übergangswahrscheinlichkeiten und die Emissionswahrscheinlichkeiten spezifiziert.

Der Zustandsraum des HMM wird festgelegt als

```
In[1]:= state = {"0", "F", "U"};
```

wobei '0' für den Anfangszustand steht, 'F' für den fairen und 'U' für den unfairen Würfel. Der Zustandsraum der Sequenz ist der eines gewöhnlichen Würfels.

```
In[2]:= observation = {1, 2, 3, 4, 5, 6};
```

Die Übergangswahrscheinlichkeiten zwischen den drei Zuständen '0', 'F' und 'U' werden in Form einer Funktion definiert. Die Argumente sind die Zustände und der ausgegebene Funktionswert ist die zugehörige Übergangswahrscheinlichkeit.

```
In[3]:= transition[z1_, z2_] := Switch[{z1, z2},
         {"F", "F"}, 0.95,
         {"F", "U"}, 0.05,
         {"U", "U"}, 0.9,
         {"U", "F"}, 0.1,
         {"0", "U"}, 0.5,
         {"0", "F"}, 0.5,
         {"0", "0"}, 0.,
         {"U", "0"}, 0.,
         {"F", "0"}, 0.];
```

In gleicher Weise werden auch die Emissionswahrscheinlichkeiten festgelegt.

```
In[4]:= emission[z1_, z2_] := Switch[z1,
         "F", N[1/6],
         "U", If[z2 == 6, 0.5, 0.1],
         "0", 0];
```

Dabei ist z1 erneut ein Symbol aus dem HMM-Zustandsraum state, die Größe z2 bezeichnet jetzt jedoch ein Symbol aus dem Zustandsraum observation der beobachteten Sequenz. Wir wollen nun die von uns definierten Parameter des Modells stichprobenartig überprüfen und dabei die Funktionsweise der Implementierung verdeutlichen. Die Wahrscheinlichkeit, mit einem fairen Würfel eine Drei zu würfeln, ist demnach gegeben durch

```
In[5] := emission["F", 3]
Out[5] = 0.166667
```

Die Wahrscheinlichkeit, von einem fairen Würfel im nächsten Schritt zu einem unfairen Würfel überzugehen, ist

```
In[6] := transition["F", "U"]
Out[6] = 0.05
```

Als Nächstes benötigen wir eine Beispielsequenz, auf die der Viterbi-Algorithmus angewendet werden kann. Für dieses einführende Beispiel erzeugen wir drei Teilsequenzen mit unterschiedlichen Eigenschaften. Die erste und die dritte Teilsequenz sind Realisierungen eines fairen Würfels, d. h. $p_{Fi} = 1/6$ $\forall i \in \Sigma$. Die zweite Teilsequenz ist eine Realisierung eines unfairen Würfels mit den Wahrscheinlichkeiten $p_{U6} = 1/2$ und $p_{Ui} = 1/10$, $i = 1, \ldots, 5$.

```
In[7] := SeedRandom[2]

In[8] := seq0a = Table[RandomInteger[{1, 6}], {50}]
Out[8] = {6, 2, 3, 3, 6, 3, 2, 6, 6, 1, 1, 5, 4, 5, 1, 2,
          2, 6, 2, 6, 5, 5, 1, 1, 5, 5, 2, 3, 4, 4, 1, 2, 1,
          5, 3, 3, 2, 6, 5, 4, 1, 6, 6, 3, 3, 2, 3, 6, 3, 3}

In[9] := seq0b =
          Table[If[RandomReal[] < 0.5, 6, RandomInteger[{1, 5}]],
            {20}]
Out[9] = {5, 2, 6, 5, 6, 6, 6, 6, 6, 5, 2, 1, 6, 6, 3, 5, 6, 2, 6, 6}

In[10] := seq0c = Table[RandomInteger[{1, 6}], {50}]
Out[10] = {3, 6, 5, 5, 6, 3, 5, 4, 6, 3, 1, 4, 3, 3, 4, 3,
           4, 3, 4, 6, 2, 5, 3, 3, 3, 4, 2, 6, 5, 1, 4, 3, 1,
           1, 2, 1, 5, 3, 3, 1, 5, 1, 3, 1, 3, 6, 3, 2, 3, 1}
```

Durch das einfache Aneinanderhängen der Teilsequenzen erhält man eine Sequenz, die zwei unterschiedliche verborgene Zustände aufweist.

```
In[11] := seq = Join[seq0a, seq0b, seq0c];

In[12] := L = Length[seq]
Out[12] = 120
```

Die interne Zustandssequenz, die wir in diesem konstruierten Beispiel genau kennen, legen wir an dieser Stelle in der Variablen **label** ab und werden sie am Ende des *Mathematica*-Exkurses mit der vom Viterbi-Algorithmus bestimmten Sequenz der internen Zustände vergleichen.

```
In[13] := label =
           Flatten[{Table["F", {50}], Table["U", {20}],
             Table["F", {50}]}];
```

Der Initialisierung der Viterbi-Variablen

```
In[14]:= vit[z1_,0,x_] :=If[z1 == "0",1,0]
```

folgt die Rekursion. Dabei wird die Viterbi-Variable für jeden Zustand entlang der Sequenz bestimmt.

```
In[15]:= Do[
            Do[
               {tmpList = Table[vit[state[[k]],i-1,seq]*
                   transition[state[[k]],state[[j]]],
                  {k,1,Length[state]}];,
                vit[state[[j]],i,seq] =
                   emission[state[[j]],seq[[i]]]*Max[tmpList];,
                pointer[j,i] =
                   Flatten[Position[tmpList,Max[tmpList]]][[1]]};,
               {j,1,Length[state]}],
            {i,1,L}]
```

Man erkennt im Inneren der beiden **Do**-Schleifen (eine für alle HMM-Zustände, eine für den Index entlang der Sequenz) deutlich die Umsetzung von Gl. (2.86). Dabei wird die Liste für die Maximumsabfrage zuerst in der Variablen **tmpList** abgelegt. Die Position des Maximums dient als Codierung für die Zustände '0', 'F', 'U' und wird in der Variablen **pointer** gespeichert. Der Zustand '0' wird durch 1 codiert, 'F' durch 2 und 'U' durch 3. Diese Struktur sollte aufgrund unserer vorangegangenen Diskussionen sehr klar sein. Die drei Befehle in der geschweiften Klammer im Innern der **Do**-Schleife sind: (1) die Liste für die Maximumsabfrage, (2) die Umsetzung von Gl. (2.86) und (3) die Zeigerzuweisung. Mit dem Befehl

```
In[16]:= Table[vit[state[[k]],i,seq],{k,1,Length[state]}]
```

lässt sich die Viterbi-Variable der Zustände 1 ('0'), 2 ('F'), und 3 ('U') für den Sequenzindex i ausgeben. Einige Beispiele:

$i = 0$;
```
Out[16]= {1,0,0}
```

$i = 1$;
```
Out[16]= {0.,0.0833333,0.25}
```

$i = 2$;
```
Out[16]= {0.,0.0131944,0.0225}
```

Wir gelangen nun zur Terminierung. Für den Index $i = L$ erhält man die Viterbi-Variablen für das Sequenzende und den letzten Wert der Zeigervariablen.

```
In[17]:= tmpList = Table[vit[state[[k]],L,seq],
            {k,1,Length[state]}]
Out[17]= {0.,8.27896 × 10^{-96},2.61441 × 10^{-97}}
```

```
In[18]:= pointerFinal = Flatten[Position[tmpList, Max[tmpList]
            ]][[1]]
Out[18]= 2
```

Die **Do**-Schleife ist die direkte Umsetzung von Gl. (2.90). Von dem Zustand aus, der zum Maximum der Viterbi-Variablen führt, wird nun mithilfe des Traceback-Verfahrens der wahrscheinlichste Pfad ermittelt und ausgegeben.

```
In[19]:= pathX[L] = pointerFinal;
```

```
In[20]:= Do[pathX[i - 1] = pointer[pathX[i], i - 1], {i, L, 1, -1}]
```

```
In[21]:= path = Table[pathX[i], {i, 1, L}]
Out[21]= {2,2,2,2,2,2,2,2,2,2,2,2,2,2,2,2,2,2,2,2,
          2,2,2,2,2,2,2,2,2,2,2,2,2,2,2,2,2,2,2,2,
          2,2,2,2,2,2,2,2,2,2,2,2,3,3,3,3,3,3,3,3,
          3,3,3,3,3,3,3,3,3,3,3,3,2,2,2,2,2,2,2,2,
          2,2,2,2,2,2,2,2,2,2,2,2,2,2,2,2,2,2,2,2,
          2,2,2,2,2,2,2,2,2,2,2,2,2,2,2,2,2,2,2,2}
```

Die Visualisierung des Ergebnisses erfolgt durch eine etwas aufwendige Funktion, an der man gut einige fortgeschrittene Formatierungsfragen vorführen kann:

```
In[22]:= makeViterbiOutput[sequenz_, rowLength_] :=
         Module[{tmp1, tmp2, tmp3},
           tmp1 = Length[Transpose[sequenz]];
           Do[
             tmp2[jj] =
               TableForm[
                 Transpose[Take[Transpose[sequenz],
                   {jj, Min[tmp1, jj + rowLength - 1]}]],
                 TableSpacing → {0.1, 1},
                 TableHeadings →
                 {{"Daten : ", "Würfel : ", "Viterbi : "}, None}],
             {jj, 1, tmp1, rowLength}];
           tmp3 =
             TableForm[Table[tmp2[jj], {jj, 1, tmp1, rowLength}]]]
```

Das erste Argument dieser Visualisierungsroutine ist eine dreiteilige Liste aus der Sequenz, der (bekannten) Abfolge interner Zustände und der Variablen **path**, die die gerade ermittelte Viterbi-Decodierung enthält. Dabei werden die Bezeichnungen durch die Elemente des HMM-Zustandsraums ersetzt.

```
In[23]:= res = {seq, label, path/.{1 → "0", 2 → "F", 3 → "U"}};
```

Das zweite Argument ist die Zeilenlänge, die zur Formatierung der Ausgabe verwendet wird. Neben der Formatierung besteht die Aufgabe dieser Routine nur darin, die entsprechende Zeilenbezeichnung hinzuzufügen. Das Endergebnis dieses *Mathematica*-Exkurses lautet damit:

```
In[24] := makeViterbiOutput[res, 20]
          Daten :  6 2 3 3 6 3 2 6 6 1 1 5 4 5 1 2 2 6 2 6
          Würfel : F F F F F F F F F F F F F F F F F F F F
          Viterbi : F F F F F F F F F F F F F F F F F F F F
          Daten :  5 5 1 1 5 5 2 3 4 4 1 2 1 5 3 3 2 6 5 4
          Würfel : F F F F F F F F F F F F F F F F F F F F
          Viterbi : F F F F F F F F F F F F F F F F F F F F
          Daten :  1 6 6 3 3 2 3 6 3 3 5 2 6 5 6 6 6 6 6 5
          Würfel : F F F F F F F F F U U U U U U U U U U U
Out[24] = Viterbi : F F F F F F F F F F F U U U U U U U U U
          Daten :  2 1 6 6 3 5 6 2 6 6 3 6 5 5 6 3 5 4 6 3
          Würfel : U U U U U U U U U U F F F F F F F F F F
          Viterbi : U U U U U U U U U U U U F F F F F F F F
          Daten :  1 4 3 3 4 3 4 3 4 6 2 5 3 3 3 4 2 6 5 1
          Würfel : F F F F F F F F F F F F F F F F F F F F
          Viterbi : F F F F F F F F F F F F F F F F F F F F
          Daten :  4 3 1 1 2 1 5 3 3 1 5 1 3 1 3 6 3 2 3 1
          Würfel : F F F F F F F F F F F F F F F F F F F F
          Viterbi : F F F F F F F F F F F F F F F F F F F F
```

Offensichtlich identifiziert der Viterbi-Algorithmus unsere zwischenzeitliche Verwendung des unfairen Würfels fast elementgenau.

Mit Version 10 bietet *Mathematica* – neben anderen Machine-Learning-Techniken – auch eine eingebaute Umgebung für Hidden-Markov-Modelle. Das oben beschriebene Ergebnis lässt sich daher auch direkt mit den Befehlen **HiddenMarkovProcess** und **FindHiddenMarkovStates** erzielen. Dazu bringen wir unser Modell zuerst in das für **HiddenMarkovProcess** notwendige Format. Der Befehl erfordert (neben einer Anfangswahrscheinlichkeit für jeden HMM-Zustand) eine Übergangsmatrix und eine Emissionsmatrix. Beide Matrizen können wir leicht über die Befehle **transition** und **emission** abfragen. Der Nullzustand ist in diesem Format nicht mehr erforderlich und wird daher mit **Drop** aus der Liste **state** entfernt.

```
In[25] := init = {0.5, 0.5};

In[26] := tMat = Outer[List, Drop[state, 1], Drop[state, 1]] /.
                 {n1_String, n2_} :> transition[n1, n2]
Out[26] = {{0.95, 0.05}, {0.1, 0.9}}

In[27] := eMat =
          Transpose[Outer[List, observation, Drop[state, 1]] /.
                 {n1_Integer, n2_} :> emission[n2, n1]]
Out[27] = {{0.166667, 0.166667, 0.166667, 0.166667,
            0.166667, 0.166667}, {0.1, 0.1, 0.1, 0.1, 0.1, 0.5}}
```

Das Modell erhält man dann einfach durch Anwenden von **HiddenMarkovProcess**.

```
In[28]:= hmm1 = HiddenMarkovProcess[init, tMat, eMat]
Out[28]= HiddenMarkovProcess[{0.5, 0.5}, {{0.95, 0.05}, {0.1, 0.9}},
            {{0.166667, 0.166667, 0.166667, 0.166667, 0.166667,
              0.166667}, {0.1, 0.1, 0.1, 0.1, 0.1, 0.5}}]
```

Mit diesem Modell können wir nun über den Befehl **FindHiddenMarkovStates**
die Sequenz **seq** decodieren:

```
In[29]:= p1 = FindHiddenMarkovStates[seq, hmm1, "ViterbiDecoding"]
Out[29]= {1, 1, 1, 1, 1, 1, 1, 1, 1, 1, 1, 1, 1, 1, 1, 1, 1, 1, 1, 1,
          1, 1, 1, 1, 1, 1, 1, 1, 1, 1, 1, 1, 1, 1, 1, 1, 1, 1, 1, 1,
          1, 1, 1, 1, 1, 1, 1, 1, 1, 1, 1, 1, 2, 2, 2, 2, 2, 2, 2, 2,
          2, 2, 2, 2, 2, 2, 2, 2, 2, 2, 2, 2, 1, 1, 1, 1, 1, 1, 1, 1,
          1, 1, 1, 1, 1, 1, 1, 1, 1, 1, 1, 1, 1, 1, 1, 1, 1, 1, 1, 1,
          1, 1, 1, 1, 1, 1, 1, 1, 1, 1, 1, 1, 1, 1, 1, 1, 1, 1, 1, 1}
```

Das Ergebnis ist identisch zu dem Resultat aus unserer eigenen Implementierung.

2.8.3 Posterior-Decodierung

Wir haben nun gesehen, wie man zu einer gegebenen beobachteten Sequenz x den
wahrscheinlichsten Pfad in dem hinter der Sequenz angenommenen Hidden-Markov-
Modell ermittelt. Im Prinzip reicht dieses Verfahren schon für eine Vorhersage der
internen Zustände (im Fall unserer Beispiele etwa der Verwendungsbereiche des unfairen Würfels oder der Lage der CpG-Inseln) aus. Eine quantitativ weitergehende
Form der Vorhersage wäre jedoch, entlang der Sequenz die Wahrscheinlichkeit für
einen bestimmten Zustand protokollieren zu können. Diese fortgeschrittene Form
der Decodierung fragt nach der Posteriorwahrscheinlichkeit $P(\pi_i = k | x)$, an der i-
ten Stelle des internen Pfads π gerade den Zustand $k \in \Sigma_{HMM}$ zu finden unter der
Bedingung, dass die Sequenz $x = x_1, \ldots, x_L$ beobachtet wurde. Man bezeichnet dieses Vorgehen als Posterior-Decodierung (engl. *posterior decoding*). Den Weg dort-
hin werden wir in zwei Schritten vollführen. Zuerst werden wir ein Verfahren zur
Bestimmung der Marginalwahrscheinlichkeit $P(x)$ angeben, also der Gesamtwahrscheinlichkeit der gegebenen Sequenz x. Danach werden wir über eine formale Zerlegung der gemeinsamen Wahrscheinlichkeit $P(x, \pi_i = k)$ einen alternativen Weg zur
Marginalwahrscheinlichkeit diskutieren. Das Zusammenfügen dieser beiden Verfahren ergibt dann die Posterior-Decodierung.

Betrachten wir also die Marginalwahrscheinlichkeit

$$P(x) = \sum_{\pi} P(x, \pi) . \tag{2.98}$$

Es ist klar, dass sich für realistische Sequenzlängen L die Summe über alle Pfade nicht explizit ausführen lässt.[30] Eine recht einfache (aber oft sehr nützliche) Näherung besteht in der Annahme, dass die wahrscheinlichste Sequenz π^* den einzig signifikanten Beitrag zu der Summe in Gl. (2.98) liefert. Die Hypothese ist dabei, dass schon geringe Abweichungen von dem Pfad π^* zu einer erheblichen Verminderung der Wahrscheinlichkeit $P(x, \pi)$ führen. Dann wäre

$$P(x) \approx P(x, \pi^*) . \tag{2.99}$$

Mit einem ähnlichen rekursiven Verfahren wie dem Viterbi-Algorithmus ist aber auch eine exakte Bestimmung der Wahrscheinlichkeit $P(x)$ möglich, ohne dass man formal die Summe über alle Pfade π ausführen muss. Wie beim Viterbi-Verfahren basiert der Algorithmus darauf, den Beitrag zur Summe in Gl. (2.98) für jedes Symbol des Pfads π unabhängig zu bestimmen. Dieses Verfahren bezeichnet man als *forward*-Algorithmus. Die Viterbi-Variable wird dabei abgelöst durch die *forward*-Variable $f_k(i)$, die in diesem Fall sogar eine recht eingängige wahrscheinlichkeitstheoretische Interpretation besitzt, nämlich

$$f_k(i) = P(x_1, x_2, \ldots, x_i, \pi_i = k) \tag{2.100}$$

mit $k \in \Sigma_{HMM}$, dem Index i auf der Sequenz $x = x_1, x_2, \ldots, x_L$ und dem i-ten Symbol π_i aus dem internen Pfad π des Hidden-Markov-Modells. Die *forward*-Variable $f_k(i)$ ist also die gemeinsame Wahrscheinlichkeit für ein Anfangssegment $x_1, x_2, \ldots, x_i$ der Sequenz x und den Zustand k an der i-ten Stelle des Pfads π, $\pi_i = k$. Es leuchtet ein, dass $f_k(i)$ damit eine Art Zwischenschritt bei einer rekursiven, Symbol für Symbol durchgeführten Konstruktion der Summanden in Gl. (2.98) ist. Man kann aus Gl. (2.100) ahnen, dass $f_k(i)$ eine Rekursionsvorschrift der Form

$$f_l(i + 1) = e_l(x_{i+1}) \sum_k f_k(i) a_{kl} \tag{2.101}$$

befolgt. Die Konsistenz von Gl. (2.101) und (2.100) sieht man auf folgende Weise: Um von der gemeinsamen Wahrscheinlichkeit $P(x_1, x_2, \ldots, x_i, \pi_i = k)$ zu $f_l(i + 1) = P(x_1, x_2, \ldots, x_{i+1}, \pi_{i+1} = l)$ zu gelangen, muss der Übergang $k \to l$ beim internen Pfad erfolgen. Dies geschieht mit dem Faktor $P(\pi_{i+1} = l \,|\, \pi_i = k) = a_{kl}$. Zudem muss berücksichtigt werden, dass man zu $f_l(i + 1)$ von jedem k an der Stelle i gelangen kann. Daher ist die Summe über k erforderlich. Zuletzt ist noch die Verbindung von π_{i+1} und x_{i+1} herzustellen. Dies wiederum geschieht mit der entsprechenden Emissionswahrscheinlichkeit. Abbildung 2.51 illustriert diese gedankliche Zerlegung von Gl. (2.101).

---

[30] Ein interessanter Aspekt an diesem Argument ist, dass es einzig auf der benötigten Rechnerzeit basiert. Prinzipiell könnte man (z. B. mithilfe der Viterbi-Variablen), wie wir gesehen haben, für jeden Pfad π die gemeinsame Wahrscheinlichkeit $P(x, \pi)$ berechnen. Allerdings steigt die Zahl der Pfade mit L stark an: Es gibt im Prinzip $|\Sigma_{HMM}|^L$ Pfade π. Wir werden solche Rechnerzeitargumente und Untersuchungen der Skalierung eines Algorithmus mit der Problemgröße (z. B. der Zahl der Sequenzen oder – wie hier – der Sequenzlänge) in den folgenden Kapiteln noch genauer kennenlernen.

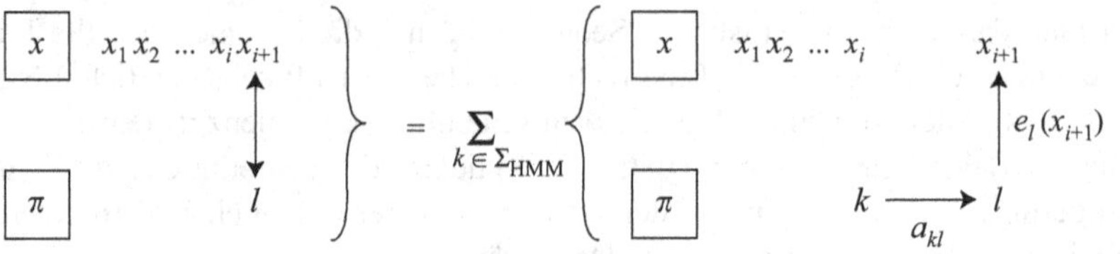

Abb. 2.51 Grafische Motivation von Gl. (2.101). Die Summe über alle möglichen Symbole k hin zu dem tatsächlich in dem internen Pfad vorliegenden HMM-Symbol l multipliziert mit der Emissionswahrscheinlichkeit für das Symbol x_{i+1} (rechte Seite dieser symbolischen Gleichung) führt auf dieselbe durch die *forward*-Variable gegebene Verbindung zwischen dem internen Pfad und der beobachteten Sequenz wie die eigentliche *forward*-Variable $f_l(i + 1)$ (linke Seite)

Der nächste Punkt ist die gesamte Wahrscheinlichkeit für die Sequenz x in diesem Hidden-Markov-Modell. Sie ergibt sich als Terminierung des *forward*-Algorithmus:

$$P(x) = \sum_{k \in \Sigma_{HMM}} f_k(L)\, a_{k0} \tag{2.102}$$

mit der Sequenzlänge L und wie schon zuvor der Übergangswahrscheinlichkeit a_{k0} vom Zustand $k \in \Sigma_{HMM}$ in den Nullzustand, der hier den formalen Endzustand der Sequenz angibt. Die typische Wahl ist auch hier

$$a_{k0} = \frac{1}{|\Sigma_{HMM}|} \quad \forall\, k \in \Sigma_{HMM} \tag{2.103}$$

mit der Zahl $|\Sigma_{HMM}|$ von Elementen im Zustandsraum Σ_{HMM}. Die Berechnung der Gesamtwahrscheinlichkeit $P(x)$ ist nur der erste Schritt auf dem Weg zu einer Posterior-Decodierung. Um die *forward*-Variable besser einordnen zu können, betrachten wir die folgende Zerlegung

$$P(x, \pi_i = k) = P(x_1, \ldots, x_i, \pi_i = k)\, P(x_{i+1}, \ldots, x_L | x_1, \ldots, x_i, \pi_i = k) \tag{2.104}$$

der gemeinsamen Wahrscheinlichkeit der Sequenz x zusammen mit dem Auftreten des Zustands k and der i-ten Stelle des internen HMM-Pfads. Aufgrund der Markov-Eigenschaft und der Tatsache, dass in diesem Modell jede Korrelation in der Sequenz x *nur* über den internen HMM-Pfad (von dem die Symbole der realen Sequenz emittiert werden) hervorgerufen wird, lässt sich der zweite Term in Gl. (2.104) vereinfachen:

$$P(x_{i+1}, \ldots, x_L | x_1, \ldots, x_i, \pi_i = k) = P(x_{i+1}, \ldots, x_L | \pi_i = k) \tag{2.105}$$
$$\equiv b_k(i)\,.$$

Der erste Term in Gl. (2.104) entspricht dagegen der *forward*-Variablen. Auf diese Weise lässt sich die Wahrscheinlichkeit $P(x, \pi_i = k)$ elegant als Produkt zweier ähnlich aufgebauter Variablen definieren:

$$P(x, \pi_i = k) = f_k(i)\, b_k(i)\,.\tag{2.106}$$

Die Größe $b_k(i)$ aus Gl. (2.105) bezeichnet man als *backward*-Variable. Für sie existiert eine ähnliche Rekursionsvorschrift wie für $f_k(i)$, allerdings beginnt die rekursive Berechnung nun bei $i = L$ und läuft dann rückwärts bis $i = 1$. Diese Umkehrung der Rekursionsrichtung wird aus Gl. (2.105) sofort klar: Die *backward*-Variable basiert auf einer Wahrscheinlichkeit für das *Endsegment* der Sequenz. Die Rekursionsvorschrift hat die Form

$$b_k(i) = \sum_{l\in\Sigma_{HMM}} a_{kl}e_l(x_{i+1})\,b_l(i+1)\,.\tag{2.107}$$

Man erkennt an Gl. (2.107), dass die Variable zum Zustand k an der Stelle i aus den Variablen an der Stelle $i+1$ berechnet wird, die Rekursion also rückwärts verläuft. Entsprechend betrifft die Initialisierung,

$$b_k(L) = a_{k0} \quad k \in \Sigma_{HMM}\,,\tag{2.108}$$

die *backward*-Variablen an der Stelle L. Mithilfe von Gl. (2.107) gelangt man dann an die Stelle $L - 1$ und so fort. Aufgrund der Konstruktion der *backward*-Variablen, Gl. (2.105), liefert die Terminierung des *backward*-Algorithmus ebenfalls die Gesamtwahrscheinlichkeit $P(x)$, die man auch als Terminierung des *forward*-Algorithmus erhält. Nun ergibt sich $P(x)$ allerdings als

$$P(x) = \sum_{l\in\Sigma_{HMM}} a_{0l}e_l(x_1)\,b_l(1)\,.\tag{2.109}$$

Viel interessanter ist jedoch, dass sich in Kombination von *forward*- und *backward*-Algorithmus nun eine Möglichkeit ergibt, für jedes i und k die gemeinsame Wahrscheinlichkeit $P(x, \pi_i = k)$ gemäß Gl. (2.106) rekursiv zu berechnen. Von dort gelangt man über die übliche Definition der bedingten Wahrscheinlichkeit,

$$P(x, \pi_i = k) = P(\pi_i = k\,|\,x)P(x)\,,\tag{2.110}$$

unmittelbar zu unserem gewünschten Resultat: zu einer Möglichkeit, die Wahrscheinlichkeit für den internen Zustand k an der Stelle i unter der Bedingung der Sequenz x entlang der Sequenz zu protokollieren. Man hat

$$P(\pi_i = k\,|\,x) = \frac{f_k(i)\, b_k(i)}{P(x)}\,,\tag{2.111}$$

wobei man die Wahrscheinlichkeit $P(x)$ zumeist als Terminierung des *forward*-Algorithmus gewinnt. Gleichung (2.111) bezeichnet man als Posterior-Decodierung. Abbildung 2.52 zeigt die mit diesem Verfahren bestimmte Wahrscheinlichkeit eines fairen Würfels entlang einer Abfolge von Würfelereignissen unseres Kasinobeispiels. Die Bereiche, in denen der unfaire Würfel verwendet worden ist, sind grau unterlegt. Sie fallen sehr klar mit den Bereichen niedriger Posteriorwahrscheinlichkeit $P(F\,|\,x)$ zusammen.

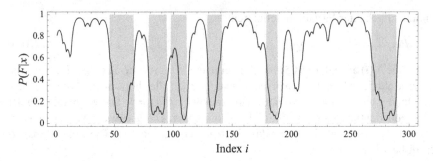

Abb. 2.52 Verlauf der Posteriorwahrscheinlichkeit für den fairen Würfel als Funktion der Sequenzposition als Beispiel für die Posterior-Decodierung einer Würfelabfolge. Die grau hinterlegten Regionen stellen die Sequenzbereiche dar, in denen tatsächlich der unfaire Würfel verwendet worden ist. (Abbildung angepasst aus: Durbin et al. 1998)

Mathematica-Exkurs: Posterior-Decodierung

Die Bestimmung der Posteriorwahrscheinlichkeit für eine gegebene Sequenz des Kasinobeispiels motiviert diesen *Mathematica*-Exkurs. Die Posteriorwahrscheinlichkeit basiert auf dem *forward*- und *backward*-Algorithmus, die wir nun in *Mathematica* implementieren werden. Die zugehörigen Definitionen finden sich in den Gleichungen (2.101) bis (2.111).

Der Zustandsraum des HMM, der Zustandsraum der Sequenz, die Übergangswahrscheinlichkeiten und die Emissionswahrscheinlichkeiten entsprechen für den *forward*-Algorithmus den Definitionen aus dem *Mathematica*-Exkurs zum Viterbi-Algorithmus. Diese Definitionen werden hier nicht noch einmal aufgeführt. Als Beispielsequenz nutzen wir den im vorangegangenen Exkurs erstellten Datensatz, der aus drei Teilsequenzen nach dem Schema fair – unfair – fair zusammengesetzt ist. Die Viterbi-Variable wird nun durch die *forward*-Variable abgelöst. Die Maximumsabfrage wird durch eine Summation ersetzt. Damit ergibt sich der *forward*-Algorithmus als

```
In[30]:= forward[z1_,0,x_] := If[z1 == "0",1,0]

In[31]:= Do[
          Do[
            {tmpList =
              Table[forward[state[[k]],i-1,seq]*
                  transition[state[[k]],state[[j]]],
                {k,1,Length[state]}];,
              forward[state[[j]],i,seq] =
                emission[state[[j]],seq[[i]]] * (Plus@@tmpList)},
            {j,1,Length[state]},
          {i,1,L}]
```

Die *forward*-Variable kann nun für die Zustände 1 ('0'), 2 ('F') und 3 ('U') für jeden Sequenzindex i berechnet werden. Einige Beispiele:

```
In[32] := Table[forward[state[[k]], i, seq], {k, 1, Length[state]}]
```

$i = 0$;

```
Out[32] = {1, 0, 0}
```

$i = 1$;

```
Out[32] = {0., 0.0833333, 0.25}
```

$i = 2$;

```
Out[32] = {0., 0.0173611, 0.0229167}
```

Als Terminierung ($i = L$) hat man

```
In[33] := tmpList = Table[forward[state[[k]], L, seq],
            {k, 1, Length[state]}]
Out[33] = {0., 7.65659 × 10^-93, 7.49833 × 10^-94}
```

Die Gesamtwahrscheinlichkeit für die Sequenz ergibt sich durch die Summation der *forward*-Variablen zum Sequenzindex $i = L$, multipliziert mit der Übergangswahrscheinlichkeit in den Endzustand '0'.

```
In[34] := probSeqForward = Plus@@tmpList * 0.5
Out[34] = 4.20321 × 10^-93
```

Der Übergang aus den Zuständen 'F' und 'U' in einen Endzustand wird in der von uns definierten Funktion der Übergangswahrscheinlichkeiten nicht berücksichtigt. Daher setzen wir die entsprechende Wahrscheinlichkeit von 0.5 explizit ein.

Neben der *forward*-Variablen benötigen wir für die Posterior-Decodierung die *backward*-Variable. Der *backward*-Algorithmus unterscheidet sich vom *forward*-Algorithmus und vom Viterbi-Algorithmus, wie wir gesehen haben, vor allem dadurch, dass er am Ende der Sequenz startet. Deshalb ist es nötig, eine auf diese Situation angepasste Funktion der Übergangswahrscheinlichkeiten anzugeben, während der Zustandsraum des HMM, der Zustandsraum der Sequenz und die Emissionswahrscheinlichkeiten beibehalten werden. Die Wahrscheinlichkeit, vom Endzustand '0' in den Zustand 'F' oder 'U' überzugehen, wird wieder jeweils als 0.5 definiert.

```
In[35] := transitionII[z1_, z2_] := Switch[{z1, z2},
            {"F", "F"}, 0.95,
            {"F", "U"}, 0.05,
            {"U", "U"}, 0.9,
            {"U", "F"}, 0.1,
            {"0", "U"}, 0.,
            {"0", "F"}, 0.,
            {"0", "0"}, 0.,
            {"U", "0"}, 0.5,
            {"F", "0"}, 0.5]
```

Der *backward*-Algorithmus kann nun wie folgt implementiert werden:

```
In[36] := backward[z1_, L, x_] := transitionII[z1, "0"]
```

```
In[37] := Do[
              Do[
                 {tmpList =
                    Table[backward[state[[j]], i + 1, seq] *
                          emission[state[[j]], seq[[i + 1]]] *
                          transition[state[[k]], state[[j]]],
                       {j, 1, Length[state]}]; ,
                    backward[state[[k]], i, seq] = Plus@@tmpList},
                 {k, 1, Length[state]}],
              {i, L - 1, 1, -1}]
```

Man erkennt an der Festlegung des Laufindex der äußeren **Do**-Schleife, dass die Iteration nun rückwärts erfolgt. Die Terminierung beschäftigt sich daher mit der Indexposition $i = 1$. Die Werte der *backward*-Variablen an dieser Stelle lassen sich in der üblichen Weise abfragen:

```
In[38] := tmpList = Table[backward[state[[k]], 1, seq],
                       {k, 1, Length[state]}]
```
$\text{Out[38]} = \{1.47025 \times 10^{-92}, 1.97254 \times 10^{-92}, 1.02377 \times 10^{-92}\}$

Summation über die (mit den entsprechenden Übergangs- und Emissionswahrscheinlichkeiten versehenen) *backward*-Variablen bei $i = 1$ ist ein alternativer Weg zur Gesamtwahrscheinlichkeit $P(x)$ der Sequenz x.

```
In[39] := probSeqBackward =
              Plus@@
                 Table[transition["0", state[[k]]] *
                       emission[state[[k]], seq[[1]]] *
                       backward[state[[k]], 1, seq], {k, 1, Length[state]}]
```
$\text{Out[39]} = 4.20321 \times 10^{-93}$

Die für unsere Sequenz durch den *backward*-Algorithmus berechnete Gesamtwahrscheinlichkeit ist mit dem durch den *forward*-Algorithmus bestimmten Wert identisch. Diese Übereinstimmung ist eine gute Konsistenzprüfung der Implementierung. Die Posteriorwahrscheinlichkeit entlang einer Sequenz kann nun durch Zusammenfügen der oben definierten *forward*- und *backward*-Algorithmen berechnet werden.

```
In[40] := Do[
              postDec[state[[k]], i, seq] =
              (forward[state[[k]], i, seq] *
                    backward[state[[k]], i, seq])/probSeqForward,
              {k, 1, Length[state]},
              {i, 1, L}]
```

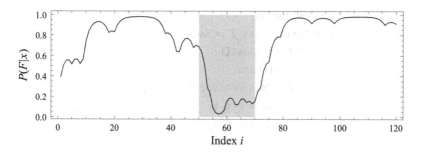

Abb. 2.53 Posterior-Decodierung der im *Mathematica*-Exkurs konstruierten Abfolge von Würfelergebnissen. Wie in Abb. 2.52 ist auch hier der Verwendungsbereich des unfairen Würfels grau hinterlegt

Die Wahrscheinlichkeit für einen fairen Würfel wird auf diese Weise entlang der Sequenz protokolliert:

```
In[41] := postTable = Table[postDec["F", i, seq], {i, 1, L}];
```

Die folgenden *Mathematica*-Befehle dienen der Visualisierung des Ergebnisses. Abbildung 2.53 zeigt die Posteriorwahrscheinlichkeit für das Vorliegen eines fairen Würfels entlang der Abfolge von Würfelereignissen. Die grau hinterlegte Fläche markiert die Teilsequenz, der ein unfairer Würfel zugrunde liegt.

```
In[42] := label1 = label/.{"F" → 0, "U" → 1};
```

```
In[43] := plpost = ListPlot[postTable, Frame → True, Joined → True]
```

```
In[44] := coord1 =
          Flatten[Position[Abs[label1 - RotateLeft[label1, 1]], 1]];
```

```
In[45] := rectangleList =
          Map[
            {GrayLevel[0.9], Rectangle[{#[[1]], 0}, {#[[2]], 1}]}&,
            Partition[coord1, 2]];
```

```
In[46] := plrectangle = Show[Graphics[rectangleList]];
```

```
In[47] := Show[plpost, plrectangle, plpost, AspectRatio → 0.3]
```

Abbildung 2.53 ist (bis auf die Achsenbeschriftung und Formatierung) das Ergebnis dieses letzten **Show**-Befehls. Man sieht deutlich, wie die Posteriorwahrscheinlichkeit des fairen Würfels in der 'U'-Region absinkt.

Um fortgeschrittenere, weniger schematische Tests dieser Posterior-Decodierung durchführen zu können, werden wir nun ein Programm entwerfen und testen, das präzise nach dem Modell des Kasinobeispiels Zahlen zwischen 1 und 6 emittiert.

```
In[48] := SeedRandom[30]
          makeState[state_] := Module[{x},
             x = RandomReal[];
             Switch[state,
               "F", If[x <= 0.95, "F", "U"],
               "U", If[x <= 0.9, "U", "F"],
               "0", If[x <= 0.5, "F", "U"]
             ]
          ]
```

Diese Routine gibt ein Symbol unter Verwendung des (als Argument eingetragenen) vorangegangenen Symbols aus:

```
In[49] := start = makeState["0"]
Out[49] = F
```

Mit dem Befehl **NestList** kann damit nun eine längere Sequenz erzeugt werden:

```
In[50] := stateSeq = NestList[makeState, start, 299]
Out[50] = {F,F,F,F,F,F,F,F,F,F,F,U,U,F,F,F,F,F,F,F,F,
           F,F,F,F,F,F,F,F,F,F,F,U,U,U,U,F,F,F,F,F,
           F,F,F,F,F,F,F,F,F,F,F,F,F,F,F,F,F,F,F,F,
           F,F,F,F,F,F,F,F,F,F,F,F,F,F,F,F,F,F,F,F,
           F,F,F,F,F,F,F,F,F,F,F,F,F,F,F,F,F,F,F,F,
           F,F,F,F,F,F,F,F,F,F,F,F,F,F,F,F,F,F,U,U,
           U,U,U,U,U,U,U,U,U,U,U,U,U,F,F,U,U,U,U,U,
           U,U,U,U,U,U,U,U,U,U,U,U,U,U,U,U,U,F,F,F,F,
           F,F,F,F,F,F,F,F,F,U,U,U,F,F,F,U,F,F,F,F,
           F,F,F,F,F,F,F,F,F,F,F,F,F,U,U,U,U,U,U,U,
           U,U,U,U,U,U,U,U,U,U,U,U,U,F,F,F,F,F,F,F,
           F,F,F,F,F,F,F,F,F,F,F,F,U,U,U,U,U,U,U,U,
           U,U,U,U,U,U,U,U,U,U,U,U,U,U,U,F,F,F,F,F,
           F,F,F,F,F,F,F,F,F,F,F,F,F,U,U,U,U,U,U,U,
           U,U,F,F,F,F,F,F,F,F,F,F,F,F,F,F,F,F,F}
```

Dies liefert zugleich die Referenzsequenz für den späteren Vergleich mit der Posteriorwahrscheinlichkeit. Nun kann mithilfe der Emissionswahrscheinlichkeiten diese interne Sequenz in eine mögliche, mit den Modellparametern konsistente beobachtete Sequenz überführt werden. Dies geschieht mit einer neuen Routine **makeObservation**.

```
In[51]:= SeedRandom[3]
         makeObservation[state_] := Module[{x},
           x = RandomReal[];
           Switch[state,
             "F", RandomInteger[{1, 6}],
             "U", If[x ≤ 0.5, 6, RandomInteger[{1, 5}]]
           ]
         ]

In[52]:= seq = Table[makeObservation[stateSeq[[i]]],
           {i, 1, Length[stateSeq]}]
Out[52]= {1, 2, 3, 6, 4, 1, 3, 4, 1, 4, 1, 5, 4, 5, 6, 6, 6, 5, 4, 2, 3,
          4, 1, 3, 6, 4, 3, 6, 6, 6, 6, 6, 6, 6, 2, 1, 6, 1, 5, 2, 4,
          4, 6, 1, 2, 4, 4, 1, 2, 1, 1, 3, 3, 6, 5, 2, 2, 1, 5, 5, 5,
          3, 3, 5, 2, 6, 4, 2, 6, 2, 2, 1, 1, 5, 4, 5, 5, 6, 6, 2, 4,
          2, 1, 4, 4, 1, 5, 1, 3, 4, 2, 4, 2, 4, 6, 4, 3, 2, 2, 2, 4,
          3, 4, 4, 3, 4, 6, 6, 3, 4, 4, 4, 3, 2, 6, 2, 2, 5, 3, 6, 2,
          3, 6, 6, 3, 6, 6, 6, 6, 6, 4, 1, 5, 6, 2, 6, 1, 6, 6, 5, 3,
          2, 6, 6, 1, 6, 6, 6, 6, 2, 6, 6, 6, 3, 4, 6, 5, 3, 6, 1, 3,
          1, 3, 4, 1, 2, 2, 2, 2, 6, 6, 6, 6, 6, 4, 6, 2, 4, 3, 6, 3,
          4, 1, 5, 4, 3, 3, 4, 1, 1, 2, 4, 4, 3, 4, 6, 1, 6, 4, 4, 3,
          1, 6, 2, 6, 5, 6, 6, 6, 5, 6, 6, 6, 6, 2, 6, 5, 6, 2, 6, 5,
          1, 5, 5, 5, 2, 5, 2, 2, 6, 3, 6, 5, 1, 6, 6, 6, 6, 6, 6, 6,
          6, 5, 6, 4, 6, 6, 5, 5, 4, 5, 2, 5, 3, 6, 6, 6, 1, 1, 3, 2,
          2, 4, 2, 6, 3, 6, 6, 3, 1, 2, 6, 3, 4, 5, 6, 5, 4, 6, 6, 6,
          6, 2, 4, 3, 6, 5, 1, 3, 6, 4, 2, 1, 6, 5, 3, 3, 4, 5, 5}
```

Abbildung 2.54 zeigt die Posteriorwahrscheinlichkeit $P(F \mid x)$ für diese Sequenz x.

2.8.4 Fortgeschrittene Themen und allgemeine Bemerkungen zu Markov-Modellen

Nachdem wir die formalen Algorithmen diskutiert und an Beispielen erläutert haben, ist es angebracht, nun einige Bemerkungen zur allgemeinen Strategie des Umgangs mit Hidden-Markov-Modellen zu machen. Abbildung 2.55 fasst das Untersuchungs-schema, wie wir es bisher kennengelernt haben, in ähnlicher Form wie Abb. 2.38 in Kap. 2.7 zusammen. Eine Datenbank mit Trainingsdatensätzen wird aufgrund ihrer Annotation in Segmente mit den beiden konkurrierenden Eigenschaften zer-legt, so dass für beide Modellzweige (hier als '+'-Zweig und '−'-Zweig bezeichnet) die entsprechenden Parameter geschätzt werden können. Der entscheidende Punkt,

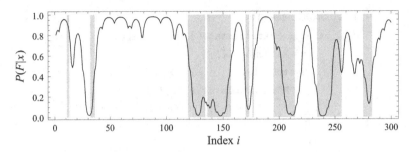

Abb. 2.54 Posterior-Decodierung für eine Abfolge von Würfelergebnissen, die mit dem im *Mathematica*-Exkurs diskutierten Sequenzmodell erzeugt wurde. Auch hier sind die Verwendungsbereiche des unfairen Würfels wieder grau hinterlegt

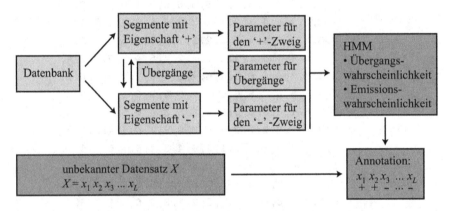

Abb. 2.55 Schematische Darstellung zur Annotation einer verborgenen Eigenschaft in einer Sequenz *x* mithilfe eines entsprechenden Hidden-Markov-Modells. Im oberen Teil ist, wie schon in Abb. 2.38 zu reinen Markov-Modellen, der Trainingsprozess dargestellt, der auf das in seinen Parameterwerten ausgestaltete Hidden-Markov-Modell führt. Anwenden dieses Hidden-Markov-Modells auf den Datensatz *X* führt schließlich über die in diesem Kapitel diskutierten Algorithmen zusammen mit einem Decodierungsverfahren auf die Annotation des Datensatzes in Bezug auf die verborgene Eigenschaft

der über Abb. 2.38 hinausgeht, liegt nun darin, dass Hidden-Markov-Modelle im Gegensatz zu gewöhnlichen Markov-Modellen auch Übergänge zwischen den beiden konkurrierenden Eigenschaften zulassen. Diese Übergänge führen auf weitere, aus den Übergängen der Trainingsdatensätze zu schätzende Parameter. Das Resultat dieses Trainingsprozesses ist das Hidden-Markov-Modell mit seinen Übergangswahrscheinlichkeiten und Emissionswahrscheinlichkeiten. Dieses Modell kann nun herangezogen werden, um einen unbekannten Datensatz mit einer (durch ein Decodierungsverfahren aus dem Modell ermittelten) Annotation zu versehen. Ein etwas anderes Vorgehen *bewertet* ein Hidden-Markov-Modell. Das ist in Abb. 2.56 dargestellt. Zu diesem Zweck werden aus der annotierten Datenbank vor dem Trainings-

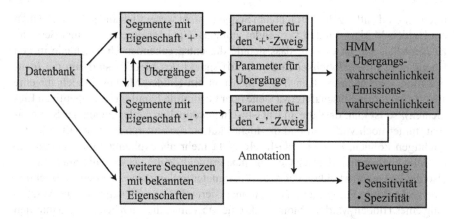

Abb. 2.56 Quantitative Bewertung der Analysierstärke eines Hidden-Markov-Modells. Der Trainingszweig dieses Schemas entspricht dem aus Abb. 2.55, einzig werden nun weitere Sequenzen mit bekannten Eigenschaften aus der Datenbank abgezweigt. Der Vergleich der Annotation mit den tatsächlich vorliegenden Eigenschaften erlaubt die Berechnung von Sensitivität und Spezifität des Hidden-Markov-Modells

prozess Daten abgezweigt, deren Eigenschaften ebenfalls bekannt sind. Die Parameterschätzung erfolgt nun so, wie wir es bereits anhand von Abb. 2.55 diskutiert haben. Das fertige Modell wird jedoch nun nicht zur Annotation einer in den konkurrierenden Eigenschaften unbekannten Sequenz verwendet, sondern zur Annotation der in diesen Eigenschaften bereits bekannten Sequenzen aus der Testdatenbank. Aus der Übereinstimmung dieser beiden Annotationen (der vorab in der Datenbank gegebenen und der durch das Hidden-Markov-Modell gewonnenen) lassen sich quantitative Bewertungen des Hidden-Markov-Modells ermitteln, z. B. die Sensitivität und die Spezifität des Modells. Dieser Weg stellt eine effiziente Strategie der Modellvalidierung dar.

Gerade die Anwendungsvielfalt dieser Modelle erfordert, noch einmal darauf hinzuweisen, dass (neben vielen speziellen Voraussetzungen in Einzelfällen) jedem Hidden-Markov-Modell drei grundlegende Annahmen strukturell eingeschrieben sind, nämlich die Annahme eines Markov-Prozesses, eine Stationaritätsannahme und die Annahme, dass die Emissionswahrscheinlichkeiten symbolweise operieren. Die in der *Markov-Annahme* liegende Beschränkung ist aufgrund unserer Diskussion von Markov-Prozessen offensichtlich: Der Pfad durch das Hidden-Markov-Modell konstruiert sich von einem Symbol zum nächsten. Eine Abhängigkeit eines Zustands von mehreren vorangegangenen Zuständen wird dabei ausgeschlossen. Wir werden in Kap. 4 noch sehen, dass es Verallgemeinerungen dieses einfachen Markov-Prozesses gibt, nämlich Markov-Prozesse p-ter Ordnung, die es erlauben, eine solche Markov-Annahme abzuschwächen. Allerdings wächst dann im allgemeinen Fall die Zahl der Modellparameter exponentiell mit der Markov-Ordnung p an. Eine hier übliche *Stationaritätsannahme* besagt, dass sich die Übergangswahrscheinlichkeiten auf dem internen Pfad entlang der betrachteten Sequenz nicht wesentlich ändern.[31] Wenn man ein Hidden-Markov-Modell verwendet, um z. B. CpG-Inseln entlang einer Sequenz zu identifizieren, ist es klar, dass gerade die entsprechenden Unterschiede in den Übergangswahrscheinlichkeiten der Angriffspunkt des Modells sind, um die Identifikation vorzunehmen. Konstruiert man nun ein Hidden-Markov-Modell für eine andere Sequenzeigenschaft (etwa Gene oder bestimmte Familien von repetitiven Elementen), so ist klar, dass die an CpG-Inseln gekoppelten Verletzungen der Stationarität immer noch vorliegen und die Identifikation der anderen Eigenschaften beeinträchtigen können, da nun CpG-Inseln nicht mehr als expliziter Freiheitsgrad des Modells vorkommen. Dieses Gedankenexperiment deutet an, dass die Stationarität, also die Unveränderlichkeit der Modellparameter entlang einer Sequenz, tatsächlich eine recht starke Forderung an die zu analysierende Sequenz darstellt. Die Vorstellung eines Hidden-Markov-Modells als eine Maschine, die nach bestimmten internen Regeln durchlaufen wird (vgl. Abb. 2.42) und die in bestimmten Zeitabständen entsprechend ihrem internen Zustand ein Symbol emittiert, das dann zur beobachteten Sequenz gehört, lässt alle diese Annahmen äußerst plausibel erscheinen, so auch die *Symbolgebundenheit* der Emissionswahrscheinlichkeit. Dahinter verbirgt sich, dass jede Form von Gedächtnis auf den internen Pfad beschränkt ist, die Symbole der beobachteten Sequenz jedoch voneinander unabhängig sind. Damit ist vor allem angenommen, dass jede Form von Korrelation in der beobachteten Sequenz letztlich durch die im Hidden-Markov-Modell niedergelegte Eigenschaft (also die verborgenen Zustände) erzeugt wird. Auch dies ist eine weitreichende und in Strenge falsche Annahme. Wir werden in Kap. 4 sehen, dass wir uns die Korrelationsstruktur einer DNA-Sequenz vor allem auf der Skala ganzer Genome als eine Überlagerung verschiedener biologischer Prozesse vorstellen müssen.

Eine der größten praktischen Schwierigkeiten bei der Formulierung eines HMM ist die Festlegung einer geeigneten Modellarchitektur. Im Fall des Kasinobeispiels oder der Analyse von CpG-Inseln ist die Konstruktion von Σ_{HMM} weitestgehend trivial und alle Übergänge sind bedeutsam. Im Fall eines HMM zur Genidentifikation ist – wie wir in Kap. 2.9.2 sehen werden – diese strukturelle Festlegung einer der entscheidenden Schritte. Doch in welchem Sinne legt die Modellarchitektur Eigenschaften der durch das Modell erzeugten Sequenzen fest? Im Kasinobeispiel mit $\Sigma_{HMM} = \{F, U\}$ hatten wir Übergangswahrscheinlichkeiten zwischen den beiden HMM-Zuständen formuliert. Die Architektur des Modells ist somit auf die in Abb. 2.57 dargestellte Form festgelegt. Wenn der Pfad im F-Teil des Modells ist, so hat man eine Wahrscheinlichkeit $P(L)$, dass er dort für genau L Symbole verweilen wird, mit

$$P(L) = (1 - P_F)P_F^{L-1} \ . \tag{2.112}$$

Gleichung (2.112) ergibt sich direkt aus der Überlegung, dass zum Zustandekommen dieses Ereignisses $(L - 1)$-mal die Verbleibewahrscheinlichkeit P_F im fairen

---

[31] Wir unterscheiden hier nicht zwischen den Begriffen *Stationarität* und *Homogenität*. Während Stationarität üblicherweise einen 'Drift' in den Eigenschaften ausschließt, ist Homogenität das Fehlen starker lokaler Schwankungen in diesen Eigenschaften.

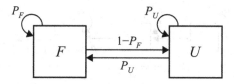

Abb. 2.57 Architektur des Hidden-Markov-Modells für das Kasinobeispiel auf einem zwei-elementigen Zustandsraum

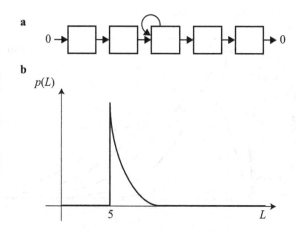

Abb. 2.58 a Schematische Darstellung einer speziellen HMM-Architektur, zusammen mit **b** der resultierenden Längenverteilung durch dieses Hidden-Markov-Modell produzierter Sequenzen. (In Anlehnung an: Durbin et al. 1998)

Würfel und einmal die Wechselwahrscheinlichkeit $(1 - P_F)$ erfüllt sein muss. Eine solche exponentiell[32] abfallende Längenverteilung (die man für diese diskreten Ereignisse, wie wir in Kap. 2.5 gesehen haben, auch als geometrische Verteilung bezeichnet) ist somit eine direkte Folge der Modellarchitektur. Ist diese Längenverteilung unerwünscht (z. B. weil man schon vorab weiß, dass sie mit experimentellen Befunden unverträglich ist), so muss man andere Modellarchitekturen heranziehen. Einige Extremfälle belegen die Wirkung der Architektur auf die Längenverteilung von bestimmten Zustandsabfolgen in einem HMM: So führt z. B. die Architektur aus Abb. 2.58a auf eine Minimallänge von fünf und einen exponentiellen Abfall der Häufigkeit längerer Sequenzen (vgl. Abb. 2.58b). Ein Weg, um sich von einer rein geometrischen Verteilung (also einem exponentiellen Abklingen) zu entfernen, ist durch die in Abb. 2.59 gezeigte Architektur gegeben. Die kürzeste Sequenz, die dieses Modell erzeugen kann, ist offensichtlich n. Jede Sequenz der Länge $L \geq n$ hat die Wahrscheinlichkeit $p^{L-n}(1 - p)^n$. Die Zahl der unterschiedlichen Realisierungen

---

[32] Man erkennt, dass Gl. (2.112) einen exponentiellen Zusammenhang darstellt, indem man beide Seiten logarithmiert. Man hat dann $\log P(L) = \log(1 - P_F) + (L - 1) \log P_F$, also einen linearen Zusammenhang von $\log P(L)$ und L.

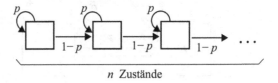

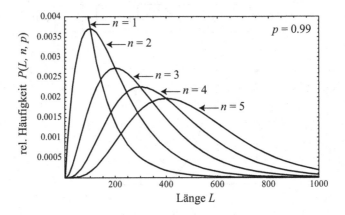

Abb. 2.59 Architektur eines Hidden-Markov-Modells, das eine flexible, durch die Verbleibewahrscheinlichkeit p und die Kettenlänge n regulierbare Längenverteilung der Sequenzen ergibt

Abb. 2.60 Beispiele von Längenverteilungen für das Hidden-Markov-Modell aus Abb. 2.59 für verschiedene Werte der Kettenlänge n bei einer festen Verbleibewahrscheinlichkeit $p =$ 0.99

einer solchen Sequenz der Länge L ist durch einen Binomialkoeffizienten gegeben. Man hat dann

$$P(L) = \binom{L-1}{n-1} p^{L-n} (1-p)^n . \tag{2.113}$$

Abbildung 2.60 zeigt, dass sich in Abhängigkeit von n nun sehr unterschiedliche Verteilungen ergeben. Man hat also eine Möglichkeit, unter Verwendung nur weniger Parameter empirische Längenverteilungen im Modell nachzubilden. Zustände, die im HMM nur eingeführt werden, um die Längenverteilung zu verändern, nicht aber als tatsächliche (biologisch interpretierbare) Erweiterungen des HMM-Zustandsraums, bezeichnet man als *silent states* des HMM.

2.9 Anwendung von Hidden-Markov-Modellen

2.9.1 CpG-Inseln

Nachdem wir im vorangegangenen Kapitel schon einige Aspekte der Identifikation von CpG-Inseln mit Markov-Modellen und Hidden-Markov-Modellen diskutiert haben, werden wir dieses Thema hier anhand von drei *Mathematica*-Exkursen vertiefen. Dabei ist zu betonen, dass CpG-Inseln letztlich keine ideale Anwendung von solchen Markov-Modellen darstellen. Im Gegensatz zu realen biologischen Einheiten wie z. B. Genen und bestimmten Klassen repetitiver Elemente sind CpG-Inseln nur durch statistische Eigenschaften der Sequenz definiert, so dass Markov-basierte Modelle letztlich nur eine andere Art darstellen, auf diese statistischen Eigenschaften zuzugreifen.[33] Eine weit akzeptierte Definition von CpG-Inseln wurde von Gardiner-Garden und Frommer (1987) vorgeschlagen. Diese Definition hat drei Parameter, nämlich die Länge des DNA-Segments, für das die statistischen Eigenschaften bestimmt werden, den GC-Gehalt und das Zahlenverhältnis κ_{CpG} beobachteter und erwarteter Dinukleotide CpG. Dabei ist der GC-Gehalt gegeben durch die Summe der relativen Häufigkeiten der Nukleotide C und G in diesem Sequenzsegment. Die Zahl erwarteter Dinukleotide CpG erhält man aus den Häufigkeiten von C und G und der Annahme eines zufälligen Sequenzmodells. In der Definition von Gardiner-Garden und Frommer ist eine CpG-Insel nun ein Sequenzsegment von mindestens 200 Basenpaaren (bp) Länge mit einem GC-Gehalt von mindestens 50 % und einem beobachteten zu erwarteten CpG-Verhältnis κ_{CpG} von über 0.6. Von Takai und Jones (2002) wurde eine modifizierte Definition vorgeschlagen, mit einer Segmentlänge von mehr als 500 bp, einem CG-Gehalt von über 55 % und einem Verhältnis $\kappa_{CpG} > 0.65$. Diese neue Definition vermeidet die Klassifikation von Alu-Repeats als CpG-Inseln und erhöht erheblich die Korrelation von CpG-Inseln mit dem 5'-Ende von Genen. Mithilfe einer von diesen beiden Autoren entworfenen Software, dem *CpG island searcher*, der die zur Klassifikation verwendeten Parameterwerte entlang einer Sequenz ermittelt, kann man nun sehr einfach eigene numerische Experimente zu CpG-Inseln durchführen. Abbildung 2.61 zeigt den Beginn einer entsprechenden Ausgabedatei dieses Softwarepakets. Ein solches Resultat werden wir im folgenden *Mathematica*-Exkurs nutzen, um die Identifikation von CpG-Inseln mithilfe von Markov-Modellen und Hidden-Markov-Modellen etwas genauer zu untersuchen.

---

[33] Zugleich ist die CpG-Inseldichte mit einer Reihe biologischer Sequenzeigenschaften (z. B. der Gendichte) korreliert. Der Versuch diese Korrelationen aufzudecken und evolutionär zu verstehen, bietet viele Anknüpfungspunkte zu allgemeinen Fragen der Genomevolution. Trotz ihrer sehr einfachen, rein statistischen Definition sind CpG-Inseln immer noch ein wichtiges Konzept bei der Analyse von Methylierungsmustern und bei der Interpretation von Histonmodifikationen. Die möglichen Verbindungen zwischen CpG-Inseln und den molekularen Mechanismen epigenetischer Signale werden z. B. in Blackledge und Klose (2011) diskutiert.

CpG island searcher command line version
Ver 1.3 released 05/21/03
by Takai D. & Jones PA.

Selected lower limits: %GC=55, ObsCpG/ExpCpG=0.65, Length=500
human_ch, CpG island 1, start=83409, end=85437, %GC=64.6, ObsCpG/ExpCpG=0.888, Length=2029
human_ch, CpG island 2, start=199701, end=200609, %GC=55, ObsCpG/ExpCpG=0.756, Length=909
human_ch, CpG island 3, start=224154, end=224658, %GC=55.2, ObsCpG/ExpCpG=0.65, Length=505
human_ch, CpG island 4, start=261555, end=262391, %GC=56.8, ObsCpG/ExpCpG=0.65, Length=837
human_ch, CpG island 5, start=262849, end=263596, %GC=60.1, ObsCpG/ExpCpG=0.65, Length=748
human_ch, CpG island 6, start=353407, end=353937, %GC=63.6, ObsCpG/ExpCpG=0.652, Length=531
human_ch, CpG island 7, start=511685, end=512510, %GC=59.2, ObsCpG/ExpCpG=0.663, Length=826
human_ch, CpG island 8, start=924779, end=925798, %GC=61, ObsCpG/ExpCpG=0.672, Length=1020
human_ch, CpG island 9, start=981212, end=981828, %GC=58.1, ObsCpG/ExpCpG=0.651, Length=617
human_ch, CpG island 10, start=996188, end=996688, %GC=68, ObsCpG/ExpCpG=0.656, Length=501
human_ch, CpG island 11, start=1012831, end=1013415, %GC=63.4, ObsCpG/ExpCpG=0.651, Length=585
human_ch, CpG island 12, start=1020111, end=1021323, %GC=64.7, ObsCpG/ExpCpG=0.81, Length=1213

Abb. 2.61 Ausschnitt aus der Ausgabedatei der Software *CpG island searcher*

Mathematica-Exkurs: CpG-Inseln

Für die folgende Untersuchung verwenden wir das menschliche Chromosom 19 als Datengrundlage. Der erste Schritt besteht in der Unterteilung des Chromosoms in zwei gleich große Hälften (Segment A und Segment B). Wir werden zuerst zwei unabhängige Markov-Modelle mit den im Segment A identifizierten CpG-Inseln trainieren (Teil 1), um danach die Analysierstärke dieser Markov-Modelle anhand von Segment B zu überprüfen (Teil 2). Im dritten Teil des *Mathematica*-Exkurses wird ein einfaches Hidden-Markov-Modell entworfen, das eine symbolgenaue Vorhersage von CpG-Inseln erlauben soll.

Teil 1

Um ein Markov-Modell festzulegen, benötigt man Trainingsdatensätze, deren Eigenschaft in Bezug auf das Modell bekannt ist. In dem hier diskutierten Beispiel handelt es sich dabei um CpG-Inseln im Segment A des menschlichen Chromosoms 19 und Abschnitte desselben Segments, die nicht als CpG-Inseln annotiert sind. Die Annotation von CpG Inseln erfolgt dabei mit dem Programm *CpG island searcher* und man erhält jeweils eine Datei von durch Absatzzeichen getrennten CpG-Inseln und entsprechend Sequenzabschnitten, die keine CpG-Inseln darstellen. Solche Dateien können aus den identifizierten Grenzen der CpG-Inseln (vgl. Abb. 2.61) und der vollständigen Sequenz leicht erzeugt werden. Die als CpG-Inseln annotierten Sequenzen werden von dem lokalen Datenträger eingelesen, wobei wir uns auf die auf die ersten 500 000 Symbole beschränken.

```
In[1]:= CpG = ReadList["HU19A_CpG_Islands.txt", Character,
           500000, RecordLists → True]//Flatten;
```

Das Schätzen der Übergangswahrscheinlichkeiten wird durch eine Funktion realisiert, die als Argument die Sequenz hat und als Rückgabewert die 16 möglichen
Übergangswahrscheinlichkeiten in Form einer Liste.

```
In[2] := base = {"A", "G", "C", "T"};
```

```
In[3] := baseX = Flatten[Outer[List, base, base], 1]
Out[3] = {{A, A}, {A, G}, {A, C}, {A, T}, {G, A},
          {G, G}, {G, C}, {G, T}, {C, A}, {C, G},
          {C, C}, {C, T}, {T, A}, {T, G}, {T, C}, {T, T}}
```

```
In[4] := estimateTrans[seq_] := Module[{par, length},
            par  = Partition[seq, 2, 1];
            length  = Length[par];
            N[Map[Count[par, #]&, baseX]/length]]
```

```
In[5] := matrixCpG = estimateTrans[CpG]
Out[5] = {0.0373181, 0.0668561, 0.0472181, 0.0256501,
          0.0586921, 0.119462, 0.0997142, 0.0485601,
          0.0632461, 0.0747181, 0.114772, 0.0656201,
          0.017786, 0.0653921, 0.0566541, 0.0383401}
```

Diese werden im nächsten Schritt normiert und formatiert ausgegeben.

```
In[6] := normalize[list_] := N[list/Plus@@list]
```

```
In[7] := matrixCpG =
            Flatten[ Map[normalize, Partition[matrixCpG, 4]]]
Out[7] = {0.210786, 0.377628, 0.266705, 0.144881, 0.179801,
          0.365967, 0.30547, 0.148762, 0.198664, 0.2347, 0.360515,
          0.206121, 0.0998249, 0.367016, 0.317974, 0.215185}
```

```
In[8] := formateM[mat_] :=
            Transpose[
                Prepend[Transpose[Prepend[Partition[mat, 4], base]],
                Flatten[{" ", base}]]]//TableForm
```

```
In[9] := formateM[matrixCpG]
              A         G         C         T
          A 0.210786  0.377628 0.266705 0.144881
Out[9] =  G 0.179801  0.365967 0.30547  0.148762
          C 0.198664  0.2347   0.360515 0.206121
          T 0.0998249 0.367016 0.317974 0.215185
```

Damit liegt ein erstes Ergebnis vor, nämlich die Parameter des '+'-Zweigs dieser
beiden Markov-Modelle. Um nun auch die Parameter des '−'-Zweigs zu schätzen,
lesen wir die in einer anderen Datei abgelegten Sequenzsegmente ohne annotierte
CpG-Inseln ein. Dabei beschränken wir uns erneut auf die ersten 500 000 Symbole.

```
In[10]:= NoCpG =
         ReadList["HU19A_NoCpG_Islands.txt", Character,
           500000, RecordLists → True]//Flatten;
```

Diese Daten durchlaufen nun dieselbe Prozedur wie für den anderen Zweig. Das Resultat ist die normierte und formatierte Matrix der Übergangswahrscheinlichkeiten für den '−'-Zweig.

```
In[11]:= matrixNoCpG = estimateTrans[NoCpG]
Out[11]= {0.0798282, 0.0752242, 0.0565861, 0.0562341,
          0.0641621, 0.0808962, 0.0576281, 0.0474701,
          0.0802002, 0.021524, 0.0768842, 0.0696921,
          0.0436841, 0.0725101, 0.0572021, 0.0602741}
```

```
In[12]:= matrixNoCpG =
         Flatten[Map[normalize, Partition[matrixNoCpG, 4]]]
Out[12]= {0.298008, 0.280821, 0.211243, 0.209929,
          0.256488, 0.323382, 0.230368, 0.189762,
          0.322996, 0.0866855, 0.309642, 0.280677,
          0.186947, 0.310309, 0.244798, 0.257945}
```

```
In[13]:= formateM[matrixNoCpG]
           A         G          C         T
         A 0.298008 0.280821   0.211243 0.209929
Out[13]= G 0.256488 0.323382   0.230368 0.189762
         C 0.322996 0.0866855  0.309642 0.280677
         T 0.186947 0.310309   0.244798 0.257945
```

Die Trennkraft zwischen den beiden Zweigen, die durch jedes Symbolpaar gegeben ist, erfasst man − wie wir bereits gesehen haben − durch die β-Werte, die sich einfach als Logarithmus der Quotienten jedes Matrixeintrags ergeben:

```
In[14]:= betaValues = Log[2, matrixCpG/matrixNoCpG];
```

```
In[15]:= formateM[betaValues]
           A         G         C         T
         A -0.499571 0.427316  0.336344 -0.535032
Out[15]= G -0.512492 0.178475  0.407089 -0.351184
         C -0.701185 1.43695   0.219459 -0.445414
         T -0.905161 0.242136  0.377314 -0.261484
```

Damit haben wir den Trainingsprozess dieser beiden Markov-Modelle explizit durchgeführt und können die fertigen Wahrscheinlichkeitsmodelle im nächsten Teil zur Bewertung von Sequenzen nutzen.

Teil 2

Um einschätzen zu können, ob diese beiden Modellzweige tatsächlich systematisch und verlässlich CpG-Inseln von anderen Segmenten unterscheiden können (Modellvalidierung), verwenden wir nun annotierte Daten des Segments B aus dem Chromosom 19. Auf diese Weise können wir die (modellabhängigen) Scores solcher Sequenzsegmente berechnen und überprüfen, ob die Werte mit der Annotation korrelieren. Dazu benötigen wir als Erstes eine Funktion, die den Score auf der Grundlage der in Teil 1 durch Training gewonnenen β-Matrix aus einer gegebenen Sequenz berechnet. Diese Funktion teilt die Sequenz in überlappende Paare, entnimmt der Matrix den jeweils zugehörigen β-Wert, addiert diese Werte über die gesamte Sequenz und dividiert durch die Sequenzlänge.

```
In[16] := extractScore[segX_] := Module[{tmp1, tmp2},
              tmp1 = Partition[segX, 2, 1];
              tmp2 = Map[Position[baseX, #][[1, 1]]&, tmp1];
              Plus@@Map[Part[betaValues, #]&, tmp2]/Length[tmp2]]
```

Nun können wir die CpG-Inseln des Segments B aus einer Ausgabedatei des Programms *CpG island searcher* einlesen und eine entsprechende Liste von Scores berechnen:

```
In[17] := CpG = ReadList["HU19B_CpG_Islands.txt", Character,
              1500000, RecordLists → True];

In[18] := scorePlus19 = Map[extractScore[#]&, CpG];
```

Aus diesen Scores lässt sich ein Histogramm erstellen, das (mit einem Binning – also einer Säulenbreite – von 0.05) angibt, wie häufig ein bestimmtes Score-Intervall auftritt:

```
In[19] := h19Plus =
              Histogram[scorePlus19,
                  {Min[scorePlus19], Max[scorePlus19], 0.05},
                  ChartStyle → Red];
```

Dabei haben wir die Grafikausgabe zunächst unterdrückt und das Histogramm nur in einer Variablen (**h19Plus**) abgelegt. Für die Sequenzen ohne CpG-Inseln verfahren wir genauso und erhalten ein zweites Histogramm (**h19Minus**). Um sicherzustellen, dass die Verteilung der Scores nicht durch die unterschiedlichen Längenverteilungen der hier betrachteten zwei Modellzweige beeinflusst wird, werden Segmente aus den nicht als CpG-Inseln annotierten Daten ausgewählt, die in ihrer Längenverteilung den CpG-Inseln gleichen.

```
In[20] := dist = Map[Length[#]&, CpG];

In[21] := pos = Partition[FoldList[Plus, 0, dist], 2, 1] /.
              {n1_, n2_} → {n1 + 1, n2};
```

```
In[22] := NoCpG =
            ReadList["HU19B_NoCpG_Islands.txt", Character,
               1500000, RecordLists → True]//Flatten;

In[23] := scoreMinus19 = Map[extractScore[Take[NoCpG, #]]&, pos];

In[24] := h19Minus = Histogram[scoreMinus19,
               {Min[scoreMinus19], Max[scoreMinus19], 0.05},
               ChartStyle → Blue];

In[25] := Show[h19Plus, h19Minus, Frame → True, Axes → False,
               PlotRange → {{-0.4, 0.3}, All}]
```

Mit dem Befehl **Show** kann man diese beiden Histogramme gemeinsam darstellen. Das Resultat hatten wir bereits in Abb. 2.39 in Kap. 2.7.2 kennengelernt.

Teil 3

Der dritte Teil dieses *Mathematica*-Exkurses vollführt den Schritt von Markov- zu Hidden-Markov-Modellen. Dabei werden wir eine extrem einfache Form von HMM diskutieren, nämlich für einen zweielementigen HMM-Zustandsraum. Dadurch wird die Parameterschätzung fast trivial. Letztlich ist dazu nur nachzuzählen, wie viele Symbole des Chromosoms innerhalb und außerhalb der CpG-Inseln liegen und wie häufig die Übergänge in CpG-Inseln hinein und aus CpG-Inseln heraus sind. Während erstere Werte der Zahl der Symbole in den beiden annotierten Dateien entsprechen, erhält man letztere Parameter einfach aus der Zahl der CpG-Inseln selbst. Die Parameterbestimmung wird nun erneut am Segment A des menschlichen Chromosoms 19 durchgeführt. Man hat als Zahl von Symbolen in CpG-Inseln:

```
In[26] := CpG19 = ReadList["HU19A_CpG_Islands.txt", Character,
               RecordLists → True];

In[27] := sizeCpG =
            Total[Map[Count[Flatten[CpG19], #]&,
               {"A", "G", "C", "T"}]]
Out[27] = 1626935
```

Als Nächstes bestimmen wir nun die Zahl der CpG-Inseln im Segment A. Dazu verwenden wir Informationen aus der Ausgabedatei von *CpG island searcher*. Diese Datei wird eingelesen und der Dateibeginn wird ausgegeben.

```
In[28] := CpG19Log = ReadList["HU19A_CpG_logfile.txt", Word];

In[29] := Take[CpG19Log, 50]
```

```
Out[29]= {CpG,island,searcher,command,line,version,
          Ver,1.3,released,05/21/03,by,Takai,D.,&,
          Jones,PA.,Selected,lower,limits :,%GC = 55,,
          ObsCpG/ExpCpG = 0.65,,Length = 500,HU19A.cs,,CpG,
          island,1,,start = 10146,,end = 11639,,%GC = 64.5,,
          ObsCpG/ExpCpG = 0.825,,Length = 1494,HU19A.cs,,CpG,
          island,2,,start = 33052,,end = 33603,,%GC = 55,,
          ObsCpG/ExpCpG = 0.873,,Length = 552,HU19A.cs,,CpG,
          island,3,,start = 185969,,end = 187182,,%GC = 64.4,,
          ObsCpG/ExpCpG = 0.776,,Length = 1214,HU19A.cs,}
```

Eine der vielen Möglichkeiten, diesen Parameter zu extrahieren, besteht in der Identifikation des Strings "start=". Es ist klar, dass sich auf dieselbe Weise z. B. eine Liste aller Nukleotidpositionen erstellen ließe, die den Anfang einer CpG-Insel markieren.

```
In[30]:= startList =
         Flatten[Position[CpG19Log,
             n1_String/; StringMatchQ[n1, "start=*"]]];
In[31]:= numCpG = Length[startList]
Out[31]= 1616
```

Dasselbe Ergebnis liefert eine einfache Dimensionsabfrage:

```
In[32]:= Dimensions[CpG19]
Out[32]= {1616}
```

Die anderen Parameter erhält man durch folgende Überlegung. Betrachten wir N CpG-Inseln mit Längen $L_1, L_2, \ldots, L_N$ und Übergänge innerhalb der CpG-Inseln (Wahrscheinlichkeit p_{++}) und aus CpG-Inseln heraus (Wahrscheinlichkeit p_{+-}). Dann hat man

$$p_{++} = \frac{\sum L_i - N}{\sum L_i}, \quad p_{+-} = \frac{N}{\sum L_i}. \tag{2.114}$$

Die Umsetzung in *Mathematica* ist gegeben durch:

```
In[33]:= pPlusPlus = N[(sizeCpG - numCpG)/sizeCpG]
Out[33]= 0.999007
In[34]:= pPlusMinus = N[numCpG/sizeCpG]
Out[34]= 0.000993279
```

Über die Übergangswahrscheinlichkeiten hinaus benötigen wir noch die relativen Häufigkeiten der Einzelsymbole als Emissionswahrscheinlichkeiten des HMM:

```
In[35]:= matrixX0 =
         Map[Count[Flatten[CpG19], #]&, {"A", "G", "C", "T"}]/
         sizeCpG//N
```

```
Out[35] = {0.182356, 0.318196, 0.316007, 0.183441}
```

Die Trainingsdaten ohne CpG-Inseln durchlaufen denselben Prozess. Das Ergebnis ist eine Liste **matrixY0**, die mit einer Initialisierung und der Liste **matrixX0** zur Matrix der Emissionswahrscheinlichkeiten zusammengefügt werden kann (Funktion **emission**). Die Parameter **pMinusMinus** etc. werden in eine Funktion **transition** eingetragen. Für diese Schritte verweisen wir auf die elektronische Version des *Mathematica*-Exkurses.

Wie zuvor können wir zuerst eine synthetische Testsequenz konstruieren, indem die 200ste CpG-Insel des Segments A aus Chromosom 19 in ein Sequenzstück ohne CpG-Inseln eingesetzt wird.

```
In[36] := CpG19 = ReadList["HU19B_CpG_Islands.txt", Character,
              RecordLists → True];

In[37] := segPlus = CpG19[[200]];

In[38] := Length[segPlus]
Out[38] = 2316
```

Die Initialisierung und Rekursion erfolgen nun wie im Kasinobeispiel. Daher sind die entsprechenden Befehle hier nicht mehr aufgeführt. Interessant ist nun wieder die Terminierung und die mit Traceback durchgeführte Abfrage des wahrscheinlichsten Pfads:

```
In[39] := tmpList = Table[vit[state[[k]], L, seq],
              {k, 1, Length[state]}]
```
$$Out[39] = \{0, 1.15621 \times 10^{-7364}, 1.0585 \times 10^{-7368}\}$$

```
In[40] := pointerFinal = Flatten[Position[tmpList, Max[tmpList]
              ]][[1]]
Out[40] = 2

In[41] := pathX[L] = pointerFinal;

In[42] := Do[pathX[i - 1] = pointer[pathX[i], i - 1], {i, L, 1, -1}]

In[43] := path = Table[pathX[i], {i, 1, L}];
```

Man erkennt, dass *Mathematica* selbst in dieser nicht-logarithmischen Variante des Viterbi-Algorithmus die (extrem kleinen) Zahlenwerte zu verwalten vermag. In den meisten anderen Programmierumgebungen ist allerdings die Verwendung der logarithmischen Variablen erforderlich. Die grafische Darstellung erfolgt nun, indem den einzelnen Nukleotiden verschiedene Graustufen zugewiesen werden. Die Nukleotide C und G sind dabei dunkel dargestellt, so dass sich eine Korrelation der CpG-Inseln mit dem CG-Gehalt optisch qualitativ überprüfen lässt. Wie schon zuvor werden neben der in Graustufen codierten Sequenz noch die tatsächliche Annotation (CpG-Inseln als dunkelgraue Segmente) und die zugehörige Viterbi-Decodierung abgebildet. Die entsprechenden Befehlszeilen für die grafische Ausgabe sind in der elektronischen Fassung des *Mathematica*-Exkurses angegeben. Abbildung 2.62a stellt das

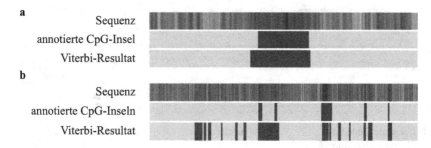

Abb. 2.62 Viterbi-Resultat zur CpG-Insel-Identifikation. **a** Im oberen Teil ist der GC-Gehalt der Sequenz in Graustufen codiert abgebildet (niedrig = hell, hoch = dunkel). Der mittlere Streifen gibt die Lage der tatsächlichen CpG-Insel (*dunkelgrau*) an, während im unteren Streifen die entsprechende Viterbi-Decodierung gezeigt ist. **b** Entsprechendes Resultat für eine reale Sequenz

Resultat der Grafikausgabe zusammen. Zwar wird das eingeschobene Segment in seiner Ausdehnung etwas überschätzt, aber dennoch ist das Viterbi-Resultat in guter qualitativer Übereinstimmung mit der tatsächlichen Annotation. Wenden wir nun dieses Hidden-Markov-Modell auf eine reale Sequenz an. Abbildung 2.62b zeigt das Resultat des Viterbi-Algorithmus für ein 100 000 bp langes Sequenzsegment aus Chromosom 19, zusammen mit den tatsächlich durch die Software von Takai und Jones identifizierten CpG-Inseln in diesem Segment. Wie zu erwarten (aufgrund der sehr einfachen Modellstruktur) weist das Viterbi-Resultat eine große Zahl von *false positives* auf. Die in diesem Segment tatsächlich vorhandenen CpG-Inseln werden jedoch gefunden.

2.9.2 Genidentifikation

Die Vorhersage von Genen mithilfe von Wahrscheinlichkeitsmodellen ist immer noch Gegenstand aktueller bioinformatischer Forschung. Die reinen Wahrscheinlichkeitsmodelle stehen dabei in Konkurrenz zu alignmentbasierten Genmodellen, die ihre Vorhersage auf die Homologie zu bereits identifizierten Genen anderer Organismen stützen. Seit einiger Zeit werden darüber hinaus auch Hybridmodelle diskutiert, die neben einem Wahrscheinlichkeitsmodell als Kern auch noch einen expliziten Sequenzvergleich mit verwandten Organismen nutzen.

In den aktuellen Versionen des menschlichen Genoms finden sich etwa 22 000 annotierte, für Proteine codierende Gene. Damit befindet sich der Mensch in dieser elementarsten Kenngröße eines Genoms etwa zwischen dem Huhn (*Gallus gallus*; etwa 16 000 Gene) und dem Wasserfloh (*Daphnia pulex*; etwa 31 000 Gene). Nicht nur ist es faszinierend, dass entgegen langjähriger Erwartung die Zahl der Gene nicht

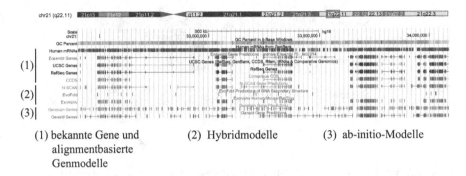

(1) bekannte Gene und   (2) Hybridmodelle   (3) ab-initio-Modelle
    alignmentbasierte
    Genmodelle

Abb. 2.63   Annotierte und vorhergesagte Gene für ein Segment des menschlichen Chromosoms 21. Die Abbildung wurde mit dem UCSC *Genome Browser* erstellt (http://genome.ucsc.edu/)

trivial mit der organismischen Komplexität korreliert. Es ist auch instruktiv, Schätzungen dieser Kenngröße über die Jahre zu verfolgen – von etwa 100 000 um 1990 über 30 000 am Ende des menschlichen Genomprojekts bis heute. Neue Technologien, daraus folgende neue quantitative Information und neue bioinformatische Methoden der Genvorhersage – von Hidden-Markov-Modellen (vgl. Kap. 2.8) über Expertensysteme, die auch Homologieinformation[34] einbeziehen, bis hin zu statistischen Verfahren, um Sequenzinformation und evolutionäre Veränderung aus populationsgenetischen Daten auszuwerten – führten über die Jahre zu einer immer präziseren Eingrenzung dieser Größe. Der Übersichtsartikel von Pertea und Salzberg (2010) zeichnet diese Entwicklung in ihren Details nach.

In den letzten zwei Jahrzehnten hat sich ein Grundbaustein biologischen Wissens, die Definition des Gens, in dramatischer Weise gewandelt. Zuvor war ein Gen in erster Linie ein DNA-Segment, das für ein Protein codiert. Die Entdeckung, dass eine Vielzahl von DNA-Segmenten andere regulatorische Bausteine hervorbringt, hat zu einer Erweiterung des klassischen Genbegriffs geführt. Ein Großteil dieser regulatorischen Bausteine ist RNA-basiert.

Abbildung 2.63 zeigt einen kleinen Ausschnitt aus dem menschlichen Chromosom 21, zusammen mit den Genvorhersagen verschiedener Modelle und den tatsächlich annotierten Genen in diesem Segment. Die häufigsten *ab-initio-Modelle*, also Wahrscheinlichkeitsmodelle ohne Rückgriff auf einen empirischen Vergleich mit anderen Organismen, sind dabei von ihrer Struktur her Hidden-Markov-Modelle. Um die Arbeitsweise solcher Modelle zu verstehen, ist die erste Frage, welches die internen Zustände sind, auf denen das Hidden-Markov-Modell operiert. Abbildung 2.64 zeigt eine vereinfachte Darstellung einer eukaryotischen DNA-Sequenz. Von einer Pro-

---

[34] Homologie bedeutet hier die Sequenzähnlichkeit zweier DNA-Segmente. In Kap. 3.2.1 werden wir diesen Begriff im Rahmen der Bewertung von Sequenzalignments und später (Kap. 3.3.1) bei der Konstruktion phylogenetischer Bäume ausführlich diskutieren.

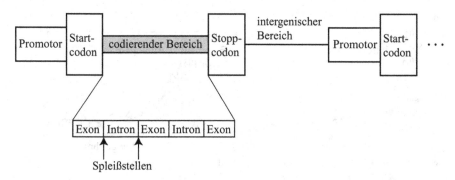

Abb. 2.64 Vereinfachte Darstellung einer eukaryotischen DNA-Sequenz. Hervorgehoben sind die zentralen Angriffspunkte für Modelle der Genidentifikation: Start- und Stoppcodons, Exons und Introns und Promotorregionen

motorregion und einem Startcodon eingeleitet gelangt man in den tatsächlich codierenden Bereich, der aus einer Abfolge von Exons und Introns besteht. Ein Stoppcodon beendet schließlich diese Region. Den Bereich zwischen Start- und Stoppcodon bezeichnet man als *Open Reading Frame* (ORF).[35] Es folgt ein intergener Bereich, der z. B. Repeats, Mikrosatelliten und ähnliche Bestandteile enthalten kann, bevor mit derselben Abfolge von Zuständen das nächste Gen erreicht wird. Solche Regionen können nun als interne Zustände eines Hidden-Markov-Modells der Genidentifikation verwendet werden. Die Angriffspunkte eines Wahrscheinlichkeitsmodells zum Auffinden dieser Zustände in einer realen Sequenz sind die unterschiedliche Nukleotidzusammensetzung und die (vor allem für Exons und Introns) sehr verschiedene Längenverteilung (also die unterschiedliche Verweildauer in einem internen Zustand des HMM). Dabei wird die Nukleotidzusammensetzung im Wesentlichen durch die Anpassung eines einfachen Markov-Modells an Sequenzsegmente aus dem entsprechenden Zustand berücksichtigt und die Längenverteilung durch die Architektur des zugehörigen Modellzweigs beeinflusst, so wie wir es in Kap. 2.8.4 diskutiert haben. Abbildung 2.65 zeigt einige empirische Längenverteilungen für verschiedene Zustände, die als interne Zustände eines entsprechenden HMM dienen können. Eine sehr elementare Umsetzung dieses allgemeinen Konzepts geht auf Kazama und Toyoizumi (2003) zurück, die ein HMM auf Codonebene entworfen und mithilfe des Viterbi-Algorithmus ausgewertet haben. Als interne (HMM-)Zustände liegen im Modell 'codierend', 'nicht codierend', 'Startcodon' und 'Stoppcodon' vor. Der Zustandsraum der beobachteten Sequenz ist durch die 64 möglichen Codons gegeben. Ausgenutzt wird dabei, dass die verschiedenen internen Zustände deutlich unterschiedliche Emissionswahrscheinlichkeiten für die möglichen Codons besitzen. Abbildung 2.66 zeigt die Modellstruktur. Ein typisches Ergebnis dieses Modells fasst Abb. 2.67 zusammen. Man erkennt, dass die Zahl der nicht identifizierten Gene (*missing genes*) verglichen mit der Zahl der identifizierten *Open Reading Fra-*

---

[35] Die hier diskutierten Modelle unterscheiden also nicht explizit zwischen der Ebene der DNA und der Ebene der mRNA.

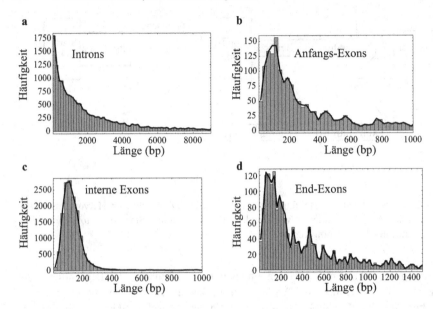

Abb. 2.65 Empirische Längenverteilungen von Introns und Exons für annotierte Gene der menschlichen Chromosomen 20, 21 und 22. Für alle Verteilungen wurde der Mittelwert über ein laufendes Fenster (engl. *moving average*) als Kurve dargestellt. (In Anlehnung an: Burge und Karlin 1997)

mes (ORFs) sehr gering ist. Folglich ist die Sensitivität des Modells beachtlich hoch. Diese hohe Sensitivität ergibt sich letztlich auf Kosten der Spezifität, die mit knapp 70 % recht niedrig ausfällt. Das Modell weist also eine große Zahl von *false positives* und von nur überlappend identifizierten Genen auf.

An dieser Stelle wollen wir die beiden Begriffe *Sensitivität* und *Spezifität*, die wir bereits in verschiedenen Zusammenhängen angesprochen haben, noch einmal formal definieren. Wir betrachten ein Modell (z. B. der Genvorhersage), das in Sequenzen nach bestimmten Ereignissen (in diesem Fall: Genen) sucht. Die Modellvorhersagen sollen nun durch Vergleich mit den entsprechend annotierten Ereignissen in den Daten bewertet werden. Das Modell führt auf eine Menge {*VP*} von vorhergesagten positiven Ereignissen (also etwa die vorhergesagten Gene). In den Daten finden wir die Menge {*RP*} der tatsächlichen (realen) Ereignisse (die annotierten Gene). Die zutreffend vorhergesagten Ereignisse (*true positives*) {*TP*} sind die Schnittmenge dieser beiden Mengen, {*TP*} = {*VP*} ∩ {*RP*}. Entsprechend ist die Restmenge {*FP*} = {*VP*}\{*RP*} die Menge der falsch vorhergesagten Ereignisse (*false positives*). Die Sensitivität ist die Zahl der zutreffend vorhergesagten Ereignisse dividiert durch die Zahl tatsächlicher Ereignisse ('*true positives* durch *reals*'):

$$Sn = \frac{|\{TP\}|}{|\{RP\}|} \ . \tag{2.115}$$

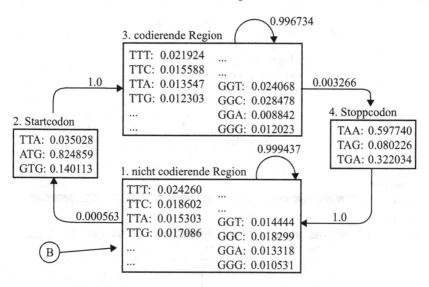

Abb. 2.66 Schematischer Aufbau eines auf Codons basierenden Hidden-Markov-Modells der Genidentifikation. (Aus: Kazama und Toyoizumi 2003)

Die Spezifität ist die Zahl der zutreffend vorhergesagten Ereignisse dividiert durch die Gesamtzahl vorhergesagter Ereignisse ('*true positives* durch *true positives* + *false positives*'):

$$Sp = \frac{|\{TP\}|}{|\{VP\}|} = \frac{|\{TP\}|}{|\{TP\}| + |\{FP\}|} . \tag{2.116}$$

Von diesem sehr einfachen Modell, das vor allem der Illustration der prinzipiellen Herangehensweise dient, kommen wir nun zu einem der wichtigsten *ab-initio*-Modelle der Genidentifikation, nämlich *Genscan*, das 1997 von Burge und Karlin eingeführt wurde. Abbildung 2.68 zeigt die Modellarchitektur. Für beide Richtungen entlang eines DNA-Doppelstrangs besitzt dieses Modell einen separaten Zweig durch Übergangswahrscheinlichkeiten gekoppelter interner Zustände. Die in einem Exonzustand erforderliche strikte Einhaltung der Codonstruktur wird hier berücksichtigt, indem für jeden Leserahmen unterschiedliche Exonzustände aufgerufen werden. Abbildung 2.69 gibt einen exemplarischen Vergleich vorhergesagter und annotierter Gene aus einer Originalarbeit von Burge und Karlin an. Man erkennt, dass diese Methode auf der lokalen Ebene, also in der unmittelbaren Umgebung realer Gene und in der Genstruktur selbst, sehr präzise arbeitet. Wie wir in Abb. 2.63 gesehen haben, neigt die Methode jedoch in den intergenen Regionen zu einer großen Zahl von *false positives* und ist daher nicht unmittelbar für Anwendungen auf einer chromosomalen Längenskala geeignet.

Ein Beispiel für ein Hybridmodell stellt das Programm *Twinscan* dar, das von Michael Brent und Mitarbeitern im Jahre 2001 entwickelt worden ist (Korf et al. 2001).

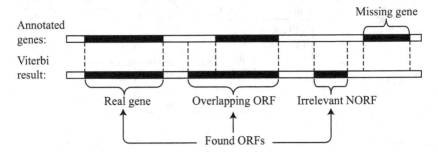

	Exp. 1
Found ORFs	5760
Found real genes	2907
Overlapping ORFs	1119
Irrelevant NORFs	1734
Missing genes	262
Sn (Sensitivity)	93.88%
Sp (Specificity)	69.89%

Abb. 2.67 Typische Ergebnisse für das in Abb. 2.66 dargestellte Hidden-Markov-Modell. Der untere Teil illustriert die in der Tabelle (oberer Teil) verwendeten Unterscheidungen der identifizierten Open Reading Frames (ORFs). Die in der verwendeten DNA-Sequenz vorliegende Zahl echter Gene (4288) ergibt sich in der Tabelle aus der Zahl der korrekt identifizierten Gene (*found real genes*), der überlappenden ORFs und der nicht gefundenen Gene (*missing genes*). (Aus: Kazama und Toyoizumi 2003)

Twinscan ist eine unmittelbare Erweiterung des *Genscan*-Modells durch das Einbeziehen von Homologieinformationen aus nah verwandten Spezies. Wie bei *Genscan* liegt auch hier der Schwerpunkt auf einer Genstrukturvorhersage, also einer korrekten Beschreibung des Genaufbaus (z. B. dem Auffinden von Exons und Introns), und weniger in der Genidentifikation auf der Skala vollständiger Chromosomen. Wie bindet *Twinscan* nun solche Homologieinformationen in das Wahrscheinlichkeitsmodell ein? Die Idee ist, neben der beobachteten Sequenz selbst noch das Muster evolutionärer Konservierung zur Unterscheidung der verschiedenen internen (HMM-)Zustände heranzuziehen. Abbildung 2.70 zeigt, wie diese zusätzliche Sequenzinformation beschaffen ist. Die typische Struktur einer solchen Konservierungssequenz unterscheidet sich erheblich z. B. zwischen Exons und Introns. Auf diese Weise gelangt *Twinscan* zu höheren Werten der Sensitivität und Spezifität für vorgegebene (aus reinen Gensequenzen bestehende) Modelldaten und ist zudem in der Lage, die Zahl der *false positives* in intergenen Regionen deutlich zu reduzieren (vgl. Abb. 2.63). Es ist klar, dass diese Beispiele nur einen sehr kleinen Ausschnitt der vielfältigen Ansätze zur Genidentifikation und Genstrukturvorhersage abbilden können. Gerade die Genvorhersage auf der Skala ganzer Genome und die Versuche einer automatisierten Annotation von Genomdaten bedienen sich aufwendiger Ex-

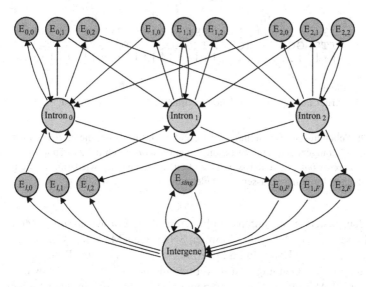

Abb. 2.68 Modellarchitektur von *Genscan*. Man erkennt, dass die Position des Leserahmens durch die Verwendung von (jeweils) drei Exonzuständen protokolliert wird. Auf diese Weise lassen sich durch Introns unterbrochene Codons in dem Programm verwalten. (In Anlehnung an: Burge und Karlin 1997)

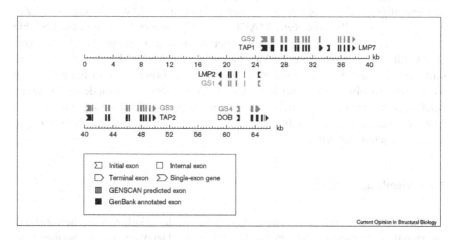

Abb. 2.69 Beispiel der *Genscan*-Rekonstruktion einer Genstruktur im Vergleich zur Annotation des entsprechenden Gens. (Aus: Burge und Karlin 1998)

pertensysteme, in denen Markov-basierte Wahrscheinlichkeitsmodelle oft nur eine Unterkomponente darstellen (z. B. *Ensembl*).

Eine typische Pipeline heutiger Genomannotation (für eukaryotische Spezies) enthält neben dem Assembly Metawerkzeuge, die Informationen aus *ab-initio*-Tools

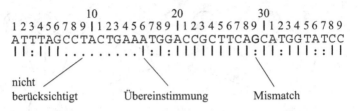

Abb. 2.70 Schematische Darstellung der Homologieinformation, die in *Twinscan* zur Genidentifikation herangezogen wird. Diese Information wird durch die Zustände 'nicht berücksichtigt', *Übereinstimmung* und *Mismatch* codiert, auf denen sich wiederum Übergangswahrscheinlichkeiten formulieren lassen. (In Anlehnung an: Korf et al. 2001)

und evidenzbasierten Verfahren kombinieren. Zum Einsatz kommen Modelle der Genvorhersage (z. B. Metagene, Glimmer, SNAP, GeneMark oder GenomeScan) und Alignment-Tools, die Daten zu ESTs (*expressed sequence tags*), Proteinen und Genexpression mit dem Genomgerüst in Verbindung bringen (dies kann sowohl mit Varianten von BLAST als auch mit Werkzeugen geschehen, die Splicing-Varianten einbeziehen, wie sim4 oder Splign). GenomeScan ist eine Erweiterung des klassischen Genscan-Algorithmus, bei dem BLASTX-Suchen in die Genvorhersage einbezogen werden können. GeneMark ist ein selbst-trainierendes Hidden-Markov-Modell zur Genvorhersage. Andere Werkzeuge kombinieren Informationen aus Genvorhersagen und alignmentbasierten Annotationen (wie etwa JIGSAW oder GLEAN). Zudem gibt es ganze Pipelines (wie MAKER) zur Genomannotation und komfortable Browser-Werkzeuge (wie Apollo) zur weiteren Annotationspflege ganzer Genome. Einen aktuellen Überblick geben Yandell und Ence (2012). Ebenso existieren Ansätze, solche Zustandszuweisungen und Genstrukturvorhersagen im Frequenzraum durchzuführen, also mit Wavelet-basierten Verfahren oder mit Methoden der Fourier-Analyse Sequenzen zu untersuchen. Dennoch gibt unsere Schilderung von Markov-basierten Ansätzen einen Eindruck von der Vorgehensweise und den Zielsetzungen solcher Forschungsarbeiten.

2.9.3 Membranproteine

Für das letzte Beispiel einer Anwendung von Hidden-Markov-Modellen zur Sequenzanalyse betrachten wir nun Proteinsequenzen. Der Weg von der Sequenz zur Struktur ist hier eine der zentralen Herausforderungen der Bioinformatik. Wenngleich diese Übersetzung im Allgemeinen nicht ohne weitere Informationen durchführbar ist, gibt es doch eine wichtige Klasse von Proteinen, für die sich nur durch Analyse der Sequenz einige funktionell bedeutsame Strukturinformationen schätzen lassen. Diese Gruppe von Proteinen wollen wir kurz diskutieren, um dann zu beschreiben, wie sich die Fragestellung in Form eines Hidden-Markov-Modells bearbeiten lässt. Die Klasse von Proteinen, die wir untersuchen wollen, sind *Membranproteine*, die in die Zellmembran eingelagert sind oder sie sogar vollständig durchdringen. Als Kanäle, Carrier-Systeme oder Ionenpumpen, aber auch als Rezeptoren übernehmen solche Membranproteine wichtige zelluläre Aufgaben, die in den meisten Fällen unmittelbar an die Struktur gekoppelt sind. Abbildung 2.71 zeigt den schematischen Aufbau einer aus einer Lipiddoppelschicht gebildeten biologischen Membran, zusammen mit einem Transmembranprotein. Bei der Membran erkennt man die nach außen orientierten hydrophilen Köpfe und die ins Membraninnere ausgerichteten hydrophoben Fettsäurereste.[36] Durch diese charakteristische Polarität sind die strukturell möglichen Proteindomänen für den Membraninnenbereich solcher Proteine vorgegeben. Die beiden wichtigsten möglichen Strukturen sind transmembrane α-Helizes und transmembrane β-Faltblatt-Strukturen. Die α-Helix ist die bei Eukaryoten häufigste Form von Membrandomäne. Ein Beispiel eines Proteins (ein Kaliumkanal), das vornehmlich aus α-Helizes besteht, ist schematisch in Abb. 2.71a dargestellt. Aus dieser Abbildung erahnt man bereits, in welcher Weise die Architektur der Lipidmembran Eigenschaften vorgibt, die von der Proteinstruktur (und damit von der Proteinsequenz) befolgt werden müssen. Abbildung 2.71b zeigt ein Beispiel einer transmembranen Struktur aus β-Faltblättern. Das wichtigste Beispiel einer solchen *β-Barrel-Struktur* sind die Porine. Wir werden uns hier auf Transmembranhelizes konzentrieren. Die Vorhersagemethoden für solche Transmembranhelizes reichen bis in die 1980er Jahre zurück. Das wichtigste Signal zur Identifikation der zu einer Transmembranhelix gehörenden Sequenzsegmente ist die Hydrophobizität entlang der Sequenz. Ein weiteres Signal, das vor allem der Identifikation der Helixorientierung dient (also der Ermittlung der cytoplasmatischen Seite einer solchen Transmembrandomäne), ist die Beobachtung, dass positiv geladene Aminosäuren verstärkt an der intrazellulären (cytoplasmatischen) Seite der Helix auftreten.

Diese Zutaten – Hydrophobizität und Ladungsverteilung auf der Symbolebene, die in ihrer Orientierung korrekte Abfolge von Transmembrandomänen und Zwischensegmenten sowie die entsprechenden, durch die Lipidmembran festgelegten Längenvorgaben – bilden eine Ordnungsstruktur solcher von α-Helizes dominierten Membranproteine, die sich sehr elegant auf ein Hidden-Markov-Modell abbilden lässt. Das Kernstück eines solchen Modells ist die Transmembranhelix selbst, die an beiden Enden durch *cap*-Regionen begrenzt wird. Die *cap*-Region erfordert Aminosäuren, die durch ihre chemischen Eigenschaften im Bereich der Kopfgruppen der Lipide platziert werden können. Zwei solche Helizes sind durch eine *loop*-Region miteinander verbunden. Längere *loop*-Bereiche als eine bestimmte von der Modellarchitektur vorgegebene Grenze werden durch die Globularregion erfasst. Auf diese Weise stellt man einen Kompromiss her zwischen sehr restriktiven Längenvorgaben durch die Modellarchitektur und einer für die Anwendung auf sehr unterschiedli-

---

[36] Die genaue Ausrichtung der Fettsäurereste hängt sehr stark von der Temperatur und der Lipidzusammensetzung ab. Dieser Ordnungszustand der Lipidmembran beeinflusst die Diffusionseigenschaften eines Lipids innerhalb der Membran (also die Fluidität) und damit die Membranorganisation. Es ist eine spannende, immer noch nicht weitreichend erforschte Frage, wie diese biophysikalischen Eigenschaften der Lipidmembran, etwa ihre Fluidität oder der Durchmischungsgrad der verschiedenen Lipidsorten (also z. B. ihre Domänenbildung), auf die Funktion der Membranproteine zurückwirken.

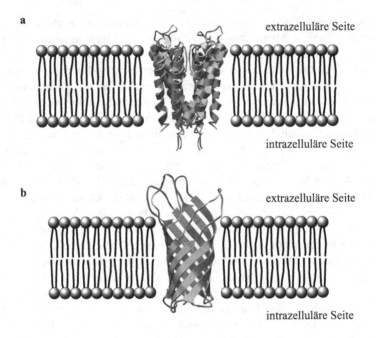

a   extrazelluläre Seite

                                     intrazelluläre Seite

b   extrazelluläre Seite

                                     intrazelluläre Seite

Abb. 2.71 a Schematische Darstellung eines die Lipidmembran durchsetzenden Membran-proteins. Man erkennt die verschiedenen α-Helix-Domänen und die Zwischenbereiche. **b** Schematische Darstellung einer aus β-Faltblättern aufgebauten Membrandomäne (β-Barrel-Struktur)

che Datensätze nötigen Flexibilität. Wie sieht ein solches Hidden-Markov-Modell im Detail aus? Abbildung 2.72 stellt die verschiedenen HMM-Zustände (die durch ihre aufwendige Architektur eigentlich ganze Submodelle des gesamten HMM bilden) mit ihrer jeweiligen Architektur dar.

Die *cap*-Regionen der Transmembranhelix sind jeweils fünf Aminosäuren lang, während die eigentliche helikale Region eine flexible Länge zwischen fünf und 25 Aminosäuren besitzt. Die gesamte Helixstruktur hat damit eine Länge zwischen 15 und 35 Aminosäuren.[37] Dieses Längenintervall wird im Wesentlichen durch die Dicke der Lipidmembran vorgegeben. Die *loop*-Bereiche werden durch die in Abb. 2.72 dargestellte Leiterarchitektur modelliert, die im einfachsten Fall eine Ausdehnung von 2×10 Zuständen besitzt.

Wir werden dieses Hidden-Markov-Modell nun auf die Sequenz eines Kaliumkanals anwenden. Entwickelt und in einer plattformübergreifenden Implementierung zur

---

[37] Tatsächlich werden die Aminosäureverteilungen dieser *cap*-Regionen für die intrazelluläre (cytoplasmatische) und extrazelluläre Seite unterschiedlich modelliert. Diese Unterschiede in der Aminosäurezusammensetzung stellen den zentralen Angriffspunkt des Modells dar, um die Helixorientierung zu ermitteln.

a

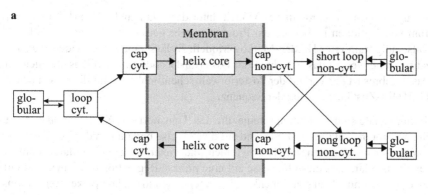

b

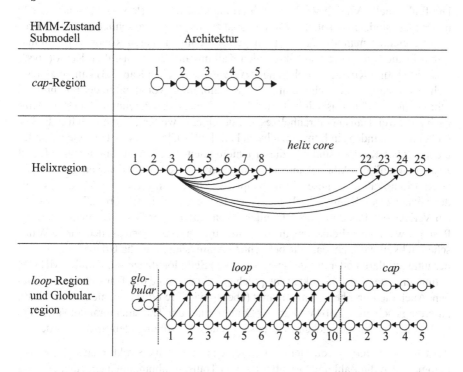

Abb. 2.72 **a** Struktur von TMHMM und **b** Architektur der Submodelle. Man erkennt hier sehr deutlich, wie empirische Längeninformationen in die Struktur dieser Modellsegmente eingeflossen sind. (In Anlehnung an: Krogh et al. 2001)

Verfügung gestellt wurde dieses Modell unter dem Namen TMHMM.[38] Das Spektrum von Optionen ist bei diesem Programm sehr gering: TMHMM ist ein bereits vollständig trainiertes Hidden-Markov-Modell. Es lässt eine Proteinsequenz als Eingabe zu und wendet das Verfahren der Posterior-Decodierung auf diese Sequenz an. Das Ergebnis ist der Verlauf der Posteriorwahrscheinlichkeiten für die verschiedenen TMHMM-Zustände entlang der Sequenz.

Kaliumkanäle sind Membranproteine, die den Transport von K^+-Ionen durch zelluläre Membrane katalysieren. Sie sind auf diese Weise beteiligt an der Repolarisation von Aktionspotenzialen, an Herzrhythmen und vielen anderen zellulären Funktionen. Es ist klar, dass diese Prozesse auf eine präzise Regulation des Ionentransports angewiesen sind. Dazu sind Ionenkanäle eingebunden in ein komplexes Regulationsnetzwerk. Zu dieser Regulation gehört auch, dass der Kanal Kalium selektiv leitet. Die funktionelle Vielfalt wird dadurch ermöglicht, dass viele verschiedene Signale in der Lage sind, einen solchen Kaliumkanal zu öffnen und zu schließen. Diesen Prozess bezeichnet man als *Gating*. Es liegen seit einigen Jahren Röntgenstrukturanalysen für die Kanalpore von bakteriellen Kaliumkanälen vor, nämlich KcsA (Uysal et al. 2009) und KirBac. Durch Sequenzvergleiche (s. auch Kap. 3.3) kann man feststellen, dass die Grundarchitektur dieser Kanalproteine vor allem in der Porenregion sehr ähnlich ist. Die Basiseinheit eines Kaliumkanals, das Porenmodul, besteht demnach aus zwei Transmembranhelizes, die durch eine weitere, kürzere Helix, die Porenhelix, verbunden sind. Im einfachsten Fall der Kanäle mit zwei Transmembrandomänen (2TM-Kanäle) sind vier dieser Untereinheiten zu einem funktionellen Kanal zusammengefügt. Alle bekannten Kaliumkanäle sind mehr oder weniger komplizierte Modifikationen dieses Grundbauplans. Anwenden dieser HMM-Analyse auf die Sequenz des Kaliumkanals aus Abb. 2.73 ergibt den in Abb. 2.74 dargestellten Verlauf der Posteriorwahrscheinlichkeiten entlang der Proteinsequenz. Die drei Posteriorwahrscheinlichkeiten, die dort aufgetragen sind, geben die decodierte Wahrscheinlichkeit dafür an, dass die betrachtete Aminosäure innerhalb der Membran, auf der intrazellulären oder auf der extrazellulären Seite lokalisiert ist. Durch TMHMM gelingt eine der Kristallstruktur entsprechende Vorhersage der Transmembrandomänen. Auch die Porenhelix wird erkannt (ebenso wie ihre nicht *trans*membrane Lage). Allerdings scheitert TMHMM an der Orientierung der Transmembrandomänen, die in Abb. 2.73 gerade umgekehrt zur tatsächlichen Anordnung identifiziert wurde.

Zur Charakterisierung von Membranproteinen mit α-Helix-Struktur hat sich die 'Topologie', also die Zahl und Orientierung von Transmembrandomänen, etabliert. Das oben beschriebene TMHMM findet weiterhin Anwendung. In einer beachtenswerten Studie (Hennerdal und Elofsson 2011) wurden vor einigen Jahren verschiedene Vorhersagewerkzeuge für die Topologie von Membranproteinen verglichen. Kandidaten waren dabei sowohl TMHMM als auch eine aufwendigere Analyse-Pipeline, TOPCONS. Der TOPCONS-Algorithmus (Bernsel et al. 2009) verbindet ein eigenes

---

[38] Der Name steht für *Transmembrane Hidden Markov Model*. Informationen zu diesem Modell finden sich unter http://www.cbs.dtu.dk/services/TMHMM/.

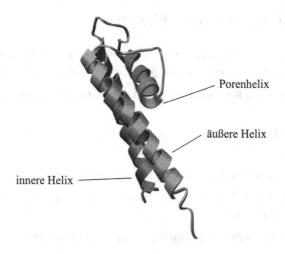

Abb. 2.73 Struktur eines Monomers des KcsA-Kaliumkanals. Man erkennt die innere und die äußere Helix sowie – als kurzes Segment – die Porenhelix

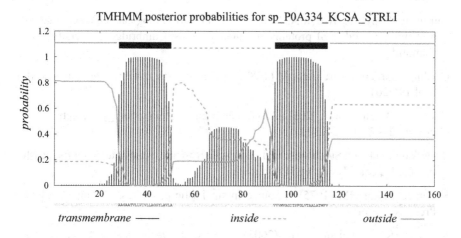

Abb. 2.74 TMHMM-Analyse der Aminosäuresequenz des in Abb. 2.73 strukturell darge-stellten Kaliumkanals. Dabei sind die Posteriorwahrscheinlichkeiten als Funktion der Amino-säureposition entlang der Sequenz aufgetragen. Die drei helikalen Domänen sind deutlich zu erkennen

Hidden-Markov-Modell mit einer Reihe von anderen etablierten Vorhersagewerk-zeugen der Proteintopologie, inklusive TMHMM.

Quellen und weiterführende Literatur

Bernsel A, Viklund H, Hennerdal A, Elofsson A (2009) TOPCONS: consensus prediction of membrane protein topology. Nucleic Acids Res 37:W465–468

Blackledge NP, Klose R (2011) CpG island chromatin: a platform for gene regulation. Epigenetics 6:147–152

Boguski M (1992) A molecular biologist visits Jurassic Park. Biotechniques 12:668–669

Bosch K (1998) Statistik-Taschenbuch, 3. Aufl. Oldenbourg, München

Burge C, Karlin S (1997) Prediction of complete gene structures in human genomic DNA. J Mol Biol 268:78–94

Burge CB, Karlin S (1998) Finding the genes in genomic DNA. Curr Opin Struct Biol 8:346–354

Davies K (2001) Cracking the genome: inside the race to unlock human DNA. Free Press, New York

Durbin R, Eddy SR, Krogh A, Mitchison G (1998) Biological sequence analysis: probabilistic models of proteins and nucleic acids. Cambridge University Press, Cambridge

Gardiner-Garden M, Frommer M (1987) CpG islands in vertebrate genomes. J Mol Biol 196:261–282

Hennerdal A, Elofsson A (2011) Rapid membrane protein topology prediction. Bioinformatics 27:1322–1323

Honerkamp J (1990) Stochastische dynamische Systeme: Konzepte, numerische Methoden, Datenanalysen. VCH, Weinheim

Karlin S, Taylor HM (1975) A course in stochastic processes, 2. Aufl. Academic Press, New York

Kazama K, Toyoizumi H (2003) www.f.waseda.jp/toyoizumi/students/GT2002/pdf/kazama_gt.pdf

Korf I, Flicek P, Duan D, Brent M (2001) Integrating genomic homology into gene structure prediction. Bioinformatics 17:140–148

Krengel U (2005) Einführung in die Wahrscheinlichkeitstheorie und Statistik, 8. Aufl. Vieweg, Wiesbaden

Krogh A, Larsson B, von Heijne G, Sonnhammer E (2001) Predicting transmembrane protein topology with a hidden Markov model: application to complete genomes. J Mol Biol 305:567–580

Lander ES, Waterman MS (1988) Genomic mapping by fingerprinting random clones: a mathematical analysis. Genomics 2:231–239

Lesk AM (2010) Introduction to protein science, 2. Aufl. Oxford University Press, Oxford

Pertea M, Salzberg SL (2010) Between a chicken and a grape: estimating the number of human genes. Genome Biol 11:206

Takai D, Jones P (2002) Comprehensive analysis of CpG islands in human chromosomes 21 and 22. PNAS 99:3740–3745

Uysal S, Vásquez V, Tereshko V, Esaki K, Fellouse FA et al. (2009) Crystal structure of full-length KcsA in its closed conformation. PNAS 106:6644–6649

Yandell M, Ence D (2012) A beginner's guide to eukaryotic genome annotation. Nat Rev Genet 13:329–342

3

Praktische Bioinformatik

In Kap. 2 bildeten die unbehandelten, elementaren Sequenzdaten den Ausgangspunkt und es wurde versucht, Schritt für Schritt mit immer fortgeschritteneren mathematischen Methoden Informationen aus diesen Daten zu extrahieren. In diesem Kapitel kehrt sich diese Blickrichtung um. Nun werden wir vielfach etablierte Analysemethoden und Betrachtungsweisen in den Vordergrund stellen, um dann hinter die Kulissen dieser Methoden zu schauen und die dort wirksamen mathematischen Verfahren zu entdecken und zu verstehen. Den Anfang bilden Verfahren des Sequenzvergleichs, gefolgt von phylogenetischen Analysen, die ähnliche Sequenzsegmente aufgrund der quantifizierten Unterschiede zwischen den Segmenten in einen kausalen Zusammenhang bringen. Am Ende steht eine Diskussion bioinformatischer Datenbanken.

3.1 Grundlagen des Sequenzalignments

3.1.1 Scoring-Modelle und Dotplot-Visualisierungen

Eine der grundlegenden Aufgaben der Sequenzanalyse ist zu bewerten, ob zwei Sequenzen eine statistisch signifikante Ähnlichkeit aufweisen oder sogar evolutionär verwandt sind. Die mathematischen Kernfragen auf diesem Weg scheinen oft recht einfach, etwa:

- Wie schreibt man die beiden Sequenzen vergleichend untereinander (Sequenzalignment)? Lässt man Lücken oder Verschiebungen zu?
- Wie bewertet man Abweichungen?
- Sind Übereinstimmungen systematisch oder zufällig?

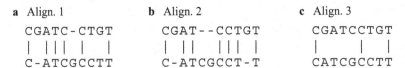

Abb. 3.1 Optimale Alignments zweier DNA-Sequenzen unter verschiedenen Parametereinstellungen des Scoring-Modells. Die Parameter sind in Tab. 3.1 angegeben

Die erste Beobachtung anhand dieser Fragen ist, dass mathematisch zwei sehr verschiedene Arbeitsschritte zu bewältigen sind:

1. die Bewertung der Übereinstimmung,

2. die systematische Suche nach einem geeigneten (oder sogar optimalen) Alignment.

Ein erster Schritt zur Quantifizierung von Ähnlichkeit ist die Einführung eines Abstands- bzw. Ähnlichkeitsmaßes zwischen zwei Sequenzen. Ein optimales Alignment maximiert die Ähnlichkeit und minimiert den Abstand. Für DNA-Sequenzen haben sich sehr einfache Bewertungsverfahren (Scoring-Modelle) durchgesetzt: Beispielsweise kann man einfach +1 für eine Übereinstimmung (engl. *match*) und −1 für einen Unterschied (engl. *mismatch*) einsetzen. Die Summe über alle Positionen ergibt dann die Bewertung, den *Score*, dieses Alignments. Einzig die Behandlung von Lücken (engl. *gaps*), die man zum Erreichen eines besseren Alignments einfügt, erfordert noch einige Bemerkungen. In den in Abb. 3.1 zusammengestellten Beispielen bemerkt man, welch unterschiedliche Alignments durch die Hinzunahme von Gaps möglich sind. Es ist klar, dass das Einführen solcher Lücken, mit denen man die Zahl der Matches erhöht, negativ in den Score einfließen muss. Bei einem angemessen eingefügten Gap würde die Erhöhung des Scores durch die neu hinzugekommenen Matches diesen negativen Beitrag ausgleichen oder sogar übertreffen. Man benötigt also ein Modell für einen solchen negativen Beitrag, für einen *Gap-Penalty*. Es gibt zwei etablierte Modelle für die Bewertung eines Gaps der Länge *g*: der lineare Gap-Penalty und der affine Gap-Penalty. Beim linearen Gap-Penalty hat der Score die Form

$$\gamma(g) = -d \cdot g, \qquad (3.1)$$

wobei das Vorzeichen berücksichtigt, dass der Score negativ in die Gesamtbewertung eingehen muss. Der Parameter d gibt die Stärke des Gap-Penalty an. Beim affinen Gap-Penalty wird zwischen dem ersten Gap in einer Abfolge von Gaps und jedem weiteren, unmittelbar folgenden Gap unterschieden. Der entsprechende Score

$$\gamma(g) = -d - (g - 1)e, \quad e < d, \qquad (3.2)$$

besitzt folglich einen *Gap-Opening-Penalty* d für den ersten Gap und einen geringeren *Gap-Extension-Penalty* e für die fehlenden Gaps. Es ist klar, dass für $d = e$

Tab. 3.1 Beispiele von Parametereinstellungen für Alignments von DNA-Sequenzen. Die Parameterwerte für drei Konfigurationen sind im linken Teil der Tabelle angegeben. Unter jeder der drei Parametereinstellungen kann man die Alignments aus Abb. 3.1 bewerten. Die entsprechende Matrix aus neun Alignment-Scores ist im rechten Teil der Tabelle angegeben. Die Alignments aus Abb. 3.1 haben jeweils den höchsten Score in einer der Parametereinstellungen: Alignment 1 für die Parameterwerte A, 2 für B und 3 für C

Parametersatz	A	B	C		Align. 1	Align. 2	Align. 3
Match	1	1	1	A	−2	−3	−3
Mismatch	1	0	1	B	6	7	3
Gap-Opening	3	0	5	C	−6	−10	−3
Gap-Extension	1	0	1				

der affine Gap-Penalty in den linearen Gap-Penalty übergeht. Tabelle 3.1 zeigt die Scores der Alignments aus Abb. 3.1 für verschiedene Parameterkonstellationen des Bewertungsmodells.

Im Fall von Proteinsequenzen haben sich anstelle der sehr einfachen Bewertung von Matches und Mismatches aufwendigere Scoring-Modelle etabliert. Diese Modelle basieren auf *Substitutionsmatrizen*. Eine Substitutionsmatrix bewertet die Ersetzung einer Aminosäure durch eine andere Aminosäure. Die Idee ist, die Menge an realer, also in biologischen Daten beobachteter Übereinstimmung (Modell M) in einem Alignment mit einem Modell zufälliger Übereinstimmungen (*random sequence model*) R zu vergleichen. Tatsächlich haben wir diese Strategie im Rahmen unserer Diskussion von Nullhypothesen bereits kennengelernt. Gegeben ist eine Trainingsdatenbank mit allen paarweisen Alignments. Diese Alignments sind biologisch plausibel. Die Sequenzauswahl ist so, dass die Ähnlichkeit innerhalb der Gruppe von Sequenzen in einem kontrollierten Bereich ist. Diese 'Intervallgröße' bildet den wichtigsten Parameter des Trainingsdatensatzes (und damit des Modells M). Aus diesen gegebenen paarweisen Alignments werden die Parameter p_{ab} bestimmt.[1] Wir untersuchen also nun eine vollkommen andere Situation als in Kap. 2, wo Paarwahrscheinlichkeiten *benachbarter* Symbole in einer *einzelnen* Sequenz analysiert wurden. Das Modell M besteht nun aus Paarwahrscheinlichkeiten p_{ab} für jedes Paar (a, b) von Aminosäuren mit $a, b \in \Sigma$, die aus Trainingsdaten homologer Sequenzen geschätzt wurden. Die Datengrundlage für das Modell M ist also eine Gruppe von Proteinen, die eine bestimmte Ähnlichkeit besitzen. Diese Datengrundlage stellt einen entscheidenden Unterschied zwischen den verschiedenen Substitutionsmatrizen dar. Zum einen wählt man zur Festlegung dieser Trainingsdaten einen erlaubten Ähnlichkeitsbereich, der dann in Bezug auf die dort beobachtbaren Substitutionen ausgewertet wird. Zum anderen muss eine Bewertung der Ähnlichkeit unterschiedlicher Aminosäuren in ihren physikalischen Eigenschaften (z. B. Molekülradius und Ladung) vorgenommen werden. Damit sollen Substitutionen einer Aminosäure durch eine (in

---

[1] Vgl. die ausführliche Diskussion zu Substitutionsmatrizen am Ende dieses Kapitels.

diesen physikalischen Eigenschaften) ähnliche Aminosäure angemessen berücksichtigt werden, die keine negativen Auswirkungen auf die Proteinfunktion haben. Der Grad der Ähnlichkeit der im Trainingsdatensatz zugelassenen Sequenzen ist damit ein wichtiger Parameter des Modells M und damit auch, wie wir sehen werden, des resultierenden Scoring-Modells. Gegeben zwei Sequenzen $x = x_1, x_2, x_3, \ldots, x_L$ und $y = y_1, y_2, y_3, \ldots, y_L$ und unter Vernachlässigung von Gaps[2] ist die Wahrscheinlichkeit einer Paarung aller Symbole für das 'Alignment' im Modell M dann

$$P(x, y \mid M) = \prod_{i=1}^{L} p_{x_i y_i} \,. \tag{3.3}$$

Im Modell R einer zufälligen Sequenz ist die Paarwahrscheinlichkeit gegeben durch das Produkt der Wahrscheinlichkeiten der Einzelsymbole, $p_a p_b$. Man hat also

$$P(x, y \mid R) = \prod_{i=1}^{L} p_{x_i} p_{y_i} \,. \tag{3.4}$$

Der Quotient dieser beiden Wahrscheinlichkeiten ist dann ein Maß für die Abweichung von einer zufälligen Übereinstimmung,

$$\frac{P(x, y \mid M)}{P(x, y \mid R)} = \prod_{i=1}^{L} \frac{p_{x_i y_i}}{p_{x_i} p_{y_i}} \,. \tag{3.5}$$

Üblicherweise verwendet man als Score des Alignments auch hier den Logarithmus dieses Quotienten. Die Vorteile einer logarithmischen Behandlung von Wahrscheinlichkeiten haben wir bereits in Kap. 2 diskutiert. Man hat dann als Score S den Ausdruck

$$S = \sum_{i=1}^{L} \log \frac{p_{x_i y_i}}{p_{x_i} p_{y_i}} = \sum_{i=1}^{L} s(x_i, y_i) \,. \tag{3.6}$$

Die Einträge der Substitutionsmatrix, die jedem in einem Alignment auftretenden Paar von Aminosäuren (a, b) mit $a, b \in \Sigma$ einen Beitrag zum Alignment-Score zuweist, sind dann gerade diese Summanden

$$s(a, b) = \log \frac{p_{ab}}{p_a p_b} \,, \tag{3.7}$$

die auch als *log-odds* bezeichnet werden. Dabei bedeutet ein Eintrag $s(a, b) > 0$ in der Substitutionsmatrix, dass in dem realen (zur Bestimmung der p_{ab} verwendeten) Datensatz eine Substitution der Aminosäure a durch b häufiger vorkommt als im Fall zweier Zufallssequenzen gleicher Zusammensetzung wie dieser Datensatz.

---

[2] Wie sich Gaps leicht in diese Betrachtungen einbeziehen lassen, wird in Kap. 3.2.2 im Rahmen der SP-Scores diskutiert.

Wie wir gesehen haben, fließen in die Größen p_{ab} über das Modell M und den verwendeten Trainingsdatensatz empirische Kenntnisse in die Scoring-Matrix ein. Die beiden bekanntesten Klassen von auf diesem Schema basierenden Scoring-Modellen sind PAM und BLOSUM. Ganz allgemein lässt sich sagen, dass solche Substitutionsmatrizen ein implizites Abbild evolutionärer Variationsmuster sind. Der Trainingsdatensatz des Modells bestimmt letztlich die typische evolutionäre Distanz, die durch die Substitutionsmatrix repräsentiert wird. Die PAM-Matrizen stellen ein Substitutionsmodell dar, das 1978 entwickelt wurde und auf der Analyse eng verwandter Proteine basiert. Die Einträge der PAM-Matrizen basieren auf der Analyse von *akzeptierten* Mutationen, also Mutationen die mit der Proteinfunktion prinzipiell vereinbar sind. Die Einheit, in der die Einträge dieser Scoring-Matrix angegeben sind, ist *percent accepted mutations* (PAM). Eine PAM-Einheit entspricht dabei etwa 1 % Divergenz der Sequenzen. Statt in Form von Paarwahrscheinlichkeiten p_{ab} sind die Parameter des Wahrscheinlichkeitsmodells in Form einer Mutationsmatrix mit Einträgen M_{ab} gegeben. Der Matrixeintrag M_{ab} gibt an, dass das Symbol $a \in \Sigma$ im Laufe einer bestimmten evolutionären Zeit durch das Symbol $b \in \Sigma$ ersetzt wird. Ein Vergleich der Matrixeinträge mit einem zufälligen Sequenzmodell liefert dann in der eben beschriebenen Weise die Einträge der Substitutionsmatrix. Die später entwickelten BLOSUM-Matrizen basieren auf der BLOCKS-Datenbank. Ein Block ist in diesem Sprachgebrauch ein übereinstimmendes Sequenzsegment mehrerer Proteinsequenzen. Dies können z. B. konservierte Motive sein, die in einer Familie von Proteinen funktionell wichtige Strukturelemente erhalten. Der Grundgedanke der BLOSUM-Matrizen ist nun, Substitutionsmuster nur dieser Blockbereiche auszuwerten und in der bereits beschriebenen Weise in eine Substitutionsmatrix zu übersetzen. Die Abkürzung BLOSUM steht dabei für *blocks substitution matrices*. Die Notation für diese BLOSUM-Matrizen ist, mit der Zahl hinter der Bezeichnung BLOSUM den Konservierungsgrad der Sequenzen zu bezeichnen, die die Datengrundlage für das Substitutionsmuster bilden. Zur Bestimmung der Matrixeinträge fasst man Cluster von Sequenzen im Trainingsdatensatz zusammen, die mehr als x % Identität aufweisen. Auf dem resultierenden Datensatz bestimmt man die Substitutionshäufigkeit und berechnet die Einträge der Scoring-Matrix, die man dann als BLOSUMx-Matrix bezeichnet. Eine häufige Variante ist BLOSUM62, die in Abb. 3.2 dargestellt ist. An einem Zahlenbeispiel erläutern wir kurz die Verwendung solcher Substitutionsmatrizen zur Bestimmung des Scores eines gegebenen Alignments.

Zahlenbeispiel

Für zwei Proteinsequenzen $x = \text{N}, \text{E}, \text{H}, \text{P}, \text{F}, \text{M}, \text{T}$ und $y = \text{W}, \text{E}, \text{P}, \text{L}, \text{F}$ sind drei verschiedene paarweise Alignments in Abb. 3.3 angegeben. Um zu beurteilen, welches dieser Alignments nach den Kriterien eines Scoring-Modells das beste ist, müssen die Scores berechnet werden. Unter der Verwendung eines affinen Gap-Modells

	A	R	N	D	C	Q	E	G	H	I	L	K	M	F	P	S	T	W	Y	V	B	Z	X	*
A	4	-1	-2	-2	0	-1	-1	0	-2	-1	-1	-1	-1	-2	-1	1	0	-3	-2	0	-2	-1	0	-4
R	-1	5	0	-2	-3	1	0	-2	0	-3	-2	2	-1	-3	-2	-1	-1	-3	-2	-3	-1	0	-1	-4
N	-2	0	6	1	-3	0	0	0	1	-3	-3	0	-2	-3	-2	1	0	-4	-2	-3	3	0	-1	-4
D	-2	-2	1	6	-3	0	2	-1	-1	-3	-4	-1	-3	-3	-1	0	-1	-4	-3	-3	4	1	-1	-4
C	0	-3	-3	-3	9	-3	-4	-3	-3	-1	-1	-3	-1	-2	-3	-1	-1	-2	-2	-1	-3	-3	-2	-4
Q	-1	1	0	0	-3	5	2	-2	0	-3	-2	1	0	-3	-1	0	-1	-2	-1	-2	0	3	-1	-4
E	-1	0	0	2	-4	2	5	-2	0	-3	-3	1	-2	-3	-1	0	-1	-3	-2	-2	1	4	-1	-4
G	0	-2	0	-1	-3	-2	-2	6	-2	-4	-4	-2	-3	-3	-2	0	-2	-2	-3	-3	-1	-2	-1	-4
H	-2	0	1	-1	-3	0	0	-2	8	-3	-3	-1	-2	-1	-2	-1	-2	-2	2	-3	0	0	-1	-4
I	-1	-3	-3	-3	-1	-3	-3	-4	-3	4	2	-3	1	0	-3	-2	-1	-3	-1	3	-3	-3	-1	-4
L	-1	-2	-3	-4	-1	-2	-3	-4	-3	2	4	-2	2	0	-3	-2	-1	-2	-1	1	-4	-3	-1	-4
K	-1	2	0	-1	-3	1	1	-2	-1	-3	-2	5	-1	-3	-1	0	-1	-3	-2	-2	0	1	-1	-4
M	-1	-1	-2	-3	-1	0	-2	-3	-2	1	2	-1	5	0	-2	-1	-1	-1	-1	1	-3	-1	-1	-4
F	-2	-3	-3	-3	-2	-3	-3	-3	-1	0	0	-3	0	6	-4	-2	-2	1	3	-1	-3	-3	-1	-4
P	-1	-2	-2	-1	-3	-1	-1	-2	-2	-3	-3	-1	-2	-4	7	-1	-1	-4	-3	-2	-2	-1	-2	-4
S	1	-1	1	0	-1	0	0	0	-1	-2	-2	0	-1	-2	-1	4	1	-3	-2	-2	0	0	0	-4
T	0	-1	0	-1	-1	-1	-1	-2	-2	-1	-1	-1	-1	-2	-1	1	5	-2	-2	0	-1	-1	0	-4
W	-3	-3	-4	-4	-2	-2	-3	-2	-2	-3	-2	-3	-1	1	-4	-3	-2	11	2	-3	-4	-3	-2	-4
Y	-2	-2	-2	-3	-2	-1	-2	-3	2	-1	-1	-2	-1	3	-3	-2	-2	2	7	-1	-3	-2	-1	-4
V	0	-3	-3	-3	-1	-2	-2	-3	-3	3	1	-2	1	-1	-2	-2	0	-3	-1	4	-3	-2	-1	-4
B	-2	-1	3	4	-3	0	1	-1	0	-3	-4	0	-3	-3	-2	0	-1	-4	-3	-3	4	1	-1	-4
Z	-1	0	0	1	-3	3	4	-2	0	-3	-3	1	-1	-3	-1	0	-1	-3	-2	-2	1	4	-1	-4
X	0	-1	-1	-1	-2	-1	-1	-1	-1	-1	-1	-1	-1	-1	-2	0	0	-2	-1	-1	-1	-1	-1	-4
*	-4	-4	-4	-4	-4	-4	-4	-4	-4	-4	-4	-4	-4	-4	-4	-4	-4	-4	-4	-4	-4	-4	-4	1

Abb. 3.2 BLOSUM62 als Beispiel einer Scoring-Matrix für das Alignment von Proteinsequenzen. Neben den 20 Aminosäuren sind auch Symbole für Mehrdeutigkeiten (*B*, *Z* und *X*) ebenso wie ein Eintrag für ein Stoppcodon (*) angegeben

```
Alignment a:          Alignment b:          Alignment c:

N-EHP-FMT             NEHP-FMT              NEHPFMT
 |  | |                | | |                 | |
-WE-PLF--             WE-PLF--              WE-P-LF
```

Abb. 3.3 Beispiele von paarweisen Alignments zweier kurzer Proteinsequenzen. Man erkennt die unterschiedliche Zahl verwendeter Gaps ebenso wie Unterschiede in der Zahl der resultierenden Übereinstimmungen

mit einem Gap-Opening-Penalty von 3 und einem Gap-Extension-Penalty von 1 erhält man die folgenden Scores:

$$-3 - 3 + 5 - 3 + 7 - 3 + 6 - 3 - 1 = 2 \quad \text{(Alignment a)}$$
$$-4 + 5 - 3 + 7 - 3 + 6 - 3 - 1 = 4 \quad \text{(Alignment b)}$$
$$-4 + 5 - 3 + 7 - 3 + 2 - 2 = 2 \quad \text{(Alignment c)}$$

Die ersten drei Zahlen für Alignment a kommen dabei folgendermaßen zustande (vgl. Abb. 3.3): −3 für die Paarung N mit Gap, −3 für die Paarung Gap mit W und 5 als Eintrag in der Substitutionsmatrix für die Paarung E mit E (vgl. Abb. 3.2). Offensichtlich liefert das Alignment b den höchsten Score von diesen Beispielen. Die Bewertung ist (in diesem Fall) in Einklang mit dem optischen Eindruck der Alignments aus Abb. 3.3: Das Alignment c führt auf eine geringere Zahl exakter Übereinstimmungen. Von den beiden verbleibenden Alignments benötigt das Alignment a eine größere Zahl von Gaps.

Nachdem nun die wichtigsten Zutaten der Scoring-Modelle bereitgestellt sind, können wir beginnen, den expliziten Vergleich zweier Sequenzen und schließlich die Suche nach einem optimalen Alignment zu diskutieren. Schon in Kap. 1 haben wir den Dotplot als ein wichtiges mathematisches Hilfsmittel der Bioinformatik beschrieben. Im vorliegenden Kapitel werden wir diesen Aspekt vertiefen und dabei feststellen, dass der Dotplot einen Ausgangspunkt für das paarweise Sequenzalignment bietet. Die zentralen Algorithmen für die Konstruktion des optimalen Alignments werden wir 'in der Dotplot-Ebene' formulieren. Die Idee des Dotplots ist, die beiden Sequenzen als 'Achsen' einer Matrix senkrecht zueinander anzuordnen und an jeder Stelle der Matrix gleiche Elemente zu markieren (z. B. mit einer Eins oder durch einen Punkt), während die anderen Stellen in der Dotplot-Matrix den Wert Null zugewiesen bekommen oder leer bleiben.

Im einfachsten Fall, nämlich dem Vergleich von Einzelsymbolen (und nicht Symbolgruppen oder Worten), ist die Dotplot-Matrix $D(x, y)$ zweier Sequenzen $x = x_1, x_2, \ldots$ und $y = y_1, y_2, \ldots$ gegeben durch Matrixeinträge D_{ij} mit

$$D_{ij} = \begin{cases} 1, & x_i = y_j \\ 0, & x_i \neq y_j . \end{cases} \tag{3.8}$$

In Abb. 3.4 ist ein Dotplot für zwei kurze Proteinsequenzen dargestellt.[3] Dabei unterscheidet sich die zweite Sequenz von der ersten nur durch einen Einschub von neun Symbolen, der in der Abbildung klar zu erkennen ist. In dieser Auftragung sind die Einsen der Dotplot-Matrix aus Gl. (3.8) als Punkte markiert, während die Nulleinträge unmarkiert bleiben. Man erkennt schon an Abb. 3.4, dass das eigentliche Signal (die diagonalen Linien, die eine systematische Ähnlichkeit der beiden Sequenzen markieren) von zufälligen Übereinstimmungen ('Rauschen') begleitet ist. In vielen Fällen vergleicht man daher keine Einzelsymbole wie in Gl. (3.8), sondern fordert die Übereinstimmung ganzer n-Worte. Ein solcher Dotplot besitzt typischerweise zwei Parameter: die Wortlänge n (die *Fenstergröße*) und den *Offset*, der angibt, wie weit das Lesefenster zur Markierung des nächsten n-Worts verschoben wird. Abbildung 3.5 illustriert diese beiden Parameter.

Wie zeigen sich nun bestimmte Sequenzeigenschaften in einem solchen Dotplot? Wir diskutieren kurz einfache Fälle für eine Fenstergröße $n = 1$ und einen Offset von 1.

---

[3] Eine kompliziertere Variante des Dotplots weicht von dieser binären Matrix ab und trägt stattdessen eine Bewertungsgröße (also einen Score) für die Ähnlichkeit der beiden Symbole x_i und y_j ein. Solche Verfahren lassen sich letztlich als Vorversionen der Alignmentalgorithmen verstehen, die wir im Verlaufe dieses Kapitels noch ausführlich besprechen werden.

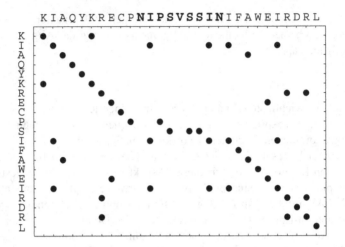

Abb. 3.4 Einfaches Beispiel eines Dotplots für zwei Proteinsequenzen, die sich durch ein eingeschobenes Sequenzsegment unterscheiden. Positionen in der Dotplot-Matrix, die zu übereinstimmenden Symbolen gehören, sind mit einem Punkt markiert

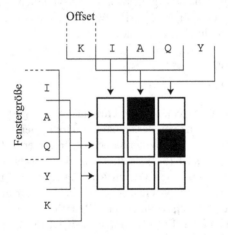

Abb. 3.5 Schematische Darstellung zweier Parameter der Dotplot-Konstruktion, nämlich der Fenstergröße und des Offsets. In diesem Schema im Rahmen der Fenstergröße übereinstimmende Blöcke sind durch schwarze Felder gekennzeichnet

In Abb. 3.6 ist jeweils das Konstruktionsprinzip von zwei (synthetischen) Sequenzen schematisch auf der linken Seite dargestellt, während der entsprechende Dotplot auf der rechten Seite angegeben ist. Im ersten Beispiel, Abb. 3.6a, ist die zweite Sequenz eine mehrfache Wiederholung der ersten Sequenz. Solche Repeat-Strukturen erkennt man als Abfolge paralleler diagonaler Liniensegmente im Dotplot. In Abb. 3.4 haben wir bereits die Signatur eines Einschubs kennengelernt. Abbildung 3.6b zeigt

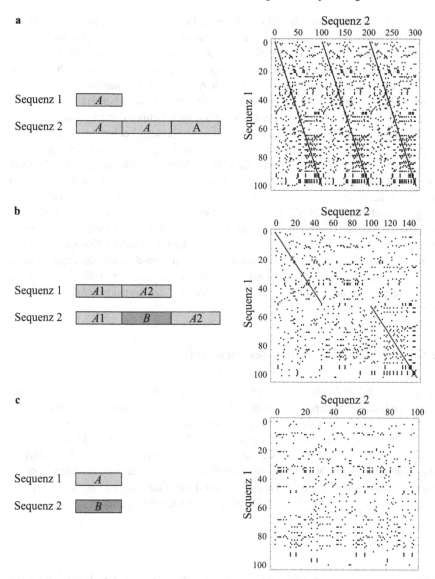

Abb. 3.6 Signaturen bestimmter Sequenzeigenschaften im Dotplot. Fall **a**: mehrfache Wiederholung einer Sequenz; Fall **b**: Einschub eines Sequenzsegments; Fall **c**: Vergleich zweier unabhängiger Zufallssequenzen

diese Signatur noch einmal für eine längere Sequenz. Auch hier erkennt man deutlich die horizontale Verschiebung des zweiten Liniensegments. Das letzte Beispiel vergleicht zwei nicht homologe Sequenzsegmente (Abb. 3.6c). Der entsprechende Dotplot enthält nur einen Rauschbeitrag und kein systematisches Signal.

Betrachten wir zum Abschluss dieser Dotplot-Diskussion eine Anwendung auf reale Daten. Aus einer organismischen Perspektive recht überraschend besitzen die Maus *Mus musculus* und die Fruchtfliege *Drosophila melanogaster* ein homologes Gen, das in beiden Organismen für die Augenentwicklung verantwortlich ist. Dabei handelt es sich um ein *Mastergen*, das am Anfang einer komplexen Kaskade von Entwicklungsschritten steht. Ein Defekt dieses PAX-6-Gens bei der Maus führt zu schweren Deformationen oder einem vollständigen Fehlen der Iris. Mutationen im homologen Gen in *Drosophila*, *eyeless*, können zu einem Fehlen der Augen führen. Zugleich führt eine Expression des Gens z. B. im Flügel zu ektopischen (also fehlplatzierten) Augen. Wir wollen nun diese Homologie mithilfe des Dotplots überprüfen. Dazu können die Aminosäuresequenzen der entsprechenden Proteine z. B. aus *GenBank* heruntergeladen werden (gi 12643549 und gi 7305369). Abbildung 3.7a zeigt den entsprechenden Dotplot für eine Fenstergröße von 3 und einen Offset von 1. Dabei kann man deutlich drei stark übereinstimmende Segmente erkennen. An diesem Beispiel lässt sich zugleich die Abhängigkeit der Dotplot-Ergebnisse von der Fenstergröße sehr gut illustrieren. Die Abbildungen 3.7b-d zeigen die Ergebnisse für Fenstergrößen 2, 5 und 15. Bei größeren Fenstern fragmentieren die drei Regionen in kleinere Bereiche, bei dem kleineren Fenster wird das Signal sehr viel stärker vom Rauschen überlagert.

3.1.2 Algorithmen für paarweises Alignment

Gerade in der Möglichkeit, die Menge an Paarungen übereinstimmender oder ähnlicher Symbole beim Vergleich zweier Sequenzen durch das geschickte Einfügen von Gaps zu erhöhen, zeigt sich deutlich die Notwendigkeit expliziter Algorithmen zum Auffinden eines optimalen Alignments zweier Sequenzen. Ein denkbarer alternativer Weg wäre, alle Alignments auszuprobieren, die Scores zu berechnen und das Alignment mit dem höchsten Score auszuwählen. Wie kann man abschätzen, ob das realistisch ist? Im extremsten Fall kann man durch Gaps die zu vergleichenden Sequenzen doppelt so lang machen. Dann gibt es als Größenordnung

$$\binom{2n}{n} = \frac{(2n)!}{(n!)^2}$$

Möglichkeiten der Gap-Anordnung, also z. B. etwa 250 bei $n = 10$ und etwa 10^{29} bei $n = 100$. Diese enorm schnelle Divergenz mit n macht diesen Weg weitestgehend aussichtslos. Kehren wir daher noch einmal zum Dotplot zurück. Man erahnt z. B. aus Abb. 3.6, wie das Muster der Dotplot-Matrix letztlich ein adäquates Alignment der beiden 'Sequenzen' nahezulegen vermag. Die Strategie ist, Bereiche mit großer Ähnlichkeit (also die charakteristischen schrägen Streifen im Dotplot) über möglichst kurze Wege zu verbinden. In diesem Kapitel werden wir sehen, wie sich dieses Vorgehen formalisieren lässt. Dazu gehen wir über zu einer Dotplot-Ebene, in der statt einfacher Matches und Mismatches nun die Scores der Symbolpaare an jeder

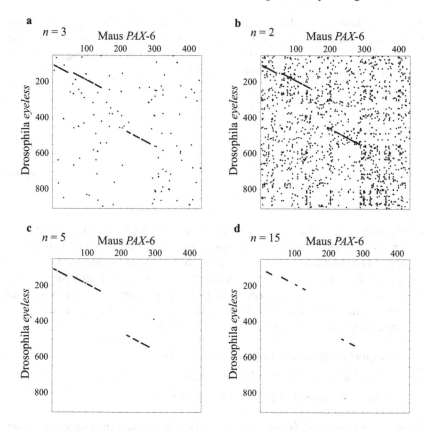

Abb. 3.7 Vergleich zweier realer Proteinsequenzen (*eyeless* von *D. melanogaster* und *PAX-6* von *M. musculus*) im Dotplot für verschiedene Werte der Fenstergröße *n*, nämlich **a**: *n* = 3, **b**: *n* = 2, **c**: *n* = 5 und **d**: *n* = 15. (In Anlehnung an: Lesk 2014)

Matrixposition eingetragen sind. Betrachten wir zuerst die beiden DNA-Sequenzen aus Abb. 3.1:

$$x = \text{C}, \text{G}, \text{A}, \text{T}, \text{C}, \text{C}, \text{T}, \text{G}, \text{T}$$
$$y = \text{C}, \text{A}, \text{T}, \text{C}, \text{G}, \text{C}, \text{C}, \text{T}, \text{T}$$

mit einem sehr einfachen Scoring-Modell. Der Gap-Penalty wird auf Null gesetzt, und ein Match liefert einen Score von +1. Mismatches bleiben ohne Auswirkung. Die zugehörige Dotplot-Ebene wird nun in folgender Weise mit Zahlen $F_{i,j}$ gefüllt: Zur Initialisierung wird die Ebene oben und links um eine Spalte bzw. Zeile mit Nullen erweitert,

$$F_{i,0} = F_{0,i} = F_{0,0} = 0, \qquad i = 1, \ldots, L. \tag{3.9}$$

Die weiteren Elemente werden nun rekursiv konstruiert. Dabei ist $F_{i,j}$ das Maximum der folgenden drei Werte: $F_{i-1,j}$, $F_{i,j-1}$ und entweder $F_{i-1,j-1}$, falls $x_i \neq y_j$, oder $F_{i-1,j-1} + 1$ falls $x_i = y_j$. An dieser Stelle geht also die Match-Bewertung von +1 ein. Man erhält so die folgende Rekursionsvorschrift:

$$x_i = y_j : \quad F_{i,j} = \max \begin{cases} F_{i-1,j} \\ F_{i,j-1} \\ F_{i-1,j-1} + 1 \end{cases}$$

$$x_i \neq y_j : \quad F_{i,j} = \max \begin{cases} F_{i-1,j} \\ F_{i,j-1} \\ F_{i-1,j-1} \end{cases} \tag{3.10}$$

Auf diese Weise erhöht sich der in der Dotplot-Ebene notierte Score durch Matches sukzessive von links oben nach rechts unten. Ein Alignment gewinnt man nun als Pfad in der Dotplot-Ebene von rechts unten nach links oben entlang der größten benachbarten Zahlen. Dabei stehen in jedem Schritt drei Richtungen (oben, links, diagonal) zur Auswahl. Bei gleichem Eintrag wird die diagonale Richtung bevorzugt. Als Nächstes müssen wir den Pfad in ein formales Alignment der beiden Sequenzen übersetzen. Dies geschieht nach dem folgenden Schema:

> waagrechtes Segment: Gap in x + Symbol in y
>
> senkrechtes Segment: Symbol in x + Gap in y
>
> diagonales Segment: Symbol in x + Symbol in y

Abbildung 3.8 fasst diese Schritte für unsere Beispielsequenzen zusammen: Abbildung 3.8a zeigt die F-Matrix-Einträge in der Dotplot-Ebene, zusammen mit dem so konstruierten Pfad.[4] Abbildung 3.8b gibt das rekonstruierte Alignment an.

Diese Form der Alignmentsuche lässt sich nun für ein allgemeines Scoring-Modell formulieren. Das Resultat ist der *Needleman-Wunsch-Algorithmus* zur Auffindung eines optimalen *globalen* Alignments. Hinter der F-Matrix steht (bei geeigneter Rekursion) eine recht interessante Interpretation: Jeder Eintrag $F_{i,j}$ der F-Matrix stellt den *optimalen* Alignment-Score bis zur Position (i, j) dar. Die rekursive Definition der $F_{i,j}$ muss so beschaffen sein, dass sich diese Eigenschaft von Element zu Element überträgt. Wir werden nun die drei Schritte – Initialisierung, Rekursion und Rekonstruktion des Pfads – aus dem einfachen, für DNA-Sequenzen und eine spezielle Parameterwahl der Bewertung formulierten Modell für die schwierigere Situation der Proteinsequenzen (und damit auch allgemeine Scoring-Modelle) ausgestalten. Die Initialisierung besteht als erster Schritt darin, $F_{0,0} = 0$ zu setzen. Man fügt also in dieser F-Matrix der Dotplot-Ebene, deren Dimension durch die Längen der

---

[4] Wir werden im Folgenden noch sehen, dass ein einfaches Zurückverfolgen des kumulierten Scores entlang der höchsten Zahlen im Allgemeinen nicht direkt auf das optimale Alignment führt. Hierzu sind aufwendigere Verfahren nötig, die wir im weiteren Verlauf des Kapitels diskutieren wollen.

a

	C	A	T	C	G	C	C	T	T
	0	0	0	0	0	0	0	0	0
C	0	1	1	1	1	1	1	1	1
G	0	1	1	1	1	2	2	2	2
A	0	1	2	2	2	2	2	2	2
T	0	1	2	3	3	3	3	3	3
C	0	1	2	3	4	4	4	4	4
C	0	1	2	3	4	4	5	5	5
T	0	1	2	3	4	4	5	5	6	6
G	0	1	2	3	4	5	5	5	6	6
T	0	1	2	3	4	5	5	5	6	7

b

```
CGAT--CCTGT
|  || |||  |
C-ATCGCCT-T
```

Abb. 3.8 Qualitative Konstruktion des Alignments zweier DNA-Sequenzen in der mit kumulierten Scores versehenen Dotplot-Ebene. Die Sequenz x ist in der Dotplot-Ebene vertikal von oben nach unten und die Sequenz y ist horizontal von links nach rechts angeordnet. **a** Der Pfad in der Dotplot-Ebene orientiert sich von rechts unten nach links oben entlang möglichst großer Scores. **b** Aufgrund der Richtungen der einzelnen Pfadsegmente lässt sich daraus das entsprechende Sequenzalignment ablesen

beiden Sequenzen gegeben ist, wie zuvor formal eine nullte Zeile und nullte Spalte hinzu. Wie wir gesehen haben, bedeutet eine Bewegung in dieser Matrix in horizontale oder vertikale Richtung das Einfügen eines Gaps in eine der beiden Sequenzen. Deshalb trägt man in diese ergänzten Matrixelemente mit wachsender Zeilen- oder Spaltennummer kumulierte Gap-Penalty-Werte ein:

$$F_{i,0} = -i \cdot d , \quad F_{0,j} = -j \cdot d , \quad i = 1, \ldots, L_x , \quad j = 1, \ldots, L_y . \quad (3.11)$$

Die Rekursion gewinnt man wie zuvor aus der Beobachtung, dass sich $F_{i,j}$ aus $F_{i-1,j}$, $F_{i,j-1}$ und $F_{i-1,j-1}$ berechnen lässt. Es gibt also genau drei Möglichkeiten, in dieser Matrix, die sich von links oben nach rechts unten auffüllt, zum Element $F_{i,j}$ zu gelangen:

1. Das Symbol x_i wird mit y_j zusammengefügt:

$$\left. \begin{array}{c} \ldots x_i \\ | \\ \ldots y_j \end{array} \right\} \rightarrow F_{i,j} = F_{i-1,j-1} + s(x_i, y_j).$$

2. Das Symbol x_i wird mit einer Lücke gepaart:

$$\left. \begin{array}{c} \ldots x_i \\ | \\ \ldots - \end{array} \right\} \rightarrow F_{i,j} = F_{i-1,j} - d.$$

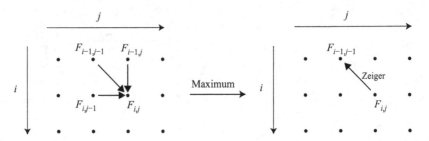

Abb. 3.9 Visualisierung der Rekursion aus Gl. (3.12) in der Dotplot-Ebene (linke Bildhälfte) und Definition der Zeigervariablen als Verweis auf das Vorgängerelement, aus dem der Eintrag $F_{i,j}$ der F-Matrix berechnet wurde (rechte Bildhälfte)

3. Das Symbol y_j wird mit einer Lücke gepaart:

$$\left.\begin{array}{c} \dots\ - \\ \ \ \ | \\ \dots\ y_j \end{array}\right\} \rightarrow F_{i,j} = F_{i,j-1} - d\ .$$

Dabei bezeichnet wie zuvor $s(a, b)$ den Eintrag in der Substitutionsmatrix zum Aminosäurepaar (a, b) und d den Gap-Penalty. Das beste Alignment bei $F_{i,j}$ ist durch den Fall gegeben, der auf den größten Wert für $F_{i,j}$ führt:

$$F_{i,j} = \max \begin{cases} F_{i-1,j-1} + s(x_i, y_j) \\ F_{i-1,j} - d \\ F_{i,j-1} - d\ . \end{cases} \tag{3.12}$$

Die Konstruktion der $F_{i,j}$ erinnert (in der Initialisierung, der rekursiven Berechnung durch eine Maximumsentscheidung und dem Zurückverfolgen des Pfads anhand der Matrixeinträge $F_{i,j}$) stark an den Viterbi-Algorithmus, den wir in Kap. 2 diskutiert haben. Es ist daher naheliegend, auch hier eine Pointer- oder Zeigervariable einzuführen, die protokolliert, welche Richtung (oben: $(i - 1, j)$, links: $(i, j - 1)$ oder diagonal: $(i - 1, j - 1)$) bei der rekursiven Konstruktion des Eintrags $F_{i,j}$ das Maximum geliefert hat. Neben der F-Matrix konstruiert man also bei solchen Alignmentverfahren eine Matrix aus Zeigerzuständen Z_{ij}. Die möglichen Werte der Z_{ij} sind die drei Vorgängerrichtungen des Elements $(i j)$ in der Dotplot-Ebene. Wenn zwei Richtungen auf denselben Score F_{ij} führen, benötigt man zusätzliche Kriterien, um den Zeigerzustand festzulegen (z. B. eine Bevorzugung der Diagonalrichtung oder – bei den anderen beiden Richtungen – der längeren Sequenz). Abbildung 3.9 fasst diese Konstruktionsprinzipien zusammen. Erneut in enger Parallele zum Viterbi-Algorithmus extrahiert man das Ergebnis des Needleman-Wunsch-Algorithmus durch ein Traceback-Verfahren, bei dem man ausgehend vom rechten unteren Matrixelement die Zeiger zurückverfolgt. Dieser Prozess ist grafisch absolut trivial, algorithmisch (also in automatisierter Weise) gibt es jedoch einige interessante Aspekte, die wir im Rahmen

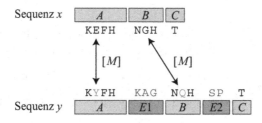

Abb. 3.10 Schematische Darstellung des Konstruktionsprinzips hinter den beiden Beispielsequenzen für die Alignmentalgorithmen. Dabei bezeichnet die Operation M eine Punktmutation

des *Mathematica*-Exkurses am Ende des Kapitels diskutieren werden. Man erhält auf diesem Wege einen Pfad in der Dotplot-Ebene, der dem besten globalen Alignment entspricht. Wir werden dieses Verfahren der Alignmentkonstruktion an zwei synthetischen Proteinsequenzen vorführen:

$$x = K, E, F, H, N, G, H, T$$
$$y = K, Y, F, H, K, A, G, N, Q, H, S, P, T \qquad (3.13)$$

Abbildung 3.10 legt das Konstruktionsprinzip hinter diesen Sequenzen offen: Die Sequenz x ist in drei kurze Untersegmente A, B und C aufgeteilt worden, die sich (bis auf jeweils eine punktweise Mutation $[M]$ in A und B) in der Sequenz y wiederfinden, aber dort durch die beiden Einschübe $E1$ und $E2$ getrennt sind. Abbildung 3.11 fasst den oben dargestellten Weg zur F-Matrix für diese beiden Sequenzen auf der Grundlage der BLOSUM62-Scoring-Matrix (Abb. 3.2) und einem Gap-Penalty $d = 5$ zusammen. Die resultierende F-Matrix zusammen mit den Pfeilen, die die Zeigervariablen repräsentieren, und dem optimalen (Needleman-Wunsch-)Pfad ist im Bildteil a dargestellt. Die Übersetzung dieses Pfads in das tatsächliche Alignment der beiden Sequenzen erfolgt nun über die bereits diskutierte Abbildungsvorschrift, welche die Zeigerzustände mit entsprechenden Alignmentstücken identifiziert. Abbildung 3.11b zeigt die Übersetzung des Needleman-Wunsch-Pfads für unser Beispiel in das Alignment der beiden Sequenzen. Man erkennt, dass einer der Einschübe ($E2$) aus Abb. 3.10 exakt gefunden wird, während der andere Einschub ($E1$) zum Teil detektiert wird.

Wir haben gesehen, dass sich die F-Matrix rekursiv ergibt aus dem Gap-Penalty und den Einträgen der Substitutionsmatrix. Grob gesagt können die von links oben nach rechts unten entstehenden Matrixeinträge in ihrem Zahlenwert ansteigen, falls viele exakte Entsprechungen der Symbole der beiden Sequenzen gefunden werden, oder absinken, falls sehr häufig der Gap-Penalty, also eine Bewegung in horizontale und vertikale Richtung, zur Konstruktion der Matrixelemente herangezogen wird. Eine Konsequenz dieser Konstruktion ist, dass der Zahlenwert rechts unten in der F-Matrix den Score dieses globalen Alignments in Bezug auf die verwendete Substitutionsmatrix und den verwendeten Gap-Penalty angibt. Die Nebenbedingung, ein

a

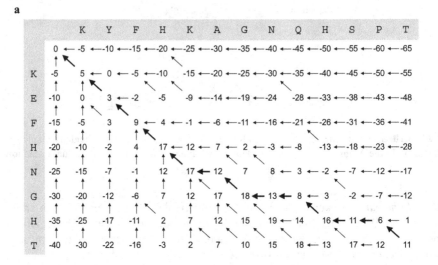

b

```
KEFHN-G--H--T
| ||  |  |  |
KYFHKAGNQHSPT
```

Abb. 3.11 Ergebnis des Needleman-Wunsch-Algorithmus für die beiden Beispielsequenzen aus Abb. 3.10: **a** als Pfad in der Dotplot-Ebene und **b** als explizites Sequenzalignment. Dabei sind in a alle Einträge der F-Matrix dargestellt, zusammen mit den entsprechenden Zeiger-zuständen. Der Pfad zum optimalen (Needleman-Wunsch-)Alignment ist hervorgehoben. Aus ihm lässt sich unmittelbar das in b angegebene globale Alignment der beiden Sequenzen ab-lesen. (Darstellung in Anlehnung an: Durbin et al. 1998)

Alignment der vollständigen Sequenzen herbeizuführen (globales Alignment), ist in der praktischen Anwendung oft hinderlich. Man sucht stattdessen nach dem bes-ten Alignment von Untersequenzen der beiden Ausgangssequenzen x und y. Ein häufiges biologisches Szenario einer solchen Fragestellung ist z. B. der Verdacht, dass zwei Proteinsequenzen eine gemeinsame Domäne besitzen. Das entsprechende Alignmentverfahren sollte also flexibel aus den Matrixeinträgen heraus bestimmbare Anfangs- und Endpunkte des Alignments besitzen. Die Methode zur Konstruktion eines optimalen *lokalen* Alignments ist der *Smith-Waterman-Algorithmus*. Während die Flexibilisierung des Anfangspunkts unseres optimalen Pfads durch die Dotplot-Ebene sich sehr einfach gestaltet (man beginnt nicht beim rechten unteren Element, sondern einfach bei dem größten Matrixeintrag), erfordert die Ermittlung eines ge-eigneten Endpunkts für das optimale lokale Alignment eine neue Rekursionsvor-schrift für die F-Matrix. Die Möglichkeit, durch immer weiter kumulierte Gap-Penalty-Werte zu immer negativeren Matrixeinträgen zu gelangen, wird im Smith-Waterman-Algorithmus eliminiert und es wird Null als untere Grenze der Matrixein-

a

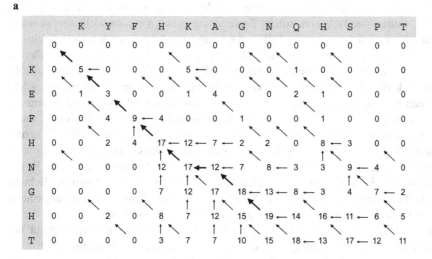

b

```
KEFHN-GH
|  | |   |
KYFHKAGN
```

Abb. 3.12 Ergebnis des Smith-Waterman-Algorithmus für die beiden Beispielsequenzen aus Abb. 3.10: **a** als Pfad in der Dotplot-Ebene und **b** als lokales Sequenzalignment. (Darstellung in Anlehnung an: Durbin et al. 1998)

träge festgeschrieben. Die neue Rekursionsvorschrift heißt dann

$$F_{i,j} = \max \begin{cases} 0 \\ F_{i-1,j-1} + s(x_i, y_j) \\ F_{i-1,j} - d \\ F_{i,j-1} - d \,. \end{cases} \tag{3.14}$$

Entsprechend erfolgt dann auch die Initialisierung der Matrix über Nulleinträge:

$$F_{i,0} = F_{0,j} = F_{0,0} = 0, \qquad i = 1, \dots, L_x, \quad j = 1, \dots, L_y \,. \tag{3.15}$$

Beginnend vom größten Matrixeintrag erfolgt das Traceback-Verfahren nun bis zum Erreichen eines verschwindenden Matrixelements. Der so konstruierte Pfad durch die Dotplot-Ebene gibt das beste lokale Alignment an. Abbildung 3.12 zeigt das Resultat für unsere beiden Beispielsequenzen, sowohl als Pfad in der Dotplot-Ebene (Abb. 3.12a) wie auch als explizites Alignment (Abb. 3.12b). Im Wesentlichen ergibt also das Motiv A aus Abb. 3.10 das optimale lokale Alignment der beiden Sequenzen (zusammen mit einer zufälligen Übereinstimmung zweier Symbole aus B und $E1$).

Auf diesen Grundprinzipien aufbauend sind solche Verfahren des Sequenzalignments sehr flexibel und können in verschiedene Richtungen erweitert werden. Bevor wir im nächsten Kapitel zu dem Problem des Alignments vieler Sequenzen kommen, wollen wir kurz eine solche Erweiterung dieses Grundmodells des paarweisen Alignments diskutieren, nämlich das paarweise Alignment unter allgemeineren Gap-Modellen.[5] Interessanter noch als die praktische Relevanz, dass man nämlich nun nicht mehr auf eine lineare Gap-Behandlung beschränkt ist, erscheint uns der Einblick in die mathematischen Verfahren, die zur Verfügung stehen, um solche Situationen zu erfassen. Wir werden sehen, dass dieser relativ triviale Schritt hin zu einem allgemeinen Gap-Modell die algorithmische Situation vollkommen verändert und man auf erhebliche Schwierigkeiten bei einer direkten Verallgemeinerung stößt. Zugleich werden wir sehen, dass sich die geschickte Behandlung dieser Situation wiederum verbindet mit der großen Klasse von Modellen, die wir in Kap. 2 diskutiert haben, nämlich den Hidden-Markov-Modellen. Was ist nun die Schwierigkeit bei der Erweitung z. B. des Needleman-Wunsch-Algorithmus auf allgemeine Gap-Modelle? Die Eleganz des Needleman-Wunsch-Algorithmus entstammt der rekursiven Bestimmung der Matrixelemente. Jedes Element der F-Matrix ergibt sich durch eine Maximumsabfrage aus drei vorangegangenen Matrixelementen. Ein allgemeines Gap-Modell zerstört dieses einfache Rekursionsverfahren. Nun hängt der Gap-Penalty, der in die Maximumsabfrage eingeht, davon ab, wie viele Gaps in derselben Sequenz schon vorher eingefügt worden sind. Ganz offensichtlich muss man also mehr als die drei vorangegangenen Matrixelemente zur Berechnung des nächsten Eintrags in der F-Matrix heranziehen und der zentrale algorithmische Vorteil des Needleman-Wunsch-Verfahrens ist verloren. Wir werden daher nun diskutieren, wie man zumindest im Fall eines affinen Gap-Modells, als häufigster und einfachster Erweiterung des linearen Gap-Modells, zu einer rekursiven Rechenvorschrift für dieses Problem gelangt. Die Kernidee ist folgende: Statt der F-Matrix diskutiert man nun drei getrennte Score-Variablen, mit denen berücksichtigt wird, ob der aktuelle Beitrag zum Alignment der beiden Sequenzen zwei Symbole zusammenfügt oder ein Symbol mit einem Gap paart. Für den Folgeschritt hat man dann in der Nummer der Score-Variablen die Information abgelegt, ob man sich in einer Gap-Region befindet (also mit einem Gap ein vorangegangener Gap fortgesetzt wird) oder nicht. Man hat also wie zuvor die drei Fälle

$$
\begin{aligned}
&(1) \quad x_i \longleftrightarrow y_j \\
&(2) \quad x_i \longleftrightarrow - \\
&(3) \quad - \longleftrightarrow y_j \,,
\end{aligned}
\tag{3.16}
$$

die man nun aber mit den drei Score-Variablen in Verbindung bringen kann. Dabei bleibt das Bauprinzip jeder Score-Variablen so erhalten wie beim Needleman-Wunsch-Algorithmus: Die Variable soll den besten Alignment-Score bis zur Stelle (i, j) in der den beiden Sequenzen zugehörigen Dotplot-Ebene angeben. Insgesamt

---

[5] Für weitere explizite Beispiele und andere Erweiterungen verweisen wir auf das Buch von Durbin et al. (1998).

hat man die folgende Notation der Score-Variablen:

$M_{i,j}$: bester Score bis (i, j) im Fall (1)

$I^{(x)}_{i,j}$: bester Score bis (i, j) im Fall (2)

$I^{(y)}_{i,j}$: bester Score bis (i, j) im Fall (3)

Man erhält dann als Rekursionsvorschrift für diese drei Variablen:

$$M_{i,j} = \max \begin{cases} M_{i-1,j-1} + s(x_i, y_j) \\ I^{(x)}_{i-1,j-1} + s(x_i, y_j) \\ I^{(y)}_{i-1,j-1} + s(x_i, y_j) \end{cases} \tag{3.17}$$

$$I^{(x)}_{i,j} = \max \begin{cases} M_{i-1,j} - d \\ I^{(x)}_{i-1,j} - e \end{cases} \tag{3.18}$$

$$I^{(y)}_{i,j} = \max \begin{cases} M_{i,j-1} - d \\ I^{(y)}_{i,j-1} - e \end{cases} \tag{3.19}$$

Dabei bezeichnet d den Gap-Opening-Penalty und e den Gap-Extension-Penalty. Da z. B. $M_{i,j}$ nun nur den Fall (1) aus Gl. (3.16) verwaltet, sind die möglichen Vorgänger-Variablen $M_{i-1,j-1}$, $I^{(x)}_{i-1,j-1}$ und $I^{(y)}_{i-1,j-1}$, je nachdem, welcher der drei Fälle an der Stelle $(i-1, j-1)$ vorlag. Die Möglichkeit einer Darstellung der Score-Variablen als Matrix ist nun natürlich nicht mehr gegeben, aber zumindest lassen sich die Übergänge zwischen den drei Score-Variablen grafisch darstellen. Eine solche Visualisierung ist in Abb. 3.13 angegeben. Die in den Rekursionsgleichungen vorliegenden Übergänge sind als Pfeile eingetragen. An dieser Stelle enttarnt sich dieses Alignmentverfahren als eine Form von Hidden-Markov-Modell. Von einem formalen Hidden-Markov-Modell, so wie wir es in Kap. 2 diskutiert haben, unterscheidet sich die Konstruktion aus Abb. 3.13 nur in der Normierung der Kantengewichte, also in der Überführung der Alignmentparameter in Emissions- und Übergangswahrscheinlichkeiten. In der praktischen Bioinformatik werden Hidden-Markov-Modelle oft für die Konstruktion von Sequenzalignments herangezogen, wenn zusätzliche Informationen (etwa zur Protein*struktur*) einbezogen werden sollen.

3.1.3 Implementierungen und weitere Beispiele

Wie im vorangegangenen Kapitel bereits angekündigt, wollen wir anhand von *Mathematica*-Implementierungen der beiden wichtigsten Algorithmen des paarweisen Sequenzalignments noch einmal mögliche mathematische und algorithmische Schwierigkeiten diskutieren. Dies geschieht in vier *Mathematica*-Exkursen. Im ersten Exkurs wird die Substitutionsmatrix bereitgestellt und es werden Routinen zur Sequenzhandhabung eingeführt. Im zweiten Exkurs wird die rekursive Bestimmung der F-Matrix für das Needleman-Wunsch-Verfahren diskutiert und das entsprechende optimale Alignment wird ermittelt. Im dritten Exkurs wird die Infrastruktur für

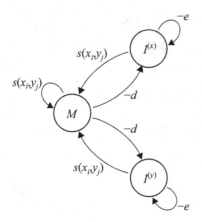

Abb. 3.13 Konstruktion eines paarweisen Alignments unter einem affinen Gap-Modell. Die Rekursionsvorschriften der drei Variablen M, $I^{(x)}$ und $I^{(y)}$ sind durch die Pfeile repräsentiert. Alle in eine der Variablen mündenden Pfeile geben Beiträge zu der entsprechenden Maximumsabfrage an. Die an den Pfeilen notierten Größen stellen Summanden in der Rekursionsvorschrift dar. In diesem Sinne ist dieser an Hidden-Markov-Modellen orientierte Graph eine direkte Umsetzung der Gleichungen (3.17), (3.18) und (3.19). (In Anlehnung an: Durbin et al. 1998)

die Übersetzung des Pfads in der Dotplot-Ebene in ein formales Sequenzalignment formuliert, während der vierte *Mathematica*-Exkurs sich dem Smith-Waterman-Verfahren zuwendet. Als Beispielsequenzen für diese gesamte Diskussion verwenden wir die beiden kurzen Sequenzsegmente aus Abb. 3.10.

Mathematica-Exkurs: Bereitstellung der Substitutionsmatrix

Wie wir bereits bei der formalen Einführung des paarweisen Alignments gesehen haben, ist das Kernstück des Verfahrens die Substitutionsmatrix. Wir werden hier die BLOSUM62-Matrix verwenden, die wir zuerst aus einer lokalen Datei einlesen und dann mit dem Befehl **Partition[]** in das richtige (24×24) Format bringen (vgl. Abb. 3.2).

```
In[1] := blosum =
            Partition[
              Flatten[ReadList["blosum62.txt", Number,
                RecordLists → True, RecordSeparators → {"\n", " "}]],
              24];
```

Mit dem Befehl **Dimensions[]** können wir wie üblich die Dimension der eingelesenen Matrix überprüfen.

```
In[2] := Dimensions[blosum]
```

```
Out[2]= {24,24}
```

An dieser Stelle ist die Substitutionsmatrix eine reine Zahlenmatrix, der wir im Folgenden eine Bedeutung zuweisen müssen. Die universelle Anordnung jeder Substitutionsmatrix erlaubt uns, die Zeilen und Spalten mit einem Label zu versehen. Die Abfolge von Labels legen wir als Zeichenkette in einer Variablen **proteinRef** ab.

```
In[3]:= proteinRef = Characters["ARNDCQEGHILKMFPSTWYVBZX * "]
Out[3]= {A,R,N,D,C,Q,E,G,H,I,
         L,K,M,F,P,S,T,W,Y,V,B,Z,X,*}
```

Der Begriff **TableForm[]** erlaubt eine übersichtliche Ausgabe der mit Labels versehenen Substitutionsmatrix.

```
In[4]:= TableForm[blosum,
          TableHeadings → {proteinRef, proteinRef},
          TableSpacing → 0.4, TableAlignments → Right]
```

Abbildung 3.2 zeigt diese Darstellung der BLOSUM62-Substitutionsmatrix. Wir werden nun die beiden Beispielsequenzen diskutieren. Der Befehl **Characters[]** zerlegt dabei die als Zeichenkette eingetragenen Sequenzen in ihre Einzelsymbole.

```
In[5]:= prot1 = Characters["KEFHNGHT"];
        prot2 = Characters["KYFHKAGNQHSPT"];
```

Als Erstes benötigen wir nun eine Funktion, die zu zwei gegebenen Symbolen den entsprechenden Eintrag aus der Substitutionsmatrix extrahiert. Dies geschieht einfach mit dem Befehl **Part[...]** oder seiner Kurzform **[[]]**. Allerdings ist der Umweg über die Labels **proteinRef** der Substitutionsmatrix **blosum** zu beachten: Man hat ein Symbol aus der ersten Sequenz, s1, und ein Symbol aus der zweiten Sequenz, s2, gegeben und benötigt nun die Position dieser Symbole in der Label-Liste **proteinRef**. Dies geschieht jeweils mit **Position[proteinRef, si]**, wobei allerdings der **Part**-Befehl noch erforderlich ist, um unnötige Klammern zu vermeiden. Mit diesen Zahlen kann man nun das Element aus der Substitutionsmatrix ansprechen. Für die folgende Untersuchung ist es wünschenswert, diesen Prozess in einer Funktion abzulegen. Wir werden hier eine sehr allgemeine Fassung dieser Funktion formulieren, die als Argumente (also als frei zu spezifizierende Parameter) nicht nur die beiden Symbole selbst (dies wäre der elementarste Fall einer solchen Funktion) hat, sondern auch die Label-Liste und die Substitutionsmatrix. Auf diese Weise ist es nicht erforderlich, die Variablennamen **proteinRef** und **blosum** beizubehalten; sie werden im Inneren der Funktion nicht verwendet. Eine weitere Abweichung von der naheliegenden Realisierung der Funktion wird sein, statt die beiden Symbole direkt als Argument zuzulassen, die gesamten Sequenzen und die beiden Positionen der Symbole in den Sequenzen an die Funktion zu übergeben. Der Vorteil dieses scheinbar viel komplizierteren Konstrukts liegt darin, im Folgenden die Positionen als Laufindizes in einer Schleife verwenden zu können. Die Definition dieser Funktion **coordFun** erfolgt wie gewohnt mithilfe der **Module**-Umgebung. Zuerst werden die beiden Symbole in temporäre Variablen geschrieben

(z. B. **tmp1 = seq1[[posA]]**); dann wird die Position dieser Symbole in der Label-Liste abgefragt (**tmp3 = Position[ref, tmp1][[1, 1]]**; wie zuvor eliminiert der **Part**-Befehl, ... **[[1, 1]]** störende Klammern); schließlich können diese beiden Positionen zum Zugriff auf das Matrixelement verwendet werden. Insgesamt hat man:

```
In[6] := coordFun[ref_, seq1_, seq2_, posA_, posB_, mat_] :=
         Module[{tmp1, tmp2, tmp3, tmp4},
             tmp1 = seq1[[posA]];
             tmp2 = seq2[[posB]];
             tmp3 = Position[ref, tmp1][[1, 1]];
             tmp4 = Position[ref, tmp2][[1, 1]];
             mat[[tmp3, tmp4]]]
```

Will man z. B. unter den vorliegenden Variablenbezeichnungen den Eintrag der Substitutionsmatrix ermitteln, der den Score für eine Paarung des jeweils zweiten Symbols der Sequenzen angibt, so geschieht dies mit dem Befehl:

```
In[7] := coordFun[proteinRef, prot1, prot2, 2, 2, blosum]
Out[7] = -2
```

Die etwas aufwendige Gestaltung unserer Funktion **coordFun** erweist sich nun als vorteilhaft. Durch die Verwendung der Symbolpositionen können wir unmittelbar eine Matrix anlegen, die zu jedem Symbolpaar der beiden Sequenzen den entsprechenden Score enthält. Dies erreichen wir mit dem Befehl **Table** und zwei Laufindizes, die jeweils von 1 bis zur Länge der Sequenz (z. B. **Length[prot1]**) laufen.

```
In[8] := coordTab =
         Table[coordFun[proteinRef, prot1, prot2, i, j,
             blosum], {i, 1, Length[prot1]},
         {j, 1, Length[prot2]}];
```

Die Ausgabe erfolgt dann über den Formatierungsbefehl **TableForm**. Dabei verwenden wir die beiden Sequenzen noch zur Bezeichnung der Zeilen und Spalten (mit **TableHeadings**), legen den Abstand der einzelnen Einträge fest (mit **TableSpacing**) und erzwingen zudem (mit **TableAlignments**) eine rechtsbündige Ausgabe.

```
In[9] := TableForm[coordTab, TableHeadings → {prot1, prot2},
         TableSpacing → 1, TableAlignments → Right]
```

Eine solche Tabelle könnte eine erste Orientierung bei einer Nachbearbeitung eines Alignments von Hand (etwa die Auswahl von Teilsequenzen) liefern.

Nach Einrichten dieser Infrastruktur für den Umgang mit der Substitutionsmatrix können wir uns nun dem ersten Verfahren zuwenden, dem Needleman-Wunsch-Algorithmus für ein globales Alignment der beiden Sequenzen. Dies ist Gegenstand des zweiten *Mathematica*-Exkurses. Zuerst diskutieren wir die rekursive Bestimmung der F-Matrix. Dabei durchlaufen wir die bereits im vorangegangenen Kapitel diskutierten Schritte: Initialisierung, Rekursion und Terminierung.

Mathematica-Exkurs: Needleman-Wunsch-Verfahren

Die Initialisierung der F-Matrix für das Needleman-Wunsch-Verfahren erfolgt durch Einfügen einer nullten Zeile und Spalte, die den kumulierten Gap-Penalty als Einträge enthalten. Zuerst legen wir den Gap-Penalty fest:

```
In[10]:= gP = 5;
```

Dabei ist klar, dass wir in einer späteren Funktion, die das gesamte Needleman-Wunsch-Verfahren umfasst, diesen Parameter als Argument frei angeben wollen. Dazu kommen wir aber später. Als Nächstes legen wir die Initialisierungseinträge der F-Matrix fest. Wir haben uns als Format dieser F-Matrix-Elemente für ein Zahlenpaar entschieden: Der erste Eintrag gibt das tatsächliche Matrixelement an, während der zweite Eintrag den Zeiger darstellt, der codiert, aus welchem vorangehenden Matrixelement das vorliegende Element in der Rekursion seinen Wert erhalten hat. Dabei verwenden wir einen Zahlencode für den Zeiger: 1 = 'diagonal', 2 = 'oben' und 3 = 'links'. Den Zustand 0 verwenden wir (im oberen linken Matrixelement) für das Fehlen eines Zeigerzustands.

```
In[11]:= matF[0,0] = {0,0};
```

```
In[12]:= matF[i_,0] = {-i*gP,2};
```

```
In[13]:= matF[0,j_] = {-j*gP,3};
```

Zur Rekursion verwenden wir eine **Do**-Schleife. Im Inneren der Schleife steht dabei einfach die Maximumsabfrage zwischen den drei vorangehenden (mit Score und Gap-Penalty verrechneten) Matrixeinträgen, so wie wir es bereits kennengelernt haben. Da wir diese Maximumsabfrage sowohl zur Ermittlung des Matrixelements als auch zur Zeigerbestimmung benötigen, legen wir die dreielementige Liste in einer Variablen **tmp1** ab, um dann zur Festlegung des Matrixelements darauf zuzugreifen. Zudem ist noch zu beachten, dass durch die zweielementige Struktur der F-Matrix-Einträge die Größe **matF[i,j][[1]]** den tatsächlichen Matrixeintrag liefert und **matF[i,j][[2]]** den zugehörigen Wert der Zeigervariablen ausgibt.

```
In[14] := Do[{
        tmp1 =
        {matF[i - 1, j - 1][[1]]+
            coordFun[proteinRef, prot1, prot2, i, j, blosum],
            matF[i - 1, j][[1]] - gP, matF[i, j - 1][[1]] - gP
        };
        matF[i, j] =
        {Max[tmp1], Position[tmp1, Max[tmp1]][[1, 1]]}
    }, {i, 1, Length[prot1]}, {j, 1, Length[prot2]}]
```

Wie gewohnt stehen die einzelnen Befehle der **Do**-Schleife als Liste in geschweiften Klammern. Deutlich zu erkennen ist auch, dass jedes Matrixelement **matF[i, j]** als zweielementige Liste definiert wird (mit dem tatsächlichen Matrixeintrag als erstes Element und dem Zeiger als zweites Element). Interessant ist noch die Zeigergewinnung: Wir haben die dreielementige Liste so organisiert, dass die Elementposition dem oben eingeführten Code des Zeigers entspricht: Liefert das erste Element das Maximum, so ist der Zeigerzustand gerade 1 ('diagonal') und so fort. Auf diese Weise lässt sich der Zeigerzustand recht elegant durch **Position[tmp1, Max[tmp1]]** ermitteln.

Wir wenden uns nun der Ausgabe des Ergebnisses zu. Das Ziel ist, die F-Matrix abzubilden, die Zeiger als Pfeile einzutragen und schließlich den optimalen Pfad, der sich durch Zurückverfolgen (Traceback) vom rechten unteren Matrixelement aus ergibt, zu gewinnen. In einem zweiten Schritt werden wir die Ausgabe dieser Nebenrechnungen unterdrücken und nur das tatsächliche Alignment der beiden Sequenzen ausgeben. Legen wir zuerst die in der **Do**-Schleife berechneten Matrixelemente in einer Tabelle ab:

```
In[15] := matFTab = Table[matF[i, j], {i, 0, Length[prot1]},
            {j, 0, Length[prot2]}];
```

Durch Anwenden von Substitutionsregeln, bei denen jedes Elementpaar **{n1, n2}** entweder durch nur das erste oder nur das zweite Element ersetzt wird, teilen wir die Tabelle in zwei getrennte Tabellen für die Matrixelemente und die Zeigerzustände auf.

```
In[16] := matFTabA = matFTab/.{n1_, n2_Integer} → n1;
         matFTabB = matFTab/.{n1_, n2_Integer} → n2;
```

Man erkennt auch hier wieder das zentrale Ordnungsprinzip der Substitutionsregeln in *Mathematica*, so wie wir es bereits in Kap. 1.5 diskutiert haben: Der Unterstrich (engl. *underscore*, _) bezeichnet ein beliebiges Element; auf der linken Seite kann man diesem beliebigen Element einen Namen zuweisen, falls man darauf noch einmal im Rahmen der Substitutionsregel zugreifen will (z. B. **n1_**); auf der rechten Seite kann das Element näher charakterisiert werden, so dass die Substitutionsregel nur auf Elemente mit einer bestimmten Eigenschaft angewendet wird (z. B. **_Integer**, wenn man nur ganzzahlige Elemente diskutieren möchte). In unserem Fall wurde die Spezifizierung des zweiten Eintrags in diesem Paar (also **n2_Integer**) zur Sicherheit vorgenommen, da die Ersetzungsregel sonst im Extremfall von Sequenzen der Länge 2, die zum Alignment gebracht werden sollen, auf der Ebene der gesamten Liste operieren würde: Auch ein Objekt **{liste1, liste2}** erfüllt das Schema **{n1_, n2_}** und würde z. B. komplett durch **liste1** ersetzt; es erfüllt aber nicht das Schema **{n1_, n2_Integer}**.

Das Ziel einer angemessen formatierten Ausgabe dieser Matrix verbinden wir mit der Gewöhnung an einige etwas fortgeschrittenere Grafikbefehle. Die Alternative wäre, die Darstellung mit dem Befehl **TableForm[]** und den dort verfügbaren Formatierungsoptionen zu erreichen. Hier wollen wir den Weg gehen, die Einträge in Grafikelemente zu verwandeln. Während beim **Plot**-Befehl eine konkrete mathematische Funktion dargestellt wird, erlaubt die **Graphics**-Umgebung die Umsetzung sehr allgemeiner Grafikelemente. Typische Elemente sind Liniensegmente (mit dem Befehl **Line[punkt1, punkt2, ...]**), Punkte (mit **Point[koordinate]**) oder platzierter Text (mit **Text[textsegment, koordinate]**). Dargestellt werden solche Elemente dann mit der Kombination **Show[Graphics[grafikbefehle]]**.

Die hier angestrebte Grafik besteht aus drei Segmenten: In **p1** wird jeder Eintrag von **matFTabA** als Text an einem zugehörigen Punkt des Grafikfensters platziert. Für das (i, j)-te Element lautet dieser Befehl **Text[matFTabA[[i, j]], {j, dim1-(i - 1)}]**, wobei **dim1** als Abkürzung für **Dimensions[matFTabA][[1]]** verwendet wurde (vgl. die folgenden Befehlszeilen). Man erkennt an der zweiten Koordinate, dass man das unterschiedliche Koordinatensystem von Matrizen (der 'Nullpunkt' liegt oben links) und Grafiken (der Nullpunkt liegt unten links) zu berücksichtigen hat. Bemerkenswerterweise lassen sich diese Grafikbefehle **Text[]** zu jedem Matrixelement wiederum mit **Table[]** als Tabelle strukturieren und durch einen **Show[Graphics[]]**-Befehl darstellen. Mit **p2** und **p3** werden die Achsenbeschriftungen bereitgestellt. Dazu verwenden wir erneut die Symbolsequenzen **prot1** und **prot2** als Zeichenketten, die in den **Text**-Befehl eingesetzt werden. Mit **Prepend[]** werden Leerzeichen vor jede Sequenz gesetzt, mit dem Befehl **Rectangle[]**, einer entsprechenden, von Hand getroffenen Koordinatenwahl und der Formatierungsanweisung **GrayLevel[0.9]** werden diese Achsenbeschriftungen noch grau hinterlegt. Zunächst werden die Grafikausgaben unterdrückt, um sie dann etwas später gemeinsam darzustellen. Zu Beginn legen wir noch einige Abkürzungen für mehrfach auftretende Dimensionsabfragen an.

```
In[17] := dim1 = Dimensions[matFTabA][[1]];
          dim2 = Dimensions[matFTabA][[2]];
          len1 = Length[prot1];
          len2 = Length[prot2];
          p1 =
            Show[
              Graphics[
                Table[Text[matFTabA[[i, j]], {j, dim1 - (i - 1)}],
                  {i, 1, dim1}, {j, 1, dim2}]]];
          p2 =
            Show[
              Graphics[
                {{GrayLevel[0.9], Rectangle[{-0.5, 0.5},
                    {0.5, len1 + 2.5}]},
                  Table[Text[Prepend[prot1, " "][[j]],
                    {0, len1 + 1 - (j - 1)}], {j, 1, len1 + 1}]}]];
          p3 =
            Show[
              Graphics[
                {{GrayLevel[0.9], Rectangle[{0.5, len1 + 1.5},
                    {len2 + 1.5, len1 + 2.5}]},
                  Table[Text[Prepend[prot2, " "][[j]], {j, len1 + 2}],
                    {j, 1, len2 + 1}]}]];
```

Die gemeinsame Ausgabe der Bestandteile erfolgt nun wie gewohnt mithilfe des **Show**-Befehls.

```
In[18] := p4 = Show[p3, p2, p1, PlotRange → All]
```

Dieses Grafikelement stellt die Basis für Abb. 3.11 dar.

Der nächste Schritt besteht im Eintragen der Zeiger in diese Ausgabegrafik. Diesen Schritt diskutieren wir in der elektronischen Fassung des *Mathematica*-Exkurses.

Die bisherigen Befehle und Auswertungen stellen die Infrastruktur bereit, um nun das Kernstück des Needleman-Wunsch-Algorithmus in die Betrachtungen einbeziehen zu können, nämlich die Ermittlung des Pfads durch diese Matrix, der dem höchsten Alignment-Score der beiden Sequenzen entspricht. Führen wir zunächst eine Abkürzung für die Matrixdimension ein und extrahieren das rechte untere Element, das beim Needleman-Wunsch-Algorithmus den Startpunkt für den optimalen Pfad darstellt. Die Koordinaten des optimalen Pfads schreiben wir in die Variable **traX**, die wir als Funktion mit einem Laufindex *i* als Argument darstellen.

```
In[19] := dX = Dimensions[matFTabB];
```

```
In[20]:= traX[1] = {dX[[1]], dX[[2]]}
Out[20]= {9, 14}
```

Mit einer **While**-Schleife, die überprüft, ob das Ende (genauer: der Anfang) der beiden Sequenzen erreicht ist, kann nun der Pfad rekursiv konstruiert werden. Wann immer der Zeigerzustand 1 ('diagonal') an der aktuellen Matrixposition vorliegt, werden beide Indizes um Eins vermindert, ansonsten jeweils nur ein Index. Eine Laufvariable **j** wird in jedem Schleifendurchlauf erhöht.

```
In[21]:= j = 1;
         While[matFTabB[[Sequence@@traX[j]]] =!= 0,
           {traX[j + 1] =
             traX[j] - Switch[matFTabB[[Sequence@@traX[j]]],
               1, {1, 1}, 2, {1, 0}, 3, {0, 1}], j = j + 1}]
```

Bei näherem Hinsehen erkennt man einige Besonderheiten. So wurde z. B. als Abbruchbedingung der **While**-Schleife das Erreichen eines Zeigerzustands von Null verwendet. Wir nutzen also aus, dass dieser Zeigerzustand für die obere linke Ecke der Matrix reserviert ist. Weiterhin muss man eine ungünstige Klammerung in *Mathematica* hier umgehen: Ein Zahlenpaar kann nicht ohne Vorbereitung als Matrixposition an den **Part**-Befehl (also **[[]]**) übergeben werden. Man muss (wie wir es vom Prinzip her auch schon im vorangegangenen *Mathematica*-Exkurs gesehen haben) den Kopf dieser Liste durch den einer ungeklammerten Zahlenfolge ersetzen. Dies geschieht mit dem Befehl **Sequence**, zusammen mit **Apply** (also **@@**). Eine letzte Besonderheit stellt die konkrete Rekursion dar. Hier sieht man recht klar, dass sich in *Mathematica* solche formalen Zuweisungen sehr elegant gestalten lassen. Der **Switch**-Befehl steht explizit als ein Term in der Gleichung für die nächsten Pfadkoordinaten. Auf diese Weise wird der Term in Abhängigkeit des Zeigerzustands hinzugefügt: entweder **{1, 1}** oder **{1, 0}** oder **{0, 1}**.

Die Ausgabe des Pfads erfolgt nun einfach über den **Table**-Befehl. Dabei verwenden wir den Wert der Laufvariablen **j** am Ende der Schleifendurchläufe als obere Grenze. Der letzte Eintrag (nämlich stets die Position **{1, 1}**) wird weggelassen, da sie nicht mehr zum eigentlichen Pfad beiträgt.

```
In[22]:= path1 = Table[traX[k], {k, 1, j - 1}]
Out[22]= {{9, 14}, {8, 13}, {8, 12}, {8, 11}, {7, 10}, {7, 9},
          {7, 8}, {6, 7}, {6, 6}, {5, 5}, {4, 4}, {3, 3}, {2, 2}}
```

Ein geeignetes Format für die weitere Verarbeitung erreichen wir durch erneutes Auslesen der Zeigerzustände aus der Tabelle **matFTabB** und durch Zusammenfügen mit der Pfadvariablen **path1**:

```
In[23]:= path2 = Map[matFTabB[[Sequence@@#]]&, path1]
Out[23]= {1, 3, 3, 1, 3, 3, 1, 3, 1, 1, 1, 1, 1}

In[24]:= path3 = Map[Flatten, Thread[{path2, path1}]]
```

```
Out[24]= {{1,9,14},{3,8,13},{3,8,12},{1,8,11},
         {3,7,10},{3,7,9},{1,7,8},{3,6,7},
         {1,6,6},{1,5,5},{1,4,4},{1,3,3},{1,2,2}}
```

Man hat dann Wertetripletts: (Zeigerzustand, Koordinate 1, Koordinate 2).

Die Visualisierung dieses Pfads diskutieren wir in der elektronischen Fassung der *Mathematica*-Dateien zu diesem Buch. Das Resultat ist in Abb. 3.11 gezeigt.

Die bisherige Ausgabe war die Visualisierung von Nebenrechnungen des Verfahrens. Das entscheidende Ergebnis ist natürlich das Alignment selbst. Diesem Punkt wollen wir uns jetzt zuwenden, um dann später alle Rechenschritte mithilfe des **Module**-Befehls zu einer Routine zusammenzufügen, die ausgehend von zwei Proteinsequenzen unmittelbar das entsprechende Needleman-Wunsch-Alignment ausgibt. Diese Schritte werden in dem folgenden *Mathematica*-Exkurs behandelt.

Mathematica-Exkurs: Ausgabe des Alignments und weitere Tests

Wie wir gesehen haben, übersetzen sich die Zeigerzustände entlang des wahrscheinlichsten Pfads direkt in Handlungsanweisungen zur Konstruktion des Alignments. So bedeutet ein Zeigerzustand von 1 etwa, dass die zwei nächsten Symbole kombiniert werden, die anderen beiden Zustände erfordern die Kombination eines Symbols mit einem Gap. Wir implementieren diese Vorschriften mithilfe einer **While**-Schleife. Zwei Zählvariablen, **count1** und **count2**, geben die aktuelle Position in den beiden Sequenzen an. Die Konstruktion erfolgt von hinten nach vorne in den Sequenzen. Dabei werden die Spalten in der folgenden Weise aufgebaut: Symbol aus Sequenz 1, Verbindungssymbol (also Leerzeichen oder Strich), Symbol aus Sequenz 2. Diese Spalten werden bei jedem Schleifendurchlauf in die Funktion **alig** geschrieben, die als Argument die dritte Zählvariable **j** besitzt.

```
In[25]:= count1 = 0;
         count2 = 0;
         j = 0;
```

```
In[26] := While[j < Length[path2],
            {j = j + 1, If[path2[[j]] == 1,
               {count1 = count1 + 1, count2 = count2 + 1,
                alig[j] = {prot1[[-count1]],
                   If[prot1[[-count1]] == prot2[[-count2]],
                   "|", " "],
                   prot2[[-count2]]}},
               If[path2[[j]] == 2, {count1 = count1 + 1,
                  alig[j] = {prot1[[-count1]],
                     " ", " - "}},
                  If[path2[[j]] == 3, {count2 = count2 + 1,
                     alig[j] = {" - ", " ", prot2[[-count2]]}}]]]}]
```

Die Ausgabe erfolgt über einen entsprechenden **Table**-Befehl, zusammen mit einer Formatierung über den Befehl **TableForm**, den wir im ersten *Mathematica*-Exkurs dieses Kapitels bereits kennengelernt haben:

```
In[27] := alFull = Table[alig[i], {i, j, 1, -1}]
Out[27] = {{K, |, K}, {E, , Y}, {F, |, F}, {H, |, H},
            {N, , K}, {-, , A}, {G, |, G}, {-, , N}, {-, , Q},
            {H, |, H}, {-, , S}, {-, , P}, {T, |, T}}

In[28] := Transpose[alFull] // TableForm
            K E F H N - G - - H - - T
Out[28] = |   | |     |     |     |
            K Y F H K A G N Q H S P T
```

Die Zusammenfassung aller Befehle in einer **Module**-Umgebung ist in der elektronischen Fassung dieses Exkurses angegeben. Man hat dann einen Befehl **alignment** zur Verfügung, der vier Argumente besitzt: die beiden Sequenzen, die Substitutionsmatrix und den Wert des Gap-Penalty.

Wir überprüfen zuerst, ob sich mit dieser neuen Routine das vorangegangene Alignment reproduzieren lässt:

```
In[29] := alignment[prot1, prot2, blosum, 5]
            K E F H N - G - - H - - T
Out[29] = |   | |     |     |     |
            K Y F H K A G N Q H S P T
```

Als erste Anwendung dieser neuen Routine wollen wir die Abhängigkeit dieses Ergebnisses vom Gap-Penalty näher untersuchen.

```
In[30] := alignment[prot1, prot2, blosum, 0]
            K - E F H - - - N - G H - - T
Out[30] = |     | |       |     |     |
            K Y - F H K A G N Q - H S P T
```

```
In[31]:= alignment[prot1,prot2,blosum,1]
          K E F H N - G - - H - - T
Out[31]= |   | |     |     |     |
          K Y F H K A G N Q H S P T

In[32]:= alignment[prot1,prot2,blosum,15]
          K E F H N - G - - H - - T
Out[32]= |   | |     |     |     |
          K Y F H K A G N Q H S P T
```

Dieses Verhalten in Abhängigkeit des Gap-Penalty ist nach unserer Diskussion des Needleman-Wunsch-Verfahrens in Kap. 3.1.2 sicherlich zu erwarten. Dennoch illustriert es den wichtigen Befund, dass ein scheinbar automatisiertes, algorithmisch gefasstes Verfahren der Bioinformatik je nach Parameterwahl ein ganzes Spektrum von Ergebnissen produzieren kann. Es gibt also kein eindeutiges *bestes* Alignment zweier Sequenzen gemäß diesem Algorithmus, sondern das Resultat ist selbst unter demselben Verfahren stets eine Funktion der gewählten Parameter. Die Strategie, eine solche Parameterabhängigkeit in einer bioinformatischen Analyse zu kontrollieren, liegt bei Betrachtung dieser Ergebnisse jedoch auf der Hand: Offensichtlich ändert sich in diesem Fall das Alignment über einen recht großen Bereich des Gap-Penalty nicht. Wir haben also für diese beiden Sequenzen ein gegenüber einer Parametervariation relativ robustes Ergebnis vorliegen.

Die vorangegangene Implementierung hat uns einen Einblick in das Funktionieren und die algorithmischen Feinheiten des Needleman-Wunsch-Algorithmus gegeben. Dieser Algorithmus, ebenso wie weitere wichtige Alignmentwerkzeuge, sind auch in *Mathematica* direkt verfügbar. Das Ergebnis unserer Alignmentroutine lässt sich mit den Befehlen **NeedlemanWunschSimilarity** und **SequenceAlignment** reproduzieren.

```
In[33]:= NeedlemanWunschSimilarity[StringJoin[prot1],
          StringJoin[prot2],SimilarityRules → "BLOSUM62",
          GapPenalty → 5]
Out[33]= 4.
```

Die Unterschiede im Score erklären sich aus einem etwas anderen Bewertungsschema von Gaps. *Mathematica* bewertet statt einzelner Gaps ganze Gap-Regionen. Bei einem genauen Vergleich zeigen sich zudem daraus resultierende Unterschiede in den so ermittelten optimalen Alignments. Selbst ein relativ einfaches Werkzeug wie das globale Sequenzalignment weist bei genauem Hinsehen eine recht hohe Diversität auf, die durch kleine Unterschiede in der Implementierung entsteht.

Das Alignment selbst erhalten wir nun über den Befehl **SequenceAlignment**.

```
In[34]:= s1 = SequenceAlignment[StringJoin[prot1],
          StringJoin[prot2],SimilarityRules → "BLOSUM62",
          GapPenalty → 5]
Out[34]= {K,{E,Y},FH,{,KAG},NGH,{,SP},T}
```

Allerdings ist der Output nicht in einer für bioinformatische Gewohnheiten üblichen Form angegeben.

Mit der folgenden Übersetzungsroutine überführen wir den Output in die vorangegangene Struktur. Dabei gehen wir der Reihe nach durch die vier möglichen Segmente: (1) einzelne Strings (was im Alignment gleiche Buchstaben in beiden Sequenzen bedeutet), (2) Paare mit einen leeren ersten Eintrag (Gaps im ersten String), (3) Paare mit einem leeren zweiten Eintrag (Gaps im zweiten String), (4) nichtleere Paare (ungleiche Symbole werden gepaart).

```
In[35]:= makeAlignment[out_] :=
            Transpose[
              Flatten[Table[xx = out[[k]];
              Transpose[If[Length[xx] == 0,
                {Characters[xx], Table["|", {StringLength[xx]}]},
                Characters[xx]},
                  If[Length[xx] == 2, If[xx[[1]] == "",
                    {Table["-", {StringLength[xx[[2]]]}],
                    Table[" ", {StringLength[xx[[2]]]}],
                    Characters[xx[[2]]]},
                    If[xx[[2]] == "", {Characters[xx[[1]]],
                      Table[" ", {StringLength[xx[[1]]]}],
                      Table["-", {StringLength[xx[[1]]]}]},
                    {Characters[xx[[1]]],
                      Table[" ", {StringLength[xx[[1]]]}],
                      Characters[xx[[2]]]}]]]], {k, 1, Length[out]}],
              1]]
```

Anwendung dieser Übersetzungsroutine auf den Output des *Mathematica*-internen Alignmentbefehls führt dann auf das gleiche Resultat wie unser eigener, oben entwickelter Alignmentbefehl.

```
In[36]:= makeAlignment[s1] // TableForm
            K E F H - - - N G H - - T
Out[36]=   |   | |       | | |     |
            K Y F H K A G N G H S P T

In[37]:= alignment[prot1, prot2, blosum, 5]
            K E F H - - - N G H - - T
Out[37]=   |   | |       | | |     |
            K Y F H K A G N G H S P T
```

***Mathematica*-Exkurs: Alignment von Zufallssequenzen**

Auf der Grundlage unserer Implementierung des Needleman-Wunsch-Algorithmus lassen sich nun weitere numerische Experimente durchführen. Wir werden hier die Score-Verteilung beim Alignment kurzer Zufallssequenzen analysieren. Dazu beschränken wir uns auf ein Alphabet aus wenigen Aminosäuren:

```
In[38]:= alX = Characters["CHPWY"]
Out[38]= {C,H,P,W,Y}
```

In üblicher Weise können wir nun die Untermatrix aus BLOSUM62 für dieses Alphabet extrahieren:

```
In[39]:= coordTab2 =
            Table[coordFun[proteinRef,alX,alX,ii,jj,blosum],
              {ii,1,Length[alX]},{jj,1,Length[alX]}];

In[40]:= TableForm[coordTab2, TableHeadings → {alX, alX},
            TableSpacing → 1, TableAlignments → Right]
```

	C	H	P	W	Y
C	9	-3	-3	-2	-2
H	-3	8	-2	-2	2
P	-3	-2	7	-4	-3
W	-2	-2	-4	11	2
Y	-2	2	-3	2	7

Out[40]=

Unser bisheriges Befehlsinventar erlaubt uns nun, sehr elegant das Alignment von zwei Zufallssequenzen auf dem Alphabet **alX** zu erzeugen:

```
In[41]:= prot1 = Table[RandomChoice[alX], {12}]
            prot2 = Table[RandomChoice[alX], {12}]
Out[41]= {W,W,H,Y,W,W,H,C,Y,P,C,C}
            {P,Y,P,H,P,W,Y,P,C,C,W,P}

In[42]:= alignment[prot1, prot2, blosum, 5]
            W W H Y W W H C Y P C C - -
Out[42]=      |    | | | |
            P Y P H P W - - Y P C C W P
```

Den Alignment-Score

```
In[43]:= alignmentScore[prot1, prot2, blosum, 5]
Out[43]= 17
```

können wir nun – wie zuvor – als Funktion des Gap-Penalty betrachten:

```
In[44]:= tab1 = Table[{i, alignmentScore[prot1, prot2, blosum, i]},
            {i, 0, 10}]
Out[44]= {{0,53},{1,43},{2,34},{3,28},{4,22},
            {5,17},{6,13},{7,9},{8,5},{9,1},{10,-3}}
```

```
In[45] := ListPlot[tab1, Joined → True, Frame → True,
            FrameLabel → {"Gap-Penalty", "Score"}]
Out[45] =
```

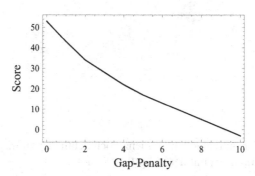

Erwartungsgemäß fällt der Score mit wachsendem Gap-Penalty ab. Qualitativ erwarten wir für den (auf die Sequenzlänge normierten) Alignment-Score einen linearen Abfall mit dem Gap-Penalty. Abweichungen von dieser Erwartung werden durch die konkrete Sequenzzusammensetzung erzeugt (Wie effizient lassen sich Gaps zur Erhöhung des Scores einsetzen?). Das folgende numerische Experiment mit einer größeren Zahl von Sequenzen bestätigt diese Erwartung:

```
In[46] := seqNum = 100;
            seqLength = 14;

In[47] := sequenceTab1 =
              Table[Table[RandomChoice[alX], {seqLength}], {seqNum}];
            sequenceTab2 =
              Table[Table[RandomChoice[alX], {seqLength}], {seqNum}];

In[48] := tabFull0 =
              Table[Table[
                  {i, N[(alignmentScore[sequenceTab1[[j]],
                    sequenceTab2[[j]], blosum, i])/seqLength]},
                  {i, 0, 10}], {j, 1, seqNum}];

In[49] := ListPlot[tabFull0, Joined → True, Frame → True,
            FrameLabel → {"Gap-Penalty", "Score"}]
```

Out[49]=

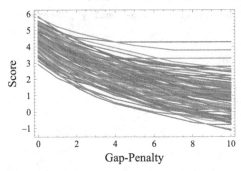

Um den Einfluss der individuellen Sequenz noch deutlicher zu machen, tragen wir nun den Score multipliziert mit dem Gap-Penalty auf.

```
In[50]:= tabFull1 =
           Table[Table[
               {i, N[(alignmentScore[sequenceTab1[[j]],
                   sequenceTab2[[j]], blosum, i])/seqLength]*
                 (i + 1)}, {i, 0, 10}], {j, 1, seqNum}];
```

```
In[51]:= ListPlot[tabFull1, Joined → True, Frame → True,
             FrameLabel → {"Gap-Penalty", "Score * Gap-Penalty"}]
Out[51]=
```

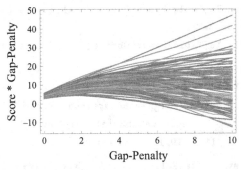

Hier zeigen sich nun erhebliche Unterschiede zwischen den Zufallssequenzen. Die Wirkung von Gaps auf den Alignment-Score kann also nicht durch einfache 'Skalierung' (in diesem Fall durch die Multiplikation mit dem Gap-Penalty) beschrieben werden. Nach dieser Operation findet man lineare Anstiege dieser Größe, ebenso wie nahezu konstante Verläufe und nicht monotone, bei großem Gap-Penalty abfallende Verläufe.

Als nächsten Schritt wollen wir den Smith-Waterman-Algorithmus in ähnlicher Weise implementieren, um ihn über die formale Diskussion des vorangegangenen Kapitels hinaus kennenzulernen und auch hier z. B. Parameterabhängigkeiten zu untersuchen.

Mathematica-Exkurs: lokales Alignment mit dem Smith-Waterman-Verfahren

Zuerst wollen wir die Rekursionsgleichung der neuen F-Matrix implementieren. Die Initialisierung erfolgt, wie wir gesehen haben, nun nicht mehr über den Gap-Penalty, sondern über einen Rahmen von Nullen.

```
In[52]:= fWaterman[0, 0] = {0, 0};
```

```
In[53]:= fWaterman[i_, 0] = {0, 0};
```

```
In[54]:= fWaterman[0, j_] = {0, 0};
```

Für unsere erste beispielhafte Darstellung verwenden wir denselben Wert des Gap-Penalty (**gP** = 5) wie im vorangegangenen *Mathematica*-Exkurs. Ebenso verwenden wir dieselbe Scoring-Matrix (abgelegt in der Variablen **blosum**), dieselben Beispielsequenzen, sowie die Funktion **coordFun**, die Einträge der Scoring-Matrix extrahiert.

Die Rekursion unterscheidet sich von der Needleman-Wunsch-Vorschrift nur in der Null, die noch in die Maximumsabfrage eingeht. Man hat:

```
In[55]:= Do[{
          tmp1 = {0, fWaterman[i - 1, j - 1][[1]]+
                    coordFun[proteinRef, prot1, prot2, i, j, blosum],
                 fWaterman[i - 1, j][[1]] - gP,
                 fWaterman[i, j - 1][[1]] - gP},
          fWaterman[i, j] =
            {Max[tmp1], Position[tmp1, Max[tmp1]][[-1, 1]] - 1}},
          {i, 1, Length[prot1]}, {j, 1, Length[prot2]}]
```

Dabei ist zu beachten, dass wir nun die Position in der Maximumsabfrage minus Eins als Zeigerzustand verwenden. Da als erster Eintrag die Null in der Liste zum Maximum steht, stellt diese Verschiebung die Konsistenz zu unseren vorangegangenen Zeigerzuständen her. Über dieselben Darstellungsmechanismen wie zuvor können wir nun diese Matrix abbilden und die entsprechenden Zeigerzustände einzeichnen. Das Ergebnis bildet das Gerüst von Abb. 3.12. Um als Nächstes das lokale Alignment ausgeben zu können, müssen wir den Anfangspunkt und die Abbruchbedingung des Traceback-Verfahrens implementieren. Der Anfangspunkt ist durch die Position des Maximums in der neuen F-Matrix gegeben. Wie zuvor legen wir die Ergebnisse in Einzeltabellen ab.

```
In[56] := fWatermanTab = Table[fWaterman[i, j],
                {i, 0, Length[prot1]}, {j, 0, Length[prot2]}];

In[57] := fWatermanTabA =
                fWatermanTab/.{n1_, n2_Integer} -> n1;

In[58] := fWatermanTabB =
                (fWatermanTab/.{n1_, n2_Integer} -> n2);
```

Die Koordinaten extrahieren wir in bewährter Weise mit dem Befehl **Position[matrix, Max[matrix]]**. Ein um diese Struktur gesetzter **Flatten**-Befehl beseitigt überzählige Klammern. Wir setzen nun die Variable **dX** auf diese Koordinaten und verwenden von da ab eine vollkommen analoge Befehlsfolge zur Pfadrekonstruktion wie im Fall des Needleman-Wunsch-Algorithmus.

```
In[59] := dX = Flatten[Position[fWatermanTabA,
                Max[fWatermanTabA]]];
```

Dieser Anfangspunkt (bzw. Endpunkt) des Pfads wird wie zuvor als erster Funktionswert von **traX** festgelegt:

```
In[60] := traX[1] = {dX[[1]], dX[[2]]}
Out[60] = {8, 9}
```

Zur weiteren Pfadbestimmung können wir die **While**-Schleife des Needleman-Wunsch-Algorithmus exakt wiederverwenden. Dort hatten wir das Auffinden einer Null in der Zeigermatrix als Abbruchbedingung benutzt (was dort die linke obere Ecke der Matrix kennzeichnete). Durch die obige Zeigercodierung wissen wir, dass dies auch das Ende des Pfads im Smith-Waterman-Algorithmus darstellt.

Dieselbe Befehlsfolge (Traceback mithilfe einer **While**-Schleife, Auslesen der Zeiger entlang des Pfads, Umsetzung dieser Koordinaten-Zeigerzustand-Kombinationen in eine Abfolge von Grafikbefehlen) wie für das entsprechende Resultat des Needleman-Wunsch-Algorithmus führt auf die in Abb. 3.12 angegebene Struktur. Auch für die Ausgabe des lokalen Alignments auf der Sequenzebene könnten wir im Prinzip die Befehlsstruktur des Needleman-Wunsch-Algorithmus nutzen. Wir wollen hier stattdessen die Ausgabe über eine **Do**-Schleife realisieren, die bis zur Länge des rekonstruierten Pfads, **Length[path2]**, läuft. Die Variable **path2** enthält die Abfolge der Zeigerzustände entlang des Pfads. Sie ergibt sich durch Anwenden (**Map**) der Matrix **fWatermanTabB** auf den Pfad **path1**. Die einzige Schwierigkeit bei diesem Schritt stellt die Initialisierung der beiden Counter-Variablen dar, mit der wir die aktuelle Position in den beiden Sequenzen protokollieren. Wir behalten die Zählweise 'von hinten nach vorne' des Needleman-Wunsch-Algorithmus bei (die man daran erkennt, dass wir den Counter hochzählen, aber die Sequenz stets von hinten her abfragen: **prot1[[-count1]]**). Wir initialisieren also z. B. den ersten Counter als Sequenzlänge + 1 – erste Koordinate des Pfadbeginns. Die Koordinaten des Pfadbeginns extrahieren wir aus der Variablen **path3**, einer Liste, deren Einträge die Form Zeigerzustand, erste Koordinate, zweite Koordinate besitzen.

```
In[61]:= count1 = (Length[prot1] + 1) - path3[[1]][[2]];
         count2 = (Length[prot2] + 1) - path3[[1]][[3]];
```

Nach diesen Vorbereitungen können wir die **Do**-Schleife nach dem Vorbild der **While**-Schleife des vorangegangenen Algorithmus formulieren:

```
In[62]:= Do[If[path2[[j]] == 1,
            {count1 = count1 + 1, count2 = count2 + 1,
             aligW[j] = {prot1[[-count1]],
               If[prot1[[-count1]] == prot2[[-count2]], "|", " "],
               prot2[[-count2]]}},
           If[path2[[j]] == 2,
             {count1 = count1 + 1,
              aligW[j] = {prot1[[-count1]], " ", " - "}},
           If[path2[[j]] == 3,
             {count2 = count2 + 1,
              aligW[j] = {" - ", " ", prot2[[-count2]]}}]]],
         {j, 1, Length[path2]}]
```

Zur Ausgabe fragen wir die Einträge in **aligW** wieder in umgekehrter Reihenfolge ab und geben sie mit dem Formatbefehl **TableForm** aus:

```
In[63]:= alWFull = Table[aligW[j], {j, Length[path2], 1, -1}];
         Transpose[alWFull]//TableForm
         K E F H N - G H
Out[63]= |   | |     |
         K Y F H K A G N
```

Dies ist das Endresultat für das lokale Alignment gemäß dem Smith-Waterman-Algorithmus. Auch hier wollen wir die einzelnen Befehle so in einer **Module**-Umgebung zusammenfügen, dass man ein kompaktes Werkzeug zur Verfügung hat. Den Code geben wir wie zuvor in der elektronischen Fassung des *Mathematica*-Exkurses an. Man hat dann einen Befehl **alignmentSW** mit denselben Argumenten wie beim Needleman-Wunsch-Algorithmus.

Der folgende Befehl reproduziert also unser zuvor gewonnenes lokales Alignment:

```
In[64]:= alignmentSW[prot1, prot2, blosum, 5]
         K E F H N - G H
Out[64]= |   | |     |
         K Y F H K A G N
```

In bewährter Weise können wir nun auch betrachten, wie sich das Alignment unter Variation des Gap-Parameters ändert.

```
In[65]:= alignmentSW[prot1, prot2, blosum, 1]
```

```
          K E F H N - G - - H - - T
Out[65]= |    | |   |    |     |
          K Y F H K A G N Q H S P T

In[66]:= alignmentSW[prot1, prot2, blosum, 15]
          K E F H
Out[66]= |   | |
          K Y F H
```

In einer Hinsicht ist die bisher erzeugte Ausgabe des lokalen Alignments unbefriedigend. In vielen Fällen (vor allem für kurze Sequenzsegmente, bei denen dadurch die Übersichtlichkeit der Darstellung nicht leidet) möchte man die nicht in Alignment gebrachten Sequenzbereiche an den Enden der Sequenzen ebenfalls sichtbar machen. Diesen Teil der Ergebnisausgabe stellen wir in der elektronischen Fassung dieses *Mathematica*-Exkurses ausführlich dar.

3.2 Weitere Aspekte des Sequenzalignments

3.2.1 Heuristische Methoden des Sequenzvergleichs

Im vorangegangenen Kapitel haben wir exakte Methoden des paarweisen Alignments diskutiert. Im Kern dieser Verfahren stand die Dotplot-Ebene, in die kumulativ Bewertungen von Symbolpaaren eingetragen wurden (F-Matrix). Diese Matrixeinträge konnten rekursiv unter Rückgriff auf jeweils drei vorangegangene Einträge berechnet werden. Die Formulierung solcher rekursiven Verfahren, die global optimale Ergebnisse nur aufgrund lokaler, unabhängiger Entscheidungen ermitteln, bezeichnet man, wie wir bereits diskutiert haben, als dynamische Programmierung.

Aufgrund dieser rekursiven Definition skaliert der Rechenaufwand mit dem Produkt der beiden Sequenzlängen. Dieses Skalenverhalten der Rechenzeit stellt bereits einen erheblichen Fortschritt verglichen mit einem 'Durchprobieren' aller möglichen Alignments dar. Allerdings folgt damit auch, dass bei dem Vergleich einer Ausgangssequenz mit einer ganzen Datenbank von Sequenzen die Rechenzeit linear mit der Größe der Datenbank skaliert. Das Ziel eines solchen Vergleichs ist die biologische Einordnung der Ausgangssequenz und oft auch die Aufklärung phylogenetischer (also die evolutionäre Abfolge der Speziesdifferenzierung betreffender) Zusammenhänge. Will man die ähnlichsten Sequenzen zu einer Testsequenz (also der Ausgangssequenz) aus einer (großen) Datenbank (also einem Ensemble von Zielsequenzen) ermitteln, so erweisen sich die exakten Methoden des paarweisen Sequenzalignments als erheblich zu langsam.[6] Hier kommen *heuristische Verfahren*

---

[6] Mit dem Needleman-Wunsch- oder dem Smith-Waterman-Algorithmus als Ausgangspunkt gibt es auch auf der Ebene der exakten Verfahren eine Vielzahl algorithmischer Weiterentwicklungen, mit denen der Speicherplatz und die Laufzeit verbessert wurden. Der Hirschberg-Algorithmus führt z. B. durch ein iteratives Zerlegen der Dotplot-Ebene in klei-

zum Einsatz, die die exakten, rekursiven Methoden zwar im Kern verwenden, durch eine vorab durchgeführte Eingrenzung des Möglichkeitsraums jedoch einen erheblichen Geschwindigkeitsgewinn verzeichnen können. Man versucht dabei, Teile der Datenbank, in denen eine Homologie zu der gegebenen Ausgangssequenz unwahrscheinlich ist, unmittelbar aus der sorgfältigen, auf dynamischer Programmierung beruhenden Betrachtung herauszuhalten und so zu einem sehr viel schnelleren Vergleich der Ausgangssequenz mit dem Datenbankinhalt zu gelangen. Homologie bezeichnet die Sequenzähnlichkeit aufgrund einer evolutionären Verwandtschaft der Sequenzen. Abbildung 3.14 skizziert dieses Schema. Zugleich beschränkt man für die verbleibenden Sequenzen den Bereich in der Dotplot-Ebene, für den tatsächlich die F-Matrix-Elemente berechnet werden. Für die beiden wichtigsten heuristischen Verfahren, nämlich BLAST und FASTA, wollen wir nun die verwendeten approximativen Methoden etwas näher betrachten.

FASTA wurde in den 1980er Jahren von Pearson und Lipman entwickelt. Gegeben ist eine Ausgangssequenz (engl. *query sequence*), die vom Benutzer eingegeben wird, und die Datenbank, auf der ein Vergleich durchgeführt werden soll (Menge der Zielsequenzen, der *target sequences*). Natürlich arbeitet auch FASTA mit paarweisen Sequenzvergleichen. Die Idee ist jedoch, zu Beginn einen näherungsweisen, schnellen Vergleich der Ausgangssequenz mit jeder in der Datenbank enthaltenen Sequenz durchzuführen, so dass die rechenintensiveren Schritte nur noch an einer Untermenge von Zielsequenzen durchgeführt werden, für die eine Homologie zu der Ausgangssequenz aufgrund der Vorauswahl besonders wahrscheinlich ist. Das Vorgehen von FASTA besteht aus vier Schritten. Betrachten wir also diese vier Schritte nun für den Vergleich der Ausgangssequenz mit einer einzelnen Zielsequenz. Abbildung 3.15 visualisiert das FASTA-Konzept in der Dotplot-Ebene. Im ersten Schritt werden identische k-Worte gesucht, also Sequenzsegmente der Länge k (k-Tupel im Sprachgebrauch der FASTA-Autoren), die in beiden Sequenzen vorkommen (Abb. 3.15a). Dann werden die zehn besten Regionen (sogenannte *initial regions*) in diesen Übereinstimmungen ausgewählt. Die Bewertung erfolgt gewöhnlich über eine PAM250-Matrix (Abb. 3.15b). In Abb. 3.15b-d ist die beste *initial region* mit einem Stern markiert. Sie wird in den nächsten Schritten weiterverfolgt. In der FASTA-Nomenklatur bezeichnet man ihren Score als *init*1-Score. FastP, ein Vorläufer von FASTA, stoppte die Voruntersuchung an dieser Stelle und verwendete den *init*1-Score, um die Datenbanksequenzen in eine Rangfolge zu bringen. In FASTA wird in einem weiteren Schritt (Schritt 3) versucht, die Segmente durch Gaps zu verbinden. Der auf diesen prozessierten Segmenten ermittelte neue Alignment-Score ist der *initn*-Score. Alle Sequenzen der Datenbank durchlaufen die Schritte 1 bis 3 und erhalten somit einen *initn*-Score. Der vierte Schritt, eine begrenzte Anwendung des Smith-Waterman-Algorithmus, wird jedoch nur mit Sequenzen durchgeführt, deren *initn*-Score eine bestimmte Schwelle überschreitet.

---

ne Blöcke, auf denen dann die Matrix F_{ij} bestimmt wird, zu einem linearen Anwachsen des Speicherbedarfs mit den Sequenzlängen (verglichen mit dem quadratischen Verhalten, das dem Needleman-Wunsch-Algorithmus durch das Speichern der gesamten Matrix eingeschrieben ist).

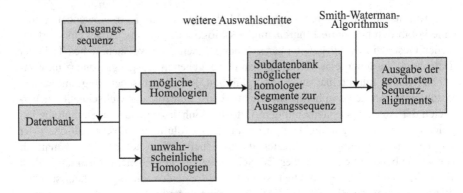

Abb. 3.14 Ein Arbeitsprinzip heuristischer Methoden des Sequenzvergleichs. Eine Ausgangs-sequenz soll mit den Zielsequenzen einer Datenbank verglichen werden. In einer Reihe der eigentlichen Alignmentkonstruktion vorgeschalteten Schritten wird versucht, die Menge an tatsächlich berücksichtigten Zielsequenzen zu reduzieren. Durch diese Abweichung von einer exakten Durchmusterung der Datenbank mithilfe des Smith-Waterman-Algorithmus wird die Rechenzeit für eine solche Datenbankabfrage erheblich reduziert

Sehen wir uns einige Aspekte dieses Verfahrens noch einmal im Detail an. Innerhalb von FASTA wird zur Ermittlung der identischen k-Worte tatsächlich keine Dotplot-Matrix konstruiert, sondern eine rechnerisch effizientere Methode verwendet, nämlich *Lookup*-Tabellen. Dazu betrachten wir unsere Beispielsequenzen aus Kap. 3.1 als Ausgangs- und Zielsequenz:[7]

$$\text{Ausgangssequenz} = K, E, F, H, N, G, H, T$$
$$\text{Zielsequenz} = K, Y, F, H, K, A, G, N, G, H, T.$$

Die Ausgangssequenz übersetzen wir nun in eine Lookup-Tabelle, indem wir zu jedem auftretenden Symbol die Position angeben:

```
E  F  G  H  K  N  T
2  3  6  4  1  5  8
      7
```

In der Zielsequenz werden diese Positionen nun mit ihrer Verschiebung (engl. *offset*) zwischen Ausgangs- und Zielsequenz vermerkt. Dies ist die *Offset*-Tabelle:

```
1  2  3  4  5  6  7   8   9  10  11
K  Y  F  H  K  A  G   N   G   H   T
0     0  0 -4     -1  -3  -3  -6  -3
         3              -3
```

---

[7] Dabei haben wir den Einschub $E2$ und die Punktmutation im Segment B aus Gründen der Klarheit weggelassen.

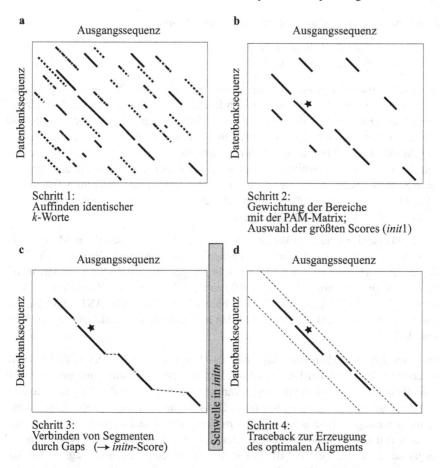

Abb. 3.15 Schematische Darstellung der Auswahlschritte von FASTA in der Dotplot-Ebene. In jedem Schritt ist die Ausgangssequenz gegen eine Datenbanksequenz (Zielsequenz) aufgetragen. Das Segment größter Übereinstimmung ist mit einem Stern gekennzeichnet. Die gestrichelten Linien in Schritt 4 begrenzen die Region in der Dotplot-Ebene, auf die der Smith-Waterman-Algorithmus angewendet wird. (Angepasst aus: Pearson und Lipman 1988)

Man erkennt die Systematik z. B. am Symbol H. In der Zielsequenz steht dieses Symbol an den Positionen 4 und 10. Die Lookup-Tabelle liefert die Positionen 4 und 7 für das Symbol in der Ausgangssequenz. Damit ergeben sich an der ersten Position die Verschiebungswerte 0 und 3, während die zweite H-Position in der Zielsequenz die Verschiebungswerte −6 und −3 erhält. Die Verteilung der Verschiebungswerte,

$$\text{Wert:} \quad -6 \;\; -5 \;\; -4 \;\; -3 \;\; -2 \;\; -1 \;\; 0 \;\; 1 \;\; 2 \;\; 3$$
$$\text{Häufigkeit:} \quad 1 \quad 0 \quad 1 \quad 4 \quad 0 \quad 1 \quad 3 \quad 0 \quad 0 \quad 1$$

führt nun unmittelbar auf die häufigste Verschiebung (nämlich −3), mit der ohne die Verwendung von Gaps eine größte Übereinstimmung zwischen Ausgangs- und

Zielsequenz erreicht wird. Man hat in unserem Beispiel also

```
K E F H N G H T
K Y F H K A G N G H T,
```

was auch optisch der größten Übereinstimmung entspricht. Die beiden Aspekte des FASTA-Verfahrens, die auf einen großen Rechenzeitgewinn führen, sind die Zulassungsbegrenzung zu Schritt 4 und die Beschränkung der Smith-Waterman-Analyse auf einen Unterbereich der Dotplot-Ebene. Es ist tatsächlich vor allem letzterer Aspekt, der die Rechenzeit erheblich reduziert. In typischen FASTA-Abfragen werden durch die *initn*-Schwelle nur etwa 10 % der Datenbanksequenzen aus der weiteren Schritt-4-Betrachtung ausgeschlossen. Die Anwendung des Smith-Waterman-Algorithmus auf ausschließlich einen schmalen Streifen in der Dotplot-Ebene bezeichnet man als *banded SW*-Algorithmus.

Um 1990 erschien eine erste Version von BLAST, die von Altschul und Mitarbeitern entwickelt wurde. Im Laufe der 1990er Jahre kamen – unter dem Begriff BLAST2 – Weiterentwicklungen von BLAST heraus. Heute gehören die beiden zentralen Veröffentlichungen (Altschul et al. 1990, 1997) zu BLAST (zur Originalversion von 1990, ebenso wie die Publikation zur 1997 erschienenen Version zu BLAST mit Gaps) mit jeweils mehr als 50 000 Zitierungen zu den meistbeachteten Publikationen der Wissenschaft.

In seiner ursprünglichen Form lässt sich das Vorgehen von BLAST in drei Schritte unterteilen. Wie auch bei FASTA ist das Ziel des ersten Schritts, möglichst schnell (und ohne das Einbeziehen von Gaps) Ähnlichkeiten zwischen der Ausgangssequenz und den Datenbanksequenzen zu finden. Dazu werden bei BLAST alle Sequenzsegmente der Länge p (die in BLAST als p-Worte bezeichnet werden) der Ausgangssequenz mit allen entsprechenden Worten der Datenbanksequenzen verglichen. Im Gegensatz zu FASTA erlaubt BLAST in diesem ersten Schritt allerdings kleine Abweichungen auf der p-Wort-Ebene. Dazu wird zu jedem p-Wort der Ausgangssequenz eine Liste aller möglichen Wörter der Länge p erzeugt, deren Ähnlichkeit mit dem Originalwort (also der Score eines direkten globalen Alignments ohne Gaps) eine festgelegte Schwelle T überschreitet. Die Schwelle T ist einer der Parameter von BLAST. Für diese Wortliste werden nun exakte Übereinstimmungen in den Datenbanksequenzen gesucht.

Diskutieren wir diesen Fall auch kurz anhand unserer Beispielsequenzen. Wir betrachten dazu ein Stück der Ausgangssequenz für $p = 2$. Das dritte 2-Wort ist $W_3 = $ FH. Es führt bei einer Schwelle $T = 8$ und einer Bewertung mit BLOSUM62 auf die Wortliste FH (14), YH (11), WH (9). Dabei ist der Score stets in Klammern hinter dem 2-Wort angegeben. Das vierte 2-Wort $W_4 = $ HN führt auf die Wortliste HN (14), HB (11), HS (9), HH (9), HD (9). Für W_3 und W_4 findet man damit die folgende Übereinstimmung in der Zielsequenz:

```
Zielsequenz: K Y F H K A G N Q H S P T
Match in W₃-Liste:      F H
Match in W₄-Liste:                    H S
```

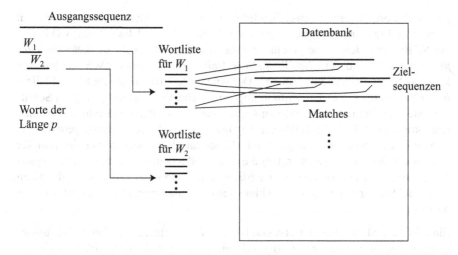

Abb. 3.16 Schematische Darstellung des Wortlistenkonzepts bei BLAST. Für jedes p-Wort W_i wird eine Wortliste aller p-Worte erzeugt, die eine hohe Ähnlichkeit zu W_i besitzen (also im direkten Vergleich mit W_i einen hohen Score erzielen). Für zwei p-Worte der Ausgangssequenz ist dies in der linken Bildhälfte skizziert. Übereinstimmungen mit den Datenbanksequenzen werden nun auf der Grundlage der Wortlisten gesucht (rechte Bildhälfte)

Abbildung 3.16 stellt diese ersten zwei Schritte der BLAST-Analyse grafisch dar. Im dritten Schritt werden die exakten Übereinstimmungen zu beiden Seiten verlängert (ohne Verwendung von Gaps). Dabei wird der Score in Abhängigkeit der Verlänge-rungen mitprotokolliert. Die Abbruchbedingung für das Verlängern ist, vom Maxi-malwert des Scores wieder um den Wert X abgefallen zu sein. Diese Größe X ist ein weiterer Parameter des BLAST-Verfahrens. Von ihm hängt die Sensitivität der Analyse in entscheidender Weise ab: Ist X zu klein, so bricht das Verfahren direkt nach Verlassen eines (lokalen) Maximums ab und möglicherweise werden größere (globale) Maxima nicht mehr erreicht. Grundsätzlich soll dieser dritte Schritt des BLAST-Algorithmus ermitteln, ob die Übereinstimmungen auf der p-Wort-Ebene einer größeren Homologie in diesem Sequenzbereich entsprechen. Jedes Segment, das am Ende dieses dritten Schritts einen größeren Score als eine Schwelle S (ein weiterer Parameter des Verfahrens) erreicht, wird weiter behandelt. Diese Segmente bezeichnet man als *high scoring segment pairs* (HSP).[8] Das Segment mit dem größ-ten Score wird als *maximal segment pair* (MSP) bezeichnet. Man erkennt schon an dieser Beschreibung, dass ein Defizit von BLAST (oder BLAST1, wie man es in Ab-grenzung zu den späteren, aktuellen Algorithmen auch nennt) im Verzicht auf Gaps liegt. Die unter der Bezeichnung BLAST2 bekannten Verfahren beziehen Gaps in die Alignmentkonstruktion ein.

---

[8] Es sind *Paare*, weil es sich um ein Segment sowohl in der Ausgangssequenz als auch in der gerade diskutierten Datenbanksequenz handelt.

BLAST2 wurde in etwas abweichender Form von zwei unterschiedlichen Gruppen entwickelt. Man unterscheidet daher das NCBI-BLAST2 und das WU-BLAST2, wobei NCBI wie in Kap. 1 besprochen für das *National Center for Biotechnology Information* steht und WU die *Washington University* bezeichnet. Wir werden hier kurz das NCBI-BLAST2 diskutieren. Der wichtigste Unterschied zu BLAST1 liegt in der Erweiterung der Übereinstimmungen (Matches) aus den ersten beiden Schritten unter der Berücksichtigung von Gaps. Zuerst wird dabei ein Alignment ohne Gaps konstruiert. Falls der HSP über eine bestimmte Schwelle gelangt, geht der Algorithmus zu einem vollständigen Smith-Waterman-Alignment (mit Gaps) in dieser Region der Dotplot-Ebene über. Um die größere Rechenzeit auszugleichen, werden auf dieser Ebene nur Matches in die Alignmentkonstruktion einbezogen, die einen weiteren Match in einer Entfernung kleiner als ein Parameter A in der Dotplot-Ebene besitzen.

Ein Unterschied zwischen FASTA und BLAST wird sichtbar, wenn die Ausgangssequenz mit mehreren getrennten Regionen einer bestimmten Datenbanksequenz Homologien aufweist. Während FASTA nur die beste Homologie ausgibt, behandelt BLAST diese Homologien unabhängig und gibt alle aus, sofern sie die entsprechenden Score-Schwellen passieren. Ein Nachteil beider Verfahren ist, dass nicht alle Einträge der Datenbank durch die heuristische Vorauswahl (die aber auch auf der Ausgangssequenz basiert) in gleicher Weise einbezogen werden. Ein weiterer (damit in gewissem Sinne verwandter) Nachteil ist, dass man die mathematisch strenge Eigenschaft der Algorithmen aus Kap. 3.1 aufgibt, stets das (in Bezug auf den Algorithmus und das verwendete Scoring-System) optimale Alignment zu ermitteln. Das Finden des optimalen Alignments ist mit den heuristischen Methoden formal nicht mehr garantiert.

3.2.2 Multiples Alignment

Wir werden in Kap. 3.3 sehen, dass gerade im Fall des paarweisen Alignments eine Sequenzähnlichkeit sehr oft als evolutionäre Nähe der zugehörigen Organismen interpretiert wird. Im Falle des *multiplen Alignments* gewinnt der quantitative Vergleich von Proteinsequenzen, also eine zahlenmäßige Erfassung der lokalen Sequenzähnlichkeiten über viele global ähnliche Sequenzen hinweg, eine weitere Bedeutungsebene hinzu: Die über viele Sequenzen hinweg beobachteten lokalen Ähnlichkeiten zwischen den Sequenzen sind sehr oft *strukturelle* Ähnlichkeiten der zugehörigen Proteine. Ein multiples Alignment führt so in vielen Fällen auf Informationen zur Proteinstruktur. So können sich etwa über viele Proteine hinweg erhaltene, stark konservierte Bereiche mit variablen Bereichen abwechseln, in denen man Speziesunterschiede, aber auch Differenzierungen der Proteinfunktion bemerken kann.

Eine wichtige Motivation der heuristischen Verfahren des paarweisen Sequenzvergleichs ist, wie wir in Kap. 3.2.1 gesehen haben, der Geschwindigkeitsgewinn gegenüber dem iterativen, auf dynamischer Programmierung basierenden Alignmentverfahren, das stets das mathematisch exakte optimale Alignment der beiden Sequenzen ergibt. Wenn schon bei dem Vergleich zweier Sequenzen ein Abweichen von den exakten iterativen Methoden hin zu geschwindigkeitsoptimierten heuristischen Verfahren wünschenswert ist, so ist zu erwarten, dass beim simultanen Vergleich vieler Sequenzen, dem multiplen Alignment, solche auf dynamischer Programmierung basierenden Methoden in der Praxis kaum zur Lösung des Problems herangezogen werden können. Um das mathematische Problem zu definieren, aber auch, um diese Grenzen quantitativ erfassen zu können, wollen wir dennoch eine Verallgemeinerung dieser iterativen Methoden des paarweisen Sequenzvergleichs auf das multiple Alignment kurz diskutieren. In der Diskussion eines solchen gleichzeitigen Alignments vieler Sequenzen treten vor allem zwei informatische Fragestellungen neu auf: die *Bewertung* eines multiplen Alignments und die *Suche* nach dem optimalen Alignment im Raum aller möglichen multiplen Alignments dieser Sequenzen.[9]

Wir gehen dabei von einem linearen Gap-Modell $\gamma(g) = -d \cdot g$ für ein Gap-Segment der Länge g aus. Wir bezeichnen nun im Folgenden mit x_i^j das i-te Symbol der j-ten Sequenz. Der obere Index (j) bezeichnet also die Sequenznummer, während der untere Index (i) wie zuvor die Symbolposition parametrisiert. An dieser Stelle wollen wir noch auf die scheinbar doppelte Notation hinweisen. Wir betrachten N Sequenzen mit Längen $l_1, l_2, \ldots, l_N$ und bezeichnen das i-te Symbol der j-ten Sequenz mit x_i^j. Zugleich stellen wir dieser formalen Symbolmatrix eine durch das multiple Alignment gegebene Matrix m gegenüber mit Spalten m_i, deren Elemente sich dann als $m_i = m_i^1, m_i^2, \ldots, m_i^N$ schreiben lassen. Es ist jedoch klar, dass die m_i^j nicht mit den x_i^j zusammenfallen, da die m-Matrix im Gegensatz zu der reinen Sequenzmatrix Gaps enthält. Betrachten wir zuerst das Scoring-Modell eines multiplen Alignments. In nahezu allen Scoringverfahren nimmt man an, dass die Spalten eines multiplen Alignments m unabhängig voneinander sind. Der Score des gesamten Alignments ergibt sich dann als Summe über alle Spalten:[10]

$$S(m) = \sum_i S(m_i) . \tag{3.20}$$

Erneut bezeichnet m_i die i-te Spalte des multiplen Alignments m. Um Gl. (3.20) auszugestalten, müssen Gaps dem Zustandsraum der Sequenzen als weiteres mögliches Symbol hinzugefügt werden und sich somit nahtlos in das symbolbasierte Scoring-Schema einfügen.

---

[9] Diese beiden Punkte sind natürlich nicht unabhängig voneinander. Wir haben z. B. gesehen, dass eine Änderung des Gap-Modells (also der Bewertung) stark den Algorithmus für das Auffinden eines paarweisen Alignments beeinflusst. Umgekehrt verwenden heuristische Verfahren der Alignmentkonstruktion nun gerade Eigenschaften des Scores, also der Bewertung der Sequenzübereinstimmung, um den Möglichkeitsraum einzuschränken.

[10] An dieser Stelle ist zu beachten, dass wie schon in vielen Fällen der vorangegangenen Kapitel solche Scores logarithmische Größen sind. Die Summe über alle Spalten entspricht dann einem Produkt auf der Ebene der nicht logarithmierten Wahrscheinlichkeiten.

Das einfachste Scoring-Verfahren sind die *sum of pairs* (SP)-Scores. In diesem Verfahren ist der Score $S(m_i)$ einer Spalte im multiplen Alignment m gegeben durch:

$$S(m_i) = \sum_{j<k} s(m_i^j, m_i^k) \, , \qquad (3.21)$$

wobei die Größen $s(m_i^j, m_i^k)$ nun den Score eines Symbolpaares bezeichnen und aus einer gewöhnlichen Substitutionsmatrix gewonnen werden können, so wie wir es im vorangegangenen Kapitel für das paarweise Alignment diskutiert haben. Die Summe in Gl. (3.21) läuft über j und k, unter der Nebenbedingung, dass j kleiner als k ist. Auf diese Weise werden alle Symbolpaare in dieser Spalte des multiplen Alignments gezählt, aber eine Doppelzählung wird unterdrückt. Da wir als Symbole m_i^j auch Gaps zulassen, müssen die Elemente der Substitutionsmatrix phänomenologisch ergänzt werden, z. B. durch

$$s(a, -) = s(-, a) = -d, \quad s(-, -) = 0 \qquad (3.22)$$

mit einem beliebigen Symbol a aus dem Zustandsraum ohne Gap und dem Gap-Penalty d.

Ein anderes Bewertungsmodell multipler Alignments basiert auf der Unordnung einer solchen Spalte m_i. Dieses Konzept der Bewertung bedient sich eines Grundgedankens der Informationstheorie, den wir in Kap. 4 diskutieren werden, nämlich der *Entropie* einer Symbolabfolge. Betrachten wir dazu die relative Häufigkeit p_{ia} des Symbols a in der Spalte i:

$$p_{ia} = \frac{c_{ia}}{\sum_b c_{ib}} \, , \qquad (3.23)$$

wobei c_{ia} die Häufigkeit des Symbols a in der Spalte i bezeichnet. Der Score der i-ten Spalte hat dann in diesem Bewertungsmodell[11] die folgende Form:

$$S(m_i) = - \sum_a p_{ia} \log p_{ia} \qquad (3.24)$$

mit einer Summe über alle Symbole des betrachteten Zustandsraums. Auf der rechten Seite von Gl. (3.24) erkennt man die charakteristische Struktur einer Entropie: Die Wahrscheinlichkeit wird mit dem Logarithmus der Wahrscheinlichkeit multipliziert. Auch wenn wir auf die mathematische Form der Entropie in Kap. 4 noch genauer eingehen werden, ist es aufschlussreich, schon hier zwei wichtige Grenzfälle zu betrachten. Sind alle Symbole in der Spalte m_i gleich, so ist $S(m_i)$ gleich Null.[12]

---

[11] In dieser Definition verhält sich der Score reziprok zu den vorangegangenen Scores. Je niedriger der Entropie-Score, desto besser ist das Alignment.

[12] Sei das einzige auftretende Symbol gerade a, dann sind alle anderen p_{ib} gleich Null und die entsprechenden Summanden verschwinden. Für a hat man jedoch $\log p_{ia} = \log 1 = 0$, also $S(m_i) = 0$.

Sind die Symbole alle gleichverteilt über die k möglichen Zustände, $k = |\Sigma|$ mit dem Zustandraum Σ, so ist $S(m_i)$ maximal,[13] nämlich gerade

$$S(m_i) = -\sum_a \frac{1}{k} \log \frac{1}{k} = -k\frac{1}{k} \log \frac{1}{k} = -\log \frac{1}{k} = \log k. \tag{3.25}$$

Flankiert von diesen beiden Extremwerten misst die Größe $S(m_i)$ aus Gl. (3.24) in bemerkenswert akkurater Weise die Ordnung der Spalte i. Diese Eigenschaft lässt sich prinzipiell erweitern zu einem Konstruktionsverfahren eines multiplen Alignments, da das optimale multiple Alignment gerade mit einem Minimum der Gesamtentropie $S(m) = \sum_i S(m_i)$ zusammenfällt. Man kann sich also Variationsmethoden vorstellen, die im Raum der möglichen Alignments nach der Konstellation mit der geringsten Entropie suchen.[14]

Im letzten Abschnitt haben wir gesehen, dass die Bewertung eines multiplen Alignments grundsätzlich auch Verfahren der Alignmentkonstruktion implizieren kann. Auf dieser Ebene stellt sich die Frage, ob nicht bereits die in Kap. 3.1 diskutierten Alignmentverfahren das geeignete Methodenrepertoire bereitstellen, um ein solches multiples Alignment zu bestimmen. Wie zu Beginn des Kapitels angedeutet, ist ein solcher Weg prinzipiell möglich, aber in der praktischen Anwendung um Größenordnungen zu rechenintensiv. Dennoch werden wir die Verallgemeinerung der paarweisen Alignmentkonstruktion auf das multiple Alignment kurz formal diskutieren. Wir betrachten dazu ein lineares Gap-Modell $\gamma(g) = -d \cdot g$ und nehmen an, dass ein Scoring-Modell vorliegt, um für eine gegebene Spalte m_i des multiplen Alignments den Score $S(m_i)$ unmittelbar angeben zu können. Wie im Fall des paarweisen Alignments, definieren wir nun eine Variable $\alpha_{i_1,i_2,\ldots,i_N}$, die den maximalen Score des Alignments der beteiligten N Sequenzen angibt bis zu der durch die Spalte

$$x^1_{i_1}, x^2_{i_2}, \ldots, x^N_{i_N} \tag{3.26}$$

gegebenen Position. Dabei bezeichnet x^j_i wie zuvor das i-te Symbol der j-ten Sequenz. Für diese Variable lässt sich auch hier eine Rekursionsgleichung angeben, die

---

[13] Zum Beweis, dass der in Gl. (3.25) angegebene Wert tatsächlich das Maximum der Entropie darstellt, lässt sich die Jensen-Ungleichung heranziehen: Für eine konkave Funktion (also eine, die Bedingungen der Form $f((x + y)/2) \geq (f(x) + f(y))/2$ erfüllt, gilt $\sum a_i f(x_i) \leq f(\sum a_i x_i)$ mit $\sum a_i = 1$ und $a_i > 0$. Die Forderung einer konkaven Funktion bedeutet qualitativ, dass ein Funktionswert in der Mitte von x und y nie niedriger ist als der mittlere Funktionswert an den beiden Stellen, was sich mit der geometrischen Vorstellung hinter dem Begriff 'konkav' deckt. Wendet man die Jensen-Ungleichung nun auf die Entropie aus Gl. (3.24) an (mit $H(p) = S(m_i)$ und $p = p_1, \ldots, p_k$ als Notationsvereinfachungen), so erhält man: $H(p) = -\sum p_i \log p_i = \sum p_i \log 1/p_i \leq \log \sum p_i \cdot 1/p_i = \log k$. Die Entropie ist also stets kleiner als $\log k$.

[14] Bei solchen Optimierungsverfahren bewegt man sich in der durch die Alignments gegebenen Landschaft entlang des steilsten Abfalls der Entropie. Solche Gradientenverfahren sind z. B. in der statistischen Physik sehr gebräuchlich.

allerdings etwas aufwendiger organisiert ist. Man hat eine Gleichung der Form

$$\alpha_{i_1,i_2,\ldots,i_N} = \max \begin{cases} G_0 \\ G_1 \\ G_2 \\ \vdots \\ G_{N-1} \end{cases}, \tag{3.27}$$

die diesen maximalen Score der durch Gl. (3.26) gegebenen Spalte in Beziehung setzt zu den entsprechenden maximalen Scores jeder möglichen unmittelbar vorangegangenen Spalte. In Gl. (3.27) bezeichnet die Größe G_k die Liste von solchen möglichen Vorgängerspalten mit genau k Gaps. Insbesondere hat man also:

$$G_0 = \alpha_{i_1-1,i_2-1,i_3-1,\ldots,i_N-1} + S\left(x_{i_1}^1, x_{i_2}^2, x_{i_3}^3, \ldots, x_{i_N}^N\right)$$

für den Fall ohne Gaps,

$$G_1 = \begin{cases} \alpha_{i_1,i_2-1,i_3-1,\ldots,i_N-1} + S\left(-, x_{i_2}^2, x_{i_3}^3, \ldots, x_{i_N}^N\right) \\ \alpha_{i_1-1,i_2,i_3-1,\ldots,i_N-1} + S\left(x_{i_1}^1, -, x_{i_3}^3, \ldots, x_{i_N}^N\right) \\ \vdots \\ \alpha_{i_1-1,i_2-1,i_3-1,\ldots,i_N} + S\left(x_{i_1}^1, x_{i_2}^2, x_{i_3}^3, \ldots, -\right) \end{cases} \tag{3.28}$$

für einen Gap und schließlich

$$G_2 = \begin{cases} \alpha_{i_1,i_2,i_3-1,\ldots,i_N-1} + S\left(-, -, x_{i_3}^3, \ldots, x_{i_N}^N\right) \\ \alpha_{i_1-1,i_2,i_3,\ldots,i_N-1} + S\left(x_{i_1}^1, -, -, \ldots, x_{i_N}^N\right) \\ \vdots \end{cases}$$

für zwei Gaps.

Man erkennt unmittelbar, dass die Möglichkeitsvielfalt der Vorgängerspalten den Rechenaufwand für jeden einzelnen dieser Iterationsschritte verglichen mit dem paarweisen Alignment enorm anwachsen lässt. Quantifizieren wir diesen Eindruck, indem wir die Möglichkeiten nachzählen, die in die Maximumsabfrage aus Gl. (3.27) eingehen. Für k Gaps hat man offensichtlich $\binom{N}{k}$ Möglichkeiten, da man k Objekte auf N Plätze verteilen muss. Insgesamt erhält man also

$$z = \sum_{k=0}^{N-1} \binom{N}{k} \tag{3.29}$$

Zeilen in der Maximumsabfrage von Gl. (3.27). Eine alternative Überlegung ist natürlich, dass man die rechte Seite von Gl. (3.27) auf ein Alphabet von nur zwei Symbolen (Gap, nicht Gap) abbildet, die man auf N Plätze zu verteilen hat. Schließt man wie in Gl. (3.29) den Fall von N Gaps aus, so erhält man $2^N - 1$ Möglichkeiten. Neben einem besseren Verständnis der Organisation von Gl. (3.27) hat man also (durch

Gleichsetzen dieser beiden Resultate) eine interessante Eigenschaft der Binomialkoeffizienten bewiesen:

$$\sum_{k=0}^{N-1} \binom{N}{k} = 2^N - 1 \, . \tag{3.30}$$

Die Liste in Gl. (3.27), auf die die Maximumsabfrage angewendet wird, enthält
also $2^N - 1$ Elemente. Gleichzeitig sind insgesamt etwa L^N Einträge in der N-
dimensionalen Matrix dieses optimalen Scores zu berechnen.[15] Der Rechenaufwand
skaliert also mit $2^N \times L^N$.

Aus diesen statistischen Überlegungen wird klar, dass eine unmittelbare Verallgemeinerung unserer Algorithmen des paarweisen Alignments kein gangbarer Weg zur
Konstruktion eines multiplen Alignments ist. Wie geht man nun in der Praxis vor,
um ein gleichzeitiges Alignment vieler Sequenzen zu konstruieren? Die etablierteste
Technik ist das *progressive* Alignment. Der erste Schritt besteht in der Konstruktion
aller möglichen paarweisen Alignments zwischen den Sequenzen. Der Score eines
solchen paarweisen Alignments ist ein Maß für die Ähnlichkeit zwischen den beiden
Sequenzen. Die Matrix, die sich aus den Scores dieser paarweisen Alignments ergibt,
stellt damit eine *Ähnlichkeitsmatrix* der Sequenzen dar. Solche Matrizen, die entweder die paarweise Ähnlichkeit oder den paarweise ermittelten Abstand von Objekten
enthalten (Ähnlichkeits- oder Distanzmatrizen), sind Gegenstand einer Vielzahl bioinformatischer Betrachtungen. Sie sind die Datengrundlage für *Clusteralgorithmen*,
die die in solchen paarweisen Ähnlichkeiten verborgenen Hierarchien zwischen den
Objekten in Form einer Baumstruktur wiedergeben (s. Kap. 3.3). Auch im Fall der
progressiven Konstruktion eines multiplen Alignments stellt die Übersetzung einer
Ähnlichkeitsmatrix in einen Clusterbaum den nächsten Schritt dar. Die Grundidee
dieses Verfahrens ist, jeder Sequenz einen Zweig in dem Clusterbaum zuzuordnen
und nach und nach die ähnlichsten Objekte (in Bezug auf Einträge der Matrix) durch
weitere Knoten in dem Baum zu verbinden. Dieser auf den Scores der paarweisen
Alignments basierende Baum stellt die Konstruktionsvorschrift des multiplen Alignments dar. Nun werden die Sequenzen in das multiple Alignment eingebunden, und
zwar in der Reihenfolge, die durch den Clusterbaum vorgegeben ist. Man beginnt mit
den hierarchisch tiefsten Zweigen des Baums und arbeitet sich schrittweise bis zur
Wurzel des Baums vor. Diese graduellen Erweiterungen des multiplen Alignments
um weitere Sequenzen funktionieren genauso wie die Konstruktion eines paarweisen
Alignments, die wir in Kap. 3.1 diskutiert haben. Der einzige Unterschied liegt darin, dass in bestimmten Stadien dieser Konstruktion nicht zwei Sequenzen, sondern
zwei Sequenzgruppen miteinander in Alignment gebracht werden. Dies erfordert eine Regel, um den Score an einer bestimmten Position definieren zu können, wenn

---

[15] Die Dimension der Matrix ergibt sich daraus, dass im Gegensatz zum paarweisen Alignment die Variable, in der der lokale optimale Score abgelegt ist, nun N Indizes besitzt:
$\alpha_{i_1,i_2,\ldots,i_N}$. Der Pfad einer solchen Alignmentkonstruktion liegt also nicht mehr in einer Ebene, sondern in einer entsprechenden N-dimensionalen Struktur. Die Abschätzung der Zahl
von Einträgen setzt voraus, dass alle N Sequenzen im Wesentlichen dieselbe Länge L haben.

solche zwei Gruppen von Sequenzen die entsprechenden auszuwertenden Symbole liefern. Die häufigste Definition für einen solchen Score ist der Mittelwert über die Scores aller Paare, die sich aus den Vertretern der beiden Gruppen bilden lassen. Liegen in der ersten Gruppe drei Sequenzen und in der zweiten Gruppe zwei Sequenzen vor, so lassen sich $2 \cdot 3 = 6$ solche Paare bilden. Über diese sechs Scores wird nun gemittelt, um den Beitrag, den diese Zusammenfügung zum Score des Gesamtalignments liefert, zu bestimmen. Abbildung 3.17 illustriert, in welcher Weise der Clusterbaum (der *guide tree*) die Konstruktion des multiplen Alignments leitet. Dort sind fünf Sequenzen schematisch dargestellt und die Einzelschritte der progressiven Alignmentkonstruktion skizziert. Die Behandlung von Gaps in diesem Szenario des multiplen Alignments erfordert noch eine weitere Bemerkung. Bei den symbolbasierten Vergleichen während der Erweiterung eines multiplen Alignments werden 'Symbol-Gap'-Paare mit einem Score von Null gewertet. Sie nehmen also nur indirekt Einfluss auf die Mittelwertbildung über alle möglichen Paare. Zugleich werden stets bereits vorliegende Gaps im bestehenden Teil des multiplen Alignments beibehalten. Eine frühe Realisierung dieses progressiven multiplen Alignments ist der *Feng-Doolittle*-Algorithmus (Feng und Doolittle 1987). In etwas modernisierter Form (speziell bei der Konstruktion des eigentlichen Alignments, also Schritt 4 in Abb. 3.17) findet sich dieses Verfahren (neben vielen anderen Varianten von Clusteranalysen) in dem Softwarepaket CLUSTAL-W implementiert. An dieser Stelle wollen wir das Konstruktionsprinzip eines multiplen Alignments anhand eines einfachen Zahlenbeispiels illustrieren.

Zahlenbeispiel

Gegeben sind drei Proteinsequenzen, für die ein multiples Alignment erstellt werden soll.[16] Im ersten Schritt werden die drei möglichen paarweisen Alignments konstruiert, die auf die Scores a_{12}, a_{13} und a_{23} führen (Abb. 3.18). Ein im praktischen Umgang mit diesem Verfahren wichtiger Schritt ist, von der Ähnlichkeitsmatrix (die man direkt aus den paarweisen Alignments erhält) zu einer Distanzmatrix (die den Input für die Clusteranalyse bildet) überzugehen. Eine Möglichkeit ist die von Feng und Doolittle (1987) vorgeschlagene Methode, wonach sich die Distanz d zweier Sequenzen mit dem Alignment-Score S wie folgt ergibt:

$$d = -\log \frac{S - S_{rand}}{S_{max} - S_{rand}} . \tag{3.31}$$

S_{rand} ist dabei der erwartete Score für zwei zufällige Sequenzen mit gleicher Länge und Symbolzusammensetzung wie die betrachteten Sequenzen. S_{rand} kann durch Simulation erhalten werden oder durch eine approximative Berechnung. Bringt man die betrachteten Sequenzen jeweils mit sich selbst in Alignment, so erhält man als Mittelwert die Größe S_{max}. In Tab. 3.2 sind die paarweisen Distanzen zu diesem

---

[16] Bei den Sequenzen handelt es sich um die aus Abb. 3.10, zusammen mit einer dritten Sequenz, die nach dem Schema $A - E1 - B$ gebildet wurde (vgl. auch Abb. 3.10).

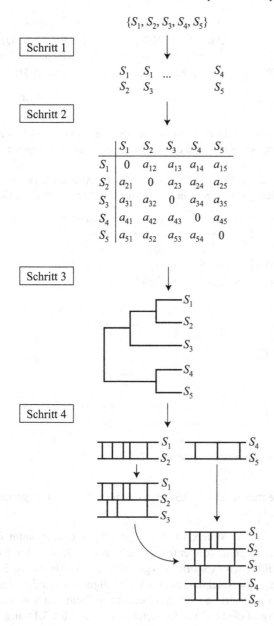

Abb. 3.17 Ablaufschema eines multiplen Alignments für fünf Proteinsequenzen $S_1, S_2, \ldots, S_5$. Den Ausgangspunkt bildet das paarweise Alignment der Sequenzen (Schritt 1), was über die Alignment-Scores unmittelbar zu einer Ähnlichkeitsmatrix dieser Sequenzen führt (Schritt 2). Die Matrix kann in einen Clusterbaum umgesetzt werden (Schritt 3), der den *guide tree* für die Konstruktion des multiplen Alignments darstellt (Schritt 4)

```
prot1 - prot2              prot1 - prot3              prot2 - prot3

KEFHN-G--H--T              KEFH---NGHT                KYFHKAGNQHSPT
| ||   |  |   |            | ||    ||||               ||||||||  |   |
KYFHKAGNQHSPT              KYFHKAGNGHT                KYFHKAGNGH--T

      S = 11                     S = 27                      S = 48
```

Abb. 3.18 Paarweise Alignments der drei Proteinsequenzen im Zahlenbeispiel für das multiple Alignment. Unter jedem Alignment sind die entsprechenden Scores angegeben

Tab. 3.2 Abstandsmatrix für das Zahlenbeispiel zum multiplen Alignment. Die Abstandsmatrix ist eine direkte Umsetzung der Alignment-Scores aus Abb. 3.18 mithilfe von Gl. (3.31)

	prot1	prot2	prot3
prot1	0	1.30429	0.75107
prot2	1.30429	0	0.393446
prot3	0.75107	0.393446	0

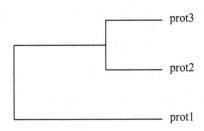

Abb. 3.19 Clusterbaum für die Abstandsmatrix aus Tab. 3.2

Beispiel angegeben, die man über Gl. (3.31) aus den in Abb. 3.18 angegebenen paarweisen Alignments erhält.

Im dritten Schritt wird diese Matrix in den zugehörigen Clusterbaum übersetzt (Abb. 3.19). Dieser Baum legt die Reihenfolge fest, in der die Konstruktion des multiplen Alignments vollführt wird (Schritt 4; vgl. Abb. 3.17). Abbildung 3.20 stellt das Endergebnis für dieses Beispiel dar: das multiple Alignment der drei Sequenzen. Man erkennt das Zusammenwirken aller drei Sequenzen daran, dass schon bei diesem sehr einfachen Beispiel die Struktur deutlich von dem in Abb. 3.18 angegebenen paarweisen Alignment abweicht.

```
prot2    KYFHKAGNQHSPT
prot3    KYFHKAGNGH--T
prot1    KEFH---NGH--T
```

Abb. 3.20 Ergebnis für das Zahlenbeispiel zum multiplen Alignment. Die Sequenzen wurden in der durch den Clusterbaum, Abb. 3.19, vorgegebenen Reihenfolge zusammengefügt

3.2.3 Alignment-Scores

Aufgrund des endlichen Alphabets ist klar, dass bei dem Vergleich zweier Sequenzen zufällige Übereinstimmungen von Symbolen auftreten können. Klar ist auch, dass dieser Effekt verstärkt wird durch die algorithmische Maschinerie der Alignment-konstruktion: Die Konstruktionsverfahren, die wir in Kap. 3.1 kennengelernt haben, platzieren Gaps in den beiden Sequenzen gerade mit dem Ziel, die Menge an übereinstimmenden oder ähnlichen Symbolen, die durch das Alignment gepaart werden, zu erhöhen. Wann ist also eine durch das Alignment herausgearbeitete Ähnlichkeit zweier Sequenzen signifikant? Diese Frage muss sich über den Score des Alignments beantworten lassen. Die Grundidee einer Signifikanzanalyse eines paarweisen Alignments ist der Vergleich mit dem Alignment randomisierter Sequenzen. Eine randomisierte Sequenz erhält man, indem man die Symbole der Sequenz beibehält, ihre Position jedoch zufällig bestimmt (*Shuffling*). Betrachten wir nun eine solche Situation randomisierter Sequenzen. Die Alignmentkonstruktion versucht wie zuvor, die Übereinstimmung zwischen den beiden Sequenzen zu maximieren. Wiederholt man dieses numerische Experiment mehrere Male, so erhält man über die Verteilung der resultierenden Scores einen Eindruck davon, welche Qualität von Alignment nur aufgrund der Sequenzzusammensetzungen (und Sequenzlängen) zu erwarten ist und keine darüber hinausgehende Homologieinformation enthält. Abbildung 3.21 führt diesen Grundgedanken am Beispiel der beiden Sequenzen aus Kap. 3.1 vor. Dort sind dem Originalalignment fünf randomisierte Alignments gegenübergestellt. Man erkennt, dass der Score des Originalalignments in diesen Beispielen den größten Zahlenwert besitzt, dass jedoch die anderen Werte eine sehr breite, vielleicht sogar bis zu diesem Wert heranreichende Verteilung zu besitzen scheinen. Das Histogramm aus Abb. 3.22 hebt diesen qualitativen Eindruck auf eine quantitative Ebene. Dort sind 5 000 Wiederholungen einer solchen Randomisierung ausgewertet und als Score-Verteilung dargestellt. Der Score des Originalalignments ist als vertikaler Balken in dieses Diagramm eingezeichnet.[17] Der optische Eindruck in Abb. 3.22 ist relativ klar. Offensichtlich liegt der Score des Originalalignments am äußersten Rand

---

[17] Dieses Vorgehen bezeichnet man in vielen Bereichen der Datenanalyse und Modellierung als Vergleich mit *Surrogatdaten*. Dabei werden aus den tatsächlichen empirischen Befunden künstliche Datensätze erzeugt, die insgesamt oder in bestimmten Eigenschaften randomisiert sind, derselben Analyse wie die Originaldaten unterworfen und schließlich statistisch mit dem Originalergebnis verglichen. Die entscheidende Frage ist dabei stets, ob das Originalresultat signifikant außerhalb des Ergebnisbereichs liegt, der durch die Surrogatdaten abgedeckt wird.

```
KEFHN-G--H--T                                -H-HN-GFE-T-K
| || | | |        S = 11                      | |              S = -10
KYFHKAGNQHSPT                                KYFHKAGNQHSPT
```

```
E-F-K--HTHG-N                                N--HKTGFEH---
| |   |          S = -5                      || | |          S = 1
KYFHKAGNQHSPT                                KYFHKAGNQHSPT
```

```
GENFTHK----H---                              GEF----NKHT-H
| ||    |        S = -19                      |   | |        S = -9
-KYF-HKAGNQHSPT                              KYFHKAGNQHSPT
```

Abb. 3.21 Beispiele von Alignments randomisierter Sequenzen. Den Ausgangspunkt bildet das globale Alignment der beiden Beispielsequenzen aus Abb. 3.12 (oberstes Alignment). Für die anderen fünf Alignments wurde eine randomisierte Sequenz verwendet. Aus Gründen der Klarheit wurde nur die obere Sequenz randomisiert. Auf der rechten Seite sind die entsprechenden Scores angegeben

der durch die randomisierten Alignments gegebenen Score-Verteilung und repräsentiert somit eine über die Sequenzzusammensetzung hinausgehende Ähnlichkeit der beiden in Alignment gebrachten Sequenzen. Wie kann man diesen optischen Eindruck nun quantitativ erfassen? Die einfachste und klarste Form der Signifikanzbewertung stellt der *Z-Score* dar, der den Originalscore S mit dem Mittelwert $\bar{S}$ und der Standardabweichung σ_S dieser durch randomisierte Sequenzalignments erhaltenen Score-Verteilung vergleicht:

$$Z = \frac{S - \bar{S}}{\sigma_S}.$$

(3.32)

Je höher der Z-Score ist, desto größer ist die Wahrscheinlichkeit, dass das Originalalignment nicht durch zufällige Übereinstimmung hervorgerufen wird. Zwei alternative Kenngrößen der Signifikanz eines Alignment-Scores sind der P-Wert und der E-Wert. Der P-Wert gibt die Wahrscheinlichkeit dafür an, dass der beobachtete Alignment-Score (oder ein extremerer Wert) durch zufällige Übereinstimmungen hervorgerufen wird. Der E-Wert ist datenbankabhängig. Er gibt die erwartete Zahl von Sequenzen in der Datenbank an, die bei Vergleich mit einer zufälligen Sequenz auf den beobachteten Score S führen würden.

In der Praxis ist es nicht notwendig, den (numerisch aufwendigen) Weg über die explizite Sequenzrandomisierung zu gehen, um die Signifikanz eines beobachteten Alignment-Scores zu ermitteln. Man kann nämlich ein fundamentales theoretisches Resultat über die Score-Verteilung verwenden, die aus dem Alignment zweier Zufallssequenzen hervorgeht. Diese Score-Verteilung zufälliger Sequenzen wurde von Samuel Karlin und Stephen Altschul (1990) hergeleitet. Sie folgt einer Extremwert-

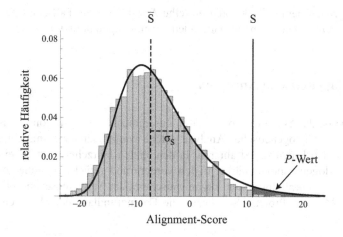

Abb. 3.22 Histogramm der Score-Verteilung für Alignments randomisierter Sequenzen am Beispiel der Sequenzen aus Abb. 3.12. Der Wert des Originalalignments ist als schwarzer Balken eingezeichnet. Die Kurve gibt das Resultat aus der Karlin-Altschul-Theorie an (Karlin und Altschul 1990)

verteilung. In Abb. 3.22 ist diese theoretische Verteilung als durchgezogene Kurve eingezeichnet. Im Fall eines heuristischen Alignments mit Gaps gibt es keine exakte Theorie für die Score-Verteilungen. Empirisch hat man jedoch gezeigt, dass die Verteilungsfunktion der Scores auch hier – wie im Fall der Alignments ohne Gaps – einer Extremwertverteilung folgt.

Diese Strategie, anhand von zufälligen Daten einen Überblick zu gewinnen, welche Ergebnisse zu erwarten sind, und so Methoden der Datenanalyse zu kalibrieren, durchzieht die gesamte Bioinformatik. Hinter diesen Surrogatdaten stehen *Nullmodelle*, deren Regeln die Eigenschaften der zufälligen oder (ausgehend von tatsächlichen Datensätzen) randomisierten Daten festlegen und kontrollieren. Der oben beschriebene Randomisierungsprozess für DNA-Sequenzen erzeugt Zufallssequenzen mit derselben Zusammensetzung (also denselben Symbolhäufigkeiten) wie die Originalsequenz. Korrelationen zwischen benachbarten Symbolen werden dabei zerstört. Im Gegensatz dazu erzeugt z. B. der in Kap. 4.1 beschriebene DAR(p)-Prozess zufällige Sequenzen mit einer vorgegebenen Korrelationsstruktur. Auch die Analysen biologischer Netzwerke werden in hohem Maße über den Rückgriff auf Nullmodelle geführt (vgl. Kap. 5.2): Man misst, wie stark sich ein gegebenes biologisches Netzwerk (z. B. ein Transkriptions-Regulations-Netz) in wichtigen Eigenschaften (z. B. der Modularität oder der Anzahl kleiner regulatorischer Komponenten wie Feedbackschleifen) von Zufallsnetzen unterscheidet. Entscheidungen über die Regeln des zugrunde liegenden Nullmodells betreffen dann die Frage, welche Eigenschaften des Originalnetzwerks in den zufälligen oder randomisierten Netzen beibehalten werden. Ein häufig verwendetes Nullmodell für Netzwerke ist, Endpunkte von Verbindungen paarweise zu tauschen und so iterativ ein randomisiertes Netz zu erzeugen, bei dem jeder Knoten dieselbe Anzahl von (im Fall eines gerichteten Netzwerks) eingehenden und auslaufenden Verbindungen besitzt.

3.3 Phylogenetische Analysen

Phylogenie ist das Studium evolutionärer Zusammenhänge. Insbesondere ist es die Aufgabe einer phylogenetischen Analyse, solche evolutionären Zusammenhänge aus experimentellen Daten zu extrahieren. In den letzten Jahrzehnten ist dabei die molekulare Phylogenie immer stärker in den Vordergrund gerückt. Anstelle von Merkmalen auf der morphologischen, organismischen oder Verhaltensebene bilden nun (DNA-, RNA- oder Protein-)Sequenzen die Datengrundlage der phylogenetischen Analysen.

3.3.1 Grundidee phylogenetischer Analysen

Wie wir gesehen haben, führt das Alignment zweier Sequenzen zu einem Maß für die Ähnlichkeit der Sequenzen. Nimmt man gleichzeitig an, dass es sich um homologe Sequenzen handelt, so lässt sich dieser Abstand evolutionär deuten. Eine so bestimmte Beziehung zwischen Sequenzen (bzw. den zugehörigen Spezies) lässt sich dann als phylogenetischer Baum darstellen. Aber diese Umsetzung von Sequenzhomologien in eine phylogenetische Interpretation ist nur einer von vielen Anwendungsbereichen solcher Clustermethoden.[18] Die Kernfrage, die es algorithmisch zu klären gilt, ist dabei stets, ob die Vermischung von Ähnlichkeiten und Unterschieden von an vielen Elementen erhobenen quantitativen Daten systematisch genug ist, um den Elementen eine verlässliche, statistisch belastbare Gruppenstruktur aufzuerlegen. Diese Gruppen- oder Clusterstruktur hat sich in den letzten Jahren in der Bioinformatik weit über rein phylogenetische Betrachtungen hinaus als Schlüssel zu einer Interpretation biologischer Sachverhalte erwiesen, bei denen andere, ausschließlich paarweise operierende statistische Methoden nicht mehr ausreichen. In der Interpretation von Microarray-Daten (Welche Gruppen von Genen sind gemeinsam reguliert?) finden solche Clustermethoden ebenso Einsatz wie bei einer weiter reichenden Prozessierung der in Protein-Interaktionsnetzwerken enthaltenen topologischen Information (Welche Proteingruppen in einem solchen Netzwerk sind dichter untereinander vernetzt als zu dem sie umgebenden Rest des Netzwerks?). Daher werden wir in diesem Kapitel den Grundgedanken solcher Clusteranalysen darstellen und die beiden (für ein Verständnis bioinformatischer Methoden) wichtigsten Algorithmen im Detail präsentieren. Als Beispiele werden wir vor allem phylogenetische Bäume diskutieren. Eine Reihe weiterer Anwendungen wird z. B. Kap. 5.2 liefern.

---

[18] Und umgekehrt hat über evolutionäre Zusammenhänge hinaus das Studium von Sequenzähnlichkeiten auch noch eine Reihe anderer Bedeutungen. So kann man von einer großen Sequenzähnlichkeit (z. B. zweier Proteine) auf Ähnlichkeiten in der Struktur und damit vielfach auch in der Funktion schließen.

Eine große Schwierigkeit phylogenetischer Analysen ist die Sicherheit der evolutionären Anbindung: Unter welchen Bedingungen kann man den rekonstruierten Baum mit einer evolutionären Ereignisabfolge der Speziesdifferenzierung in Verbindung bringen? Was geschieht mit Fällen, bei denen verschiedene Observablengruppen ein Ensemble von Spezies in unterschiedliche evolutionäre Zusammenhänge bringen? Hier wechseln wir die Ebene von der Analyse zur Interpretation, ganz im Sinne unserer begriffsorientierten Definition bioinformatischer Beschäftigungen aus Kap. 1. Dieser Schritt findet sich begrifflich in den Konzepten der 'Ähnlichkeit' und der 'Homologie' wieder. Während Ähnlichkeit (in Bezug auf irgendein Referenzsystem, eine Skala) eine mathematisch bestimmbare, quantitative Kenngröße darstellt, bezeichnet Homologie die Zurückführbarkeit einer beobachtbaren Ähnlichkeit auf einen gemeinsamen Vorgänger (engl. *common ancestor*). Besonders dramatisch wird dieser Wechsel von einer formalen Analyse zu einer inhaltlichen Interpretation (also zu einer Umsetzung der Ergebnisse in eine evolutionäre Geschichte), wenn man die häufigsten Formen von Homologie unterscheidet: Sequenzähnlichkeit kann (unter anderem) herbeigeführt werden durch die Ausdifferenzierung von Spezies ausgehend von einem gemeinsamen Vorgänger (orthologe Sequenzen), durch Genduplikation (paraloge Sequenzen) und durch horizontalen Gentransfer (xenologe Sequenzen). Diese sehr verschiedenen evolutionären Geschichten sind aus der ausschließlichen Betrachtung der Ähnlichkeiten nicht direkt zu ermitteln. Eine wichtige zusätzliche Information bei der Interpretation von Sequenzähnlichkeiten mithilfe phylogenetischer Bäume ist der Vergleich mit der organismischen Phylogenie, also dem phylogenetischen Baum für das betrachtete Ensemble von Spezies, der sich als Konsens aus der Betrachtung vieler (auch morphologischer) Einzelbeobachtungen ergibt. Abweichungen des Baums von dieser organismischen Phylogenie lassen sich oft durch die oben genannten Mechanismen besser verstehen.

3.3.2 Phylogenetische Bäume

Baumgraphen sind hierarchische Strukturen aus einem Ensemble von Elementen. Die Elemente bilden die *terminalen Knoten* (End- oder Anfangspunkte) des Baums. Diese Knoten bezeichnet man oft auch als *Blätter* (engl. *leaves*) oder Taxa (Singular: Taxon), ihre Verbindungslinien als *Zweige* (engl. *branches*). Man unterscheidet Bäume mit und ohne Wurzel (engl. *rooted* und *unrooted trees*). Abbildung 3.23 fasst diese Notation zusammen. Der gleiche Baum wie in Abb. 3.23a ist in Abb. 3.23b ohne Wurzel dargestellt. Man bezeichnet Bäume mit Wurzel auch oft als *Dendrogramme* und Bäume ohne Wurzel als radiale Bäume. Im strikteren Sinne bezeichnet das Dendrogramm einen Baum mit Wurzel, jedoch ohne interpretierbare Zweiglängen. In vielen Darstellungen findet man auch noch die Begriffe Cladogramm und Phylogramm für Bäume ohne und mit Zweiglängen. Wir werden im Folgenden sehen, dass es Algorithmen gibt, die keine Angaben über die mögliche Position der Wurzel in einem solchen Clusterbaum machen. Schon in Abb. 3.23b deutet sich an, welche dramatische Änderung der biologischen Aussage damit verbunden ist: Der Baum ohne Wurzel schlägt letztlich nur eine Binnenstruktur evolutionärer Beziehungen vor,

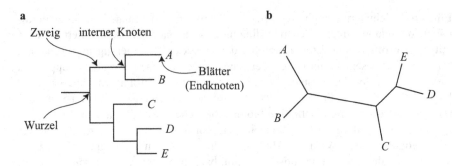

Abb. 3.23 a Elementare Notation für phylogenetische Bäume. **b** Darstellung des Baums aus **a** als radialer Baum nach Entfernen der Wurzel

indem interne Knoten algorithmisch gefunden werden, die mit gemeinsamen Vorgängerspezies in Verbindung gebracht werden können. Ein Baum mit Wurzel enthält dagegen eine wohldefinierte zeitliche Blickrichtung. Die Vorgängerknoten werden in eine definitive zeitliche Abfolge zueinander gebracht, und es gibt in der Wurzel einen gemeinsamen Vorfahren aller beteiligten Taxa. Bevor wir zu den Clusteralgorithmen selbst kommen, werden wir die grafischen Grundelemente phylogenetischer Bäume noch etwas näher betrachten und zudem versuchen, die zu einer bestimmten Zahl von Blättern gehörende Gesamtzahl phylogenetischer Bäume kombinatorisch zu erfassen. Wir betrachten in diesem Kapitel ausschließlich *binäre* Bäume, also Bäume, deren interne Knoten ausschließlich drei Kanten[19] aufweisen. Die beiden möglichen Notationen dafür sind in Abb. 3.24a dargestellt. Tatsächlich ist dies keine erhebliche Einschränkung. Wie man in Abb. 3.24b sieht, lassen sich durch Zusammenfassen eng benachbarter Knoten (also durch Elimination kürzerer Zweige) binäre Bäume in allgemeine Bäume überführen.[20]

---

[19] In der Graphentheorie ist 'Kante' der allgemeine Begriff für eine Verbindung zweier Knoten (vgl. auch Kap. 5.2). Der Begriff 'Zweig' wird nur für Baumgraphen und auch vor allem im Kontext phylogenetischer Analysen verwendet. Trotz aller genannten Ähnlichkeiten durch die Verwendung einer graphentheoretischen Terminologie unterscheiden sich die hier besprochenen phylogenetischen Bäume in vielfacher Weise von den in Kap. 5.2 diskutierten Graphen. Insbesondere hat im Fall von phylogenetischen Bäumen die Zweiglänge oft eine quantitative Bedeutung. Dagegen sind die Graphen aus Kap. 5.2 (fast) immer eine ungewichtete relationale Struktur. Die phylogenetischen Bäume, in denen die Zweiglänge Dateneigenschaften abbildet, lassen sich am besten mit den in Kap. 5.2 kurz erwähnten *gewichteten* Graphen vergleichen.

[20] Aus biologischer Perspektive kann man dieses formale grafische Argument tatsächlich umkehren: Findet man in einem solchen phylogenetischen Baum einen internen Knoten, in den eine Kante mündet und den mehr als zwei Kanten verlassen, so löst dieser Baum die Feinstruktur der Speziesdifferenzierung nicht vollständig auf, da hier offensichtlich in schneller Abfolge erst eine Differenzierung und dann bei einer der beiden neuen Spezies eine weitere Differenzierung erfolgt: Echte phylogenetische Bäume sind aus der biologischen Anschauung heraus binäre Bäume.

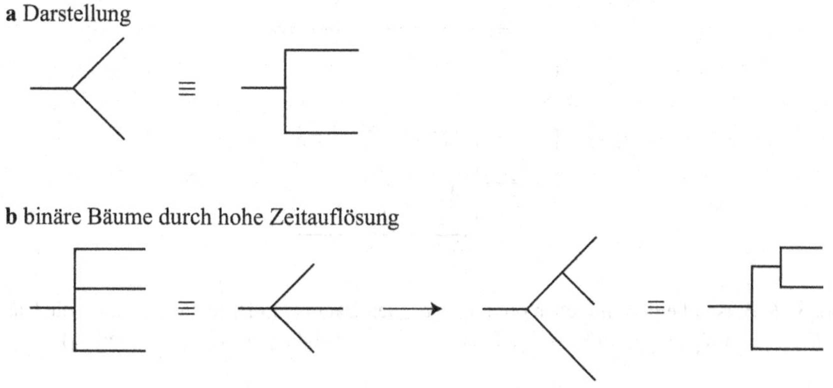

a Darstellung

b binäre Bäume durch hohe Zeitauflösung

Abb. 3.24 a Darstellungsformen phylogenetischer Bäume und **b** Zusammenhang binärer Bäume mit allgemeineren Bäumen, die eine größere Zahl von Zweigen an jedem Knoten zulassen

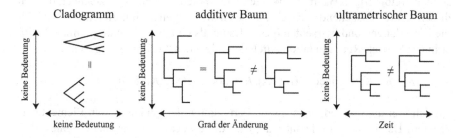

Cladogramm   additiver Baum   ultrametrischer Baum

Abb. 3.25 Bedeutung der Achse in Wurzel-Blatt-Richtung in verschiedenen Darstellungen phylogenetischer Bäume: Cladogramm, additiver Baum und ultrametrischer Baum

Wie bereits gesagt, liegt der biologische Erkenntnisgewinn einer Wurzel darin, dass die algorithmisch identifizierten internen Knoten in eine zeitliche und damit evolutionär interpretierbare Abfolge gebracht werden. Hier beginnen jedoch die großen Schwierigkeiten in der Nomenklatur phylogenetischer Untersuchungen, denn jede Präzisierung dieser sehr allgemeinen Aussage führt auf unterschiedliche, strikt voneinander abgegrenzte Baumbedeutungen. Abbildung 3.25 zeigt drei solche Interpretationsformen von Bäumen anhand der unterschiedlichen Bedeutungsmöglichkeiten der einen Achse. Im Folgenden werden wir sehen, dass die zur Verfügung stehenden Daten bestimmen, welche der drei in Abb. 3.25 skizzierten Baumformen (Cladogramm, additiver Baum oder ultrametrischer Baum) entsteht und dadurch auch, welches Clusterverfahren verwendet werden muss.

Für viele praktische Anwendungen ist es wichtig, einen Baum mit seiner Verzweigungsstruktur in einer linearen Form darzustellen. Die Notationsvereinbarung, die sich dabei durchgesetzt hat, drückt die Baumstruktur durch die Klammerung der beteiligten Elemente aus. Diese lineare Schreibweise eines phylogenetischen Baums

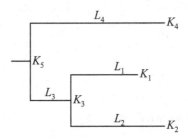

Abb. 3.26 Beispiel eines einfachen phylogenetischen Baums mit Bezeichnungen für die Blätter (K_1, K_2 und K_4), internen Knoten (K_3 und K_5) und Zweiglängen (L_1, L_2, L_3 und L_4)

bezeichnet man als *Newick-Repräsentation* des Baums. Dabei ist zu unterscheiden, ob man einen Baum mit Zweiglängen (Phylogramm) oder ohne Zweiglängen (Dendrogramm) diskutiert. Betrachten wir als konkretes Beispiel den in Abb. 3.26 dargestellten dreiblättrigen Baum mit Wurzel. Die Knoten sind mit K_i bezeichnet, die von diesen Knoten ausgehenden Zweige besitzen die Längen L_i. Ignorieren wir zunächst die Zweiglängen und betrachten diesen Baum als einfaches Dendrogramm, so wird er in der Newick-Repräsentation durch den folgenden Ausdruck dargestellt:

$$(K_4, (K_2, K_1))\quad \text{oder}\quad ((K_1, K_2), K_4)\quad \text{oder}\quad (K_4, (K_1, K_2)) \,.$$

An den drei unterschiedlichen (durch Permutation der geklammerten Elemente erzeugten) Darstellungen erkennt man, dass diese lineare Repräsentation eines phylogenetischen Baums dieselben topologischen Freiheitsgrade besitzt wie der Baum selbst: Die Reihenfolge der terminalen Knoten lässt sich im Einklang mit der Baumhierarchie (bzw. der Klammerung in der Newick-Darstellung) variieren. Bezieht man die Zweiglängen mit ein, so wird mit einem Doppelpunkt abgetrennt der Zahlenwert hinter die Bezeichnung des entsprechenden Knotens gesetzt. Dabei ist zu beachten, dass ein solcher Knoten auch eine Klammer von mehreren Elementen sein kann: In der Newick-Notation treten nur die terminalen Knoten mit expliziten Bezeichnungen auf. Dies sind in unserem Beispiel aus Abb. 3.26 die Knoten K_1, K_2 und K_4, während die internen Knoten K_3 und K_5 in der Klammerstruktur der Newick-Repräsentation verborgen sind. Die Newick-Darstellung dieses Baums mit Zweiglängen lautet dann:

$$(K_4 : L_4, (K_1 : L_1, K_2 : L_2) : L_3) \,.$$

Wie wir in den folgenden Kapiteln noch kurz diskutieren werden, lässt sich die Newick-Repräsentation sehr gut für die algorithmische Verarbeitung von phylogenetischen Bäumen nutzen, etwa zum Austausch solcher Bäume zwischen zwei verschiedenen Softwarepaketen oder bei der Entwicklung eigener Softwarewerkzeuge, die bei diesem als Zeichenkette dargestellten Baum angreifen können, um den Baum zu modifizieren oder bestimmte Informationen aus dem gegebenen Baum zu lesen.

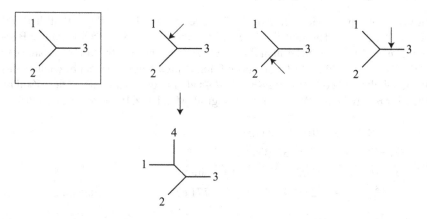

Abb. 3.27 Dreiblättriger Baum ohne Wurzel, zusammen mit den drei möglichen Positionen für ein viertes Blatt (kleine Pfeile). Für die erste dieser Positionen ist der entsprechende vierblättrige Baum angegeben (unteres Bildelement)

Wie viele verschiedene Bäume gibt es nun? Eine solche Kombinatorik ist nützlich, um später die Mechanik der Clusteralgorithmen besser verstehen zu können. In Anlehnung an das Zahlenbeispiel aus Durbin et al. (1998) betrachten wir also binäre Bäume mit n Blättern. Unabhängig von der konkreten Baumarchitektur werden im Verlauf der Baumkonstruktion dann stets $n - 1$ interne Knoten hinzugefügt: Da wir binäre Bäume diskutieren, eliminiert jeder interne Knoten einen Anknüpfungspunkt und fügt ihn in die bestehende Baumstruktur ein. In einem Baum mit Wurzel ist der $(n - 1)$-te hinzugefügte interne Knoten gerade die Wurzel.[21] Man hat also in einem solchen binären Baum mit n Blättern $k = 2n - 1$ Knoten (nun werden die Blätter selbst, also die terminalen Knoten, mit hinzugezählt) und $z = k - 1 = 2n - 2$ Zweige. Ein Baum ohne Wurzel hat $2n - 2$ Knoten. Das sieht man sofort, wenn man sich vorstellt, wie man von einem Baum mit Wurzel durch Entfernen der Wurzel zu einem Baum ohne Wurzel kommt. Aber auch die andere Blickrichtung ist kombinatorisch aufschlussreich: Betrachten wir also einen Baum ohne Wurzel. Eine Wurzel lässt sich nun an jedem Zweig anbringen, es gibt also $2n - 3$ Bäume mit Wurzel zu jedem wurzellosen Baum. Diese zentrale Beobachtung erklärt auch, wie man kombinatorisch von n Blättern zu $n + 1$ Blättern gelangt, da man statt einer Wurzel auch ein zusätzliches Blatt ergänzen kann. Wir betrachten nun kurz das Zählen von wurzellosen Bäumen. Für drei Blätter hat man nur einen wurzellosen Baum, nämlich die in Abb. 3.27 als Erstes dargestellte Struktur. An drei Stellen in diesem Baum lässt sich nun ein viertes Blatt ergänzen. Man erhält also drei mögliche wurzellose Bäume

---

[21] Dieses kombinatorische Argument, das uns auf $n - 1$ interne Knoten geführt hat, ist nicht vollkommen anschaulich, gerade wenn man Graphen vor Augen hat, bei denen ein neuer interner Knoten Gruppen von Blättern verbindet. Dennoch greift dieses Argument. Man kann dies sehen, wenn man die einzelnen Blätter und die Gruppen von schon zusammengefügten (geclusterten) Blättern auf derselben Ebene sieht. Dann reduziert sich tatsächlich mit jedem neu hinzugefügten internen Knoten die Zahl solcher freien Elemente um Eins.

mit vier Blättern, so wie es in Abb. 3.27 dargestellt ist. Ein weiteres Blatt hat fünf Möglichkeiten in jedem der drei Bäume. Es gibt also $3 \cdot 5 = 15$ wurzellose Bäume mit $n = 5$ Knoten. Setzt man diesen Gedankengang iterativ fort, so erhält man $3 \cdot 5 \cdot \ldots \cdot 2n - 5 = (2n - 5)!!$ wurzellose Bäume mit n Knoten. Dabei bezeichnet das Doppelfakultätssymbol das sukzessive Produkt aller *ungeraden* Zahlen. Diese Zahl ist schon für relativ kleine Werte von n recht groß. Man hat z. B. (jeweils ohne Wurzel)

$$n = 8 \quad \longrightarrow \quad 10\,395 \text{ Bäume,}$$

$$n = 9 \quad \longrightarrow \quad 135\,135 \text{ Bäume,}$$

$$n = 10 \quad \longrightarrow \quad 2\,027\,025 \approx 2 \cdot 10^6 \text{ Bäume,}$$

$$n = 20 \quad \longrightarrow \quad 221\,643\,095\,476\,699\,771\,875 \approx 2.2 \cdot 10^{20} \text{ Bäume.}$$

Diese kombinatorischen Voruntersuchungen zeigen eine Situation, die wir sowohl aus unserer Diskussion des paarweisen Alignments als auch aus unseren Betrachtungen von Hidden-Markov-Modellen sehr gut kennen: Schon bei einem relativ kleinen Datenumfang ist der Möglichkeitsraum viel zu groß, um ein systematisches 'Durchprobieren' aller Möglichkeiten zu versuchen. Wie in den anderen Fällen sind also Algorithmen erforderlich, die eine optimale Lösung iterativ konstruieren. Wir wollen also einen Baum ermitteln, der am besten verträglich ist mit einer vorliegenden Distanzmatrix. Wie gelangt man also von den vergleichenden, paarweise angegebenen Daten zu einem Clusterbaum? Es gibt grundsätzlich die Unterscheidung zwischen Abstandsmethoden, die eine direkte Umsetzung der Distanzmatrix darstellen, und (symbolbasierten) *Parsimony*-Methoden, also Methoden, die bei der Baumkonstruktion eine Art Sparsamkeitsprinzip heranziehen. Im Folgenden werden wir nur die Abstandsmethoden diskutieren. Wir betrachten also n Sequenzen $x^1, \ldots, x^n$ und bestimmen den paarweisen Abstand d_{ij} zweier Sequenzen x^i und x^j aus diesem Ensemble. Naiv könnte man in einem entsprechenden paarweisen Alignment die Größe d_{ij} einfach mit der Zahl der Mismatches identifizieren (also der Summe aus falsch zusammengefügten Symbolen und Lücken in dem Sequenzalignment). Diese Zahl, dividiert durch die Länge der in Alignment gebrachten Region, stellt für große Ähnlichkeiten zwischen den Sequenzen ein adäquates Abstandsmaß dar. Der Nachteil dieser Größe ist jedoch, dass der Anteil ungleicher Symbole bei immer geringeren Ähnlichkeiten zwischen den beiden Sequenzen gegen den Wert für unkorrelierte Sequenzen sättigt. Bei DNA-Sequenzen beträgt dieser Sättigungswert (aufgrund des Alphabets von vier Buchstaben) gerade 3/4: Zwei zufällig ausgewürfelte DNA-Sequenzen, die in Alignment gebracht werden, weisen etwa 25 % zufällige Übereinstimmungen auf und folglich 75 % ungleiche Symbolpaare in einem solchen Alignment.[22] Gerade bei DNA-Sequenzen verwendet man deshalb häufig statt dieses naiv

---

[22] Diese Überlegung gilt in Strenge nur für den Fall eines Untereinanderschreibens solcher zufällig ausgewürfelten Sequenzen. Der Anteil korrekt gepaarter Symbole in einem tatsächlichen Alignment ist aufgrund der Verwendung von Gaps systematisch höher. Solche Abweichungen von einer strikten Argumentation sind jedoch ein fester Bestandteil bioinformatischen Arbeitens und ermöglichen in vielen Fällen erst die praktische Durchführung einer Untersuchung.

ermittelten Abstands den *Jukes-Cantor-Abstand*, der sich aus dem Anteil f_{ij} ungleicher Symbole in folgender Weise ergibt:

$$d_{ij} = \frac{3}{4} \log(1 - \frac{4f_{ij}}{3}).$$ (3.33)

Mit dieser Konstruktion ist sichergestellt, dass der Abstand divergiert, wenn der Anteil f_{ij} ungleicher Symbole gegen den Wert für unkorrelierte Sequenzen strebt:

$$d_{ij} \xrightarrow{f_{ij} \to \frac{3}{4}} \infty.$$ (3.34)

In vielen Softwarepaketen für phylogenetische Analysen sind für DNA-Sequenzen fortgeschrittenere Abstandsfunktionen implementiert, die den verschiedenen Substitutionen unterschiedliche Beiträge zum Gesamtabstand zuordnen. Im Fall von Proteinsequenzen bietet z. B. der Alignment-Score oder der tatsächliche Anteil ungleicher Symbole aufgrund des sehr viel größeren Alphabets in den meisten Fällen eine adäquate Abstandsfunktion.

Der nächste (und für ein Verständnis von Clustermethoden zentrale) Punkt führt uns von der Abstandsmatrix zum Clusterbaum.

3.3.3 Der UPGMA-Algorithmus

Die erste Methode, die wir hier diskutieren wollen, ist die UPGMA-Methode.[23] Am Anfang der Methode steht eine Erweiterung des Abstandsbegriffs. Der Abstand d_{ij} existiert bisher nur auf der Ebene von Sequenzen. Im Prozess der Baumkonstruktion werden Sequenzgruppen (Cluster) zusammengefasst, so dass ein allgemeinerer Abstandsbegriff erforderlich wird, der den Abstand zweier solcher Cluster angibt. Im UPGMA-Algorithmus ist der Abstand d_{ij} zweier Cluster C_i und C_j durch den arithmetischen Mittelwert aller zwischen diesen beiden Clustern möglichen Sequenzabstände gegeben:

$$d_{ij} = \frac{1}{|C_i||C_j|} \sum_{p \in C_i; q \in C_j} d_{pq}.$$ (3.35)

Dabei bedeutet $|C_i|$ die Anzahl der Sequenzen im Cluster C_i. Aus Gl. (3.35) sieht man unmittelbar, dass dieser erweiterte Abstandsbegriff mit dem ursprünglichen Abstand zweier Sequenzen zusammenfällt, wenn die beteiligten Cluster jeweils nur aus einer einzelnen Sequenz bestehen. Wir können also in der folgenden Schilderung des Algorithmus stets von Clustern sprechen, unabhängig davon, ob dies nun tatsächlich Gruppen von Sequenzen oder einzelne Sequenzen sind. Der UPGMA-Prozess besteht nun in der iterativen Vereinigung von solchen Clustern. Die Reihenfolge dieser

---

[23] Dabei steht UPGMA für *unweighted pair group method using arithmetic averages*.

Zusammenfassungen führt auf die Baumstruktur, die jeweiligen Zweiglängen ergeben sich aus den Abständen d_{ij} dieser Cluster. Aus Gl. (3.35) lässt sich eine wichtige Eigenschaft für das folgende Verfahren herleiten, nämlich ein Ausdruck für den Abstand einer solchen Vereinigung zweier Cluster zu allen anderen Clustern unter Kenntnis der vorherigen Clusterabstände. Betrachten wir also die folgende Situation: Ein Cluster C_k sei die Vereinigung zweier Cluster C_i und C_j, $C_k = C_i \cup C_j$, dann erhält man für den Abstand d_{kl} zwischen diesem neuen Cluster C_k und jedem anderen Cluster C_l den folgenden Ausdruck:

$$d_{kl} = \frac{d_{il} \cdot |C_i| + d_{jl} \cdot |C_j|}{|C_i| + |C_j|} , \tag{3.36}$$

wobei der Nenner gerade der Größe des neuen Clusters entspricht,

$$|C_i| + |C_j| = |C_k| . \tag{3.37}$$

Man erkennt sofort die Funktionsweise von Gl. (3.36): Die beiden vorangehenden Abstände d_{il} und d_{jl} zu dem externen Cluster C_l werden hier gewichtet gemittelt und ergeben den neuen Abstand d_{kl}. Diese sehr anschauliche Abstandskonstruktion lässt sich aber auch formal aus Gl. (3.35) herleiten. Betrachten wir dazu den Zähler von Gl. (3.36) und führen ihn mithilfe der Abstandsdefinition aus Gl. (3.35) auf die Abstände einzelner Sequenzen zurück:

$$d_{il} \cdot |C_i| + d_{jl} \cdot |C_j| = \frac{1}{|C_l|} \sum_{q \in C_i, p \in C_l} d_{pq} + \frac{1}{|C_l|} \sum_{q' \in C_j, p' \in C_l} d_{p'q'} . \tag{3.38}$$

Die entscheidende Beobachtung ist, dass der Normierungsfaktor von beiden Termen durch $|C_l|$ gegeben ist und man somit die beiden Summen zusammenfassen kann:

$$d_{il} \cdot |C_i| + d_{jl} \cdot |C_j| = \frac{1}{|C_l|} \sum_{q \in C_i \cup C_j, p \in C_l} d_{pq} . \tag{3.39}$$

Damit gilt also das oben dargestellte Additionstheorem für die Abstände von zusammengefügten Clustern, Gl. (3.36). Wir haben also die mathematischen Werkzeuge bereitgestellt, um alle Einzelschritte einer solchen Baumkonstruktion durchführen zu können. Insbesondere können wir das Zusammenfügen von Sequenzgruppen auf der Ebene der Abstände verwalten. Als Nächstes müssen wir den eigentlichen Algorithmus schildern. Wir folgen dem bereits bekannten Schema aus Initialisierung, Iteration und Terminierung. Die Liste der aktuellen Cluster nennen wir C. Im ersten Schritt, der Initialisierung, weisen wir jeder Sequenz x^i aus unserem Ensemble ihr eigenes Cluster C_i zu, $x^i \rightarrow C_i$. Auf diese sehr elegante Symmetrie der Begriffe Sequenz und Cluster haben wir bereits hingewiesen. Der zweite Schritt dient der grafischen Initialisierung des eigentlichen Baums. Wir setzen in dem Baum $\mathcal{B}$ ein Blatt

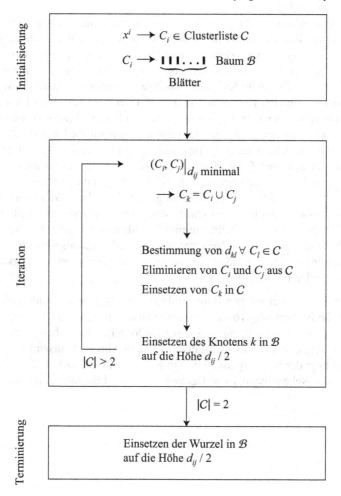

Abb. 3.28 Flussdiagramm des UPGMA-Algorithmus

(also einen terminalen Knoten) für jede Sequenz ein, und zwar alle auf der Höhe Null:

$$C_i \to \underbrace{|||\ldots|}_{\text{Blätter}} \equiv \mathcal{B}.$$

Auf dieser Grundlage können wir nun die Iteration beginnen. Wir bestimmen die beiden Cluster C_i und C_j aus der aktuellen Clusterliste, für die d_{ij} minimal ist. Als Nächstes definieren wir ein entsprechendes neues Cluster $C_k = C_i \cup C_j$ und berechnen die Abstände d_{kl} gemäß Gl. (3.36) für alle verbleibenden aktuellen Cluster C_l. Typischerweise wählt man den Index k des neuen Clusters numerisch fortlaufend, so dass man sich die Iteration als Prozess auf einer dynamischen Indexmenge vorstellen kann.[24] Nun werden C_i und C_j aus der Liste C der aktuellen Cluster eliminiert und C_k wird hinzugefügt. Dieser Schritt entspricht einem Update der Distanzmatrix. Die zu den Indizes i und j gehörenden Zeilen und Spalten werden eliminiert, und die neu berechneten Abstände d_{kl} werden der Distanzmatrix hinzugefügt. Wie wir auch in dem *Mathematica*-Exkurs in Kap. 3.3.6 noch sehen werden, reduziert sich auf diese Weise die Dimension der Distanzmatrix in jedem Iterationsschritt um Eins. Der letzte Schritt der Iteration ist ein Update des aktuellen Baums. Man setzt einen Knoten k mit Tochterknoten i und j in den Baum ein und zwar auf die Höhe $d_{ij}/2$. Die Iteration setzt sich fort mit der erneuten Bestimmung der beiden Cluster mit minimalem Abstand in der aktuellen Clusterliste C. Der Terminierungsschritt dieses Algorithmus ist offensichtlich: Wenn nur noch zwei Cluster C_i und C_j übrig sind, setzt man eine Wurzel auf die Höhe $d_{ij}/2$. Abbildung 3.28 fasst diese Befehlsabfolge noch einmal als Flussdiagramm zusammen. In den einzelnen Iterationsschritten können prinzipiell mehrere Paare denselben minimalen Abstand besitzen. Solche Mehrdeutigkeiten behandelt man, indem Nebenbedingungen (die man als *tiebreaker*-Kriterien bezeichnet) einbezieht. Es ist klar, dass diese Nebenbedingungen Auswirkungen auf den resultierenden Baum haben.

Die Identifikation einer solchen Baumstruktur hinter gegebenen numerischen Daten und damit die Bestimmung von abgegrenzten Untergruppen von Clustern in solchen Daten ist eine so zentrale Kompetenz für bioinformatisches Arbeiten, dass wir das Vorgehen noch einmal in sehr qualitativer Weise in Abb. 3.29 zusammengefasst haben. Dabei liegt der Schwerpunkt auf dem für den UPGMA-Algorithmus sehr charakteristischen Nebeneinander von Datenoperation und Baumkonstruktion.

Zahlenbeispiel

Das Kernstück des UPGMA-Algorithmus ist die Berechnungsvorschrift des Abstands d_{kl} eines zusammengesetzten Clusters $C_k = C_i \cup C_j$ zu einem beliebigen anderen Cluster C_l gemäß Gl. (3.36). Als Startpunkt dient uns hier die Distanzmatrix des *guide tree* aus Kap. 3.2.2 zum multiplen Alignment. Die Elemente der Clusteranalyse sind also Proteinsequenzen. Im Fall des progressiven multiplen Alignments gibt der *guide tree* die Reihenfolge an, in der die Sequenzen in ein Alignment gebracht werden.

---

[24] Auf der einen Seite wächst durch dieses Hinzufügen neuer Cluster die Indexmenge an, auf der anderen Seite werden auch durch das Zusammenfassen frühere Indizes eliminiert. Alternativ kann man, wie wir in unserem *Mathematica*-Exkurs sehen werden, dieses neue Cluster auch auf einem der damit verschwindenden vorangehenden Indizes platzieren.

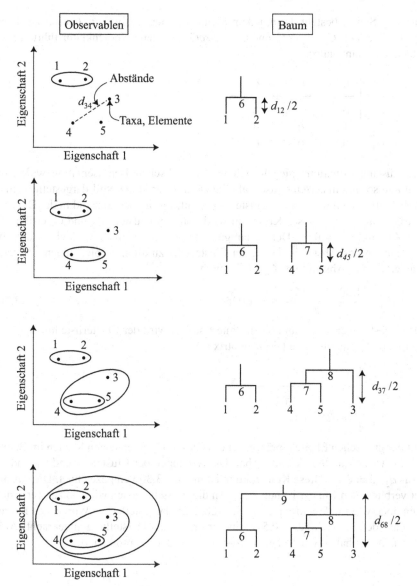

Abb. 3.29 Schematische Darstellung des UPGMA-Algorithmus. Die Distanzen der Elemente für die Baumkonstruktion sind als Unterschiede in zwei Eigenschaften illustriert (linke Bildhälfte). In dieser Illustration entsprechen die Abstände der Elemente in der Ebene dann den Einträgen der Distanzmatrix. In dieser Ebene werden nun die Elemente (oder in späteren Schritten: die Cluster) mit dem geringsten Abstand zusammengefasst. Diese Zusammenfassungen sind auch als Schritte der Baumkonstruktion abgebildet (rechte Bildhälfte). (Darstellung in Anlehnung an: Durbin et al. 1998)

Der erste Schritt besteht darin, jedem Element in der Analyse ein Cluster zuzuweisen: $C_1 = prot1$, $C_2 = prot2$ und $C_3 = prot3$. Die neue Nomenklatur führt auf die folgende Distanzmatrix[25]:

	C_1	C_2	C_3
C_1	0	1.30	0.75
C_2	1.30	0	0.34
C_3	0.75	0.34	0

Die Ausgangssituation spiegelt sich in der grafischen Repräsentation wider, indem alle so initialisierten Cluster als Punkte auf der Höhe Null dargestellt werden (Abb. 3.30a). Nun werden die Cluster bestimmt, für die der Abstand in der Distanzmatrix minimal ist. Dieses Kriterium wird von den Clustern C_2 und C_3 erfüllt mit dem Abstand $d_{23} = 0.34$. Der Vereinigung dieser Cluster in $C_4 = C_2 \cup C_3$ folgt die Berechnung des Abstands des neuen Clusters C_4 zu allen verbliebenen Clustern. Man erhält den Abstand von C_4 zu C_1 durch

$$d_{41} = \frac{1.30 \cdot 1 + 0.75 \cdot 1}{2} = 1.025 . \tag{3.40}$$

Als Nächstes werden C_2 und C_3 eliminiert und C_4 wird der Clusterliste hinzugefügt. Damit erhält man die neue Distanzmatrix als

	C_4	C_1
C_4	0	1.025
C_1	1.025	0

Auf der grafischen Ebene repräsentiert das Cluster C_4 einen neuen Knoten im Baum, der die Tochterknoten C_2 und C_3 hat. Die Astlängen der Cluster C_2 und C_3 sind jeweils $d_{23}/2 = 0.17$. Diese Konstruktion ist in Abb. 3.30b eingezeichnet. Die Anzahl der verbliebenen Cluster ist nun zwei. An dieser Stelle gehen wir also zur Terminierung über, wie im Ablaufdiagramm in Abb. 3.28 dargestellt. Die Wurzel des Baums wird auf der Höhe $d_{41}/2 = 0.5125$ in der grafischen Darstellung angebracht (Abb. 3.30c). Damit haben wir den *guide tree* aus Kap. 3.2.2 reproduziert.

3.3.4 Der Neighbor-Joining-Algorithmus

Der UPGMA-Algorithmus überführt eine gegebene Ähnlichkeitsmatrix in einen phylogenetischen Baum. Eine wichtige Voraussetzung zur Anwendung dieses Algorithmus ist das Vorliegen einer (gemeinsamen) molekularen Uhr (engl. *molecular*

---

[25] Um die Rechnung übersichtlich zu gestalten, geben wir nur zwei Nachkommastellen in der Distanzmatrix an.

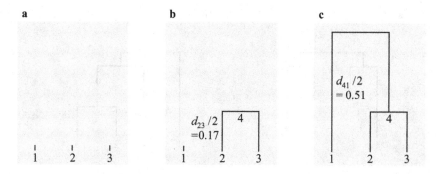

Abb. 3.30 Ergebnis für das Zahlenbeispiel zum UPGMA-Algorithmus; **a** zeigt den ersten Schritt der Baumkonstruktion, **c** stellt den Gesamtbaum dar

clock property, MCP). Diese Eigenschaft besagt, dass die Divergenz aller Sequenzen mit derselben konstanten Rate geschieht. Insbesondere folgt daraus für den tatsächlichen phylogenetischen Baum, dass jeder Pfad von der Wurzel zu einem Blatt derselben (evolutionären) Zeit entspricht. Liest man also den phylogenetischen Baum entlang der Zeitentwicklung, so enden alle Blätter an derselben Position. Wie wir gesehen haben, ist dem UPGMA-Algorithmus diese Eigenschaft fest eingeschrieben: In der Initialisierung des zu konstruierenden Baums werden alle Blätter auf die Höhe Null gesetzt. Ein phylogenetischer Baum, bei dem diese *molecular clock property* fehlt, lässt sich also mit UPGMA nicht wahrheitsgemäß rekonstruieren. Abbildung 3.31 zeigt schematisch einen Baum ohne *molecular clock property* und seine inkorrekte Rekonstruktion durch den UPGMA-Algorithmus.[26] In Abb. 3.31a erkennt man deutlich, dass nicht alle Wege von der Wurzel zu den Blättern gleich lang sind. Damit ist dies kein ultrametrischer Baum. Wie kann man im Fall eines Sequenzensembles ohne eine *molecular clock property* dennoch zu einem Clusterbaum gelangen? Der Baum aus Abb. 3.31 verletzt offensichtlich im gewissen Sinne die für die Anwendung des UPGMA-Algorithmus notwendige Vergleichbarkeit der Sequenzinformationen. Dennoch gibt es ein Ordnungsprinzip, nämlich dass die Wege in dem Baum von einem Blatt zu einem anderen Blatt den entsprechenden Abständen in der Di-

---

[26] Diese präzise benennbare biologische Eigenschaft einer *molecular clock* hat ein formales mathematisches Pendant in der Baumtopologie: Bäume mit MCP sind ultrametrisch. Das bedeutet, dass für jedes Triplett von durch Blätter repräsentierten Sequenzen x^i, x^j, x^k eine Art Dreiecksbeziehung für die Abstände gilt, nämlich d_{ij}, d_{jk} und d_{ki} sind entweder alle gleich, oder zwei sind gleich und einer der drei Abstände ist kleiner. Diese Dreiecksbeziehung folgt aus den im Text genannten Eigenschaften ultrametrischer Bäume. Die drei terminalen Knoten i, j und k können auf drei Arten verteilt sein: (1) Alle Wege führen über die Wurzel; dann gilt per Definition $d_{ij} = d_{ik} = d_{jk}$ (dieser Fall ist allerdings nicht möglich in einem binären Baum). (2) Zwei der Knoten (z. B. i und j) liegen auf einer Seite der Wurzel; der dritte Knoten (also k) wird von dort nur über die Wurzel erreicht. Dann ist wegen $d_{ir} = d_{jr} > d_{ij}$ also $d_{ik} = d_{jk} > d_{ij}$. Wir werden daher im Folgenden die Bezeichnung Baum mit MCP und ultrametrischer Baum synonym verwenden.

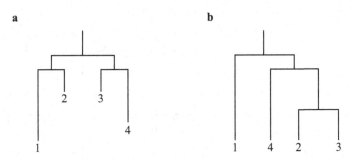

Abb. 3.31 Illustration der *molecular clock property*. In **a** ist der tatsächliche Baum dargestellt, der die MCP verletzt. In **b** ist die (entsprechend fehlerhafte) Rekonstruktion dieses Baums durch den UPGMA-Algorithmus angegeben. (In Anlehnung an: Durbin et al. 1998)

stanzmatrix folgen. Einen solchen Baum bezeichnet man als additiv: Der Abstand d_{ij} entspricht gerade der Summe aller Zweige zwischen den Blättern i und j. Diese Begriffe des additiven und ultrametrischen Baums haben wir bereits in Abb. 3.25 kennengelernt und festgestellt, dass für verschiedene Arten von Bäumen die eine Baumkoordinate sehr unterschiedliche Bedeutungen hat. Anhand der Diskussion der MCP wird auch klar, warum diese Achse im Fall des ultrametrischen Baums eine präzise Zeitinformation darstellt, während sie für einen additiven Baum nur als Grad der Änderung (also gerade als direkte Umsetzung der vorliegenden Distanzmatrix) interpretiert werden kann.

Ein additiver Baum liegt vor, wenn für alle Knoten i und j, zwischen denen sich ein Knoten k befindet, der Abstand d_{ij} zwischen beiden Knoten gleich der Summe der Abstände zu k ist, $d_{ij} = d_{ik} + d_{kj}$.

Im Fall eines ultrametrischen Baums kommt noch die Bedingung hinzu, dass es einen Wurzelknoten r gibt, so dass der Abstand von der Wurzel zu allen terminalen Knoten gleich ist, $d_{ir} = d_{jr} \forall i, j \in C$.

Wie nutzt man mathematisch die Eigenschaft der Additivität zur Baumkonstruktion aus? Abbildung 3.32 zeigt einen Ausschnitt aus einem Baumgraphen, aus dem sich die in diesen Graphen eingeschriebene Additivität in Form einfacher Relationen zwischen den Knotenabständen ablesen lässt. So ist z. B. der Abstand d_{il} zwischen den Knoten i und l gerade die Summe aus den Abständen d_{ik} und d_{kl}. Stellt man mehrere solcher Relationen auf, so ergibt sich eine Möglichkeit, neue (etwa nach Hinzufügen eines internen Knotens vorliegende) Entfernungen im Baum durch bereits gegebene Abstände auszudrücken. Für die in Abb. 3.32 hervorgehobenen Knoten hat man z. B.:

$$d_{il} = d_{ik} + d_{kl} , \tag{3.41}$$
$$d_{jl} = d_{jk} + d_{kl} , \tag{3.42}$$
$$d_{ij} = d_{ik} + d_{kj} . \tag{3.43}$$

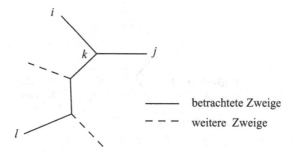

Abb. 3.32 Illustration der Abstandsbeziehungen in einem additiven Baum. Die hier festgelegte Struktur führt auf die Relationen in Gl. (3.41), (3.42) und (3.43), die eine Grundlage des Neighbor-Joining-Verfahrens darstellen

Durch Addition der ersten beiden Relationen und Einsetzen der dritten Beziehung erhält man einen einfachen Ausdruck für d_{kl}:

$$2d_{kl} = d_{il} + d_{jl} - \underbrace{(d_{ik} + d_{jk})}_{=d_{ij}} \tag{3.44}$$

und damit

$$d_{kl} = \frac{1}{2}(d_{il} + d_{jl} - d_{ij}). \tag{3.45}$$

Diese Beziehung bildet die Grundlage des *Neighbor-Joining-Verfahrens* als Konstruktionsvorschrift von Bäumen auch ohne MCP. Lesen wir dazu Abb. 3.32 aus einer etwas anderen Perspektive: Im Prinzip ist dort ein interner Knoten k zu den beiden terminalen Knoten i und j hinzugefügt worden, und man muss den Abstand dieses neuen Knotens k zu allen anderen Knoten l aus den bekannten Abständen der Knoten i und j zu l und zu k berechnen. Dies genau leistet Gl. (3.45). Führt man den Vorgang iterativ fort, so hat man ein Verfahren zur Konstruktion eines Baums ohne Wurzel. Dies ist die Grundidee des Neighbor-Joining-Algorithmus. Man wählt also ein Paar benachbarter Sequenzen mit einem Vorgängerknoten k. Wie schon zuvor beim UPGMA-Algorithmus eliminiert man nun i und j aus der Liste $\mathcal{L}$ der aktuellen Knoten und definiert die Größe d_{kl} aus Gl. (3.45) als Abstand von k zu allen verbleibenden Knoten l. Das Problem dieses sehr einfachen Grundkonzepts liegt in der Wahl *benachbarter* Sequenzen, die dem Einsetzen eines Vorgängerknotens vorausgeht. Die triviale Wahl

$$(i, j)|_{d_{ij} \text{ minimal}} \tag{3.46}$$

funktioniert in Zusammenhängen ohne MCP nicht notwendigerweise. Abbildung 3.33 führt das Fehlschlagen dieser Wahl exemplarisch vor. Dort ist das Knotenpaar

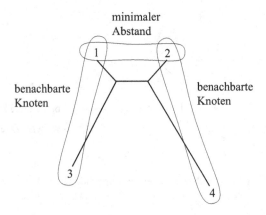

Abb. 3.33 Prinzipielles Fehlschlagen der Auswahl eines minimalen Abstands bei der Iteration des Neighbor-Joining-Verfahrens

mit minimalem Abstand, nämlich (1, 2), nicht benachbart, sondern durch zwei interne Knoten getrennt. Die einzigen Paare benachbarter Knoten, nämlich (1, 3) und (2, 4), weisen in diesem durch das Fehlen der MCP deformierten Baum erheblich größere paarweise Entfernungen auf. Die (mathematisch sehr elegante) Lösung dieses Problems der Wahl tatsächlich benachbarter Knoten liegt in dem Wechsel zu einem anderen Koordinatensystem. Statt der Abstände d_{ij} betrachtet man nun neue Abstände D_{ij}, bei denen die mittlere Entfernung von allen anderen Blättern k in der Blätterliste $\mathcal{L}$ subtrahiert wurde:

$$D_{ij} = d_{ij} - (r_i + r_j), \quad r_i = \frac{1}{|\mathcal{L}| - 2} \sum_{k \in \mathcal{L}} d_{ik}.$$ (3.47)

Man kann zeigen, dass aus einem minimalen D_{ij} tatsächlich folgt, dass i und j benachbarte Blätter sind,

$$D_{ij} \text{ minimal} \Rightarrow i \text{ und } j \text{ Nachbarn}.$$ (3.48)

Der Beweis, den Saitou und Nei (1987) geführt haben, funktioniert über die Annahme, dass D_{ij} minimal ist, i und j aber nicht benachbart sind. Mit dieser Kombination von Annahmen stellt man dann einen Widerspruch zur Additivität des Baums her. Ein detaillierter Beweis ist in einem Anhang in Durbin et al. (1998) gegeben.

Nun kommen wir auf der Grundlage dieser neuen Abstände D_{ij} zur endgültigen Darstellung des Neighbor-Joining-Algorithmus. Die Initialisierung erfolgt in ganz ähnlicher Weise wie beim UPGMA-Verfahren, allerdings mit einer leichten Betrachtungsverschiebung, die sich durch den ganzen Algorithmus zieht: Während im UPGMA-Verfahren das zentrale Objekt des Algorithmus die aktuelle Clusterliste ist, diskutiert man beim Neighbor-Joining-Verfahren die iterative Modifikation einer aktuellen Blätterliste. Hier ist also der einzelne aktuelle Knoten von Bedeutung, während bei UPGMA ein hinzugefügter interner Knoten eher als Label einer ganzen Knotengruppe (nämlich des darunterliegenden Clusters) verstanden wird.

Zuerst wird die Blätterliste $\mathcal{L}$ durch die terminalen Knoten initialisiert. Diese terminalen Knoten wiederum initialisieren als unverbundene Blätter den Baum $\mathcal{B}$. Der Iterationsteil des Algorithmus beginnt mit der Wahl zweier Elemente i und j aus der Blätterliste $\mathcal{L}$, deren transformierter Abstand D_{ij} minimal ist. Anstelle von i und j setzt man nun einen neuen Knoten k in die Blätterliste $\mathcal{L}$ und berechnet die Abstände zu allen anderen Knoten in $\mathcal{L}$ mithilfe von Gl. (3.45). Schließlich setzt man den neuen Knoten k in den Baum $\mathcal{B}$ ein. Die Kantenlängen d_{ik} und d_{jk} sind dabei gegeben durch:

$$d_{ik} = \frac{1}{2}(d_{ij} + r_i - r_j) , \quad d_{jk} = d_{ij} - d_{ik} . \tag{3.49}$$

Die erneute Auswahl eines Paars mit minimalem (transformierten) Abstand schließt den Kreis dieses Iterationsteils. Die Terminierung des Neighbor-Joining-Algorithmus setzt ein, wenn nur noch zwei Einträge in der aktuellen Blätterliste vorhanden sind, $|\mathcal{L}| = 2$. Dann fügt man im Baum $\mathcal{B}$ zwischen diesen beiden Knoten eine letzte Kante ein. Abbildung 3.34 fasst den Neighbor-Joining-Algorithmus noch einmal in Form eines einfachen Flussdiagramms zusammen.

Gerade aufgrund der schwer überprüfbaren Voraussetzung einer molekularen Uhr ist das UPGMA-Verfahren in der Forschung gegenüber dem Neighbor-Joining-Verfahren und anderen Methoden in den Hintergrund gerückt. Der Nachteil des Neighbor-Joining-Verfahrens ist, wie wir gesehen haben, dass die resultierenden Bäume keine Wurzel besitzen. In der praktischen Anwendung lässt sich in sehr vielen Fällen jedoch die Position der Wurzel mithilfe einer *Outgroup* schätzen. Damit sind zusätzliche Daten gemeint, von denen man weiß, dass sie evolutionär weit entfernt sind von dem Ensemble von Daten, das zur Baumkonstruktion verwendet wurde. Konstruiert man den Baum nun mithilfe des Neighbor-Joining-Verfahrens unter Einbeziehung dieser Outgroup, so stellt der dadurch in den Baum gesetzte interne Knoten (der also die Outgroup mit dem ursprünglichen Baum verbindet) die wahrscheinlichste Position der Wurzel dar. Abbildung 3.35 verdeutlicht dieses Verfahren. Neben dem UPGMA- und dem Neighbor-Joining-Algorithmus gibt es unter den distanzbasierten Methoden noch *minimum evolution* (ME)-Verfahren, in denen von einem Anfangsbaum ausgehend durch zufällige Baummodifikationen versucht wird, den summierten Unterschied zwischen den baumgegebenen Abständen und den entsprechenden Einträgen in der Distanzmatrix iterativ zu minimieren. Tests an synthetischen Datensätzen zeigen, dass typischerweise der Neighbor-Joining-Baum dem optimalen, durch ME-Methoden ermittelten Baum sehr stark ähnelt. Für das UPGMA-Verfahren zeigen sich systematische Abweichungen. Diese Erkenntnisse haben dazu geführt, dass in phylogenetischen Analysen die UPGMA-Methode deutlich an Bedeutung verloren hat. Das Neighbor-Joining-Verfahren wird wegen der verglichen mit den moderneren ME-Methoden erheblich höheren Geschwindigkeit jedoch immer noch sehr häufig verwendet.

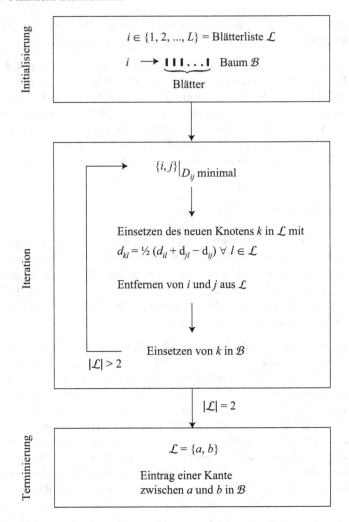

Abb. 3.34 Flussdiagramm des Neighbor-Joining-Algorithmus

3.3.5 Baumbewertung

Ein nächster Schritt nach der Baumkonstruktion ist die Bewertung eines Baums. Wie wir gesehen haben, stellt die Konstruktion eines phylogenetischen Baums die direkte Umsetzung von (in der Regel aus einem Alignment gewonnenen) Sequenzähnlichkeiten dar. Damit hängt das Resultat, der phylogenetische Baum, von den Parametern ab, die zum Aufstellen der Distanzmatrix verwendet wurden, etwa von den Alignmentparametern oder dem Abstandsmaß. Es ist daher wichtig, die Robustheit des resultierenden Baums unter Variation dieser Parameter zu untersuchen. Eine Klasse quantitativer Methoden stellen *Bootstrap-Verfahren* dar. Solche Bootstrap-

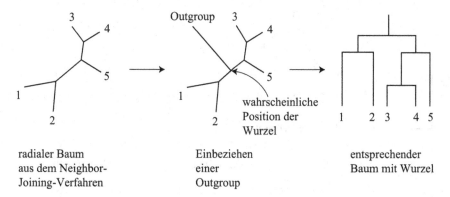

radialer Baum   Einbeziehen   entsprechender
aus dem Neighbor-   einer   Baum mit Wurzel
Joining-Verfahren   Outgroup

Abb. 3.35 Ermittlung der Wurzelposition mithilfe einer Outgroup. In die Konstruktion eines radialen, mithilfe des Neighbor-Joining-Verfahrens gewonnenen Baums (linkes Bildelement) wird eine entfernte Spezies oder Speziesgruppe (Outgroup) einbezogen (mittleres Bildelement). Die Position des entsprechenden internen Knotens stellt einen Schätzer der Wurzel des Baums dar. Auf diese Weise wird der radiale Baum in einen Baum mit Wurzel überführt (rechtes Bildelement)

Methoden haben eine gewisse Analogie zu den in Kap. 3.2.3 erwähnten Surrogatdaten. Das Ziel ist festzustellen, wie robust ein bestimmtes Analyseergebnis gegenüber einer leichten Variation der zugrunde liegenden Daten ist. Im Fall der Surrogatdaten ist die Strategie, bestimmte Eigenschaften der Daten durch Randomisierung zu eliminieren und dann nachzuweisen, dass das Analyseergebnis der Originaldaten sich signifikant von den Analyseergebnissen der randomisierten Daten unterscheidet. Eine Bootstrap-Validierung geht letztlich den umgekehrten Weg: Dort werden durch kleine Änderungen der Originaldaten viele modifizierte Datensätze erzeugt und mit denselben Methoden ausgewertet. Man zählt dann nach, wie häufig in den modifizierten Datensätzen dieselben Ergebnisse wie für den Originaldatensatz gefunden werden. Diese Zahl gibt die *Bootstrap-Wahrscheinlichkeit* oder den *Bootstrap-Wert* eines Ergebnissegments an. In dem speziellen Fall phylogenetischer Untersuchungen sind die Ausgangsdaten sehr häufig durch ein Alignment gegeben und das Analyseresultat ist der phylogenetische Baum. Die Modifikationen des Originaldatensatzes können etwa das Weglassen einzelner Spalten in dem Alignment oder – extremer – das Zusammensetzen eines neuen Datensatzes aus den Spalten des Alignments durch Ziehen mit Zurücklegen sein.

In dieser Situation phylogenetischer Analysen lassen sich also Bootstrap-Werte für jeden internen Knoten (bzw. je nach Betrachtung: für jeden internen Zweig) ermitteln. Man zählt dabei nach, wie häufig in den Bäumen zu den modifizierten Datensätzen ein bestimmter interner Knoten oder ein bestimmter Zweig vorkommt. Diesen Zahlenwert (typischerweise in Prozent, also bezogen auf 100 modifizierte Datensätze) schreibt man in dem Originalbaum an den entsprechenden Knoten oder Zweig. Abbildung 3.36 führt eine fiktive Bootstrap-Analyse vor. Dabei ergibt in diesem Bei-

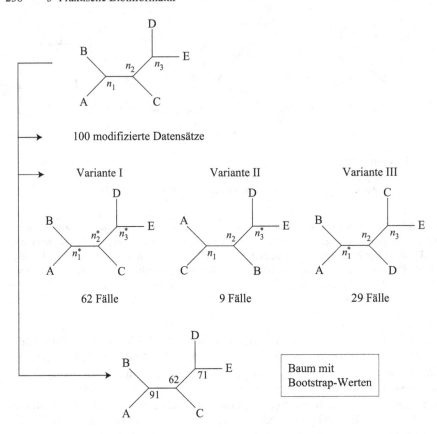

Abb. 3.36 Schematische Darstellung zu Bootstrap-Werten. Von einem Clusterbaum (oberes Bildelement) werden 100 Bootstrap-Replikate auf der Grundlage modifizierter Datensätze erzeugt. In diesem Gedankenexperiment bilden die Replikate drei topologisch unterschiedliche Varianten (mittleres Bildelement). Die Häufigkeiten der internen Knoten n_1, n_2 und n_3 in diesen Varianten führen auf die Bootstrap-Werte (unteres Bildelement). Mit dem ursprünglichen Baum übereinstimmende Knoten sind in den Varianten mit einem Stern gekennzeichnet

spiel die Analyse der modifizierten Datensätze drei unterschiedliche Baumvarianten, neben dem aus den Originaldaten gewonnenen Baum also noch zwei weitere Bäume. Der Knoten n_1 z. B. tritt in Variante I und Variante III auf. Sein Bootstrap-Wert beträgt somit 91. Der Knoten n_2 dagegen liegt nur in der ersten Variante vor, die mit dem ursprünglichen Baum zusammenfällt. Sein Bootstrap-Wert beträgt somit 62.

Solche Bootstrap-Analysen liefern wichtige Indikatoren für die Robustheit einer phylogenetischen Analyse. Zweige mit sehr geringen Bootstrap-Werten lassen sich also durch kleine Modifikationen an den zugrunde liegenden Daten aus dem Baum eliminieren. Dies sind im Allgemeinen dann auch die Regionen des Baums, die bei kleinen Parametervariationen z. B. des Sequenzalignments starke Änderungen aufweisen. Allerdings muss auch beachtet werden, dass die genauen Zahlenwerte, die mithilfe des Bootstrap-Verfahrens ermittelt werden, sehr stark von dem Verfahren abhängen, mit dem die modifizierten Daten erzeugt werden.

3.3.6 Implementierung

Wie schon bei einigen Algorithmen aus vorangehenden Kapiteln, findet man sich als Anwender bei der praktischen Umsetzung dieses formalen Rahmens noch mit einer ganzen Reihe technischer Probleme konfrontiert. Aus unserer Sicht ist es zentral, diesen weiteren Schritt zu gehen, auch wenn man letztlich an einer reinen Anwendung bestehender Implementierungen interessiert ist. Denn nur dann wird das Wechselspiel zwischen den Parametern des Algorithmus und den Eigenschaften eines speziellen Datensatzes wirklich klar. Wie schon zuvor wollen wir diesen Schritt vollführen, indem wir eine Implementierung des UPGMA-Verfahrens in *Mathematica* explizit darstellen.

***Mathematica*-Exkurs: UPGMA**

Im Verlauf dieses Kapitels haben wir eine weit über die Bioinformatik im engeren Sinne hinausreichende Analysemethode kennengelernt, nämlich die Übersetzung paarweiser Ähnlichkeiten von Elementen in einen Clusterbaum. In der Bioinformatik findet man solche Clusteralgorithmen vor allem bei einer Interpretation von Sequenzähnlichkeiten (oder auch allgemeiner: von Merkmalsähnlichkeiten) in einem evolutionären Sinne. Clusteralgorithmen findet man aber auch bei der Analyse von Microarray-Daten, als rein statistisches Werkzeug zum Auffinden von Strukturen in numerischen Daten und – wie wir in Kap. 5 sehen werden – bei der Suche nach Modulen (also funktionell oder topologisch abgrenzbaren Untereinheiten) in biologischen Netzwerken.

Hier visualisieren wir beispielhaft ein Kernelement der UPGMA-Methode durch eine explizite, schrittweise Implementierung in *Mathematica*. Wir führen aber auch vor, wie man schon vorgegebene Befehle zur Clusteranalyse in *Mathematica* nutzen kann, um solche bioinformatischen Fragestellungen direkt zu untersuchen. Für letzteren Aspekt verweisen wir auf die elektronische Fassung des *Mathematica*-Exkurses.

Wir beginnen mit der Distanzmatrix, die wir bereits im vorangegangenen Zahlenbeispiel kennengelernt haben.

```
In[1]:= distMatrix = {{0, 1.3, 0.75}, {1.3, 0, 0.34},
          {0.75, 0.34, 0}};
```

Über den Formatierungsbefehl **MatrixForm** können wir die Distanzmatrix ausgeben:

```
In[2] := distMatrix//MatrixForm
Out[2]//MatrixForm=
```

$$\begin{pmatrix} 0 & 1.3 & 0.75 \\ 1.3 & 0 & 0.34 \\ 0.75 & 0.34 & 0 \end{pmatrix}$$

Gemäß der Interpretation als Distanzmatrix haben wir jetzt also eine sehr klare Aufgabe vor uns. Es liegen drei Taxa (z. B. Spezies, die wir mit unserer Analyse in einen evolutionären Zusammenhang stellen wollen) vor, zusammen mit ihren paarweisen Abständen (in Bezug auf irgendeine Observable).

Zuerst müssen wir die kleinste Distanz bestimmen. Unsere vom Alignment gewohnte Konstruktion **Position[matrix, Min[matrix]]** schlägt hier aufgrund der Nullen auf der Hauptdiagonalen fehl. Wir verwenden eine kleine Funktion **makeDiag[n]**, die eine Diagonalmatrix der Größe $n \times n$ mit einer großen Zahl als Diagonalelemente (und Nullen sonst) erzeugt. Diese Matrix **diag** fügen wir als Zwischenschritt in die Minimumssuche ein. Man hat dann die Konstruktion **Position[matrix + diag, Min[matrix + diag]]**. Diese Position, zusammen mit dem Wert des Minimums, schreiben wir in die Variable **merge1**.

```
In[3] := makeDiag[n_] := Table[If[i == j, 100, 0], {i, 1, n},
                {j, 1, n}]

In[4] := diag = makeDiag[Length[distMatrix]]
Out[4] = {{100, 0, 0}, {0, 100, 0}, {0, 0, 100}}

In[5] := merge1 =
            {Position[distMatrix + diag, Min[distMatrix + diag]][[1]],
                Min[distMatrix + diag]}
Out[5] = {{2, 3}, 0.34}
```

Dieses Wertepaar enthält also die beiden Taxa 2 und 3 (erster Eintrag), zusammen mit ihrem Abstand (zweiter Eintrag). Wir fassen diese Arbeitsschritte in einer Funktion **makeMerge** zusammen.

```
In[6] := makeMerge[matr_] :=
            {Position[matr + makeDiag[Length[matr]],
                Min[matr + makeDiag[Length[matr]]]][[1]],
                Min[matr + makeDiag[Length[matr]]]}
```

Wie wir gesehen haben, werden im Verlaufe der Iteration Taxa zu größeren Gruppen (Clustern) zusammengefasst. Es ist daher erforderlich, auch die aktuellen Cluster mitzuprotokollieren. Dies geschieht mit der Variablen **clusterVec1**. Zuerst initialisieren wir diese Variable.

```
In[7] := clusterVec1 = Table[1, {Length[distMatrix]}]
Out[7] = {1, 1, 1}
```

Ein Update dieses Clustervektors ist sehr einfach. Wir schreiben die Summe der Einträge in die erste der beiden Koordinaten und löschen die zweite der beiden Koordinaten.

```
In[8]:= modifyClusterVector[clusters_, coord_] :=
          Module[{tmp1},
            tmp1 = clusters;
            tmp1[[coord[[1]]]] =
              tmp1[[coord[[1]]]] + tmp1[[coord[[2]]]];
            tmp1 = Drop[tmp1, {coord[[2]]}];
            tmp1]

In[9]:= modifyClusterVector[clusterVec1, merge1[[1]]]
Out[9]= {1, 2}
```

Als Nächstes wollen wir den graduellen, durch Zusammenfassen von Taxa zu Clustern gesteuerten Abbau der Distanzmatrix implementieren, so wie wir ihn im Verlaufe dieses Kapitels kennengelernt haben. Die entsprechende Transformation der Distanzmatrix enthält die zentrale Gleichung des UPGMA-Verfahrens, nämlich die Abstandsberechnung zwischen Clustern. Mit der (etwas unhandlichen, aber transparenten) Befehlskombination **Transpose[Drop[Transpose[Drop[matrix, {number}]], {number}]]** löschen wir zunächst ein Taxon (als Zeile und Spalte) aus der Matrix. Dann berechnen wir über die Abstandsgleichung die neuen Abstände, löschen auch dort das entsprechende Taxon und setzen diesen neuen Abstandsvektor in der Matrix anstelle des anderen zu entfernenden Taxons wieder ein.

```
In[10]:= computeNewMatrix[matr_, clusters_, coord_] :=
           Module[{tmp1, tmp2, tmp3, tmp4, tmp4b, tmp5},
             tmp1 = Dimensions[matr][[1]];
             tmp2 = Sort[coord];
             tmp3 =
               Transpose[Drop[Transpose[Drop[matr, {tmp2[[2]]}]],
                 {tmp2[[2]]}]];
             tmp4 =
               Table[
                 (matr[[coord[[1]], k]] * clusters[[coord[[1]]]]+
                  matr[[coord[[2]], k]] * clusters[[coord[[2]]]])/
                 (clusters[[coord[[1]]]] + clusters[[coord[[2]]]]),
                 {k, 1, tmp1}];
             tmp4b = Insert[Drop[Drop[tmp4, {tmp2[[2]]}],
                 {tmp2[[1]]}], 0., tmp2[[1]]];
```

```
tmp5 =
Transpose[
  Transpose[tmp3/.tmp3[[tmp2[[1]]]] → tmp4b]/.
    Transpose[tmp3/.tmp3[[tmp2[[1]]]] → tmp4b][[
      tmp2[[1]]]]] → tmp4b];
tmp5]
```

Diesen Befehl, der die neue, um ein Cluster reduzierte Matrix berechnet, können wir nun auf die aktuellen Zustände der Abstandsmatrix, des Clustervektors und der Variablen **merge1** anwenden:

```
In[11]:= computeNewMatrix[distMatrix, clusterVec1, merge1[[1]]]//
         MatrixForm
Out[11]//MatrixForm=
```

$$\begin{pmatrix} 0 & 1.025 \\ 1.025 & 0. \end{pmatrix}$$

Diesen Schritt zu einer reduzierten Distanzmatrix kann man für größere Ausgangs-matrizen iterieren. Die zusammengefassten Variablen **merge1** aus jedem Iterati-onsschritt entsprechen im Wesentlichen der Newick-Repräsentation eines solchen Baums. Die Anwendung der Befehle **DirectAgglomerate** und **DendrogramPlot** führt dann auf den Baum aus Abb. 3.30. Diese Aspekte sind in der elektronischen Fassung des *Mathematica*-Exkurses ausführlich dargestellt.

3.4 Datenbanken und Annotation

Bei unserem Blick auf Standardfragen der praktischen Bioinformatik in diesem Ka-pitel haben wir bisher vor allem auf den Schritt von der Sequenz zum (biologisch interpretierbaren) Analyseresultat geschaut. Eine solche Analyse wäre dann etwa der symbolgenaue Vergleich einer gegebenen Sequenz mit einer anderen Sequenz (paarweises Alignment, Kap. 3.1) oder mit einem Ensemble von Sequenzen (mul-tiples Alignment, Kap. 3.2.2), aber auch die Konstruktion einer relationalen Struktur auf den zu vergleichenden Sequenzen, die eine Aussage über die relative Position (z. B. im evolutionären oder – bei Proteinsequenzen häufig auch – im strukturellen Sinne) der Sequenz in Bezug auf die anderen Sequenzen aus dem Ensemble macht (Clusteranalyse, Kap. 3.3). In dem vorliegenden Kapitel werden wir den Blick in die andere Richtung wenden und diskutieren, wie man die großen Datenbanken bioin-formatischer Information nutzt, um z. B. eine betrachtete Sequenz in einen größeren Kontext einzubetten. Wenn auch der Schwerpunkt dieses Buchs nicht auf solchen Datenbanken liegt, möchten wir doch die folgenden Punkte kurz diskutieren:

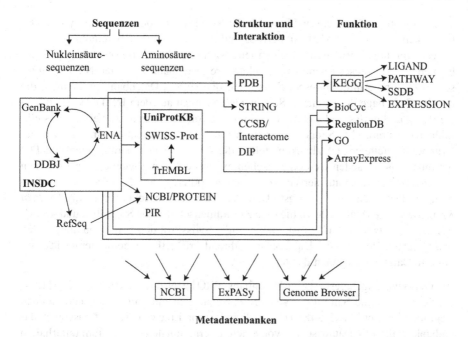

Abb. 3.37 Vernetzung und inhaltliche Aufteilung einiger wichtiger bioinformatischer Datenbanken. Die Kategorien in diesem Schema sind: Sequenzen, Struktur, Funktion und Metadatenbanken

- Auf welche weiteren Informationen jenseits der reinen Sequenz hat man durch solche Datenbanken unmittelbar Zugriff?
- Wie lassen sich schnell und effizient genomweite Eigenschaften (z. B. Gendichten, Repeat-Verteilungen etc.) aus Datenbanken extrahieren und für eine Analyse nutzbar machen?

Wir wollen also weniger auf den praktischen Umgang mit den Datenbanken eingehen (z. B. die Suche nach ganz speziellen Einzelsequenzen, das Einreichen eigener Sequenzdaten, Fragen der Datenqualität und viele Aspekte spezialisierter Sekundärdatenbanken),[27] sondern exemplarisch zeigen, wie man Datensätze aus diesen Datenbanken erhält und zur weiteren statistischen und bioinformatischen Analyse in andere Softwarekomponenten einspeist. Dazu müssen wir verstehen, wie das bioinformatische Wissen in diesen Datenbanken organisiert und vernetzt ist. Abbildung 3.37 stellt die Vernetzung, die thematische Anordnung und den Datenfluss zwischen einigen bekannten bioinformatischen Datenbanken dar. Die erste Ebene in Abb. 3.37 ist die der *Sequenz*. Auf der Ebene der Nukleinsäuren arbeitende Datenbanken haben eine wichtige Funktion als Archive von Sequenzinformation. Ihre Aufgabe besteht also nicht in erster Linie in der Interpretation der vorhandenen Daten. Das Kern-

---

[27] Hierzu verweisen wir auf die sehr guten Darstellungen in Baxevanis und Ouellette (2001).

stück in Abb. 3.37 auf dieser Ebene ist die Synchronisation der drei primären Datenbanken: *GenBank*, EMBL und DDBJ, auf die wir in Kap. 1 bereits hingewiesen haben. Von diesen primären Archiven leitet sich eine Reihe von sekundären Datenbanken ab. Auf dieser Ebene ist als sekundäre Datenbank zwischen Nukleinsäuresequenzen und Aminosäuresequenzen z. B. die RefSeq-Datenbank zu nennen, die auf der Grundlage der primären Sequenzdatenbanken aus dem INSDC eine äußerst sorgfältig und umfassend annotierte Sammlung von Sequenzen zur Verfügung stellt, inklusive genomischer Sequenzen, Transkripte und Proteinsequenzen. Eine weitere Gruppe abgeleiteter Datenbanken stellen die *Proteinsequenz*sammlungen dar. Dabei muss unterschieden werden zwischen experimentell nachgewiesenen Proteinen und theoretisch (also auf der Grundlage einer codierenden DNA-Sequenz) vorhergesagten Proteinen. Die wichtigste Datenbank für Proteinsequenzen ist die *UniProt Knowledgebase* (UniProtKB), die eine Zusammenschluss aus SwissProt und TrEMBL (*transcripts from EMBL*) ist. Dabei bildet SwissProt den von Hand annotierten und begutachteten Teil der Datenbank, während TrEMBL das computergestützt annotierte Datenbanksegment darstellt.

An GenBank angelagert ist die Datenbank PROTEIN des NCBI. Die PROTEIN-Datenbank ist eine Sammlung von Proteinsequenzen mit annotierten codierenden Regionen aus GenBank, RefSeq und z. B. SwissProt. Eine weitere Proteinsequenzdatenbank ist die PIR Database, die von einem internationalen Konsortium unterhalten wird. Neben den reinen Sequenzdaten enthält PIR noch eine Reihe zusätzlicher Informationen, etwa Verzahnungen zu Strukturdatenbanken, Alignmentdatenbanken, aber auch Softwarewerkzeuge zur Analyse von Proteinsequenzen.

Die nächste Organisationsebene, die wir betrachten möchten, ist die der *Proteinstruktur* und der Protein-Protein- und Protein-DNA-*Interaktionen*. Auf der Ebene der *Proteinstruktur* sind wichtige Datenbanken die PDB auf der amerikanischen und MSD auf der europäischen Seite. Das PDB-Format ist eine sehr effiziente Textrepräsentation einer Proteinstruktur, die von vielen Visualisierungs- und Analyseprogrammen interpretiert werden kann. Abbildung 3.38 zeigt einen Auszug aus einer solchen Datei. In solchen Strukturdatenbanken sind die durch Röntgenstrukturanalysen ermittelten Positionen und effektiven Größen der Atome eines Proteins abgelegt. Diese Kristallstrukturen bilden die Grundpfeiler für heuristische Methoden der Proteinstrukturvorhersage, da die Kristallstruktur der ähnlichsten Sequenz (zu einem betrachteten Protein) als Ausgangspunkt für die Strukturmodellierung des Proteins gewählt wird. Eine andere Quelle experimentell bestimmter Proteinstruktur sind NMR-Messungen (NMR: *nuclear magnetic resonance*), die man wiederum aus anderen Datenbanken abfragen kann.

Eine detaillierte und systemweite Analyse der *Interaktionen* zwischen Proteinen (also die Bildung von Proteinkomplexen) und von Proteinen und DNA (also das Binden von Proteinen an DNA zur Ausübung regulatorischer Funktion) sind in den letzten zehn Jahren immer bedeutsamer geworden. Für den ersten Fall haben sich die bereits mehrfach erwähnten Protein-Interaktionsnetze als eine geeignete Datenstruktur erwiesen, um diese Information in Datenbanken zusammenzufassen. Für den zweiten

```
HEADER     METAL TRANSPORT                          01-MAY-03  XXXX
TITLE      CRYSTAL STRUCTURE OF AN INWARD RECTIFIER POTASSIUM CHANNEL
COMPND     integral membrane channel and cytosolic domains
KEYWDS     TRANSMEMBRANE HELICES, ION CONDUCTION, IMMUNOGLOBULIN FOLD,
KEYWDS     2 CYTOSOLIC ASSEMBLY
EXPDTA     X-RAY DIFFRACTION
AUTHOR     A.KUO, J.M.GULBIS, J.F.ANTCLIFF, T.RAHMAN, E.D.LOWE,
AUTHOR     2 J.ZIMMER, J.CUTHBERTSON, F.M.ASHCROFT, T.EZAKI, D.A.DOYLE
JRNL           AUTH   A.KUO, J.M.GULBIS, J.F.ANTCLIFF, T.RAHMAN,
JRNL           AUTH 2 E.D.LOWE, J.ZIMMER, J.CUTHBERTSON, F.M.ASHCROFT,
JRNL           AUTH 3 T.EZAKI, D.A.DOYLE
JRNL           TITL   CRYSTAL STRUCTURE OF THE POTASSIUM CHANNEL
JRNL           TITL 2 KIRBAC1.1 IN THE CLOSED STATE.
JRNL           REF    SCIENCE                       V. 300  1922 2003
JRNL           REFN   ASTM SCIEAS  US ISSN 0036-8075
REMARK   1
SEQRES   1 A   333   MET ASN VAL ASP PRO PHE SER PRO HIS SER SER ASP SER
SEQRES   2 A   333   PHE ALA GLN ALA ALA SER PRO ALA ARG LYS PRO PRO ARG
SEQRES   3 A   333   GLY GLY ARG ARG ILE TRP SER GLY THR ARG GLU VAL ILE

                                    [ ... ]

ATOM    4039  O   PRO B 308       9.310  62.173 204.534  1.00112.73           O
ATOM    4040  CB  PRO B 308       9.659  65.636 204.735  1.00114.31           C
ATOM    4041  CG  PRO B 308       8.711  66.071 203.585  1.00114.12           C
ATOM    4042  CD  PRO B 308       9.379  65.543 202.357  1.00113.72           C
ATOM    4043  N   VAL B 309      10.230  63.130 206.345  1.00112.88           N
ATOM    4044  CA  VAL B 309       9.901  62.034 207.249  1.00113.83           C
ATOM    4045  C   VAL B 309       9.051  62.506 208.472  1.00114.67           C
ATOM    4046  O   VAL B 309       8.870  63.744 208.613  1.00115.12           O
ATOM    4047  CB  VAL B 309      11.199  61.366 207.720  1.00113.33           C
ATOM    4048  CG1 VAL B 309      10.914  60.267 208.705  1.00113.74           C
ATOM    4049  CG2 VAL B 309      11.902  60.806 206.553  1.00113.00           C
TER     4050      VAL B 309
HETATM  4051  K    K   401      46.420  52.810 139.566  0.50 22.68           K
HETATM  4052  K    K   402      46.420  52.810 146.882  0.50 57.75           K
HETATM  4053  K    K   403      46.420  52.810 142.974  0.50  5.43           K
HETATM  4054  K    K   404      46.420  52.810 134.280  0.50 56.18           K
HETATM  4055  O   HOH     1      39.353  56.191 198.316  1.00 40.86           O
HETATM  4056  O   HOH     2      33.297  63.449 130.957  1.00 45.28           O
HETATM  4057  O   HOH     3      38.315  51.011 175.431  1.00 43.60           O
HETATM  4058  O   HOH     4      41.460  59.715 191.658  1.00 13.15           O
HETATM  4059  O   HOH     5      34.766  37.963 181.883  1.00 48.40           O
HETATM  4060  O   HOH     6      51.365  37.661 177.456  1.00 44.34           O
HETATM  4061  O   HOH     7      41.361  48.555 186.217  1.00 24.71           O
ENDMDL
MASTER         0     0     0    13    24     0     0     6  8118     4     0    52
END
```

Abb. 3.38 Auszug aus der PDB-Datei für einen Kaliumkanal. Im oberen Teil sind Annotationen angegeben, die mit den Formaten für reine Sequenzinformationen vergleichbar sind, die wir in Kap. 1 kurz diskutiert haben. Im mittleren Teil erkennt man Angaben zur Proteinsequenz selbst. Die eigentliche Strukturinformation bildet den unteren Teil. Dort sind Angaben zur räumlichen Position einzelner Atome aufgeführt

Fall, die Protein-DNA-Wechselwirkungen, hat das ENCODE-Projekt 2012 zu einer erheblichen Menge an neuen Daten geführt, die z. B. über den UCSC *Genome Browser* verfügbar sind. In Abb. 3.37 sind die *Database of Interacting Proteins*, DIP, und die Interaktomprojekte des *Center for Cancer Systems Biology*, CCSB, aufgeführt. Der Begriff 'Interaktom' steht dabei für die möglichst vollständige Zusammenstellung der Protein-Protein-Interaktionen einer Zelle.

An diese zentralen sequenz-, struktur- und interaktionsbasierten Datenbanken schließen sich zum einen spezialisierte Datenbanken an, die etwa alle Informationen zu einem speziellen Organismus zusammenstellen (z. B. *WormBase* oder *FlyBase*), aber auch *Funktions*datenbanken, in denen funktionelle, über die reine Strukturinformation hinausgehende Daten zusammengestellt sind. Solche, ebenfalls oft auf einzelne Organismen spezialisierten Datenbanken entwickeln sich immer noch mit enormer Geschwindigkeit. Der Schwerpunkt liegt zur Zeit auf der Integration möglichst vielfältiger Datensätze (Proteinstrukturen, Genregulation, Signalpfade, Protein-Protein-Interaktion etc.) auf dem Weg zu einer systembiologischen Betrachtung des Organismus. Eine Funktionsdatenbank stellt Informationen zu metabolischen und regulatorischen Netzwerken zusammen. Sie ist Teil der KEGG-Datenbanken (KEGG: *Kyoto Encyclopedia of Genes and Genomes*). Die KEGG-Datenbanken haben das Ziel, ein großes Spektrum genomrelevanter Daten in maschinenlesbarer Form zur Verfügung zu stellen. Das mathematische Konzept abstrakter Graphen liefert dazu die formale Sprache. Diese Abbildung von Daten auf Graphen ist angemessen, da viele dieser Informationen – aus einer systemweiten Perspektive – tatsächlich einen netzwerkhaften Charakter besitzen. Wir werden Beispiele für eine solche Betrachtung in Kap. 5.2 noch sehr ausführlich diskutieren.

Microarray-Daten sind Momentaufnahmen der gleichzeitigen Expression vieler Gene eines Organismus. Das hinter solchen Daten stehende Netzwerk der gemeinsamen und kausal verknüpften Genregulation bezeichnet man als *Transkriptom*. Die Entwicklung neuer Methoden der Datenanalyse für Microarray-Experimente ist eine wichtige Aufgabe der aktuellen und zukünftigen Bioinformatik. Seit einigen Jahren scheint sich ein Datenformat durchzusetzen: der MIAME-Standard (MIAME: *Minimum Information about a Microarray Experiment*). Seit Ende 2002 hat sich die vom *European Bioinformatics Institute* (EBI) eingerichtete Datenbank *ArrayExpress* der Bereitstellung von solchen Microarray-Daten angenommen.

Die neben KEGG wichtigste Datenbank auf der Ebene zellulärer Funktion ist die BioCyc-Sammlung einer großen Zahl von speziesorientierten Datenbanken (so ist die Unterdatenbank EcoCyc etwa auf das Bakterium *E. coli* fokussiert). In BioCyc werden insbesondere genregulatorische, metabolische und signaltransduktorische Informationen zusammengefügt. Eine anfangs unabhängige, später dann in EcoCyc integrierte Datenbank zur Genregulation von *E. coli* ist RegulonDB.

Auf der Ebene der reinen Sequenzdaten lassen sich durch vielfältige algorithmische Strategien Vergleiche herstellen und Sequenzähnlichkeiten aufspüren. Orthogonal dazu ist es möglich, (formale oder biologische) Eigenschaften dieser Sequenzsegmente zu annotieren, etwa Gene, regulatorische Bereiche, Transposons oder ähnliche metastrukturelle Attribute zu den Sequenzdaten. Die Ebene dieser annotierten Eigenschaften bildet über die ursprünglichen Sequenzen eine weitere relationale Struktur. Solche Strukturen sind oft Gegenstand der *Metadatenbanken*.

Dem *European Bioinformatics Institute* (EBI), einer Organisationseinheit des *European Molecular Biology Laboratory* (EMBL), sind neben der Sequenzdatenbank des EMBL noch weitere, abgeleitete Datenbanken zugeordnet, etwa die Metadatenbank UniProt, die Informationen zu Proteinsequenzen verwaltet, die Datenbank MSD zur Proteinstruktur, die *Reactome*-Datenbank, in der metabolische Reaktionspfade (engl. *pathways*) abgelegt sind, die *Gene Ontology* (GO)-Datenbank und die Metadatenbank *Ensembl*. GO stellt den Versuch einer systematischen, begrifflich vereinheitlichten Funktionszuweisung zu Genprodukten dar. Die entsprechende Datenbank annotiert Genprodukte gemäß dem GO-Konzept. Die Aufgabe des *Ensembl*-Projekts, das wir im Rahmen der Genidentifikation in Kap. 2.9.2 bereits kurz kennengelernt haben, ist die (vornehmlich automatisierte) Annotation genomweiter Sequenzdaten. Die *Ensembl*-Datenbank bietet damit eine extrem wichtige Grundlage für vergleichende genomweite Untersuchungen. Ein Werkzeug, mit dem sich genomweite Informationen für viele eukaryotische Genome effizient abrufen lassen, ist der *Genome Browser*, der von der *University of California at Santa Cruz* (UCSC) betrieben wird. Auch diese Metadatenbank haben wir in Kap. 2.5 bereits kurz kennengelernt. Andere gute Einstiegspunkte zur Datensuche sind ExPASy und die NCBI-Webseite, die Zugriff auf eine Vielzahl von untergeordneten Datenbanken und bioinformatischen Werkzeugen erhalten.

Wie nutzt man Informationen auf einer solchen globalen Skala? In einer kurzen Fallstudie wollen wir jetzt die Abfrage genomweiter Information aus dem *Genome Browser* testen. Das Ziel ist ein Histogramm, in dem die mittlere Gendichte für jedes menschliche Chromosom dargestellt ist. Wie wir bereits gesehen haben, erlaubt der *Genome Browser* ein Anwählen der zu einer Sequenz vorliegenden Annotationen. In unserem Beispiel wählen wir die bekannten Gene (Rubrik *Known Genes*) aus und vergleichen die darauf basierende Gendichte mit einer anderen Rubrik (*Ensembl*-Gene, also Gene die im Rahmen des automatisierten Annotationsprojekts *Ensembl* identifiziert worden sind). Das Ziel ist, zu überprüfen, ob beide Informationen im Wesentlichen zu denselben Gendichten führen. Wählt man als Sequenzgrundlage ein vollständiges Chromosom aus und fordert vom *Genome Browser* die Ausgabe in Form einer ASCII-Datei an, so erhält man eine Liste aller Gene der entsprechenden Rubrik mit ihren Start- und Endpunkten entlang der Sequenz, ihrer Exon- und Intronstruktur und weiteren Informationen. Ein solches Format haben wir bereits bei unserer Diskussion der Längenverteilung von Introns in Kap. 2.5 kennengelernt. Die Information, die wir nun zur Bestimmung der Gendichte (also der Zahl der Gene dividiert durch die Sequenzlänge) benötigen, ist sehr viel trivialer: Die Zahl der Gene ist einfach durch die Zeilenzahl dieser Ausgabedatei gegeben. Fügt man nun diese Zahl (die sich z. B. im Rahmen einer Verarbeitung der Datei mit *Mathematica*, so wie wir es bereits in Kap. 2.5 gesehen haben, direkt extrahieren lässt) mit der Länge des Chromosoms zusammen, so erhält man einen Eintrag in dem angestrebten Histogramm. Führt man diese Analyse mit den beiden Rubriken für jedes Chromosom durch, so erhält man die beiden in Abb. 3.39 dargestellten Histogramme.

Weitere Beispiele für die Verwendung der Datenbanken aus Abb. 3.37 werden wir in Kap. 5.2 und 5.3 diskutieren. Auf jeder der in Abb. 3.37 genannten Ebenen gibt es eine nahezu unüberschaubare Vielzahl von Datenbanken mit den unterschiedlichsten Spezialisierungen.[28] So kann man z. B. im Fall der Aminosäuresequenzen (wie in Abb. 3.37) den Schwerpunkt auf der reinen Sequenzinformation setzen. Andere Da-

---

[28] Die Liste des Journals *Nucleic Acids Research*, in dessen Januarausgabe jedes Jahr Übersichtsartikel über viele wichtige Datenbanken erscheinen, gibt einen Eindruck von dieser Vielfalt: www.oxfordjournals.org/our_journals/nar/database/c/

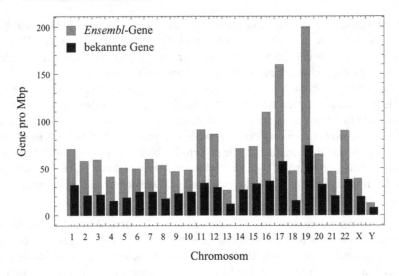

Abb. 3.39 Histogramme der Gendichten für alle menschlichen Chromosomen. Die Daten sind aus der *Genome-Browser*-Annotation der Version 19 des menschlichen Genoms (hg19). Die Informationen für die dunklen Balken sind der Kategorie *Known Genes* entnommen. Zur Bestimmung der hellen Balken wurde die Kategorie *Ensembl*-Gene verwendet. Die deutlich höheren Werte bei den *Ensembl*-Genen ergeben sich, weil dort auch Genvorhersagen enthalten sind und alternative Splicing-Varianten getrennt gezählt werden

tenbanken sind auf die chemischen Eigenschaften, die Identifikation der funktionell aktiven Sequenzsegmente oder die Klassifikation der Proteine spezialisiert. Weitere Informationen (von phylogenetischen Datenbanken wie TreeBASE oder der ribosomalen RNA-Datenbank SILVA bis zu Sammlungen biomedizinischer Informationen) finden sich z. B. unter www.expasy.org/links.html.

Quellen und weiterführende Literatur

Altschul SF, Gish W, Miller W, Meyers EW, Lipman DJ (1990) Basic local alignment search tool. J Mol Biol 215:403–410

Altschul SF, Madden TL, Schäffer AA, Zhang J, Zhang Z et al. (1997) Gapped BLAST and PSI-BLAST: a new generation of protein database search programs. Nucleic Acids Res 25:3389–3402

Bairoch A, Apweiler R, Wu CH, Barker WC, Boeckmann B et al. (2005) The universal protein resource (UniProt). Nucleic Acids Res 33:D154–159

Baldauf S (2003) Phylogeny for the faint of heart: a tutorial. Trends Genet 19:345–351

Baxevanis AD, Ouellette BFF (2001) Bioinformatics, 2. Aufl. Wiley, Hoboken

Durbin R, Eddy SR, Krogh A, Mitchison G (1998) Biological sequence analysis: probabilistic models of proteins and nucleic acids. Cambridge University Press, Cambridge

Efron B, Tibshirani R (1998) An introduction to the bootstrap. Chapman & Hall/CRC, Boca Raton/FL

Feng DF, Doolittle RF (1987) Progressive sequence alignment as a prerequisite to correct phylogenetic trees. J Mol Evol 25:351–360

Goto S, Okuno Y, Hattori M, Nishioka T, Kanehisa M (2002) LIGAND: database of chemical compounds and reactions in biological pathways. Nucleic Acids Res 30:402–404

Hubbard T, Andrews D, Caccamo M, Cameron G, Chen Y et al. (2005) Ensembl 2005. Nucleic Acids Res 33:D447–453

Joshi-Tope G, Gillespie M, Vastrik I, D'Eustachio P, Schmidt E et al. (2005) Reactome: a knowledgebase of biological pathways. Nucleic Acids Res 33:D428–432

Kanehisa M, Goto S, Kawashima S, Nakaya A (2002) The KEGG databases at GenomeNet. Nucleic Acids Res 30:42–46

Karlin S, Altschul SF (1990) Methods for assessing the statistical significance of molecular sequence features by using general scoring schemes. PNAS 87:2264–2268

Lesk AM (2014) Introduction to bioinformatics, 4. Aufl. Oxford University Press, Oxford

Merkl R, Waack S (2009) Bioinformatik Interaktiv, 2. Aufl. Wiley-VCH, Weinheim

Nei M, Kumar S (2000) Molecular evolution and phylogenetics. Oxford University Press, Oxford

Pearson W, Lipman D (1988) Improved tools for biological sequence comparison. PNAS 85:2444–2448

Saitou N, Nei M (1987) The neighbor-joining method: a new method for reconstructing phylogenetic trees. Mol Biol Evol 4:406–425

Thompson J, Higgins D, Gibson T (1994) CLUSTAL W: improving the sensitivity of progressive multiple sequence alignment through sequence weighting, position-specific gap penalties and weight matrix choice. Nucleic Acids Res 22:4673–4680

Waterman MS (2000) Introduction to computational biology: maps, sequences, and genomes. Chapman & Hall/CRC, Boca Raton/FL

Xenarios I, Rice DW, Salwinski L, Baron MK, Marcotte EM et al. (2000) DIP: the database of interacting proteins. Nucleic Acids Res 28:289–291

4

Informationstheorie und statistische Eigenschaften von Genomen

Die formalen Übersetzungsprozesse der Proteinbiosynthese, nämlich DNA → RNA und RNA → Protein, sowie einige Aspekte des zugrunde liegenden komplexen biochemischen Apparats haben wir in Kap. 1 diskutiert. Mit der Proteinsequenz sind wesentliche Aspekte der Proteinstruktur und in einem gewissen Rahmen auch der Funktion des Proteins festgelegt. Neben diesem lokalen Blick auf eine DNA-Sequenz, der letztlich in diese Fragen der Proteinstruktur und -funktion mündet, gibt es noch eine globale statistische Perspektive auf DNA-Sequenzen, der wir in diesem Kapitel nachgehen wollen. Wichtige Werkzeuge, um solche globalen Eigenschaften einer Sequenz herauszuarbeiten, stellt die *Informationstheorie* bereit. Die statistischen Kenngrößen können dann mit biologischen Eigenschaften verglichen und so erneut mit Struktureigenschaften (der DNA selbst oder der durch bestimmte Segmente codierten Proteine) oder phylogenetischen Informationen in Verbindung gebracht werden. Das Methodeninventar der Informationstheorie spielt aber auch in vielen praktischen bioinformatischen Anwendungen eine Rolle, etwa bei Scoring-Modellen multipler Alignments oder der Bewertung der algorithmischen Komplexität eines bestimmten bioinformatischen Werkzeugs.

Mit einer informationstheoretischen Sicht auf DNA-Sequenzen, zusammen mit den großen technischen Fortschritten in der Sequenzierungstechnologie der letzten zehn Jahre, ebnet sich der Weg für eine Vielzahl von Gedankenexperimenten. Mit der Explosion an Sequenzierungsdaten geraten auch große Datenbanken an die technischen Grenzen einer (aufgrund regelmäßiger Backups) verlässlichen und schnell zugänglichen Speicherung. Entwickeln sich die Sequenziertechnologien weiterhin so rasant (verglichen mit Datenspeichern) so könnte es ökonomisch sinnvoller sein, DNA-Sequenzen nicht dauerhaft zu speichern, sondern sie stattdessen erneut durch Sequenzierung zu bestimmen. Auch wird aufgrund der Lagerungsfähigkeit von DNA und der mit DNA erzielbaren Informationsdichte (z. B. in Bit pro Volumen gemessen) die Möglichkeit von DNA als Informationsspeicher intensiv diskutiert.

4.1 Grundlagen der Informationstheorie

Methoden der Informationstheorie haben sich als ein nützliches Werkzeug etabliert, um statistische Eigenschaften von DNA-Sequenzen kompakt darzustellen. Die in den biologischen Daten, vor allem in den Symbolsequenzen auf der Ebene der DNA, RNA und der Proteine, verschlüsselte Information stellt das begriffliche Bindeglied zur Informationstheorie dar, die um 1950 begründet wurde. Besonderen Anteil daran hatte C. Shannon mit seiner Arbeit *A mathematical theory of communication* (1948). Die *Shannon-Entropie* beschreibt die mittlere Unsicherheit eines statistischen Ereignisses. Um dies verständlich zu erklären, benötigen wir das Konzept des Zufallsexperiments, der Verteilung einer zufälligen Größe, sowie den Begriff des Erwartungswerts. All diese Konzepte haben wir bereits in Kap. 2 kennengelernt. Anhand der formalen Begriffe wollen wir einen Weg hin zur Shannon-Entropie nachzeichnen, um dann Verallgemeinerungen dieses elementaren Begriffs für die Analyse von Symbolsequenzen zu diskutieren.

4.1.1 Entropie

Als Zufallsexperiment soll die Beobachtung von Symbolen in einer DNA-Sequenz dienen. Wir gehen hier jedoch von unendlich langen Sequenzen aus. In der Vorstellung der Informationstheorie ist eine (unendliche) Sequenz eine Realisierung eines stationären Prozesses im Sinne von Shannon. In diesem Prozess liegen die Wahrscheinlichkeiten als reale Parameter vor, die Betrachtung der Sequenz erlaubt eine Schätzung dieser realen Parameter aus den beobachteten Häufigkeiten. Methoden der Informationstheorie extrahieren so aus beobachteten Sequenzen Eigenschaften des Prozesses. Betrachten wir die folgende Situation: Die Symbole i aus dem Zustandsraum Σ, dem 'Alphabet' der Sequenz, treten mit den Wahrscheinlichkeiten p_i auf, die in einer diskreten Verteilung $P = \{p_i \,|\, i \in \Sigma\}$ zusammengefasst werden. Dabei ist $N = |\Sigma|$ die Größe des Zustandsraums. Die (statistische) Unsicherheit bei der Vorhersage des Ereignisses $i \in \Sigma$ kann nun durch $\log_\lambda 1/p_i = -\log_\lambda p_i$ mit $\lambda \geq 2$ quantifiziert werden. Warum ist das so? Qualitativ ist dieser Ausdruck relativ einsichtig. Durch den Logarithmus und das negative Vorzeichen werden sehr kleine Wahrscheinlichkeiten p_i (also solche, die zu schwierig vorhersagbaren Ereignissen gehören) auf große positive Werte dieser 'Unsicherheit' abgebildet. Die Wahrscheinlichkeit von Ereignissen, die die Sequenz dominieren (p_i nahe 1), lassen sich leichter vorhersagen und werden durch diesen Ausdruck erwartungsgemäß auf eine kleine positive Zahl abgebildet. Die mittlere Unsicherheit ergibt sich dann als Erwartungswert von $\log_\lambda 1/p_i$ bezüglich der diskreten Verteilung P:

$$H = E[\log_\lambda \frac{1}{P}] = -\sum_{i \in \Sigma} p_i \log_\lambda p_i \,, \tag{4.1}$$

wobei λ als Basis des Logarithmus die Einheit dieser Größe H festlegt, die man als *Entropie* einer Verteilung P bezeichnet. Wählt man λ gleich der Größe des Alphabets Σ, so lassen sich auf verschiedenen Alphabetgrößen basierende Entropien direkt

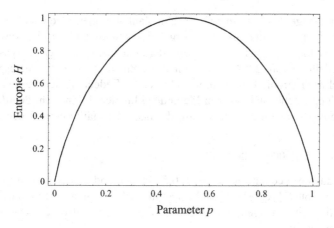

Abb. 4.1 Entropie H aus Gl. (4.2) in Abhängigkeit von p für das Beispiel des Münzwurfexperiments

miteinander vergleichen.[1] Statt als mittlere Unsicherheit bei der Vorhersage eines Ereignisses kann die Entropie auch als die mittlere Menge an Information betrachtet werden, die man benötigt, um ein Ereignis vorherzusagen. Um ein Gefühl für die Entropie zu erhalten, betrachten wir ein Zufallsexperiment, bei dem eine (nicht notwendigerweise symmetrische) Münze geworfen wird. Die Wahrscheinlichkeit für das Ereignis *Kopf* ist durch p gegeben, die für *Zahl* durch $q = 1 - p$. Somit erhält man für die Entropie:

$$H = -(p \log_2 p + q \log_2 q) . \tag{4.2}$$

In Abb. 4.1 ist der grafische Verlauf der Entropie in Abhängigkeit von p aufgetragen. Diese Abbildung ist bereits in Shannons Originalarbeit (Shannon 1948) als erläuterndes Beispiel aufgeführt und bildet einen guten Ausgangspunkt, um zwei Eigenschaften der Entropie zu diskutieren:

1. Die Entropie H ist Null, wenn der Ausgang des Zufallsexperiments bekannt ist, d. h. wenn ein p_i gleich Eins ist. Für den Fall des Münzwurfs ist dies bei $p = 1$ und $p = 0$ (also $q = 1$) der Fall. In allen anderen Fällen ist H positiv.

2. H ist maximal, wenn alle N möglichen Ereignisse mit der gleichen Wahrscheinlichkeit eintreten, also mit $1/N$. Für das Münzwurfexperiment bedeutet das $p = q = 1/2$. Dies ist auch intuitiv klar: Wenn die Chancen 50:50 stehen, ist die Unsicherheit für das Registrieren jedes der beiden Ereignisse *Kopf* und *Zahl* maximal.

Eine Bemerkung ist an dieser Stelle angebracht: Stellt man sich die Wahrscheinlichkeiten p_i in Gl. (4.1) durch relative Häufigkeiten approximiert vor, so wird durch die

---

[1] Eine häufige Wahl ist $\lambda = 2$, damit ergibt sich die Entropie in Einheiten von einem Bit.

Entropie eine (lange) Sequenz in eine einzelne Zahl übersetzt. Eine wichtige Voraussetzung für eine Interpretierbarkeit des Ergebnisses (und damit für die Anwendbarkeit solcher Methoden) ist die *Stationarität* der Sequenz. In unserer Diskussion von Markov-Modellen (Kap. 2.8.4) haben wir diese Eigenschaft bereits angesprochen. Am Beispiel der Entropie kann man noch klarer die Bedeutung der Stationarität für die Anwendung solcher statistischen Methoden illustrieren. Eine sehr geordnete Sequenz auf einem binären Zustandsraum, die nach der Hälfte einmal den Zustand wechselt, also

$$11111\ldots 1100000\ldots 00\,,$$

würde sich aus der Sequenz $p_1 = p_0 = 0.5$ ergeben und unsinnigerweise auf eine maximale Entropie führen. Die Ursache liegt in der Verletzung der Stationarität: Die Wahrscheinlichkeiten hängen vom Beobachtungszeitpunkt, also der Position innerhalb der Sequenz, ab.

Eine Verallgemeinerung der Shannon-Entropie aus Gl. (4.1) sind Entropien höherer Ordnung. Auf Wahrscheinlichkeiten für das Beobachten bestimmter Subsequenzen der Länge n (n-Worte oder n-Blöcke) innerhalb einer Sequenz formuliert man dazu eine Entsprechung zu Gl. (4.1). Die Wahrscheinlichkeit für das Beobachten einer Subsequenz $x_1, \ldots, x_n$ mit $x_i \in \Sigma$ wird mit $p(x_1, \ldots, x_n)$ bezeichnet. Die Größen

$$H_n = - \sum_{(x_1,\ldots,x_n)\in\Sigma^n} p(x_1,\ldots,x_n)\log_\lambda p(x_1,\ldots,x_n) \tag{4.3}$$

sind dann die n-Block-Entropien oder *Entropien höherer Ordnung*. Die Summe in Gl. (4.3) läuft über alle möglichen n-Worte (also alle Elemente im Möglichkeitsraum Σ^n der n-Worte: jedes x_i, $i = 1, \ldots, n$, ist also aus Σ). Äquivalent zur Shannon-Entropie beschreiben diese verallgemeinerten Entropien die mittlere Unsicherheit bei der Beobachtung eines n-Worts bei einer zugrunde liegenden Verteilung P bzw. die benötigte mittlere Information, um ein n-Wort vorherzusagen.

Eine (aus dieser qualitativen Beschreibung intuitiv einleuchtende) Eigenschaft der verallgemeinerten Entropien ist ihr Anwachsen mit steigender Wortlänge:

$$H_m \geq H_n\,, \qquad m > n\,.$$

Neben dem Vorteil der Entropie, eine sehr viel kompaktere Charakterisierung der statistischen Eigenschaften einer Symbolsequenz zu ermöglichen, als durch die Angabe der Gesamtheit der n-Wortverteilungen möglich wäre, ist eine weitere Besonderheit, dass systematische Korrelationen innerhalb von Subsequenzen in der Folge der H_n eine Signatur hinterlassen. Anhand von verschiedenen Fallbeispielen werden wir die in Gl. (4.3) definierte n-Block-Entropie nun anhand solcher Signaturen erläutern. Die folgenden Betrachtungen orientieren sich dabei an Ebeling et al. (1998).

Als erstes Fallbeispiel betrachten wir erneut die Bernoulli-Sequenz. Die Eigenschaft einer Bernoulli-Sequenz, nämlich keine Korrelationen zwischen den Symbolen aufzuweisen (Unabhängigkeit der Ereignisse), haben wir bereits in Kap. 2 kennengelernt in ihrer Verwendung als Nullhypothese oder zufälliges Sequenzmodell. Formal

Tab. 4.1 Mögliche Worte in einer periodischen Wiederholung des Sequenzsegments ACGGT für unterschiedliche Wortlängen n

Wortlänge	mögliche Worte	Anzahl
$n = 1$	A, C, G, T	4
$n = 2$	AC, CG, GG, GT, TA	5
$n = 3$	ACG, CGG, GGT, GTA,TAC	5
$n = 4$	ACGG, CGGT, GGTA, GTAC, TACG	5
$n = 5$	ACGGT, CGGTA, GGTAC, GTACG, TACGG	5
$n = 6$	ACGGTA, CGGTAC, GGTACG, GTACGG, TACGGT	5
$n = 7$	ACGGTAC, CGGTACG, GGTACGG, GTACGGT, TACGGTA	5

bedeutet diese Bernoulli-Eigenschaft für eine Sequenz mit dem Alphabet Σ, dass die Wahrscheinlichkeit für das Beobachten eines bestimmten n-Worts $x_1, \ldots, x_n$ sich aus dem Produkt der Einzelwahrscheinlichkeiten dieser Symbole ergibt

$$p(x_1, \ldots, x_n) = p(x_1) \cdot \ldots \cdot p(x_n) , \tag{4.4}$$

also die stochastische Unabhängigkeit. Nutzt man diese Eigenschaft in Gl. (4.3), so kann man einen sehr einfachen Zusammenhang für die Entropien H_n und die einfache Shannon-Entropie $H \equiv H_1$ zeigen:

$$H_n = n H_1 . \tag{4.5}$$

Dies bedeutet, dass die benötigte mittlere Menge an Information für die Vorhersage eines n-Worts linear mit der Wortlänge n anwächst. Die Steigung ist durch die Entropie H_1 gegeben.

Als nächstes Fallbeispiel betrachten wir eine periodische Sequenz, also eine Sequenz, die man aus einer fortlaufend wiederholten Subsequenz der Länge l erhält. Für eine auf diese Weise konstruierte Sequenz ergibt sich für n-Worte, die größer sind als die Periodenlänge l, ein einfacher Sachverhalt für die Wortverteilungen. Es existieren genau l unterschiedliche n-Worte, die mit der gleichen Wahrscheinlichkeit $1/l$ auftreten. Um diese einfache Eigenschaft periodischer Sequenzen zu illustrieren, betrachten wir eine Sequenz der Form

$$x = \text{ACGGTACGGTACGGTACGGT} \ldots .$$

Die periodisch wiederholte Subsequenz ist also ACGGT mit der Länge $l = 5$. Die n-Wahrscheinlichkeiten lassen sich nun durch das Verschieben eines Leserahmens der Länge n berechnen. Für den Leserahmen der Länge $n = 1$ sind dies die Wörter A, C, G und T mit den Wahrscheinlichkeiten $p(\text{A}) = \frac{1}{5}$, $p(\text{C}) = \frac{1}{5}$, $p(\text{G}) = \frac{2}{5}$ und $p(\text{T}) = \frac{1}{5}$. Für $n = 1$ bis $n = 7$ sind die in unserer Beispielsequenz auftretenden n-Worte in Tab. 4.1 aufgeführt.

Man erkennt, dass in diesem Beispiel schon für $n < l$ genau l unterschiedliche n-Worte existieren, deren Wahrscheinlichkeit $1/l$ beträgt. Dies trifft nicht für allgemeine Sequenzen zu. Für eine periodische Fortsetzung des Segments AGGGT etwa ist dies für $n = 2$ nicht erfüllt; für eine periodische Fortsetzung von AGGGG wiederum ist diese Beobachtung für $n = 2$ und $n = 3$ verletzt.

Die Entropien für Wortlängen $n \geq l$ lassen sich auf der Grundlage dieser Betrachtung leicht berechnen. Es gilt

$$H_n = log_\lambda l = \text{const}, \qquad n \geq l \,. \tag{4.6}$$

Die Entropie für $n \geq l$ ist für periodische Sequenzen also konstant, weil die benötigte Information zur Vorhersage jedes n-Worts mit $n \geq l$ genauso groß ist wie für die Vorhersage eines l-Worts. Dies ist intuitiv auch klar: Eine Unsicherheit existiert nur bei der Beobachtung der ersten l Symbole; sobald man diese Schwelle überschritten hat, weiß man, wie sich die Sequenz fortsetzt. Für unser obiges Beispiel einer periodischen Sequenz ergibt sich für Wortlängen $n \geq 5$ die Entropie damit als

$$H_n = -5 \cdot \frac{1}{5} log_2 \frac{1}{5} = - \log_2 \frac{1}{5} = \log_2 5 = 2.32193 \,.$$

Die Bernoulli-Sequenz und die periodische Sequenz stellen zwei entgegengesetzte Grenzfälle dar. Im ersten Fall existieren keinerlei Korrelationen und im zweiten Fall zeigt die Sequenz unendlich weite, aber triviale Korrelationen zwischen den Symbolen. Wir bezeichnen hier jede Form von systematischer Abhängigkeit zwischen den Symbolen einer Sequenz als *Korrelation*. In Kap. 4.2.2 werden wir sehen, wie diese Abhängigkeitsstruktur in einer Sequenz quantifiziert werden kann. Interessant sind nun Sequenzen, die zwischen diesen beiden Fällen liegen, also z. B. Sequenzen, die nicht-triviale endliche Korrelationen aufweisen.[2] Als Beispiel von endlichen Korrelationen werden wir eine Verallgemeinerung der einfachen Markov-Sequenzen, die wir in Kap. 2.7 kennengelernt haben, diskutieren, nämlich Markov-Sequenzen höherer Ordnung. Bevor wir nun zu solchen Markov-Sequenzen kommen, gehen wir noch einmal zu den bedingten Wahrscheinlichkeiten aus Kap. 2.3 zurück. Korrelationen spiegeln sich in den n-Wort-Verteilungen der Symbolsequenzen wider, und bedingte Wahrscheinlichkeiten ermöglichen den Zugang zu diesen Korrelationen. Die bedingte Wahrscheinlichkeit $p(x_n|x_{n-1}, \dots, x_1)$ beschreibt die Wahrscheinlichkeit für das Beobachten des Symbols x_n unter der Bedingung, dass die vorangegangenen Symbole x_1 bis x_{n-1} beobachtet wurden, also bekannt sind. Damit fragt die bedingte Wahrscheinlichkeit explizit nach einer Korrelation zwischen dem Symbol x_i und seinen Vorgängern in der Symbolfolge. Im Fall der Bernoulli-Sequenz, in der die

---

[2] Ein anderes Beispiel wären nicht-triviale unendliche (oder zumindest über sehr viele Symbole hinweg bestehende) Korrelationen. Wir werden solche langreichweitigen Korrelationen, die man tatsächlich in DNA-Sequenzen auch beobachtet, noch in Kap. 4.2 diskutieren.

vorangegangenen Symbole $x_1, \ldots, x_{n-1}$ keinen Einfluss auf die Wahrscheinlichkeit des Symbols x_n haben, gilt:

$$p(x_n|x_{n-1}, \ldots, x_1) = p(x_n) \, . \tag{4.7}$$

Hat ausschließlich das unmittelbar vorangegangene Symbol x_{n-1} einen Einfluss auf die Beobachtung des Symbols x_n, so folgt

$$p(x_n|x_{n-1}, \ldots, x_1) = p(x_n|x_{n-1}) \, . \tag{4.8}$$

Diese Eigenschaft haben wir in Kap. 2.7 als Markov-Eigenschaft kennengelernt. In diesem Fall spricht man von einer Markov-Kette (oder einem Markov-Prozess) erster Ordnung. Wenn die Wahrscheinlichkeit für das Auftreten eines Symbols in einer Sequenz genau von den p vorangegangenen Symbolen abhängt, spricht man von einem Markov-Prozess p-ter Ordnung, aus dem die Symbolsequenz hervorgegangen ist. Analog zum Spezialfall in Gl. (4.8) ergibt sich bei einer Abhängigkeit über p Symbole die bedingte Wahrscheinlichkeit als

$$p(x_n|x_{n-1}, \ldots, x_1) = p(x_n|x_{n-1}, \ldots, x_{n-p}), \qquad n > p \, . \tag{4.9}$$

Man spricht auch von einem 'Gedächtnis der Länge p'. Für eine Markov-Kette p-ter Ordnung können die verallgemeinerten Entropien H_n für Wortlängen $n \geq p$ berechnet werden. Es gilt:

$$H_n = H_p + (n - p)(H_{p+1} - H_p), \qquad n \geq p \, . \tag{4.10}$$

Dies bedeutet, dass H_n für $n \geq p$ linear wächst mit der Steigung $H_{p+1} - H_p$.

In Abb. 4.2 sind die Entropien höherer Ordnung H_n in Abhängigkeit der Wortlänge n für die vorgestellten Prototypen von Symbolsequenzen angegeben. Zuerst fällt auf, dass für alle Klassen von Sequenzen die Folge H_n der Entropien mit n steigt. Diese Monotonie haben wir als formale mathematische Eigenschaft bereits zu Beginn des Kapitels kennengelernt. Der Grund dafür ist, dass die mittlere Unsicherheit für das Beobachten eines Worts der Länge $n + 1$ nicht geringer sein kann als die mittlere Unsicherheit für das Beobachten eines Worts der Länge n. Nur für den Fall, dass durch ein n-Wort ein $(n + 1)$-Wort festgelegt ist, nimmt die mittlere Unsicherheit nicht mehr zu (z. B. im Fall der periodischen Sequenz). Für die Bernoulli-Sequenz ergibt die Folge der H_n eine Gerade. Die konstante Steigung spiegelt wider, dass die Unsicherheit, ein Wort der Länge n zu beobachten, linear mit n wächst. Damit zeigt sich im gewissen Rahmen die unterschiedliche Korrelationsstruktur der Symbolsequenzen in der Folge der H_n. Die Frage lautet dabei: Wie viel Information wird im Mittel benötigt, um von einem bekannten n-Wort ausgehend ein Wort der Länge $n+1$ vorherzusagen? Es liegt daher nahe, zu Differenzen benachbarter H_n überzugehen, um ein Maß für die Informationsänderung beim Wechsel von n-Worten zu $(n + 1)$-Worten zu erhalten. Betrachtet man also statt der Folge der H_n eine Differenzenfolge der Form

$$h_n = H_{n+1} - H_n, \qquad h_0 := H_1 \, , \tag{4.11}$$

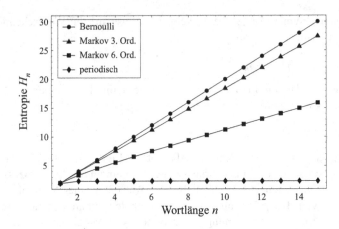

Abb. 4.2 Entropien höherer Ordnung H_n in Abhängigkeit der Wortlänge n für die vorgestellten Klassen von Symbolsequenzen. (In Anlehnung an: Ebeling et al. 1998)

so erhält man genau diesen Informationsgehalt, nämlich die Steigung für jedes n. Diese Größen h_n werden als *bedingte Entropien* bezeichnet.

Für unsere Fallbeispiele aus Abb. 4.2 können wir den Verlauf der bedingten Entropie direkt angeben: Die Bernoulli-Sequenz verfügt über keinerlei Korrelationen; somit liefert ein beobachtetes n-Wort keine Information über ein $(n + 1)$-Wort. Die Steigung ist konstant, da für jedes weitere vorauszusagende Symbol die gleiche Menge an Information benötigt wird. Im Gegensatz dazu verringert sich die benötigte Information zur Vorhersage eines $(n + 1)$-Worts bei bekanntem n-Wort im Fall der periodischen Sequenz rapide. Die Folge der h_n fällt bis auf Null (spätestens, sobald die Wortlänge die Periodenlänge l erreicht). Der wirklich interessante Fall sind nun die Markov-Sequenzen. Bis zum Erreichen der Markov-Ordnung sinkt die benötigte Information zur Vorhersage eines $(n+1)$-Worts bei bekanntem n-Wort kontinuierlich, d. h. die Folge der h_n fällt monoton bis zum Erreichen der Markov-Ordnung. Von da an (also für $n > p$) bleibt die Steigung h_n konstant, da keine Information über das $(n+1)$-te Symbol in den n vorangegangenen Symbolen vorhanden ist. Abbildung 4.3 zeigt den Verlauf der bedingten Entropien für die Beispielsequenzen aus Abb. 4.2. Man kann sich diese Kurvenzüge in der (h_n, n)-Ebene als eine Art Raster vorstellen, das die Verläufe der bedingten Entropien für reale Sequenzen interpretierbar macht. Wir werden in den folgenden Teilen dieses Kapitels noch Anwendungsbeispiele einer auf den bedingten Entropien basierenden Analyse kennenlernen.

4.1.2 Transinformation

Neben der Entropie und ihren Verallgemeinerungen hat sich ein weiteres Maß der Informationstheorie als sehr nützlich bei der Beschreibung von Korrelationen in DNA-Sequenzen erwiesen. Die Transinformation (engl. *mutual information*) beschreibt

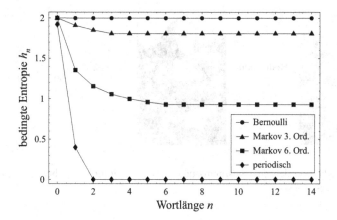

Abb. 4.3 Bedingte Entropie h_n in Abhängigkeit der Wortlänge n für die vorgestellten Prototypen von Symbolsequenzen. (In Anlehnung an: Ebeling et al. 1998)

allgemein für zwei Ereignisse, die sich gegenseitig beeinflussen, um wie viel die Unbestimmtheit des zweiten Ereignisses durch Kenntnis des ersten Ereignisses im Mittel kleiner wird.

Betrachtet man eine Symbolsequenz auf dem Alphabet Σ und bezeichnet mit $p^{(k)}(i, j)$ die Wahrscheinlichkeit, die Symbole i und j im Abstand k zu beobachten, und mit $p(i)$ und $p(j)$ die Einzelwahrscheinlichkeiten der entsprechenden Symbole, so ist die *Transinformation* $I(k)$ als Funktion von k definiert über

$$I(k) = \sum_{(i,j) \in \Sigma^2} p^{(k)}(i, j) \log_\lambda \frac{p^{(k)}(i, j)}{p(i)\, p(j)} \,. \tag{4.12}$$

Die Transinformation[3] hat einige Eigenschaften, die wir hier kurz ansprechen möchten, indem wir Grenzwerte des Verhaltens von $I(k)$ betrachten. Wir tun dies für den Spezialfall $k = 1$, also für benachbarte Symbole. Man hat dann Paarwahrscheinlichkeiten $p^{(1)}(i, j) \equiv p(i, j) \equiv p_{ij}$. Nehmen wir an, ein p_{ij} wäre Eins. Aus Symmetriegründen, da sonst p_{ji} nicht verschwinden könnte, muss i gleich j sein und damit folgt $p_i = 1$ und $I = 0$. Ein weiterer wichtiger Spezialfall ist der einer unabhängigen Abfolge von Zuständen. In diesem Fall ist $p_{ij} = p_i p_j$ und damit erneut $I = 0$, weil jeder Summand in Gl. (4.12) den Faktor $\log_\lambda 1 = 0$ enthält. Im ersten Fall ist die Sequenz maximal korreliert und damit vollständig bestimmt. Die Kenntnis eines Symbols liefert keine Information über das benachbarte Symbol. Im zweiten Fall lässt die Kenntnis über ein Symbol keinen Rückschluss auf das benachbarte Symbol zu. Der Informationsgewinn ist also ebenfalls Null. Jede andere Wahrscheinlichkeits-

---

[3] Die in Gl. (4.12) angegebene Größe $I(k)$ bezeichnet man als Transinformationsfunktion, da sie vom Abstand k der beiden Symbole abhängt. Die Transinformation I ergibt sich dann aus dem Spezialfall direkt benachbarter Symbole, $I = I(1)$.

Abb. 4.4 Reduktion des Zustandsraums und der Strukturinformation beim Übergang vom Digitalbild zur Sequenz

verteilung führt auf eine nicht verschwindende Transinformation. Es ist gerade diese Eigenschaft, die trivialen Fälle von Paarkorrelationen (eine konstante Sequenz und eine vollkommen zufällige Sequenz) auf $I = 0$ abzubilden, die die Transinformation als Maß für Komplexität nahelegt. In dieser Vorstellung ist der Zwischenbereich maximaler Transinformation gerade mit komplexen Sequenzen (also z. B. Symbolfolgen mit besonders langreichweitigen Korrelationen) verknüpft. Betrachten wir nun wieder den allgemeinen Fall $I(k)$. Je mehr die Verteilung $p^{(k)}(i, j)$ im Mittel von der Produktform (also der unabhängigen Verteilung) $p(i)p(j)$ abweicht, umso größer ist der Wert der Transinformation. Die Menge an Information, die ein beliebiges Symbol über das k Positionen entfernte Symbol enthält, beschreibt im Wesentlichen die Stärke der Korrelation, also die Stärke des 'Zusammenhangs' zwischen zwei Symbolen im Abstand k.

Sowohl die Transinformation $I(k)$ als auch die Entropien H_n höherer Ordnung weisen Korrelationen nach, die über einen bestimmten endlichen Abstand existieren. Der Vorteil der Entropien höherer Ordnung besteht in der direkten Interpretation als Gedächtnis eines die Sequenz erzeugenden Prozesses. Die Transinformation $I(k)$ hat wiederum in der Praxis den Vorteil, dass sie nur von zwei Symbolen abhängt und somit schon bei einer geringeren Sequenzlänge verlässlich aus der Sequenz zu schätzen ist. Die Entropien H_n bleiben in der Praxis auf relativ kleine Wortlängen n beschränkt. Bei statistischen Analysen von Sequenzen werden häufig beide Methoden eingesetzt. So nutzt z. B. der REVEAL-Algorithmus[4] das Zusammenfallen von Transinformation und (paarweiser) Entropie, um zu bestimmen, ob ein bestimmter Input (also Zustände von potenziellen Nachbargenen) den Output eines Gens vollständig erklärt. Auf diese Weise werden aus (binarisierten) Genexpressionsdaten regulatorische Netzwerke geschätzt, die mit diesen Daten kompatibel sind.

Bevor wir (in Kap. 4.2.2) zu einer Anwendung dieser Methoden auf DNA-Sequenzen kommen, wollen wir einige methodische Aspekte kurz in einer sehr einfachen Fallstudie diskutieren. Dazu betrachten wir das Gemälde *Mona Lisa* von Leonardo da Vinci. Das Bild liegt uns in Farbe mit einer Auflösung von 800×1177 Bildpunkten

---

[4] REVerse Engineering ALgorithm (REVEAL) (Liang et al. 1998).

(Pixel) vor. In einem 24-bit-Format digitalisiert hat ein Farbbild dieser Art ein Alphabet mit rund 16.7 Mio. verschiedenen Farben. Jeder Bildpunkt (i, j) ist dabei (im RGB-System, das auf der Mischung der Farben Rot, Grün und Blau basiert) charakterisiert durch ein Zahlentriplett (r_{ij}, g_{ij}, b_{ij}), mit dem die Intensität der jeweiligen Grundfarbe dargestellt wird. In einer 8-bit-Codierung liegt der Wertebereich jeder dieser drei Zahlen zwischen 0 und 255 (also dem Zahlenbereich, den Binärzahlen der Länge 8 aufspannen können, nämlich die 2^8 Zahlen von 0 bis $2^8 - 1$). Die drei 8-bit-Farbkanäle zusammen führen auf das oben genannte 24-bit-Format. Eine erste Reduktion besteht darin, von der farbigen auf eine Graustufendarstellung des Bilds und zudem zu einem deutlich kleineren (8-bit-)Zustandsraum überzugehen. Die Anwendung einer standardisierten Lookup-Tabelle führt zu einer Abbildung auf 256 Graustufen (8-bit-Format).[5] Eine zweite Reduktion besteht darin, die 256 verschiedenen Graustufen auf die zwei Werte 0 und 1 (also ein Binärbild) abzubilden. Somit erhalten wir eine Struktur, deren Alphabet nur zwei verschiedene Symbole aufweist. Für diese letzte Abbildung ist ein Schwellenwert ξ erforderlich. Die Abbildung lautet dann

$$a_{ij} \rightarrow \begin{cases} 0, & \text{für} \quad a_{ij} < \xi \\ 1, & \text{für} \quad a_{ij} \geq \xi \end{cases} \tag{4.13}$$

für den Grauwert a_{ij} an der Stelle (ij) der Zahlenmatrix des Bilds. Als Schwellenwert haben wir $\xi = 105$ verwendet. Erst eine weitere Reduktion der Komplexität macht es möglich, die Struktur des Bilds mit der Transinformation zu analysieren. Die Reduktion besteht in der Aneinanderreihung der Zeilen des Bilds zu einer binären Symbolsequenz, also im Übergang von einer zweidimensionalen zu einer eindimensionalen Struktur. In Abb. 4.4 ist die Reihenfolge dieser Reduktionen illustriert. Bestimmt man die Transinformation für diese Sequenz, so findet man, dass die Folge der $I(k)$ monoton fällt für $k \leq 150$. Die komplexere, über eine lineare Sequenz hinausgehende 'Sekundärstruktur' des Bilds (nämlich sein zweidimensionaler Charakter), wird erst durch eine Untersuchung der Transinformation $I(k)$ für $k \gg 150$ deutlich. Eine grafische Darstellung dieses Verlaufs findet sich in Abb. 4.5. Die Transinformation $I(k)$ fördert die Korrelationen in Spaltenrichtung in der eindimensionalen Symbolsequenz wieder zutage. Befinden sich die Symbole i_n und i_{n+z} in der Symbolsequenz im Abstand z, wobei z die Anzahl der Symbole pro Zeile beschreibt, so liegen diese Symbole in Spaltenrichtung im Abstand Eins zueinander. Da in Spaltenrichtung Korrelationen zwischen den Symbolen ähnlich langsam abklingen wie in Zeilenrichtung, hat die Folge der Transinformation $I(k)$ für $k = z \cdot m$ mit nicht zu großem m ihre lokalen Maxima. Hätte man beim letzten Reduktionsschritt von Abb. 4.4, also dem Übergang von einer Matrix mit Binäreinträgen zu einer linearen Sequenz, nicht

---

[5] Es gibt verschiedene Heuristiken, diese drei Zahlen zu einer Zahl a_{ij}, dem Grauwert des Bildpunktes (i, j), zusammenzuführen. Diese Heuristiken versuchen, die visuell empfundene Graustufe einer bestimmten Farbe nachzubilden. Dabei ist stets (erneut bezüglich einer 8-bit-Codierung) die Farbe Schwarz (also $(r_{ij}, g_{ij}, b_{ij}) = (0, 0, 0)$) mit $a_{ij} = 0$ und die Farbe Weiß (also $(r_{ij}, g_{ij}, b_{ij}) = (255, 255, 255)$) mit $a_{ij} = 255$ assoziiert.

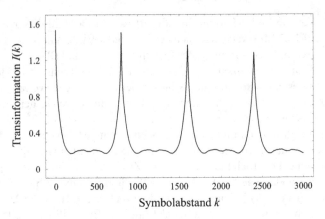

Abb. 4.5 Transinformation $I(k)$ als Funktion des Symbolabstands k für die gemäß Abb. 4.4 aus einem digitalisierten Gemälde gewonnene Sequenz

Zeilen aneinandergereiht sondern Spalten, so wäre man qualitativ zu dem gleichen Ergebnis gelangt.

4.1.3 Allgemeine Markov-Prozesse und der DAR(p)-Algorithmus

In den vorangegangen Kapiteln ist die Markov-Eigenschaft als eine statistische Eigenschaft von Symbolsequenzen diskutiert worden. In diesem Kapitel wollen wir erläutern, wie sich solche Markov-Prozesse simulieren lassen. Dabei werden wir vor allem auf eine spezielle Klasse von autoregressiven Prozessen eingehen. Bisher waren oft Sequenzen die Grundlage unserer Diskussionen: die Bernoulli-Sequenz mit ihrer Eigenschaft, keine Korrelation zwischen den Symbolen aufzuweisen, oder Markov-Sequenzen, bei denen eine Abhängigkeit zwischen den Symbolen über endliche Abstände hinweg existiert. Man kann sich nun vorstellen, dass diese Sequenzen durch ein Modell generiert werden. Man spricht dann auch oft von einem zufälligen oder stochastischen Prozess, dessen Realisierung eine Sequenz mit durch den Prozess festgelegten Eigenschaften darstellt. Ein solcher Prozess $(X_1, X_2, \ldots) \equiv \{X_n\}$ wird häufig als Zeitentwicklung einer Zufallsgröße betrachtet. Dann ist X_t der Zustand der Zufallsgröße zum Zeitpunkt t.

Ein homogener Markov-Prozess $\{X_n\}$ wird vollständig beschrieben durch den (diskreten und endlichen) Zustandsraum $\Sigma = \{a_1, a_2, \ldots a_\lambda\}$ der Größe λ, eine Startverteilung p_0 und ein System von Übergangswahrscheinlichkeiten. Für einen Markov-Prozess der Ordnung $p = 1$ ist dieses System zweidimensional. Die Übergangswahrscheinlichkeiten bilden eine gewöhnliche $(\lambda \times \lambda)$-Matrix, die Übergangsmatrix Π mit

$$p_{ij} := P(x_n = j | x_{n-1} = i), \quad i, j \in \Sigma. \tag{4.14}$$

Diese bedingten Wahrscheinlichkeiten haben wir in Kap. 2 bereits aus einer anderen Perspektive kennengelernt, sie beschreiben die Wahrscheinlichkeit, vom Zustand i direkt in den Zustand j zu gelangen. Für die Übergangsmatrix $\Pi = (p_{ij})$ gilt

$$p_{ij} \geq 0 \; ; \quad \sum_{j \in \Sigma} p_{ij} = 1 \quad \forall i \in \Sigma . \tag{4.15}$$

Die in Gl. (4.15) festgehaltenen Eigenschaften sind uns aus Kap. 2 gut bekannt: Bedingte Wahrscheinlichkeiten sind nie negativ und die Summe der bedingten Wahrscheinlichkeiten ist Eins. Eine Matrix aus Zeilen mit diesen Eigenschaften wird auch als *stochastische Matrix* bezeichnet. Die Startverteilung p_0 ordnet jedem Element des Zustandsraums eine Wahrscheinlichkeit dafür zu, dass der Prozess mit diesem Element beginnt.

Ein solcher Markov-Prozess kann prinzipiell auf den Fall $p > 1$ durch ein $p + 1$-dimensionales System von Übergangswahrscheinlichkeiten (verallgemeinerte Matrix oder Tensor) und eine vorgegebene Liste mit den Wahrscheinlichkeiten aller p-Worte als Startverteilung erweitert werden. Die Schwierigkeit in der Praxis tritt an anderer Stelle auf. Es ist nicht ohne Weiteres möglich, bei einem Markov-Prozess höherer Ordnung ein System der Übergangswahrscheinlichkeiten anzugeben, das dazu führt, dass eine gewünschte Korrelation zwischen den Symbolen auftritt. Viele Wertekonstellationen der Übergangswahrscheinlichkeiten führen entweder zu einer Fokussierung auf nur einen Teil der möglichen Worte in den so erzeugten Sequenzen oder zu einer nur geringen Korrelation durch zu ähnliche Übergangswahrscheinlichkeiten. Ein zweites Problem liegt in der Anzahl der Einträge in der Übergangsmatrix: Bei einem Alphabet der Größe λ ergibt sich für einen Markov-Prozess der Ordnung p eine Übergangsmatrix mit λ^{p+1} Elementen. Folglich hat die Übergangsmatrix für einen Markov-Prozess sechster Ordnung und ein Alphabet mit $\lambda = 4$ verschiedenen Symbolen ca. 16 000 Einträge. Wollte man einen solchen Prozess als Modell für einen realen Datenbestand (also eine gegebene Sequenz) nehmen, so müssten diese Parameter geschätzt werden, eine praktisch fast unmögliche Aufgabe. Damit wird klar, dass es in der Praxis schwierig ist, eine gewünschte, nicht triviale Korrelation der Symbole allein durch Angabe der Übergangswahrscheinlichkeiten zu erreichen.

Eine sehr parametereffiziente Weise, einen Markov-Prozess zu realisieren, ist ein diskreter autoregressiver Prozess p-ter Ordnung, ein DAR(p)-Prozess. Die Kernidee einer solchen Sequenzerzeugung ist eine Rekursion: Man hat die ersten p Symbole einer zu erzeugenden Sequenz gegeben (gezogen aus dem Alphabet nach einer gegebenen Startverteilung) und bestimmt nun das $(p + 1)$-te Symbol entweder durch Rückgriff auf eines der vorangegangenen Symbole oder durch erneute zufällige Wahl aus dem Alphabet. Die Parameter des Prozesses legen die Wahrscheinlichkeit für ein Zurückgreifen und ein zufälliges Auswählen fest. Nach dem $(p + 1)$-ten Symbol bestimmt man nun das $(p + 2)$-te Symbol und so fort. Wie sieht eine solche Bauanweisung für eine Sequenz nun mathematisch aus? Sei X_n das n-te Symbol in einer

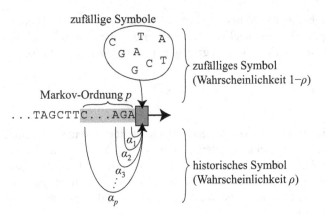

Abb. 4.6 Schematische Darstellung des DAR(p)-Prozesses aus Gl. (4.16). Ein neues Symbol (Kasten am rechten Sequenzende) wird der Sequenz entweder durch Ziehen eines zufälligen Symbols (oberer Bildteil; Wahrscheinlichkeit $1 - \rho$) oder durch Rückgriff auf ein Vorgänger-symbol (unterer Bildteil; Wahrscheinlichkeit ρ) bestimmt. In diesem unteren Zweig geschieht mit der Wahrscheinlichkeit α_k ein Rückgriff um k Stellen. Die maximale Rückgriffweite ist durch die festgelegte Markov-Ordnung p gegeben

durch einen DAR(p)-Prozess generierten Sequenz. Dann ist X_n gegeben durch die folgende rekursive Anweisung

$$X_n = V_n X_{n-A_n} + (1 - V_n)Y_n, \qquad n = p+1, \ p+2 \dots . \tag{4.16}$$

Der erste Term in diesem rekursiven Modell ist für die Markov-Eigenschaft verant-wortlich, während der zweite Term unkorrelierte, zufällig gezogene Symbole aus dem Alphabet in die Sequenz einfließen lässt. Die Zufallsvariable V_n nimmt die Wer-te 0 und 1 an und wirkt damit als Schalter zwischen den zwei Termen der rechten Seite von Gl. (4.16). Der Wert $V_n = 1$ tritt mit der Wahrscheinlichkeit ρ ein, der Wert $V_n = 0$ mit der verbleibenden Wahrscheinlichkeit $1 - \rho$. Die weiteren Parameter dieses Prozesses verbergen sich in der Zufallsvariablen A_n. Diese nimmt die Werte $1, 2, \dots, p$ an, und zwar mit den Wahrscheinlichkeiten $\alpha_1, \alpha_2, \dots, \alpha_p$. Die Werte α_k regulieren dabei, wie oft das Symbol X_n in der Sequenz durch das Symbol X_{n-k}, das k Schritte in der Sequenz zurückliegt, determiniert wird, falls ein Rückgriff erfolgt. Als letzten Baustein besitzt der Prozess die Zufallsvariable Y_n, die Werte des Alphabets nach einer festzulegenden Verteilung π annimmt. Abbildung 4.6 fasst die Funkti-onsweise dieser rekursiven, durch den DAR(p)-Prozess gegebenen Erzeugung einer Symbolsequenz schematisch zusammen. Die Zufallsvariablen V_n, A_n und Y_n werden als unabhängig angesehen. Die Sequenz X_n hat eine Markov-Eigenschaft p-ter Ord-nung, wobei die Werte α_k per Konstruktion die Stärke der Korrelation im Abstand k beschreiben. Ein solcher DAR(p)-Prozess ist ein Spezialfall eines Markov-Prozesses und beschreibt nicht alle möglichen Markov-Prozesse p-ter Ordnung. Es gibt eine Vielzahl von Prozessen, die Zahlenfolgen mit einer Markov-Eigenschaft erzeugen.

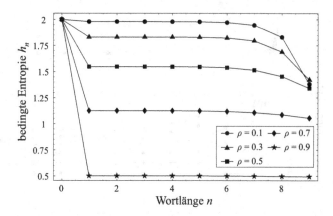

Abb. 4.7 Bedingte Entropie h_n in Abhängigkeit der Wortlänge n für verschiedene Werte des Parameters ρ des DAR(1)-Prozesses aus Gl. (4.17). (Aus: Dehnert et al. 2003)

Das Bemerkenswerte an Gl. (4.16) ist, dass hier eine Sequenz auf einem beliebigen Zustandsraum möglich ist. Daher können wir diesen Prozess besonders gut nutzen, um Symbolsequenzen zu erzeugen.

Wir haben zu Beginn dieses Kapitels Markov-Sequenzen eingeführt, um die Eigenschaften der Entropie und der Transinformation zu verdeutlichen. Wir vertauschen nun die Rollen und nutzen die Werkzeuge Entropie und Transinformation, um die Parameter des DAR(p)-Prozesses besser zu verstehen. Den generierten Sequenzen liegt dabei immer ein Alphabet mit $\lambda = 4$ Buchstaben zugrunde und wir nutzen eine Gleichverteilung als Marginalverteilung π.

Als Erstes untersuchen wir DAR(1)-Prozesse, deren Folge $\{X_n\}$ bestimmt wird durch

$$X_n = V_n X_{n-1} + (1 - V_n)Y_n, \qquad n = 2, 3, \ldots \qquad (4.17)$$

und verallgemeinern die Ergebnisse dann auf DAR(p)-Prozesse mit $p > 1$. In Abb. 4.7 sieht man die bedingten Entropien h_n für verschiedene $\rho \in [0, 1]$. Die Sequenzlänge L beträgt mit 1.05×10^6 ungefähr λ^n mit $\lambda = 4$ und $n = 10$. Die Länge L der Sequenz ist damit so gewählt, dass sie gerade die Anzahl der verschiedenen n-Worte darstellt, die man (theoretisch) bei überlappender Zählung in der Sequenz finden kann. Man erkennt sofort die charakteristische Signatur einer Markov-Sequenz erster Ordnung im Maß der bedingten Entropie. Es ist der Knick bei h_1, also bei Erreichen der Ordnung $p = 1$. Die Folge h_n bleibt (theoretisch, also für unendlich lange Sequenzen) für alle $n \geq p = 1$ und festes ρ konstant. Der Parameter ρ erlaubt lediglich, die Unbestimmtheit des Prozesses zu variieren. Die Höhe des Plateaus (also den Wert von h_n bei großem n) bezeichnet man daher auch als die Entropie h des Prozesses. Die unterschiedlichen Plateaus der Folge h_n für $n \geq p = 1$ sind also nur ein Ausdruck der Stochastizität des Prozesses und stehen nicht direkt mit der Markov-Eigenschaft der Sequenz in Verbindung. Dabei bedeutet $\rho = 0$ maximale

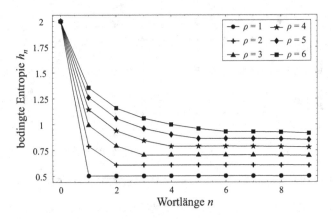

Abb. 4.8 Bedingte Entropie h_n in Abhängigkeit der Wortlänge n für Markov-Sequenzen des DAR(p)-Prozesses mit $\rho = 0.9$ für $p = 1$ bis $p = 6$. (Aus: Dehnert et al. 2003)

Unbestimmtheit (also eine Bernoulli-Sequenz) und $\rho = 1$ eine vollständig determinierte Sequenz. Das beobachtete Abfallen der Folgen h_n dieser bedingten Entropien bei größerem n ist eine Konsequenz der endlichen Sequenzlänge. Bei immer größeren Wortlängen reicht die Sequenzlänge nicht mehr aus, um alle möglichen Worte angemessen zu repräsentieren. Die Sequenz ist kein adäquates Abbild des Prozesses mehr. Es fällt auf, dass dieser Effekt bei niedrigem ρ stärker wirksam ist. Der Grund ist, dass mit Variation von ρ die Anzahl der tatsächlich auftretenden verschiedenen n-Wörter variiert.

Als Nächstes werden wir unsere Befunde aus dem Verhalten der bedingten Entropie h_n bei Markov-Sequenzen erster Ordnung auf Sequenzen höherer Ordnung übertragen. Wie oben bereits festgehalten, ist das Charakteristische einer Markov-Sequenz der Ordnung $p = 1$ der Knick im Verlauf der Folge der bedingten Entropie h_n bei h_1. Ein ähnliches Verhalten findet man auch bei Markov-Sequenzen höherer Ordnung. Die bedingte Entropie h_n ist für $n \leq p$ monoton fallend und bleibt nach Erreichen der Ordnung konstant, bis sie sich (bedingt durch die endliche Sequenzlänge L) bei größeren Wortlängen noch verringert. In Abb. 4.8 ist die bedingte Entropie h_n als Funktion von n für verschiedene Markov-Ordnungen p für festes $\rho = 0.9$ zu sehen. Dabei wird die vertikale 'Aufspaltung' dieser Kurven (über die Entropie des Prozesses) vor allem durch den Parameter ρ bestimmt.

Eine Parametergruppe des DAR(p)-Prozesses haben wir bisher noch nicht besprochen. Es ist der Parameter-Vektor $\alpha = (\alpha_1, \alpha_2, \ldots, \alpha_p)$. Die Komponenten α_k dieses Vektors sind, wie wir gesehen haben, (bedingte) Wahrscheinlichkeiten für ein Zurückgreifen um genau k Positionen bei der Ermittlung des nächsten Symbols in der Sequenz. Sie stellen auf diese Weise das 'Gedächtnis' des Prozesses dar und bestimmen die Stärke der Korrelation zwischen den Symbolen in Abhängigkeit des Abstands 1 bis p. Die bisher diskutierten Analysen solcher DAR(p)-Prozesse basieren auf Symbolsequenzen, deren Symbole für den Abstand 1 bis p gleich stark

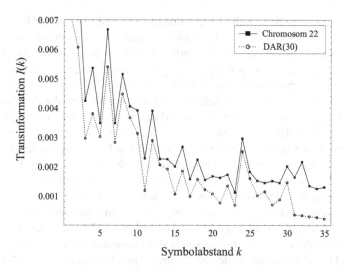

Abb. 4.9 Transinformation $I(k)$ in Abhängigkeit des Symbolabstands k für einen Parameter-vektor α des DAR(p)-Prozesses, geschätzt aus einer DNA-Sequenz mit $p = 30$ (gestrichelte Kurve) und tatsächlicher Verlauf der Transinformation für die reale DNA-Sequenz (durchgezogene Kurve). (Aus: Dehnert et al. 2003)

korreliert sind; d. h. der Vektor α ist so gewählt, dass die Werte $1, \ldots, p$ mit derselben Wahrscheinlichkeit $1/p$ angenommen werden. Durch entsprechende Wahl des Parameter-Vektors α lassen sich Markov-Sequenzen konstruieren, deren Korrelation mit wachsendem Abstand der Symbole abnimmt oder auch zunimmt.

Wie wir gesehen haben, ist es möglich, mithilfe des DAR(p)-Prozesses Symbolse-quenzen einer vorgegebenen Markov-Ordnung p zu generieren, wobei die Korrela-tionsstärke im Abstand $k \le p$ durch den Parametervektor α festgelegt ist und die Menge an Zufall in der Sequenz über den Parameter ρ variiert werden kann. Mithil-fe der bedingten Entropien und der Transinformation lassen sich Eigenschaften und − in gewissem Rahmen − auch Parameter eines solchen erzeugenden Prozesses aus den beobachteten Sequenzen extrahieren. Dieses Vorgehen, Sequenzen mit bekann-ten Prozessen zu erzeugen, um zu überprüfen, mit welchen Analyseverfahren man Zugriff auf die Prozesseigenschaften erhält, ist eine wichtige Strategie bioinformati-scher Datenanalyse. Erst eine solche Validierung ('Eichung') der Analysemethoden ermöglicht eine verlässliche Anwendung auf reale Sequenzdaten.

Der DAR(p)-Prozess kann aber auch als *Modell* für kurzreichweitige Korrelationen in DNA-Sequenzen eingesetzt werden. Zur Anpassung eines solchen Modells ist es nötig, die Korrelationsstärke zwischen zwei Nukleotiden im Abstand k in einer DNA-Sequenz zu schätzen. Im Prinzip ist die Transinformation ein akzeptabler sol-cher Schätzer der Korrelationsstärke. In diesem Fall würde man die Werte $I(k)$ mit $1 \le k \le p$ normieren und dann mit den Komponenten α_k des Korrelationsvektors α eines solchen DAR(p)-Prozesses identifizieren. Besitzt nun − zumindest im Abstandsbereich $k \leq p$, in dem die Korrelationen explizit durch den DAR(p)-Prozess beschrieben werden – eine mit den geschätzten Parametern simulierte Sequenz ähnliche informationstheoretische Eigenschaften wie die reale Sequenz, die zur Parameterschätzung herangezogen wurde? Wir gehen dieser Frage auf folgende Weise nach: Für eine gegebene DNA-Sequenz wird die Stärke der Korrelation zweier Nukleotide im Abstand $k \leq p$ geschätzt.[6] Neben diesen p Werten, die den Parametervektor α ergeben, wird der Parameter ρ und die Verteilung der Einzelwahrscheinlichkeiten für das zufällige Ziehen eines Symbols (also die Marginalverteilung) bestimmt. Die aus der realen DNA-Sequenz geschätzten Parameter werden nun in den DAR(p)-Prozess eingesetzt, und es wird eine Symbolsequenz generiert. Diese generierte Symbolsequenz kann nun wiederum mithilfe der Transinformation untersucht werden. Trägt man außerdem die Transinformation für die reale DNA-Sequenz auf, so kann man die Eigenschaften beider Sequenzen anhand der Transinformation vergleichen. Abbildung 4.9 zeigt die Transinformation für das menschliche Chromosom 22 für Abstände k von 1 bis 35 sowie die Transinformation für eine Realisierung eines DAR(30)-Prozesses, dessen Parameter aus dem Chromosom 22 geschätzt wurden. Wie man klar erkennt, ähneln sich die Verläufe der Transinformation bis zum Erreichen der Ordnung $p = 30$. Danach fällt die Transinformation für die mit dem DAR(p)-Prozess generierte Sequenz deutlich ab. Wir wollen als letzten Schritt unserer Beschäftigung mit dieser speziellen Klasse von Markov-Prozessen höherer Ordnung eine Implementierung des DAR(p)-Prozesses im Rahmen eines *Mathematica*-Exkurses angeben.

Mathematica-Exkurs: DAR(p)-Prozess

Der Parameter ρ des DAR(p)-Prozesses aus Gl. (4.16) gibt die Wahrscheinlichkeit an, dass das Symbol X_n aus den vorausgegangenen Symbolen der Sequenz gewählt wird. Indem wir diesem Parameter den Wert 0.6 zuweisen, ist die Wahrscheinlichkeit für einen Rückgriff innerhalb der Sequenz also auf 60 % gesetzt.

```
In[1]:= ρ = 0.6;
```

Durch die Festlegung der Markov-Ordnung (hier $p = 6$) wird die Dimension des Parametervektors α festgelegt. Der Vektor α, dessen Komponenten wir hier von Hand vorgeben, beschreibt die Stärke der Korrelation im Abstand k.

```
In[2]:= p = 6;
```

```
In[3]:= vecAlpha = {{1, 2, 3, 4, 5, 6}, {0.5, 0.1, 0.1, 0.1, 0.1, 0.1}};
```

Wir wählen eine Verteilung, bei der die Wahrscheinlichkeit, eine Eins als Rückgriffweite zu erhalten, 50 % beträgt. Die verbleibenden fünf Werte $2, \ldots, 6$ werden mit

---

[6] Anschaulich kann man sich eine solche Korrelationsstärke als (systematische) Abweichung von einer Gleichverteilung des zweiten Symbols bei Vorliegen des ersten Symbols vorstellen.

der gleichen Wahrscheinlichkeit 1/10 angenommen. Die Summe der Wahrscheinlichkeiten muss aus Normierungsgründen Eins ergeben.

```
In[4] := TableForm[vecAlpha]
            1   2   3   4   5   6
Out[4] =
           0.5 0.1 0.1 0.1 0.1 0.1

In[5] := Plus@@vecAlpha[[2]]
Out[5] = 1.
```

Auch die Verteilung der unabhängig voneinander gezogenen Symbole, also des zufälligen Sequenzbeitrags, muss spezifiziert werden. Hier wählen wir eine Gleichverteilung.

```
In[6] := distY = {{"A", "G", "C", "T"}, {0.25, 0.25, 0.25, 0.25}};

In[7] := TableForm[distY]
            A    G    C    T
Out[7] =
           0.25 0.25 0.25 0.25
```

Das folgende Modul liefert eine ganze Zahl zwischen 1 und der Ordnung p des Prozesses als Funktionswert. Das Argument ist der Parametervektor α. Dabei nutzen wir das Prinzip der Zerlegung der Einheit, das wir schon in dem *Mathematica*-Exkurs in Kap. 2.2 kennengelernt haben. Dieser Befehl ist damit eine Realisierung der Zufallsvariablen A_n aus Gl. (4.16).

```
In[8] := A[vec_] := Module[{tmp1, tmp2},
            tmp1 = Random[];
            tmp2 = FoldList[Plus, 0, vec[[2]]];
            Position[Sort[Append[tmp2, tmp1]], tmp1][[1, 1]] - 1
         ];

In[9] := A[vecAlpha]
Out[9] = 3
```

In ähnlicher Weise definieren wir eine Funktion, die ein zufälliges Symbol ausgibt. Hier ist der Funktionswert jedoch ein explizites Symbol und keine Zahl, die angibt, auf welches bereits vorliegende Symbol zurückgegriffen wird. Diese Größe stellt die Zufallsvariable Y_n in Gl. (4.20) dar.

```
In[10] := Y[dist_] := Module[{tmp1, tmp2, tmp3},
             tmp1 = Random[];
             tmp2 = FoldList[Plus, 0, dist[[2]]];
             Do[
               If[tmp2[[i]] ≤ tmp1 < tmp2[[i + 1]],
               tmp3 = dist[[1, i]]];,
               {i, 1, Length[tmp2] - 1}];
             tmp3
          ];
```

```
In[11]:= Y[distY]
Out[11]= T
```

Um den Prozess zu initialisieren, müssen nun genau p Symbole festgelegt werden. Erst dann kann die Rekursion begonnen werden. Diese p Werte sind X_1 bis X_p. Sie werden zufällig nach der Verteilung von Y gezogen.

```
In[12]:= Table[X[n] = Y[distY], {n, 1, p}]
Out[12]= {C, T, T, A, T, C}
```

Die eigentliche Rekursion besteht nun im Aufruf der einzelnen oben beschriebenen Funktionen. Für den Fall, dass eine gezogene Zufallszahl kleiner ist als der Parameter ρ, wird X_n durch einen Rückgriff in der Sequenz bestimmt. Dabei liefert die Funktion A gerade die Anzahl von Schritten, die zurückgegangen wird.

```
In[13]:= Table[
         If[Random[] < ρ, X[n] = X[n - A[vecAlpha]], X[n] = Y[distY]],
         {n, p + 1, 100}]
Out[13]= {T, C, T, A, C, A, T, G, G, G, A, T, T, T, T, A, T, T,
         T, C, T, T, T, T, T, T, T, T, A, A, A, C, C, C, C, A, A,
         C, A, A, A, C, C, C, C, C, T, T, C, T, C, C, T, C, C, C,
         C, T, T, T, C, A, A, T, T, T, T, C, C, T, A, C, C, A, A,
         C, A, C, C, A, C, C, C, C, C, T, T, T, T, T, T, T, A, G}
```

Mithilfe z. B. der Transinformation kann nun die Markov-Eigenschaft einer solchen Sequenz sichtbar gemacht werden, so wie wir es im Verlauf des Kapitels diskutiert haben.

4.2 Genomeigenschaften und Korrelationen in DNA-Sequenzen

4.2.1 Globale statistische Eigenschaften eines Genoms

Wir haben an vielen Stellen der vorangegangenen Kapitel gesehen, dass eukaryotische Genome eine sehr komplizierte Zusammensetzung aufweisen: Sie sind eine Vermengung codierender und nicht codierender Sequenzsegmente, in der wiederum die codierenden Bereiche systematisch durch nicht translatierte Regionen (Introns) durchsetzt sind. Die intergenischen Regionen sind geprägt von dynamischen Prozessen auf einer evolutionären Zeitskala. In diesen Prozessen werden einzelne Nukleotide oder Nukleotidgruppen lokal vervielfältigt oder ganze größere Segmente ausgeschnitten und an anderer Stelle wieder eingesetzt. Über dieser *logischen Organisation* des Genoms, die auf der Ebene der formalen Symbolsequenz wirksam ist, liegt noch die *physikalische Organisation* des Genoms. Sie ist gekennzeichnet von

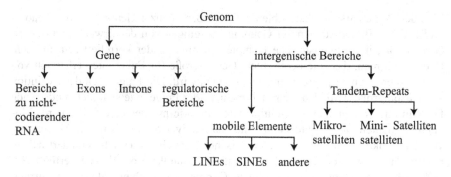

Abb. 4.10 Hierarchie von Beiträgen zu genomweiten eukaryotischen DNA-Sequenzen

einer an Zellzyklus und Zelldifferenzierung angepassten Dynamik der chromosomal angeordneten DNA im Zellkern. Wir werden in diesem Kapitel vor allem die logische Organisation des Genoms diskutieren. Die faszinierenden Aspekte der physikalischen Organisation, insbesondere die raumzeitliche Strukturierung des Chromatins, werden wir nicht behandeln.

Einen (qualitativen) Eindruck des Aufbaus eukaryotischer Genome haben wir bereits in Kap. 1 erhalten (vgl. Abb. 1.14). Da Untersuchungen zu einem solchen Genominventar eng mit den statistischen Methoden der Informationstheorie verbunden sind, wollen wir diese Strukturierung eines Genoms durch seine verschiedenen Komponenten in diesem Kapitel noch einmal etwas genauer diskutieren. Abbildung 4.10 ergänzt die Abb. 1.14 aus Kap. 1 um einige zentrale Begriffe. Auch hier muss betont werden, dass sich – vor allem durch das ENCODE-Projekt und das '1000 *genomes*'-Projekt – der Genbegriff in den letzten Jahren gewandelt hat. So werden neben für Proteine codierenden DNA-Sequenzen nun auch DNA-Sequenzen als Gene bezeichnet, die für regulatorische RNA codieren (vgl. auch die ausführlichere Diskussion in Kap. 1.3). Bei den intergenischen Bereichen wird zwischen *mobilen Elementen* und *Tandem-Repeats* unterschieden. Beide Gruppen repetitiver Elemente stellen in vielen eukaryotischen Genomen einen erheblichen Anteil am Genom dar. Die mobilen Elemente sind DNA-Sequenzen, die die Fähigkeit haben, sich in ihrer Ursprungszelle in das Genom einzufügen. Zu solchen mobilen Elementen gehören *DNA-Transposons* und *Retrotransposons*. DNA-Transposons werden in der Regel aus dem Genom entfernt und an einer anderen Stelle wieder eingesetzt (*cut-and-paste*). Retrotransposons dagegen werden in RNA transkribiert, danach durch die Reverse Transkriptase wieder in DNA übersetzt und dann in das Genom integriert (*copy-and-paste*). Aufgrund ihrer offensichtlichen Bedeutung für Genomevolution sind Retrotransposons von großem Interesse. Sie untergliedern sich unter anderem in lange und kurze Elemente: *long interspersed elements*, LINEs, und *short interspersed elements*, SINEs. Im menschlichen Genom stellen L1-Repeats die wichtigste Klasse von LINEs dar und Alu-Repeats die wichtigste Klasse von SINEs.

Eine der elementarsten Observablen auf der Ebene ganzer Genome ist die Genomgröße. Frühe Betrachtungen der Genomgröße gingen von der Erwartung aus, dass
Genomgröße und organismische Komplexität miteinander korreliert sein müssen.
Heute weiß man, dass die beobachtete Genomgröße für Eukaryoten erheblich von
nicht codierenden Sequenzsegmenten getragen wird. Die Frage nach der Evolution
von Genomgröße wird also mehr und mehr zu der Frage, wie sich nicht codierende
DNA in einem Genom vervielfältigt, wie sie entfernt oder modifiziert wird. Mobilen Elementen, deren Entdeckung und quantitativer Nachweis unsere Vorstellung
von der Struktur und Dynamik intergenischer Bereiche erheblich verändert haben,
kommt dabei eine zentrale Rolle zu. Auf der Grundlage der derzeit verfügbaren,
vollständig sequenzierten eukaryotischen Genome lässt sich eine deutliche Korrelation zwischen der Menge mobiler Elemente und der Genomgröße feststellen. Neben
den bereits angesprochenen LINEs und SINEs gibt es noch Retrotransposons, die
durch Repeat-Regionen in den Endbereichen (*long terminal repeats, LTRs*) gekennzeichnet sind. Ein wichtiges solches LTR-Retrotransposon beim Menschen ist das
THE-1, das aus einem von Repeats flankierten ORF besteht. In Abb. 4.11 sind die
Häufigkeiten der wichtigsten Repeat-Klassen für die Chromosomen des Menschen
und der Maus als Histogramme dargestellt. Schon an dieser einfachen Auftragung
erkennt man, dass die Zusammensetzung an repetitiven Elementen bei den menschlichen Chromosomen deutlich stärker schwankt als bei den Chromosomen der Maus.
Solche statistischen Beobachtungen sind gerade auch deshalb von Interesse, weil
sie Hinweise über Mechanismen der Retrotransposition und Unterschiede zwischen
Spezies in diesen Prozessen geben können.

Neben den mobilen Elementen werden in Abb. 4.10 Tandem-Repeats als Beitrag zu
den intergenischen Bereichen genannt. Damit sind Regionen gemeint, die im Wesentlichen aus vielen Wiederholungen eines bestimmten kurzen Segments bestehen.
Je nach Länge des wiederholten Segments unterscheidet man Satelliten, Mini- und
Mikrosatelliten, wobei den Mikrosatelliten eine besondere Bedeutung zukommt, da
ihre evolutionäre Vervielfältigung ein direktes Produkt bestimmter Aspekte der Re-
plikation darstellt. Mikrosatelliten treten vorwiegend in nicht codierender DNA auf.
Ihr wichtigster Vervielfältigungsmechanismus sind Paarungsfehler durch Schleifen-
bildung bei der DNA-Replikation und – eng damit verknüpft – Positionsfehler der
DNA-Polymerase. Die starke Reduktion solcher Mikrosatelliten in codierenden Se-
quenzbereichen wird letztlich durch Reparaturmechanismen erreicht, mit denen Mutationen verhindert werden, die den Leserahmen gefährden (engl. *frame shift mutations*). Eine Ausnahme bilden Trinukleotid-Repeats, die von der Reparaturmaschi-
nerie schwerer identifiziert werden können und als Gendefekte Ursache bestimmter
genetischer Krankheiten sind.

4.2.2 Korrelationen in DNA-Sequenzen

In einigen Teilen von Kap. 2, vor allem aber in Kap. 4.1, haben wir Methoden bereitgestellt, um die statistischen Eigenschaften einer DNA-Sequenz sehr kondensiert in

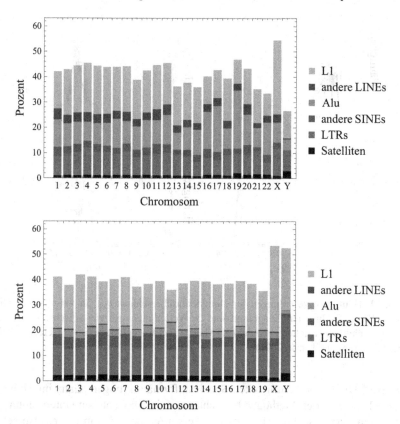

Abb. 4.11 Prozentualer Anteil verschiedener Klassen von repetitiven Elementen **a** im menschlichen Genom und **b** im Genom der Maus. Dabei wurde die *Repeatmasker*-Annotation (Datei rmsk) des menschlichen Genoms (Version hg38) und des Maus-Genoms (Version mm10) aus dem *Genome Browser* verwendet. Als LINEs wurden L1 und L2 ausgewertet. In der Rubrik 'Satelliten' wurden sowohl die durch *Repeatmasker* annotierten Satelliten als auch *simple repeats* gezählt. Die Rubrik 'LTRs' umfasst neben den annotierten LTRs auch die Klassen ERVK, ERV1, ERVL und RVL-MaL. Für das menschliche Genom wurden als SINEs die Klassen Alu, SVA und MIR gezählt. Im Fall des Maus-Genoms enthält die Rubrik 'SINEs' neben Alu/B1 auch B2 und B4

Form einzelner Zahlen anzugeben. Neben einer Bestimmung der Menge an Zufälligkeit in einer beobachteten Sequenz stellte der Begriff der Korrelation einen Schlüsselbegriff in diesem Methodeninventar dar. In dem vorliegenden Kapitel wollen wir diskutieren, wie nützlich solche Begriffe bei der Analyse realer DNA-Sequenzen tatsächlich sind und welche biologischen Eigenschaften einer Sequenz durch Anwenden dieser Methoden zugänglich werden. Bereits Mitte der 1990er Jahre zeigte sich eine bemerkenswerte Verbindung zwischen rein statistischen Kenngrößen einer DNA-Sequenz auf der genomweiten Skala und biologischer (in diesem Fall phylogenetischer) Information. In Arbeiten der Gruppe von Samuel Karlin wurde ge-

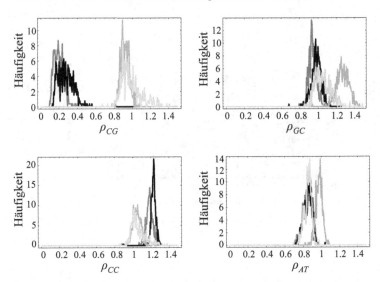

Abb. 4.12 Häufigkeitsverteilungen der Dinukleotidüberschüsse ρ_{XY} für verschiedene Dinukleotide $XY \in \Sigma^2$. In jedem Diagramm sind die Verteilungen für vier verschiedene Spezies dargestellt, nämlich (von hell nach dunkel) Maus, Fruchtfliege, Mensch und Hefe. (In Anlehnung an: Gentles und Karlin 2001)

zeigt, dass Dinukleotidhäufigkeiten Speziesinformation tragen. Ganz im Sinne der in Kap. 2 eingeführten Methoden betrachtet man in einer solchen Untersuchung die Abweichung der tatsächlichen Paarhäufigkeiten N_{XY} von den in einer entsprechenden Zufallssequenz zu erwartenden Paarhäufigkeiten $N_X N_Y$:

$$\rho_{XY} = \frac{N_{XY}}{N_X N_Y} , \quad i, j \in \Sigma . \tag{4.18}$$

Abbildung 4.12 zeigt beispielhafte Verteilungen dieser Dinukleotidüberschüsse ρ_{XY} für DNA-Segmente von drei verschiedenen Spezies. Auf der Ebene dieser Dinukleotidüberschüsse ρ_{XY} lassen sich zwei Sequenzen f und g nun quantitativ vergleichen. Dazu mittelt man die Beträge der Differenzen über alle möglichen Dinukleotide:

$$\delta(f, g) = \frac{1}{16} \sum_{(X,Y) \in \Sigma^2} |\rho_{XY}(f) - \rho_{XY}(g)| . \tag{4.19}$$

Die resultierende Größe $\delta(f, g)$ stellt den Abstand der beiden Sequenzen f und g auf der Basis ihrer Dinukleotidzusammensetzung dar.

Eine interessante Frage ist nun, ob die in Abb. 4.12 deutlich sichtbaren Unterschiede in diesen Verteilungen ausreichen, um die Speziesidentität hinter einem solchen DNA-Segment alleine auf der Grundlage dieser Information zu erkennen. Abbildung 4.13 zeigt die entsprechenden Verteilungen der Differenzen $\delta(f, g)$ aus Gl. (4.19)

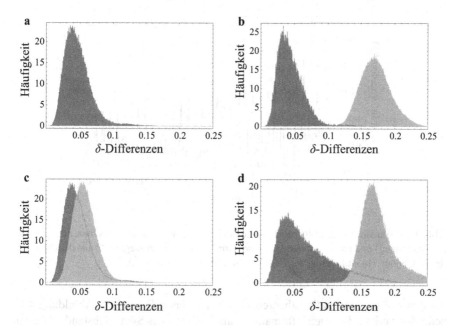

Abb. 4.13 Häufigkeitsverteilungen des auf den Dinukleotidüberschüssen definierten Abstandsmaßes $\delta(f, g)$ für verschiedene Mengen von Sequenzsegmenten f und g. Im ersten Diagramm **a** ist die Intraspeziesverteilung für Segmente aus dem menschlichen Genom angegeben. Im zweiten Diagramm **b** wird diese Verteilung mit der Intraspeziesverteilung für die Maus verglichen. Das dritte Diagramm **c** vergleicht die Intraspeziesverteilung des Menschen mit der Interspeziesverteilung Mensch-Maus. Die Intraspeziesverteilungen für die Fruchtfliege *Drosophila melanogaster* (dunkelgrau) und die Hefe *Saccharomyces cerevisiae* (hellgrau) sind im letzten Diagramm **d** angegeben. (In Anlehnung an: Karlin und Mrázek 1997)

für verschiedene Situationen: Im ersten Histogramm wurden die Sequenzen f und g ausschließlich aus dem menschlichen Genom genommen, für das zweite Histogramm wurde zusätzlich eine entsprechende Intraspeziesverteilung für Sequenzsegmente der Maus erstellt. Das dritte Diagramm vergleicht die erste Verteilung mit einem Interspeziesdiagramm der δ-Werte. Dort wurden Sequenzsegmente f des Menschen mit Seqmenten g der Maus verglichen. Der letzte Teil der Abbildung zeigt die Intraspeziesverteilungen für die Fruchtfliege *Drosophila melanogaster* und die Hefe *Saccharomyces cerevisiae*. Man erkennt schon an dieser Auswahl, dass auf der Grundlage der Dinukleotidinformation eine Speziesunterscheidung in gewissem Rahmen möglich ist.

Damit haben wir gesehen, dass auf dieser globalen, genomweiten Skala schon das einfache Auszählen von statistischen Eigenschaften einer Sequenz recht interessante Ergebnisse zutage fördert. Die Methoden der Informationstheorie aus Kap. 4.1 haben wir vor allem als Kondensationsmechanismen sequenzweiter statistischer Eigenschaften kennengelernt. Wir werden daher jetzt den Schritt vom einfachen Auszählen

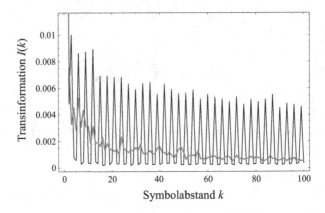

Abb. 4.14 Transinformation $I(k)$ als Funktion des Symbolabstandes k für codierende (schwarzer Kurvenzug) und nicht codierende (grauer Kurvenzug) Sequenzsegmente aus dem menschlichen Genom. (In Anlehnung an: Grosse et al. 2000)

zur Anwendung informationstheoretischer Kenngrößen diskutieren. Abbildung 4.14 zeigt den Verlauf der Transinformation I als Funktion des Symbolabstands k für ein menschliches Chromosom. Dabei wurden die codierenden und nicht codierenden Bereiche getrennt analysiert. Die charakteristische Periode-3-Oszillation der Transinformation für die codierenden Sequenzbereiche ist eine direkte Folge der Codonstruktur: Innerhalb eines Codons ist die Nukleotidverteilung für jede Position sehr unterschiedlich. Insbesondere weist die dritte Codonposition unter Beibehaltung der resultierenden Aminosäure die höchste Variabilität auf. Damit haben wir eine erste sehr klare Verbindung zwischen einem biologischen Phänomen (Codonverwendung und Codonredundanz) und einer informationstheoretischen Signatur kennengelernt. Eliminiert man dieses prominente Signal aus dem Verlauf der Transinformation für die codierenden Sequenzbereiche (z. B. durch lokale Mittelwertbildung über ein Fenster der Länge drei), so werden weitere, längerreichweitige Signale in der Transinformation sichtbar. Herzel und Mitarbeiter haben die speziesabhängigen Periodenlängen, die zwischen zehn und elf Basenpaaren liegen, aus solchen Signalen extrahiert und mit Struktureigenschaften in Verbindung gebracht. Zu diesen Eigenschaften gehören z. B. über die Doppelhelixstruktur hinausgehende Faltungseigenschaften der DNA-Sequenz (*DNA supercoiling*) und, bei größeren Werten von k, α-Helix-Bereiche der durch diese DNA-Segmente codierten Proteine. Wir haben damit gesehen, dass sich die durch die Transinformation erfassten Korrelationen in DNA-Sequenzen vielfach biologisch interpretieren lassen. Kehren wir noch einmal auf die Skala ganzer Chromosomen zurück und betrachten den Verlauf der durch die Transinformation gegebenen Korrelationen über weitere Abstände hinweg. Abbildung 4.15 zeigt die Transinformation bis zu einem Abstand von einigen hundert Basenpaaren für drei menschliche Chromosomen. Zwei Aspekte sind an diesen Verläufen bemerkenswert. Zum einen erkennt man, dass gerade im vorderen Bereich (kleine Abstände) diese drei Kurven sehr ähnliche Strukturmerkmale besitzen. Auf

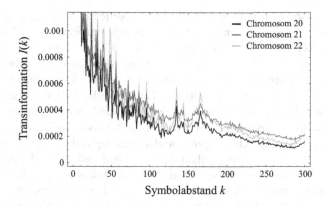

Abb. 4.15 Verlauf der Transinformation $I(k)$ als Funktion des Symbolabstands k bis zu 300 bp für drei menschliche Chromosomen: Chromosom 20 (dunkelgrau), Chromosom 21 (mittlerer Grauwert) und Chromosom 22 (hellgrau). (Angepasst aus: Holste et al. 2003)

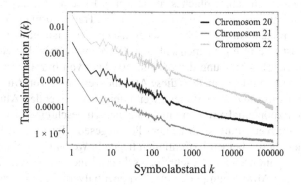

Abb. 4.16 Verlauf der Transinformation $I(k)$ als Funktion des Symbolabstands k über mehrere Größenordnungen von k in einer doppelt logarithmischen Auftragung für die drei Chromosomen aus Abb. 4.15. Dabei wurden die Werte der Transinformation zur besseren Unterscheidung der drei Kurven jeweils mit einem konstanten Faktor skaliert. (In Anlehnung an: Holste et al. 2003)

die Ähnlichkeit der Korrelationsstruktur dieser drei Chromosomen bei kleinen und mittleren Symbolabständen kommen wir am Ende dieses Kapitels noch einmal zurück. Der zweite bemerkenswerte Aspekt ist, dass der graduelle Abfall der Transinformation mit wachsenden Abständen im Bereich $k > 100$ von zwei deutlich sichtbaren Peaks unterbrochen ist. Diese Peaks konnten mit stark konservierten Substrukturen der Alu-Repeats, die wir in Kap. 4.2.1 kurz diskutiert haben, in Verbindung gebracht werden. Abbildung 4.16 zeigt den Verlauf der Transinformation für diese drei menschlichen Chromosomen über einen noch weiteren Abstandsbereich hinweg. Da nun sowohl der Abstand k als auch die Transinformation I über mehrere Größenordnungen (Zehnerpotenzen) variieren, ist es ratsam, zu einer doppelt logarithmischen Darstellung überzugehen. Bemerkenswerterweise ergeben sich fast lineare Verläufe der Transinformation in dieser doppelt logarithmischen Darstellung. Die Funktion $I(k)$ folgt also offensichtlich über einen weiten Bereich des Abstands k einem Potenzgesetz (vgl. Kap. 2.5). Das Abklingen der (durch die Transinformation gemessenen) Korrelation mit dem Abstand k gemäß einem Potenzgesetz (im Gegensatz z. B. zu einem exponentiellen Verlauf), also die Aufrechterhaltung nicht verschwindender Korrelationen über sehr große Abstände hinweg, bezeichnet man als *langreichweitige Korrelationen*. Wie wir in Kap. 5.1 noch ausführlich diskutieren werden, sind solche langreichweitigen Korrelationen eng verbunden mit komplexen Systemen. Seit ihrer Entdeckung Anfang der 90er Jahre sind langreichweitigen Korrelationen in DNA-Sequenzen Gegenstand intensiver Diskussion über ihre Existenz, die adäquaten Methoden ihres Nachweises und ihre biologischen Ursachen. Eine der vielen Hypothesen über das Zustandekommen dieser langreichweitigen Korrelationen betrifft repetitive Elemente. Könnten die Verteilung dieser Elemente, ihre interne Strukturierung oder noch präziser die Dynamik ihrer Vervielfältigung im Genom für das im Verlauf der Transinformation beobachtete Potenzgesetz verantwortlich sein? Wir betrachten dazu ein sehr einfaches numerisches Experiment, das wir mit den Alu-Repeats durchführen, deren Auswirkung auf die Transinformation wir bereits (auf einer anderen Skala) in Abb. 4.15 gesehen haben.[7] Untersucht man die Verteilung der Alu-Abstände in einem menschlichen Chromosom mit ähnlichen Methoden, wie wir sie zur Beschreibung der Längenverteilung von Introns verwendet haben (vgl. Kap. 2.5), so findet man, dass diese Abstandsverteilung von Alu-Elementen (Wie häufig ist ein Abstand N zwischen zwei aufeinanderfolgenden Alu-Repeats?) durch eine reine Exponentialverteilung nicht adäquat zu beschreiben ist. Allerdings folgt diese Abstandsverteilung auch keinem Potenzgesetz. Tatsächlich findet man, dass die zwischen diesen beiden Extremfällen liegende Weibull-Verteilung die beobachtete Verteilung am besten zu beschreiben scheint. Eine solche, schon auf dieser Ebene beobachtbare Abweichung von einer Exponentialverteilung könnte maßgeblich beteiligt sein an dem beobachteten Potenzgesetz der Transinformation. Mit den Methoden der Bioinformatik stehen uns drei Wege zur Verfügung, den Beitrag der Alu-Repeats zu dieser beobachteten Korrelationsstruktur aufzuklären:

1. Man identifiziert alle Repeats in einem menschlichen Chromosom und entfernt sie aus der Sequenz (Maskierung). Die Identifikation der Alu-Repeats kann auf zwei Arten erfolgen. Zum einen lassen sich mit dem Softwarewerkzeug *Repeatmasker* solche verschiedenen Klassen repetitiver Elemente in einem Genom auffinden. Diese Software verwendet eine (genomspezifische) Datenbank annotierter repetitiver Elemente. Eine zweite Möglichkeit besteht in den bereits vorliegenden Annotationen innerhalb der *Genome-Browser*-Datenbank. Die dort vorliegenden Listen repetitiver Elemente für die einzelnen Chromosomen wurden ebenfalls mit der Repeatmasker-Software erstellt.

2. Während die erste Methode den direkten Einfluss der (stark homologen) Repeat-Sequenzen auf die Korrelationsstruktur erfasst, lässt sich mit einer anderen Se-

---

[7] Diese Darstellung orientiert sich in Grundzügen an Holste et al. (2003).

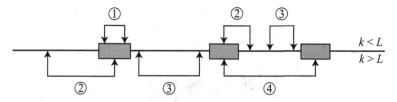

Abb. 4.17 Schema der Beiträge zu den Paarwahrscheinlichkeiten aufgrund von repetitiven Elementen: Paare innerhalb eines Repeats (1), Repeat-Hintergrund-Paare (2), Paare innerhalb der Hintergrundsequenz (3) und Paare über mehrere Repeats hinweg (4)

quenzmodifikation der Einfluss der Abstandsverteilung dieser Repeats direkt untersuchen. Dazu entnimmt man die Repeat-Sequenzen wie unter 1, setzt sie dann aber an zufällig ausgewürfelten Positionen wieder in die Gesamtsequenz ein (Shuffling der Repeats). Die resultierende neue Abstandsverteilung der Alu-Repeats folgt dann einer geometrischen Verteilung.

3. Man wechselt formal von der rein bioinformatischen Analyse zur Modellierung einer Sequenz. Die Idee ist, den prinzipiellen Effekt vieler im Genom verteilter homologer Sequenzsegmente auf die Korrelationsstruktur modellhaft zu fassen. Dazu wird ein Sequenzsegment der Länge L einer Bernoulli-Sequenz erzeugt und in n Kopien in einer sehr langen (dem eigentlichen Chromosom entsprechenden) Bernoulli-Sequenz verteilt. Beim Anfertigen jeder Kopie gibt es für jede Position eine (sehr kleine) Wahrscheinlichkeit einer Symbolmutation. Diese Mutationsrate ε variiert somit den Grad der Homologie dieser synthetischen Alu-Repeats. Während die ersten beiden Punkte wesentliche Bestandteile der tatsächlichen Sequenz beibehalten, werden bei diesem dritten Punkt vollkommen synthetische Sequenzen erzeugt und mithilfe der informationstheoretischen Analyse diskutiert.

Natürlich ist noch eine Vielzahl von Varianten dieser drei Grundformen der Sequenzvariation denkbar, um den Beitrag einer solchen Repeat-Klasse zur Korrelationsstruktur quantitativ zu untersuchen. So könnte man etwa die im letzten Punkt diskutierten synthetischen, durch feste Bernoulli-Sequenzen gegebenen 'Alu'-Repeats auch in das Alu-freie Chromosom aus Fall 1 einstreuen. Ebenso ist es denkbar, im Fall des Shuffling (Fall 2) der Alu-Repeats, die Einsetzung gemäß einer vorgegebenen Abstandsverteilung vorzunehmen. Aber schon diese drei Grundformen geben einen sehr guten Eindruck von der Bedeutung der Alu-Repeats für die Korrelationsstruktur. Wir werden hier einen Fall kurz diskutieren, nämlich die modellhafte Erzeugung einer synthetischen Sequenz, die Simulation. Dazu betrachten wir noch einmal etwas genauer, auf welche Weise solche Alu-Repeats prinzipiell zur Transinformation beitragen können. Dabei ist es hilfreich, sich die Sequenz in repetitive Sequenzbereiche hoher Ähnlichkeit und geringer Längenvariation und unspezifische Hintergrundbereiche aufgeteilt vorzustellen. Dies ist in Abb. 4.17 dargestellt. Unterschreitet der Symbolabstand die (mittlere) Repeat-Länge, $k < L$, so gibt es in

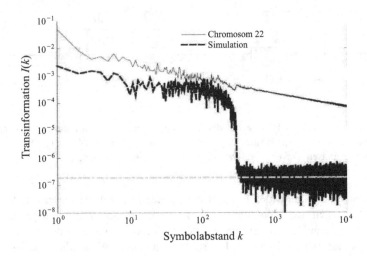

Abb. 4.18 Vergleich des Transinformationsverlaufs für das Originalchromosom (graue Kurve) und die simulierte Sequenz in einem einfachen auf Bernoulli-Sequenzen basierenden Repeat-Modell (schwarze Kurve). (Aus: Holste et al. 2001)

dieser schematischen Perspektive drei Beiträge zu den Paarwahrscheinlichkeiten, aus denen die Transinformation berechnet wird:

1. Repeat-Repeat-Paare,

2. Repeat-Hintergrund-Paare,

3. Hintergrund-Hintergrund-Paare.

Überschreitet der Symbolabstand k die Repeat-Länge L, so fällt der erste Beitrag weg und als vierte Klasse von Symbolpaaren treten nun Repeat-übergreifende Symbolkombinationen auf. Dies ist genau die Stelle, an der ein erheblicher Unterschied zwischen diesen beiden Bereichen im Symbolabstand k zu erwarten ist. Durch die starke Ähnlichkeit der Repeats ist der Beitrag 1 für einen festen Abstand k hochspezifisch und überhöht systematisch bestimmte Symbolkombinationen in den Paarwahrscheinlichkeiten. Durch die enorm variablen Repeat-Abstände besitzt dagegen der Repeat-übergreifende Beitrag fast keine solche Spezifität. Abbildung 4.18 bestätigt diese Erwartung in sehr deutlicher Weise. Dort ist der Verlauf der Transinformation für eine solche Simulation mit dem Verlauf für das nicht modifizierte Chromosom verglichen. Man erkennt, dass bei Erreichen der Repeat-Länge L im Symbolabstand k die Transinformation nahezu instantan auf sehr kleine Werte abfällt. Dies ist die Stelle, an der die Symbolpaare der Klasse 1 durch Symbolpaare der Klasse 4 in ihrem Beitrag zu den Paarwahrscheinlichkeiten abgelöst werden. Bis zu diesem Wert von k weist der Verlauf der Transinformation für die simulierte Sequenz jedoch nicht unerhebliche Ähnlichkeit zu der realen Sequenz auf (z. B. der Größenordnung der

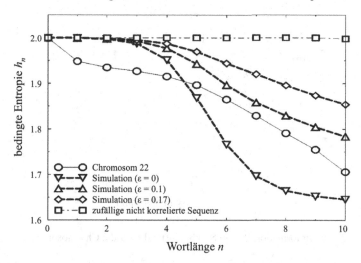

Abb. 4.19 Bedingte Entropie h_n als Funktion der Wortlänge n für das Originalchromosom (graue Kurve; Kreise) und simulierte Sequenz in einem einfachen auf Bernoulli-Sequenzen basierenden Repeat-Modell für verschiedene Werte der Mutationsrate ε (gestrichelte Kurven). Zum Vergleich ist noch der Verlauf für eine reine Bernoulli-Sequenz angegeben (gestrichpunktete Kurve; Kästchen). (Aus: Holste et al. 2001)

Transinformation und der Steilheit des Abfalls). Es ist daher interessant zu sehen, ob auch andere auf einer kürzeren Längenskala wirksame Eigenschaften durch die simulierte Sequenz erfasst werden. Abbildung 4.19 zeigt die bedingten Entropien h_n als Funktion der Wortlänge n für die reale Sequenz und für simulierte Sequenzen zu unterschiedlicher Mutationsrate ε. Auch hier ist bemerkenswert, dass für bestimmte Werte von ε Eigenschaften dieses Verlaufs für die simulierte Sequenz richtig beschrieben werden. Man erkennt jedoch zugleich, dass die reale Sequenz gerade bei kleinen Wortlängen einen vollkommen anderen Verlauf der bedingten Entropien aufweist. In dieser Weise lassen sich durch das Zusammenspiel von informationstheoretischer Analyse und sehr elementaren, auf einfachen Modellannahmen basierenden Simulationen schrittweise die Bestandteile einer Sequenz identifizieren, die für bestimmte statistische Eigenschaften verantwortlich sind.

Kehren wir noch einmal zurück zu unserer Beobachtung, dass der Verlauf der Transinformation bei niedrigen und mittleren Symbolabständen k in Abb. 4.15 für alle drei menschlichen Chromosomen erstaunlich ähnlich aussieht. Wir werden hier kurz diesen Bereich auf seine Speziesinformation befragen. Abbildung 4.20 zeigt den Verlauf der Transinformation bis zu einem Symbolabstand von 30 Basen für alle menschlichen Chromosomen und Abb. 4.21 den für alle Chromosomen der Maus. Man erkennt eine hohe Synchronisation dieser Korrelationsstruktur zwischen den Chromosomen einer Spezies und zugleich deutliche Unterschiede zwischen den beiden

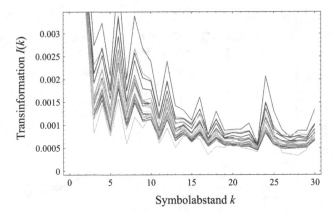

Abb. 4.20 Transinformation $I(k)$ im Symbolabstand k für die Chromosomen des Menschen

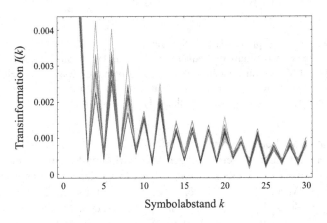

Abb. 4.21 Transinformation $I(k)$ im Symbolabstand k für die Chromosomen der Maus

Spezies.[8] Wir werden nun versuchen, diese Information noch deutlicher herauszuarbeiten. Dazu betrachten wir zunächst die andere in Kap. 4.1.3 eingeführte Art, die statistischen Korrelationen zwischen zwei Symbolen in einem bestimmten Abstand zu quantifizieren. Dazu schätzen wir die Parameter eines DAR(30)-Prozesses aus diesen chromosomalen Sequenzen. Abbildung 4.22 zeigt die so bestimmten Parameter α_k (die wir in Kap. 4.1.3 als Maß für die Korrelationsstärke im Abstand k

---

[8] Eine weitere interessante Eigenschaft der Korrelationsstruktur aus Abb. 4.20 ist der deutlich oszillatorische Verlauf der Transinformation. Dies ist ein ganz anderes Phänomen als die Periode-3-Oszillation der codierenden Bereiche in Abb. 4.14. Insbesondere sind solche eukaryotischen Genome, wie wir gesehen haben, von intergenischen Bereichen dominiert, so dass dieser systematische Beitrag codierender Bereiche stark unterdrückt ist. Es gibt Versuche, diese oszillatorische Struktur mit (von Spezies zu Spezies stark unterschiedlichen) Mikrosatelliten in Verbindung zu bringen.

identifiziert haben) als Funktion von k für alle Chromosomen von sechs Spezies.[9] Eine erste Beobachtung ist, dass die Ähnlichkeit dieser Korrelationsverläufe innerhalb einer Spezies in dieser Observablen noch stärker hervortritt. Zudem zeigen sich die systematisch unterschiedlichen Verläufe für den Menschen und die Maus in editAbb. 4.22 noch deutlicher als im Fall der in Abb. 4.20 und Abb. 4.21 dargestellten Transinformation. Ein anderes erstaunliches Ordnungsprinzip hinter Abb. 4.22 fällt auf, wenn man die Spezies in Paaren betrachtet. In dieser Darstellung sind jeweils besonders ähnliche Spezies nebeneinander dargestellt: Mensch-Schimpanse, Maus-Ratte, Fruchtfliege-Moskito. Es ist deutlich zu sehen, dass die Ähnlichkeit der Kurvenscharen hochkorreliert mit der Speziesähnlichkeit ist. Diesen phylogenetischen Aspekt der Korrelationsstrukturen aus Abb. 4.22 wollen wir jetzt genauer untersuchen. Dazu betrachten wir noch einmal diese chromosomalen Korrelationskurven für Mensch und Maus. Die erste Aufgabe ist, den Unterschied zwischen zwei Korrelationskurven quantitativ zu erfassen. Die einfachste Form von Abstandsmaß zweier Korrelationsvektoren $\alpha(a) = \{\alpha_k(a)\}$ und $\alpha(b) = \{\alpha_k(b)\}$ der Chromosomen a und b ist durch das Aufsummieren der Differenzen in jeder Komponente gegeben. Um zu vermeiden, dass sich Abweichungen einer Kurve nach oben und nach unten von der anderen Kurve gegenseitig aufheben, verwendet man den Absolutbetrag dieser Differenzen. Man hat also als Abstand $g(a, b)$ dieser Korrelationskurven

$$g(a, b) = \sum_{k=1}^{p} |\alpha_k(a) - \alpha_k(b)| \,. \tag{4.20}$$

Damit können wir also den Abstand zweier Chromosomen in Bezug auf die Korrelationsstruktur berechnen und (ganz ähnlich wie bei den alignmentbasierten phylogenetischen Untersuchungen aus Kap. 3.3) eine Distanzmatrix auf einem solchen Ensemble von Chromosomen angeben, die dann die Grundlage einer Clusteranalyse bildet. Abbildung 4.23 zeigt die entsprechende Distanzmatrix, deren Zahlenwerte nun in Graustufen dargestellt sind, für die Chromosomen von Maus und Ratte auf der Grundlage der Korrelationskurven aus Abb. 4.22. Schon hier erkennt man die deutliche Blockstruktur, die sich dann auch in dem entsprechenden Clusterbaum wiederfinden muss. Führen wir diese Analyse mit allen Spezies aus Abb. 4.22 durch, so erhält man den in Abb. 4.24 dargestellten Clusterbaum, der durch Anwenden des UPGMA-Algorithmus auf die entsprechende Distanzmatrix ermittelt wurde. Man sieht, dass fast alle Chromosomen korrekt zu ihren Speziesclustern zugeordnet werden. Ebenso erkennt man einige Übereinstimmungen dieser (rein auf statistischen Sequenzeigenschaften basierenden) Analyse mit der entsprechenden organismischen Phylogenie, allerdings sieht man auch deutliche und offensichtliche Unterschiede zu einem solchen einfachen Deutungsschema. Das klarste Fehlschlagen einer Speziesidentifikation aufgrund dieses Signals ist jedoch durch die Vermengung von Mensch und Schimpanse gegeben. Hier erkennt man, dass viele Chromosomen sich in Interspeziespaaren anordnen. Die angegebenen Bootstrap-Wahrscheinlichkeiten basieren auf der Auswertung von Korrelationskurven bei denen zufällig 20 % der Komponenten eliminiert worden sind.

---

[9] Dabei sind jeweils die Geschlechtschromosomen nicht berücksichtigt worden.

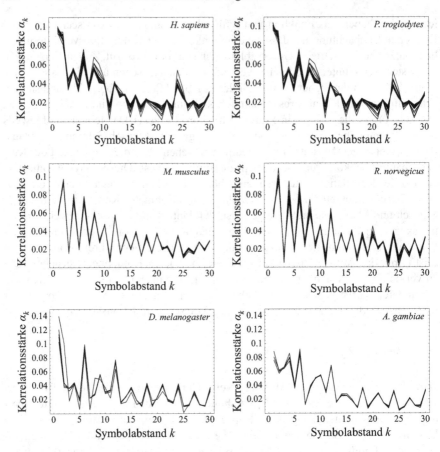

Abb. 4.22 Korrelationskurven $\{\alpha_k\}$ für verschiedene Spezies (Mensch, *H. sapiens*; Schimpanse, *P. troglodytes*; Maus, *M. musculus*; Ratte, *R. norvegicus*; Fruchtfliege, *D. melanogaster*; Moskito, *A. gambiae*). Jede Spezies zeigt ein charakteristisches Korrelationsmuster. (Aus: Dehnert et al. 2005b)

Wir haben im Rahmen dieser kurzen Fallstudie Methoden der Informationstheorie und explizite statistische Modelle genutzt, um die kurzreichweitigen statistischen Korrelationen eukaryotischer Genome über ganze Chromosomen hinweg zu analysieren. Wie können solche statistischen Untersuchungen von Sequenzen prinzipiell helfen, um etwa die biologischen Mechanismen der Genomevolution besser zu verstehen? Eine Strategie ist, biologisch benennbare Komponenten aus der Sequenz zu eliminieren und die Auswirkung dieser Sequenzmodifikation auf die Korrelationskurven und die resultierenden Clusterbäume auszuwerten. Ebenso geben die Abweichungen von einem einfachen (z. B. rein phylogenetischen) Deutungsschema wichtige Hinweise auf den Gehalt der beobachteten Speziesabhängigkeit solcher Korrelationen: Die Interspeziespaare von Chromosomen, die sich in dem gemeinsamen

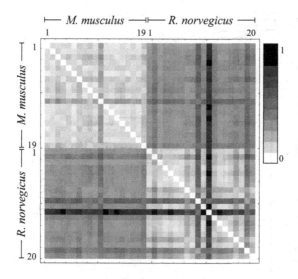

Abb. 4.23 Distanzmatrix zu den Korrelationskurven aus Abb. 4.22 für Maus und Ratte. (Angepasst aus: Dehnert et al. 2006)

Custern von Mensch und Schimpanse finden, lassen sich auf biologische Ähnlichkeiten befragen (z. B. in der Gendichte oder der Menge und Lokalisation homologer Regionen). Wie wir schon bei unserer Diskussion langreichweitiger Korrelationen gesehen haben, ist die Deutung solcher auf einer genomweiten Skala identifizierter statistischer Eigenschaften nicht einfach. Zugleich gewinnt die Diskussion von Repeat-Verteilung, vor allem aber der Dynamik solcher Genombestandteile auf einer evolutionären Zeitskala, immer stärker an Bedeutung. Das Genom in der Durchmischung seiner Komponenten wird aus dieser Perspektive ein dynamisches System, dessen (etwa mit informationstheoretischen Methoden sichtbar gemachte) statistische Eigenschaften eine Konsequenz der dynamischen Mechanismen sind. Um aufzudecken, welche informationstheoretischen Signaturen bestimmte dynamische Mechanismen in einer evolvierenden Sequenz hinterlassen, sind Modellstudien an simulierten, synthetischen Sequenzen ein wichtiger Zugang. Die Beschäftigung mit Genomevolution erhält aus dieser Perspektive eine sehr starke systembiologische Komponente.

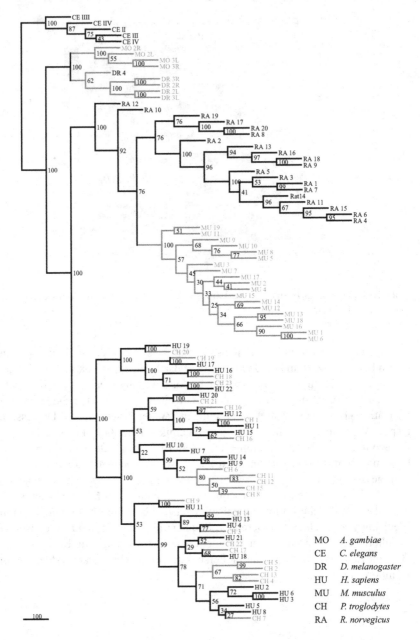

Abb. 4.24 Clusterbaum zu den Korrelationskurven aus Abb. 4.22. Die Distanzmatrix wurde mit Gl. (4.20) aus allen Chromosomenpaaren der beteiligten Spezies erstellt. In die Analyse wurde zusätzlich noch der Fadenwurm *Caenorhabditis elegans* einbezogen. Jeder terminale Knoten des Baums ist durch eine Zwei-Buchstaben-Abkürzung der Spezies und die Chromosomennummer gekennzeichnet. (Angepasst aus: Dehnert et al. 2005a)

Quellen und weiterführende Literatur

Bernardi G (1989) The isochore organization of the human genome. Annu Rev Genet 23:637–659

Dehnert M, Helm WE, Hütt MT (2003) A discrete autoregressive process as a model for short-range correlations in DNA sequences. Physica A 327:535–553

Dehnert M, Helm WE, Hütt MT (2005a) Information theory reveals large-scale synchronisation of statistical correlations in eukaryote genomes. Gene 345:81–90

Dehnert M, Plaumann R, Helm WE, Hütt MT (2005b) Genome phylogeny based on short-range correlations in DNA sequences. J Comp Biol 12:545–553

Dehnert M, Helm WE, Hütt MT (2006) Informational structure of two closely related eukaryotic genomes. Phys Rev E 74:021913

Ebeling W, Freund J, Schweitzer F (1998) Komplexe Strukturen: Entropie und Information. Teubner, Stuttgart

Ellegren H (2004) Microsatellites: simple sequences with complex evolution. Nat Rev Genet 5:435–445

Gentles AJ, Karlin S (2001) Genome-scale compositional comparisons in eukaryotes. Genome Res 11:540–546

Gregory TR (2005) The evolution of the genome. Academic Press, London

Grosse I, Herzel H, Buldyrev SV, Stanley HE (2000) Species independence of mutual information in coding and noncoding DNA. Phys Rev E 61:5624–5629

Herzel H, Grosse I (1995) Measuring correlations in symbolic sequences. Physica A 216:518–542

Holste D, Grosse I, Herzel H (2001) Statistical analysis of the DNA sequence of human chromosome 22. Phys Rev E 64:041917

Holste D, Grosse I, Beirer S, Schieg P, Herzel H (2003) Repeats and correlations in human DNA sequences. Phys Rev E 67:061913

Karlin S, Mrázek J (1997) Compositional differences within and between eukaryotic genomes. PNAS 94:10227–10232

Kazazian HJ (2004) Mobile elements: drivers of genome evolution. Science 303:1626–1632

Liang S, Fuhrman S, Somogyi R (1998) Reveal, a general reverse engineering algorithm for inference of genetic network architectures. Pacific Symposium on Biocomputing S 18–29

Shannon C (1948) A mathematical theory of communication. AT&T Tech J 27:379–423,623–656

5

Neue Entwicklungen und angrenzende Themenfelder

5.1 DNA-Sequenzen und fraktale Geometrie

Im vorangegangenen Kapitel haben wir mit Methoden der Informationstheorie eine Eigenschaft eukaryotischer DNA-Sequenzen auf der Skala ganzer Chromosomen sichtbar gemacht, die sehr fundamental scheint: Die statistischen Korrelationen zwischen den Symbolen einer solchen Sequenz klingen unerwartet langsam mit dem Symbolabstand ab. Es gibt viele Vermutungen über die Ursache dieser langreichweitigen Korrelationen. So wird unter anderem vermutet, dass sie (zumindest zum Teil) eine Folge der DNA-Struktur sind oder mit mobilen Elementen oder Mikrosatelliten (und damit mit Aspekten der Genomevolution) in Verbindung gebracht werden können. Die Vorstellung, DNA-Sequenzen wäre durch beständig wiederholte (iterative) segmentweise Duplikationen dieses Muster an Korrelationen auf allen Längenskalen auferlegt, hat dazu geführt, dass seit einigen Jahren Methoden der fraktalen Geometrie auf verschiedene Weise immer wieder zur bioinformatischen Analyse von DNA-Sequenzen herangezogen wurden. Einige solche Untersuchungen wollen wir in diesem Kapitel nachzeichnen, um zu sehen, ob wir so zu einem tieferen Verständnis der Korrelationsstruktur gelangen. Zuvor werden wir aber einige Grundelemente der fraktalen Geometrie einführen. Im Kern bezieht sich ein solcher Blick auf DNA-Sequenzen mit Methoden der fraktalen Geometrie stets auf eine Beobachtung von H. E. Stanley und Mitarbeitern aus den 1990er Jahren (Peng et al. 1992). Dort wurde mit einer einfachen Visualisierungsregel eine DNA-Sequenz auf einen Kurvenzug abgebildet. Die Regel ist, Nukleotide als lokale Grafikanweisungen zu interpretieren: Für jedes Pyrimidin (T, C) geht man eine Einheit nach oben, für jedes Purin (A, G) nach unten. Die Sequenz wird so zur Konstruktionsanweisung eines Kurvenzugs. In Anlehnung an ein zentrales Modell der statistischen Physik, den *Random Walk*, bei dem die Schritte nach oben und unten zufällig ausgewürfelt werden, haben die Autoren diese DNA-basierte Konstruktion als *DNA-Walk* bezeichnet. Abbildung 5.1 fasst das Schema dieses DNA-Walks zusammen. Das Resultat für ein längeres DNA-Segment ist in Abb. 5.2 gezeigt. Man beachte, dass nach Spezifizierung der Konstruktionsanweisung dieser Kurvenzug vollständig durch die DNA-Sequenz be-

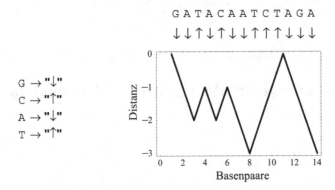

Abb. 5.1 Schematische Darstellung des DNA-Walks. Die Nukleotide werden in Grafikanweisungen übersetzt (linke Seite), eine DNA-Sequenz lässt sich so auf einen Kurvenzug abbilden (rechten Seite). (In Anlehnung an: Peng et al. 1992)

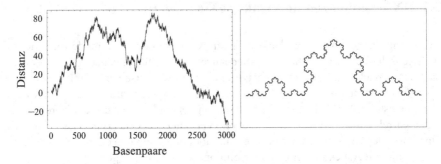

Abb. 5.2 DNA-Walk für ein 3 000 Symbole langes Segment aus dem menschlichen Chromosom 22 (linke Seite). Zum Vergleich ist auf der rechten Seite die Koch-Kurve dargestellt

stimmt ist. Jenseits aller Details des Kurvenzugs ist das Resultat aus mathematischer Sicht extrem bemerkenswert. Durch die schnellen und langsamen Fluktuationen und die 'Exkurse' von einer gedachten Referenzlinie besitzt diese Struktur keinerlei Orientierung, keine typische Größe. In Abb. 5.3 sieht man denselben DNA-Walk auf drei unterschiedlichen Längenskalen: bis 3 000 bp, bis 30 000 bp und schließlich bis 300 000 bp. Ohne die Achsenbeschriftung wären die oberen Bilder in Abb. 5.3 optisch nicht als vergrößerte Ausschnitte des unteren Bilds zu erkennen. Diese Eigenschaft des Fehlens einer charakteristischen Längenskala bezeichnet man als *Selbstähnlichkeit*. Sie ist der Schlüssel zur fraktalen Geometrie. Ein berühmtes selbstähnliches Objekt, ein *Fraktal*, ist in Abb. 5.2 neben dem DNA-Walk dargestellt, um die strukturelle Ähnlichkeit zu betonen: die Koch-Kurve. Es ist offensichtlich, dass die Koch-Kurve eine sehr viel größere Ordnung aufweist und bemerkenswerte strikte Symmetrieeigenschaften besitzt. Die Selbstähnlichkeit gilt hier exakt, eine vergrößerte Kopie entspricht präzise dem Original, während sich durch Vergrößerung eines Ausschnitts im Fall der DNA-Sequenz nur qualitativ dasselbe Bild ergibt (approximative oder statistische Selbstähnlichkeit). Dennoch sind die Ähnlichkeiten

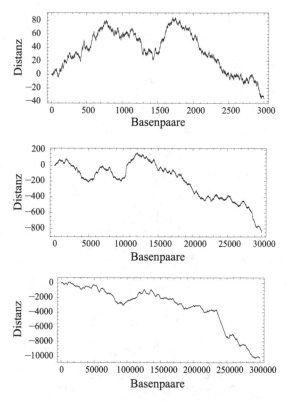

Abb. 5.3 Illustration der Selbstähnlichkeit des DNA-Walks. Gezeigt ist der DNA-Walk für Segmente des menschlichen Chromosoms 22 mit Längen von 3 000 (wie Abb. 5.2), 30 000 und 300 000 Basenpaaren

zwischen den Objekten unübersehbar: 'Zacken' auf allen Skalen, eine vergleichbare Rauheit der Kurven. Betrachten wir daher das Bildungsgesetz der Koch-Kurve etwas genauer. In Abb. 5.4 ist die Konstruktionsanweisung dieser Struktur zu erkennen: Von einem Liniensegment, das den Ausgangspunkt der Konstruktion bildet, wird das mittlere Drittel durch eine Spitze aus zwei solchen Drittelsegmenten ersetzt. Im nächsten Schritt führt man diese Elementaroperation nun mit allen vier vorliegenden Segmenten durch, danach mit den so erzeugten 16 Elementen und so fort. Die formal im Limes unendlicher Iteration entstehende, schneeflockenhafte Struktur bezeichnet man als ein *Fraktal*.

Das – recht einfache – Beispiel der Koch-Kurve bietet uns auf diesem Weg also Zugang zu drei zentralen allgemeinen Konzepten: zur Definition des Fraktals, zur Erzeugung von Fraktalen durch Iteration und zur Analyse natürlicher Strukturen mit Methoden der fraktalen Geometrie. Wir werden diese Aspekte nun der Reihe nach diskutieren. Zunächst können wir die beispielhaften Beobachtungen zu einer allgemeinen Definition von Fraktalen nutzen: Ein Fraktal ist eine selbstähnliche Struktur

Abb. 5.4 Zwischenschritte bei der iterativen Erzeugung der Koch-Kurve

mit gebrochenzahliger (also nicht ganzzahliger, *fraktaler*) Dimension. Dabei bedeutet Selbstähnlichkeit, dass ein vergrößerter Ausschnitt des Objekts vom Original ununterscheidbar ist. Selbstähnlichkeit in einem weiteren Sinne bedeutet, dass die Ausschnittsvergrößerung in zentralen statistischen Eigenschaften mit dem Original übereinstimmt (ohne jedoch strikt identisch sein zu müssen). Eine gebrochenzahlige Dimension bedeutet, wie wir noch ausführlich und quantitativ diskutieren werden, dass der Trägerraum (z. B. die Fläche, auf der das Fraktal angeordnet ist, oder ein dreidimensionales Volumensegment, in dem sich das Fraktal befindet) durch das Fraktal nicht homogen ausgefüllt wird, sondern unendlich viele systematische Lücken auf allen Skalen bleiben. Dieses 'Zwischen zwei Dimensionen'-Stehen eines Fraktals lässt sich am Beispiel der Koch-Kurve recht gut erkennen. Es handelt sich im Wesentlichen um eine Linie, die jedoch systematische Exkurse in die Fläche besitzt und somit nicht recht auf eine Linie 'passt'. Wenn wir im Verlauf des Kapitels dieses Konzept der gebrochenzahligen Dimension quantitativ ausgestalten, wird sich zeigen, dass die Dimension der Koch-Kurve tatsächlich etwas über Eins liegt – im Einklang mit diesem optischen Eindruck.

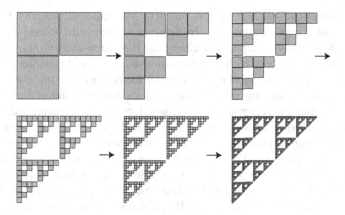

Abb. 5.5 Illustration des iterierten Funktionensystems aus Gl. (5.2). (In Anlehnung an: Hütt 2001)

Bevor wir das Konzept der fraktalen Dimension weiterverfolgen, werden wir uns zuerst näher mit dem Aufbau fraktaler Strukturen beschäftigen. Dazu werden wir die folgenden Fragen diskutieren:

- Wie erzeugt man formal solche selbstähnlichen Strukturen?

- Was sind reale Beispiele von Fraktalen?

- Wie analysiert man Fraktale und weist Fraktalität nach?

- Welche dieser Konzepte und Methoden lassen sich in der Bioinformatik nutzen?

Nachdem wir den formalen Rahmen geklärt und erste Anwendungen besprochen haben, wird sich dann eine fundamentale Verbindung zwischen solchen fraktalen Strukturen und den Potenzgesetzen in der Korrelation zeigen, die am Ende von Kap. 4 standen. Auf viel größerer konzeptioneller Ebene ist diese Verbindung der Kern eines der wichtigsten Prinzipien biologischer Struktur- und Musterbildung.

Fraktale Geometrie unterscheidet sich von herkömmlicher (klassischer, kartesischer) Geometrie in ihren Betrachtungsgegenständen. Die Gegenstände der herkömmlichen Geometrie sind Formen wie Linien, Kreise, Rechtecke, Dreiecke oder ihre dreidimensionalen Entsprechungen. Aus diesen elementaren Objekten werden komplexere Strukturen zusammengesetzt. Hierin liegt tatsächlich die Begrenztheit der klassischen Geometrie bei der Beschreibung von Objekten aus der Natur: Es ist ein aufwendiges, hochparametriges Unternehmen, etwa einen lebenden Baum in all seinen Einzelheiten aus solchen Elementarobjekten der klassischen Geometrie zusammenzusetzen. Die fraktale Geometrie geht hier einen vollkommen anderen Weg. Ihre elementaren Objekte sind *Anordnungsvorschriften*. Wie lassen sich nun aus Anordnungsvorschriften Strukturen erzeugen? Der Weg beginnt mit einem beliebigen Objekt der klassischen Geometrie. Von diesem Objekt werden nun verkleinerte Kopien an verschiedenen Stellen der Ebene platziert. Mit dem resultierenden Objekt, also dem Ensemble verkleinerter und verschobener Kopien, wird präzise dieselbe Operationsabfolge von Kopieren, Verkleinern und Platzieren wiederholt. Abbildung 5.5 zeigt ein Beispiel für ein solches Konstruktionsschema. Führt man diesen Ablauf iterativ fort, so erhält man ein Objekt mit immer feinerer Substruktur. Zugleich tritt die Bedeutung des anfänglichen klassischen Objekts immer weiter in den Hintergrund und die Eigenschaften der resultierenden Struktur sind einzig bestimmt durch die Anordnungsvorschrift, also die Zahl, Skalierung und Position der in jedem Iterationsschritt platzierten verkleinerten Kopien. Jedes Element dieser Anordnungsvorschrift, das eine der Kopien charakterisiert, bezeichnet man als *Kontraktionsabbildung*. Die Erzeugungsvorschrift aus Abb. 5.5, die zu dieser geschachtelten Dreiecksstruktur als Fraktal führt, besitzt also drei Kontraktionsabbildungen, da in jedem Schritt drei verkleinerte Kopien platziert werden. Betrachten wir diese Abbildungen einmal aus einer etwas mathematischeren Perspektive: Auf jeden Punkt (x, y) einer solchen (z. B. der nach k Iterationsschritten vorliegenden) Struktur[1] werden also Transformationen der Form

$$\begin{pmatrix} x \\ y \end{pmatrix} \xrightarrow{\omega_i} \begin{pmatrix} a_i & b_i \\ c_i & d_i \end{pmatrix} \begin{pmatrix} x \\ y \end{pmatrix} + \begin{pmatrix} e_i \\ f_i \end{pmatrix} \tag{5.1}$$

angewendet. Das Ergebnis ist ein Zahlenpaar, das die Koordinaten des transformierten Punkts angibt. Die Menge aller Kontraktionsabbildungen einer solchen Struktur bezeichnet man als *iteriertes Funktionensystem* (IFS). Die Struktur, die formal als Grenzwert nach unendlich vielen Iterationsschritten erreicht wird, ist ein *Fraktal*. Durch die Iteration ist diesen Strukturen die Selbstähnlichkeit direkt eingeschrieben. Für das Beispiel aus Abb. 5.5 haben die Kontraktionsabbildungen die folgende Form:

$$\begin{pmatrix} x \\ y \end{pmatrix} \xrightarrow{\omega_1} \begin{pmatrix} 0.5 & 0 \\ 0 & 0.5 \end{pmatrix} \begin{pmatrix} x \\ y \end{pmatrix} ,$$

$$\begin{pmatrix} x \\ y \end{pmatrix} \xrightarrow{\omega_2} \begin{pmatrix} 0.5 & 0 \\ 0 & 0.5 \end{pmatrix} \begin{pmatrix} x \\ y \end{pmatrix} + \begin{pmatrix} 0 \\ 1 \end{pmatrix} , \tag{5.2}$$

$$\begin{pmatrix} x \\ y \end{pmatrix} \xrightarrow{\omega_3} \begin{pmatrix} 0.5 & 0 \\ 0 & 0.5 \end{pmatrix} \begin{pmatrix} x \\ y \end{pmatrix} + \begin{pmatrix} 1 \\ 1 \end{pmatrix} .$$

Man erkennt bereits an dieser Form der Kontraktionsabbildungen, dass es sich bei dem IFS aus Abb. 5.5 um ein relativ einfaches System handelt: Alle Kopien tragen offensichtlich denselben Skalierungsfaktor, die Matrixelemente der Nebendiagonalen (die z. B. für Drehungen verantwortlich wären) sind Null und die Verschiebungsvektoren sind sehr einfach an den Koordinatenachsen orientiert.

Der Zusammenhang zwischen dem iterierten Funktionensystem und seinem Grenzwert, dem Fraktal, wird durch zwei Theoreme bestimmt: (1) Das Fraktal ist unabhängig von dem Anfangsobjekt; (2) das Fraktal ändert sich stetig mit den Parametern

---

[1] Wir betrachten hier Objekte in der Ebene, so dass jeder Punkt durch ein Wertepaar, nämlich seine Koordinaten in x- und y-Richtung, gegeben ist.

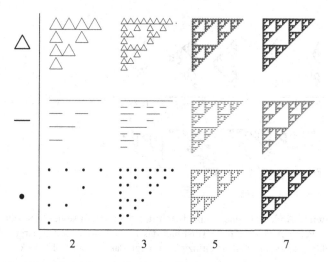

Abb. 5.6 Unabhängigkeit eines Fraktals von seinen Anfangsbedingungen. Verschiedene Iterationsschritte des IFS aus Abb. 5.5 sind hier für unterschiedliche Anfangsobjekte dargestellt. Man erkennt die schnelle Konvergenz gegen dieselbe Grenzstruktur

des IFS. Diese beiden Theoreme sind in Abb. 5.6 und 5.7 anhand des vorangegangen Beispiels (vgl. Abb. 5.5 und Gl. (5.2)) illustriert. In Abb. 5.6 sind einige Iterationsschritte ausgehend von anderen Anfangsobjekten dargestellt. Man erkennt, wie jeder der Prozesse schon nach wenigen Schritten gegen dieselbe Struktur strebt. Für Abb. 5.7 wurde die dritte Kontraktionsabbildung aus Gl. (5.2) mit einem freien Parameter im Verschiebungsvektor versehen:

$$\begin{pmatrix} x \\ y \end{pmatrix} \xrightarrow{\omega_3^*} \begin{pmatrix} 0.5 & 0 \\ 0 & 0.5 \end{pmatrix} \begin{pmatrix} x \\ y \end{pmatrix} + \begin{pmatrix} s \\ s \end{pmatrix}. \tag{5.3}$$

In Abb. 5.7 ist der Parameter s nun von 0.1 bis 0.6 variiert. Man erkennt die kontinuierliche Änderung des Fraktals in Abhängigkeit dieses Parameters. Die in Abb. 5.5, 5.6 und 5.7 diskutierte Struktur ist eine Form des *Sierpinski-Dreiecks*. Das Original dieses berühmten Fraktals ist in Abb. 5.7b dargestellt.

In den iterierten Funktionensystemen findet sich das wichtigste Merkmal von Fraktalen, nämlich die Selbstähnlichkeit, explizit in eine Iterationsvorschrift übertragen. Dieses Bauprinzip ist parametereffizient und äußerst flexibel. Wir werden zudem sehen, dass eine stochastische Variante dieses deterministischen Iterationsverfahrens einen ersten Weg ebnet zu einer fraktalen Darstellung einer DNA-Sequenz. Historisch stammen Fraktale jedoch von einer wesentlich mathematischeren Beschäftigung mit abstrakten Iterationen. Diesen auf Benoît Mandelbrot zurückgehenden Zugang werden wir nun kurz diskutieren. Betrachten wir dazu die folgende formale Iterationsvorschrift:

$$x_{k+1} = x_k^2 + c \tag{5.4}$$

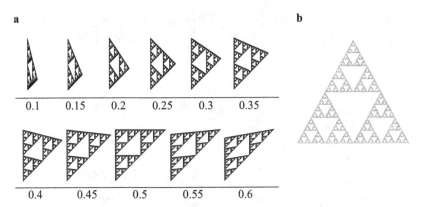

Abb. 5.7 a Stetige Änderung eines Fraktals mit den Parametern seines IFS. Für verschiedene Werte des Parameters s in Gl. (5.3) ist hier das Fraktal aus Abb. 5.5 dargestellt. **b** Ein berühmtes Fraktal, das demselben Bauprinzip unterliegt: das Sierpinski-Dreieck

mit einem Parameter c. In Abhängigkeit vom Anfangswert x_0 der Iteration und vom Parameterwert c ergeben sich nun Zahlenfolgen $x_0, x_1, x_2, \ldots$ mit sehr interessanten Eigenschaften. Wir betrachten im Folgenden vor allem den Fall $x_0 = 0$. Einen ersten Eindruck von solchen Zahlenfolgen bietet Tab. 5.1. Für $c = 1$ divergiert die Zahlenfolge, in anderen Fällen hat man eine konstante Folge oder ein periodisches Verhalten. Um Mandelbrots Vorgehen nachvollziehen zu können, benötigen wir jedoch das Konzept der *komplexen Zahlen*.

Tab. 5.1 Beispiele für Zahlenfolgen der Iterationsvorschrift aus Gl. (5.4) für verschieden Werte des Parameters c

Parameter	resultierende Zahlenfolge	Klassifikation
$c = 1$	0, 1, 2, 5, 26, …	divergente Folge
$c = 0$	0, 0, 0, …	konstante Folge
$c = -1$	0, −1, 0, −1, 0, …	Periode-2-Zyklus

Die komplexen Zahlen z mit $z \in \mathbb{C}$ ($\mathbb{C}$ ist die Bezeichnung für die Menge der komplexen Zahlen; $\mathbb{R}$ bezeichnet die reellen Zahlen) stellen eine Erweiterung des herkömmlichen Raums $\mathbb{R}$ reeller Zahlen dar. Dazu ist eine neue mathematische *Spielregel* erforderlich: Man führt eine Kunstgröße i ein, die *imaginäre Einheit*, für die gilt $i^2 = -1$. Es gibt keine reelle Zahl, die diese Regel erfüllt. Jede Zahl der Form $r \cdot i$ mit $r \in \mathbb{R}$ ist also ein bisher nicht in $\mathbb{R}$ enthaltenes Element, ebenso wie jede Linearkombination $z = s + r \cdot i$ aus dieser Größe und einer reellen Zahl s. In solchen Linearkombinationen bezeichnet man s als den *Realteil* der komplexen Zahl z und r als ihren *Imaginärteil*. Wie rechnet man nun mit solchen komplexen Zahlen? Die Idee ist, die Rechenregeln für herkömmliche Zahlen unter Einbeziehung der neuen Regel $i^2 = -1$ anzuwenden und das Ergebnis nach Real- und Imaginärteil zu ordnen.

Betrachten wir etwa das Quadrat einer komplexen Zahl z. Man hat

$$z^2 = (s + i\,r)^2 = (s + i\,r)(s + i\,r) = s^2 - r^2 + 2\,i\,s\,r\,, \tag{5.5}$$

d. h. Real- und Imaginärteil vermischen sich beim Quadrieren in nicht-trivialer Weise. Es ist letztlich diese Eigenschaft, die unsere Iterationsvorschrift aus Gl. (5.4) besonders interessant macht, wenn man komplexe Zahlen für den Parameter c zulässt. Betrachten wir zunächst eine einfache solche Iteration, nämlich für $c = i$. Dann hat man (wieder für $x_0 = 0$):

$$c = i \;\Rightarrow\; 0, i, -1 + i, -i, -1 + i, \dots\,, \tag{5.6}$$

also erneut ein periodisches Verhalten. Dabei erhält man das Ergebnis des dritten Iterationsschritts durch

$$(-1 + i)^2 + i = 1 - 1 + 2\,i\,(-1)\,1 + i = -2\,i + i = -i\,. \tag{5.7}$$

Mandelbrot hat das asymptotische Verhalten (also das Verhalten für $k \to \infty$) dieser Iteration in Abhängigkeit des komplexwertigen Parameters $c \in \mathbb{C}$ in der Definition einer Menge zusammengefasst: Die *Mandelbrot-Menge M* besteht aus allen c, für die diese von $x_0 = 0$ ausgehende Iteration endlich bleibt:

$$M = \left\{ c \in \mathbb{C} \;\middle|\; x_0 = 0\,;\; x_{k+1} = x_k^2 + c \quad \text{mit } |x_\infty| \text{ endlich} \right\}. \tag{5.8}$$

Abbildung 5.8 stellt diese Menge in folgender Weise dar: Die Divergenzgeschwindigkeit (Wie viele Iterationsschritte sind zum Erreichen eines bestimmten großen Zahlenwerts nötig?) ist in Graustufen in der komplexen Zahlenebene des Parameters c angegeben; dabei ist der Realteil horizontal und der Imaginärteil vertikal aufgetragen; bei den Graustufen bedeutet schwarz, dass die Iteration nicht divergiert, und die anderen Bildpunkte sind umso heller dargestellt, je schneller die Divergenz erfolgt. Diese Struktur, die Visualisierung der Mandelbrot-Menge aus Gl. (5.8), stellt ohne Zweifel das historisch berühmteste Fraktal dar. Abbildung 5.9 zeigt Ausschnitte aus diesem recht bemerkenswerten Bild. Man erkennt deutlich die fraktale Eigenschaft dieser Menge: Die Ausschnittsvergrößerungen weisen dieselbe Vielfalt in ihren Substrukturen auf wie das Original. Einige Segmente scheinen auch exakte Kopien einer der größeren Strukturen zu sein.

Kehren wir noch einmal zu der Iteration selbst zurück. Abbildung 5.10 zeigt die Zahlenfolgen für eine Abfolge von (reellen) c-Werten. Man erkennt Zyklen der Periode 2, ebenso wie höhere Zyklen und schließlich ein chaotisches Verhalten.[2] Eine weitere Bemerkung ist angebracht. Die Mandelbrot-Menge M stellt letztlich einen Spezialfall einer ganzen Schar von Mengen dar, weil nur ein Anfangswert (nämlich $x_0 = 0$) betrachtet wurde. Man kann sich also fragen, wie die Strukturen in Abb. 5.8 und 5.9

---

[2] Hier besitzt die Mandelbrot-Menge eine interessante Parallele zu *Differenzengleichungen*, die (zeitlich) diskrete Modelle dynamischer Systeme und die mathematisch einfachsten Modellsysteme für deterministisches Chaos darstellen (siehe z. B. Hütt 2001).

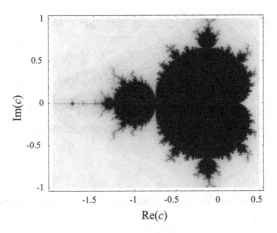

Abb. 5.8 Grafische Darstellung der Mandelbrot-Menge. Die Achsen werden durch den Realteil und den Imaginärteil des Parameters c gebildet (vgl. Gl. (5.8)). Das Konvergenzverhalten ist in Graustufen übersetzt. Ein heller Punkt bedeutet divergentes Verhalten

vom Anfangswert abhängen. Dieses Problem wurde (unter anderem) von Gaston Julia untersucht. Die *Julia-Mengen* betrachten die Abhängigkeit der Konvergenz von x_0 bei festem c:

$$J_c = \left\{ x_0 \in \mathbb{C} \;\middle|\; x_{k+1} = x_k^2 + c \quad \text{mit } |x_\infty| \text{ endlich} \right\}. \tag{5.9}$$

Sie weisen eine ähnliche Strukturvielfalt wie die Mandelbrot-Menge auf.

Noch bevor wir den Weg hin zu konkreten bioinformatischen Anwendungen dieser Grundkonzepte fraktaler Geometrie gehen, lassen sich aus den allgemeinen Betrachtungen einige wichtige Schlussfolgerungen ziehen. In all diesen diskutierten Fällen gibt es eine fundamentale Verbindung zwischen Struktur und Bildungsgesetz. Letztlich ist es das Ziel der meisten fraktalen Analysen, durch Bestimmung der fraktalen Eigenschaften auf Aspekte eines (lokalen) Bildungsgesetzes schließen zu können. Gerade die Mandelbrot-Menge deutet aber noch auf eine weitere sehr grundlegende Eigenschaft fraktaler Objekte hin: Weite Bereiche dieser komplexen Zahlenebene, in der in Farben oder Graustufen codiert das Konvergenzverhalten der Iteration dargestellt ist, sind recht trivial. Große Bereiche benachbarter Punkte zeigen dasselbe Verhalten, und der interessante, für die Diskussion fraktaler Eigenschaften relevante Bereich ist letztlich durch den komplex strukturierten Rand gegeben, der Punkte mit konvergenter und divergenter Iteration ihrer zugehörigen Zahlenfolgen voneinander trennt. Diese Verbindung von Fraktalen mit dem Übergangsbereich zwischen zwei stabilen Verhaltensformen eines Systems ist so fundamental, dass man den Nachweis fraktaler Strukturen in einem System oft als synonym sieht zu einer Ausrichtung, einer Ausbalancierung des Systems zwischen zwei solchen stabilen Gleichgewichtszuständen. Diese Zusammenhänge werden im Rahmen der Theorie der Phasenübergänge und – sofern man eine evolutionäre Prägung einer solchen Ausrichtung postuliert – unter dem Begriff der *selbstorganisierten Kritizität* diskutiert. Bei allen Betrach-

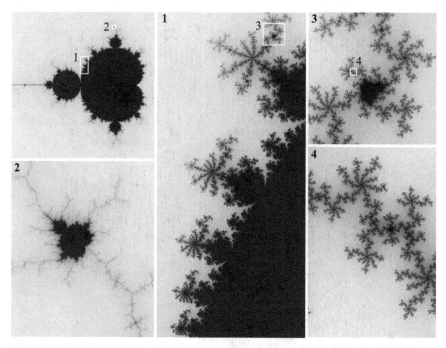

Abb. 5.9 Ausschnittsvergrößerungen aus der Mandelbrot-Menge. Zwei Segmente des Randbereichs sind in den Teilen 1 und 2 dargestellt. Eine weitere Ausschnittsvergrößerung aus dem Segment 1 ist im Teil 3 abgebildet, aus dem wiederum ein Ausschnitt in Teil 4 vergrößert gezeigt ist.

tungen von DNA-Sequenzen mit Methoden der fraktalen Geometrie findet man diese beiden Zielsetzungen im Kern wieder: die Suche nach einem formalen Bildungsgesetz (etwa Segmentduplikationen auf vielen verschiedenen Skalen), das man mit spezifischen biologischen Mechanismen in Verbindung bringen und so zu einer Theorie des evolutionären Genomwachstums ausbauen kann, zur Hypothese, eine mögliche Fraktalität des Genoms ließe sich auf selbstorganisierte Kritizität, also die evolutionäre Positionierung des Systems am Rand eines Phasenübergangs zurückführen.

Den Zusammenhang kritischer Phänomene und fraktaler Geometrie können wir auch auf einer quantitativeren Ebene sichtbar machen. Wir hatten die Selbstähnlichkeit als eine Charakterisierung von Fraktalen herausgearbeitet. Mathematisch verbirgt sich dahinter die Invarianz von Beobachtungsgrößen (z. B. Mittelwert oder Standardabweichung) unter Umskalierung der Ereignisgrößen. Betrachten wir also eine Wahrscheinlichkeitsverteilung $f(x)$. Die Größe $f(x)$ gibt die Wahrscheinlichkeitsdichte für das Ereignis x an. Dieses Konzept haben wir in Kap. 2.5 bereits ausführlich diskutiert. Eine Umskalierung ist der Wechsel von x zu kx, also dem 'Messen' der Ereignisgröße mit einem anderen Maßstab k. Die Unveränderlichkeit (Invarianz) einer solchen Verteilungsfunktion unter der Transformation $x \rightarrow kx$ ist eine sehr starke Forderung, die nur von einer einzigen Funktion aus unserem in Kap. 2.5 angelegten

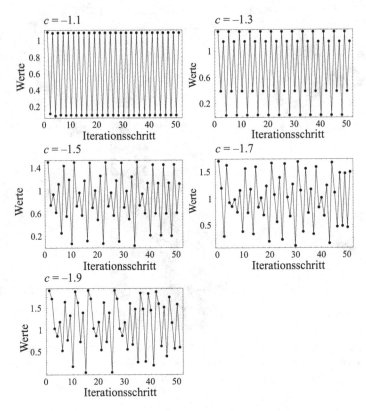

Abb. 5.10 Zahlenfolgen aus der Iterationsvorschrift (5.4) für verschiedene Werte von c. Man erkennt den Übergang von Zyklen unterschiedlicher Periodendauer hin zu deterministischem Chaos

Inventar erfüllt wird: von der Potenzgesetzverteilung. Um diese Eigenschaft (und ihre Konsequenzen) sichtbar zu machen, vergleichen wir eine exponentielle Verteilung[3]

$$f_1(x) \sim e^{-ax}$$

mit einer Potenzgesetzverteilung

$$f_2(x) \sim x^{-b}.$$

Die Motivation zu diesem Vorgehen liegt darin, dass die Funktion f_1 charakteristisch für eine Verteilung von Ereignissen nach einer klassischen Geometrie ist, während sich das Potenzgesetz als eng verknüpft mit Fraktalität erweist. Zur Untersuchung

---

[3] Wir diskutieren an dieser Stelle nur Proportionalitäten; im anderen Fall müsste man die Proportionalitätskonstanten explizit durch die Normierung der Funktionen ausrechnen (vgl. Kap. 2.5).

der Längenskala betrachten wir den Einfluss einer Umskalierung $x \to kx$ der Größe x auf die beiden Verteilungen. Im Fall der Funktion $f_2(x)$ hat man

$$\frac{f_2(kx)}{f_2(x)} = \frac{(kx)^{-b}}{x^{-b}} = k^{-b},$$

also eine Umskalierung der Verteilung, die unabhängig von x ist. Anders dagegen bei der Funktion f_1:

$$\frac{f_1(kx)}{f_1(x)} = \frac{e^{-akx}}{e^{-ax}} = e^{-a(k-1)x}.$$

Nun hängt der Skalierungsfaktor, der durch die Skalentransformation $x \to kx$ in der Verteilungsfunktion auftritt, explizit von x ab. Eine Änderung der räumlichen Skala verzerrt also die Verteilung $f_1(x)$ und fügt ihr nicht nur einen (für alle x gleichen) globalen Faktor bei.

Was bedeutet diese Eigenschaft anschaulich? Wie würde man ein solches Potenzgesetz in einem Fraktal wiederfinden? Am Beispiel des Sierpinski-Dreiecks, Abb. 5.7b, lässt sich das unmittelbar sehen: Wenn man die Größenverteilung der Dreiecke auszählen würde, käme man auf ein Potenzgesetz $P(x) \sim x^{-a}$. Dabei stellt x die Dreiecksgröße (z. B. seine Fläche) und $P(x)$ die relative Häufigkeit von Dreiecken dieser Größe x dar. Die Steigung a entspricht dabei im Wesentlichen der *fraktalen Dimension*, die wir im Verlauf dieses Kapitels noch kennenlernen werden. Es ist klar, dass auf dieser Ebene die *Skaleninvarianz* des Potenzgesetzes und die *Selbstähnlichkeit* der Struktur dieselbe Eigenschaft darstellen. Man erkennt an einem solchen Auszählen der Substrukturen z. B. im Sierpinski-Dreieck auch eine andere Auswirkung dieser maßstabslosen (skalenfreien) Größenverteilung: Man sieht sehr viele sehr kleine Dreiecke und – verglichen mit den durch Gauß- und Exponentialverteilung geschulten Erwartungen – ungewöhnlich viele sehr große Dreiecke, aber auffällig wenige mittelgroße Dreiecke. Das Auftreten exponierter (also besonders großer oder kleiner) Ereignisse im Fall der Verteilung $f_2(x)$ lässt sich am besten verstehen, wenn man die Funktionsgraphen der beiden Verteilungen miteinander vergleicht. Wie wir in Kap. 2.5 gesehen haben (vgl. Abb. 2.23c), ist hierfür eine doppelt logarithmische Auftragung (in der das Potenzgesetz durch eine Gerade dargestellt ist) besonders geeignet. Ein solcher Vergleich ist in Abb. 5.11 angegeben. Man sieht, dass die Verteilung f_2 Ereignisse bei sehr großem x deutlich höher bewertet (also mit größerer Wahrscheinlichkeit auftreten lässt) als die Funktion f_1, bei der die Wahrscheinlichkeit mit wachsendem x sehr schnell gegen Null geht. Ebenso treten Ereignisse zu kleinem x im Fall von f_2 sehr viel häufiger auf. Dagegen ist der Bereich bei mittlerem x bei der Funktion f_1 stärker gewichtet.

Durch die Überhöhung exponierter Ereignisse sind Potenzgesetze (und somit fraktale Strukturen) eng mit Phasenübergängen (also Systemen an kritischen Punkten) und

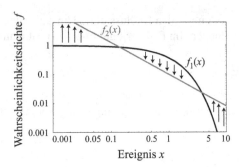

Abb. 5.11 Vergleich einer exponentiellen ($f_1(x)$) Verteilung von Ereignissen x mit einer Verteilung gemäß einem Potenzgesetz ($f_2(x)$). In dieser doppelt logarithmischen Darstellung ist das Potenzgesetz durch eine Gerade gegeben. Die Pfeile markieren Bereiche systematischer Überhöhung und Verminderung der Ereignishäufigkeiten gemäß dem Potenzgesetz im Vergleich zur exponentiellen Verteilung

Phänomenen der Musterbildung verbunden. Der Komplexitätsforscher Ricard Solé fasste dies folgendermaßen zusammen (Solé et al. 1996):

> At critical points, fractal structures, complex dynamical patterns and optimal information transfer appear in a spontaneous way. We can conjecture that complexity tends to appear close to instability points.

Es ist offensichtlich, dass viele Objekte in der Biologie mithilfe solcher Methoden der fraktalen Geometrie recht gut beschrieben werden können. Abbildung 5.12 gibt einige Beispiele. Bäume etwa besitzen eine Hierarchie immer kleiner werdender Zweige, die stark an unsere Diskussion iterierter Funktionensysteme erinnert; über die Selbstähnlichkeit von Farnblättern und Blumenkohl ist viel diskutiert und spekuliert worden; Adersysteme und Migrationsmuster und – auf einer viel globaleren Skala – selbst die Artenvielfalt[4] scheinen eine Verbindung zur fraktalen Geometrie aufzuweisen.

Letztlich vermittelt die fraktale Geometrie – wie wir bereits angedeutet haben – einen Zusammenhang zwischen lokalen Regeln (oder Bauprinzipien) und Eigenschaften globaler, systemüberspannender Strukturen (oder Muster). Damit hat die fraktale Geometrie eine zentrale Rolle bei der Diskussion von Phänomenen der *Selbstorganisation* in der Biologie. Ein Beispiel: Die soziale Amöbe *Dictyostelium discoideum* stellt ein Modellsystem biologischer Musterbildung dar. Unter Nahrungsmangel beginnen einzelne Amöben mit dem Aussenden einer Signalsubstanz (cAMP), die von benachbarten Amöben detektiert wird. Dieses Signal führt auf zwei Reaktionen bei der empfangenden Amöbe: (1) Sie produziert selbst cAMP, das dann wiederum zu benachbarten Amöben diffundieren kann. (2) Sie bewegt sich in die Richtung des höchsten cAMP-Gradienten. Diese beiden 'lokalen Regeln' führen in

---

[4] Die Selbstähnlichkeit zeigt sich dort in allosterischen Relationen, also Größen- und Häufigkeitsverteilungen, die einem Potenzgesetz folgen.

Abb. 5.12 Beispiele für selbstähnliche Strukturen in der Natur: die Hierarchie von Zweigen eines Baums, der selbstähnliche Aufbau des Blumenkohls und der Farnblätter

Anwendung auf eine gesamte Amöbenpopulation auf faszinierende, selbstorganisierte Muster: Das cAMP-Signal propagiert in großen miteinander interagierenden Spiralwellen durch die Population. Die Amöben bilden baumartige, fraktale Aggregationsströme hin zu Zentren, um dann an diesen Zentren in weitere, multizelluläre Entwicklungsstufen überzugehen. In neueren Untersuchungen an Mutanten von *Dictyostelium* konnte eine Verbindung zwischen der Stärke der Genregulation auf zellulärer Ebene und Eigenschaften der Musterbildung in dem Ensemble von Zellen nachgewiesen werden (Sawai et al. 2005). Diesem Zusammenwirken vieler Skalen wird sich eine zukünftige Systembiologie immer stärker stellen müssen. Die durch die Ausmessung vollständiger Netzwerke der Genregulation (vgl. Kap. 5.2) immer stärker molekular orientierte Systembiologie steht hier vor sehr spannenden Entwicklungen (vgl. auch Kap. 5.3).

Die fraktale Geometrie stellt mathematische Werkzeuge bereit, um die teilweise Ausnutzung einer Dimension, die systematische Abweichung von einer gewohnten ganzzahligen Dimension, quantitativ zu erfassen. Da ein solches Vorgehen sich mittlerweile auch in der Bioinformatik zu etablieren beginnt (vor allem in Anwendungen auf DNA-Sequenzen und auf Netzwerke der Proteininteraktion und Genregulation; vgl. auch Kap. 5.2), wollen wir die Grundidee dieses Verfahrens kurz beschreiben. Die *fraktale Dimension* D_F stellt eine Verallgemeinerung des herkömmlichen Dimensionsbegriffs dar. In der klassischen Geometrie verbindet die Dimension D eine Länge r mit einem verallgemeinerten Volumen V (damit ist die Information gemeint, ob eine geometrische Struktur einer Linie, Fläche oder einem – dreidimensionalen – Volumen entspricht):

$$V \sim r^D .$$

Viele bekannte Relationen der klassischen Geometrie sind von diesem Typ, etwa die Ausdrücke πr^2 für die Kreisfläche (Dimension 2), $2\pi r$ für den Kreisumfang (Dimension 1) oder $4/3 \pi r^3$ für das Kugelvolumen (Dimension 3), jeweils für Objekte mit dem Radius r. Die fraktale Dimension verallgemeinert diese Beziehung, indem nicht ganzzahlige Werte für D_F zugelassen werden. Der Versuch, eine Beziehung zwischen einer Längenskala und der Ausnutzung des Trägerraums über diese Dimension D_F herzustellen, bleibt dabei bestehen. Eine Methode der Bestimmung von D_F aus experimentellen Daten ist das *Box-Counting-Verfahren*, bei dem die Abhängigkeit des genutzten Volumens von dem angelegten Maßstab untersucht wird. Eine gemessene Struktur bezeichnet man dann als fraktal, wenn die ermittelte Dimension D_F *deutlich* von einer ganzen Zahl abweicht.

Wie funktioniert nun dieser Box-Counting-Algorithmus? Gegeben sei ein Objekt O, das einen Raum der Dimension d teilweise ausfüllt. Dieser Raum wird nun mit (entsprechend d-dimensionalen) Würfeln der Kantenlänge r gepflastert. Dann lässt sich zählen, wie viele der Würfel einen Teil von O enthalten. Offensichtlich hängt diese Zahl $N = N(r)$ vom verwendeten Maßstab r, also der Kantenlänge der Würfel, ab. Bemerkenswerterweise kann man über den Zusammenhang von N und r in der üblichen Art eine Dimension definieren. Die fundamentale Eigenschaft einer Dimension D, Volumen und Längenskala in Beziehung zu setzen, bleibt dabei erhalten:[5]

$$N(r) \sim r^{-D_F} . \tag{5.10}$$

Trägt man also $N(r)$ und r doppelt logarithmisch gegeneinander auf, so ergibt sich gemäß Gl. (5.10) eine Gerade mit der Steigung $-D_F$: $\log N(r) = \text{const} - D_F \log r$. Eine mögliche Implementierung dieses Konzepts ist in Abb. 5.13 schematisch als Flussdiagramm dargestellt. Ausgegangen wird von einer Struktur (also z. B. der Temperaturverteilung auf einer Oberfläche), die als Binärbild vorliegt (z. B. könnte man an jedem Bildpunkt notieren, ob die Temperatur im Vergleich zu einem Referenzzeitpunkt gefallen oder gestiegen ist; oder jeder Bildpunkt enthält eine Null, wenn der entsprechende Punkt der Oberfläche eine geringere Temperatur hat als der Mittelwert über die gesamte Oberfläche, und sonst eine Eins). Dann wird ein Raster der Größe r über das Bild gelegt. In jedem Kästchen der Kantenlänge r liegen also nun Bildpunkte. Nehmen wir an, man ist an der Grenzlinie zwischen den Zuständen Null und Eins interessiert. Dann ist das Kriterium zum Zählen eines solchen r-Kästchens, dass sowohl Nullen als auch Einsen in diesem Kästchen vertreten sind, dass also der Mittelwert M über alle Bildpunkte des betrachteten Kästchens von Null und Eins abweicht. Auch dieses Konzept lässt sich anhand der Koch-Kurve, die wir am Anfang des Kapitels diskutiert haben, recht gut veranschaulichen. Wenn man mit einem gegebenen Maßstab (das ist in dem formalen Box-Counting-Verfahren die Kantenlänge des Rasters, in diesem Gedankenexperiment jedoch ein 'realer' Maßstab, also ein Liniensegment fester Länge) die Koch-Kurve 'ausmisst', also bestimmt, wie häufig der Maßstab anzulegen ist, um zum Ende zu gelangen, so wird man bemerken, dass sich eine sehr ungewöhnliche Relation zwischen der gemessenen Länge und dem Maßstab ergibt: Halbiert man die Länge des Maßstabs, so steigt die gemessene Länge um

---

[5] Eine potenzielle Fehlerquelle ist das negative Vorzeichen von D_F im Exponenten. Es berücksichtigt, dass r und N sich stets invers zueinander verhalten (ein kleines r führt auf ein großes N).

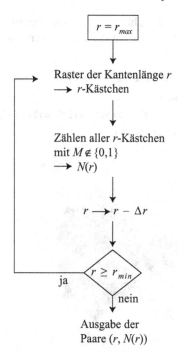

$$r = r_{max}$$

Raster der Kantenlänge r
⟶ r-Kästchen

Zählen aller r-Kästchen
mit $M \notin \{0,1\}$
⟶ $N(r)$

$r \longrightarrow r - \Delta r$

$r \geq r_{min}$

ja

nein

Ausgabe der
Paare $(r, N(r))$

Abb. 5.13 Flussdiagramm zum Box-Counting-Algorithmus auf einem Binärbild. Dabei wird die Kantenlänge r des Rasters ausgehend von einem Anfangswert r_{max} in Schritten der Größe Δr reduziert, bis ein Minimalwert r_{min} erreicht ist, um dann die Zahlenpaare $(r, N(r))$ auszugeben. Diese Schleife in r bildet das Kernstück des Flussdiagramms

mehr als den erwarteten Faktor 2 an. Mit immer kleiner werdendem Maßstab tragen immer mehr Feinheiten der Koch-Kurve zur Länge bei. Gerade aufgrund der Selbstähnlichkeit sind in einem Fraktal solche feineren Strukturen bei kleinerem Maßstab auch stets vorhanden. So entsteht die Abweichung von einer ganzzahligen Dimension. Die Implementierung des Box-Counting-Verfahrens steht im Mittelpunkt unseres folgenden *Mathematica*-Exkurses.

Mathematica-Exkurs: Fraktale

Gerade die iterative Erzeugung von Fraktalen legt eine ausformulierte Implementierung nahe. Dies gilt sowohl für die sehr grafische Variante, die wir als iteriertes Funktionensystem kennengelernt haben, als auch für den formaleren Weg über das Konvergenzverhalten bestimmter mathematischer Iterationen. Wir wollen diesen Aspekt, der bereits Gegenstand vieler Darstellungen von *Mathematica* ist, hier nicht diskutieren.

Die Mandelbrot-Menge etwa lässt sich in *Mathematica* sehr elegant mit dem Befehl **MandelbrotSetPlot** erzeugen. Dazu ist die Angabe der beiden komplexen Zahlen erforderlich, die den Wertebereich der Zahl c beschreiben, ebenso wie (über den Befehl **ColorFunction**) eine Farbfunktion, mit der die Konvergenzwerte visualisiert werden:

```
In[1]:= MandelbrotSetPlot[{-2 - I, 0.5 + I},
          ColorFunction →
          Function[{x, y, z}, ColorData["GrayTones"] [1 - z]],
          ImageResolution → 1000]
Out[1]=
```

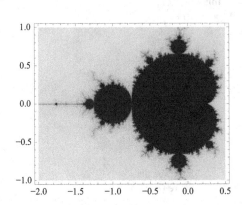

In der elektronischen Fassung dieses *Mathematica*-Exkurses gehen wir auch auf direkte Implementierungen ein. Dabei bestimmen wir das Konvergenzverhaltens durch den Befehl **FixedPointList**, der eine Operation so lange durchführt, bis das Resultat sich nicht mehr ändert oder eine maximale Iterationstiefe erreicht ist.

Wir werden in diesem *Mathematica*-Exkurs das Box-Counting-Verfahren etwas näher betrachten. Dazu verwenden wir zuerst eine (sehr elementare) Routine, die einen Bildausschnitt der Größe **dim** von vorgegebenen Anfangskoordinaten aus extrahiert. Das Bild liegt dabei als einfache Zahlenmatrix vor.

```
In[2]:= subfast[bild_, px_, py_, dim_] :=
          Table[bild[[i, j]], {i, px, px + dim - 1},
          {j, py, py + dim - 1}]
```

Diese Routine verwenden wir nun, um eine Grobrasterung (engl. *coarse graining*) eines Bilds zu erzeugen. Dazu werden an jede Stelle des Bilds lokale Mittelwerte eingetragen. Da dieser Befehl recht rechenintensiv ist, erzeugen wir mit dem Befehl **Compile** eine kompilierte Fassung:

```
In[3]:= scaleS = Compile[{{bild, _Real, 2}, {dd, _Integer}},
          If[dd == 1, bild, Module[{dim1, dim2, res},
          dim1 = Dimensions[bild][[1]];
          dim2 = Dimensions[bild][[2]];
        res = Table[
          (Plus@@Flatten[subfast[bild, j1, j2, dd]])/
              (dd^2),
          {j1, 1, dim1 - (dd - 1), dd},
              {j2, 1, dim2 - (dd - 1), dd}]]],
          {{dim1, _Integer}, {dim2, _Integer}, {res, _Real, 2}}];
```

Als Test für diese Routinen verwenden wir ein 'Bild', das mit den Update-Regeln eines *zellulären Automaten* erzeugt wurde. Solche zellulären Automaten übersetzen nach vorgegebenen Regeln Zustände zu einem Zeitpunkt *t* in einer Kette von Elementen in Abhängigkeit der Zustände der Nachbarschaft in den Zustand zum Zeitpunkt *t* + 1. Zelluläre Automaten sind damit ein wichtiges Werkzeug der Modellierung biologischer Musterbildung. Für uns ist die Zeitentwicklung einer solchen Kette von Elementen, das 'raumzeitliche Muster', ein Beispiel für ein Bild, das mit Methoden der fraktalen Geometrie analysiert werden kann. Interessanterweise gibt es einen Satz von Update-Regeln auf einem binären Zustandsraum, der gerade das Sierpinski-Dreieck als Muster hervorbringt. In *Mathematica* sind zelluläre Automaten über den Befehl **CellularAutomaton** zu simulieren.

```
In[4]:= tmp1 = CellularAutomaton[90, {{1}, 0}, 400];
```

Das Resultat ist eine Zahlenmatrix aus den Zuständen Null und Eins:

```
In[5]:= Dimensions[tmp1]
Out[5]= {401, 801}
```

Diese Matrix lässt sich mit dem Befehl **ArrayPlot** darstellen:

```
In[6]:= ArrayPlot[tmp1, Frame -> False]
Out[6]=
```

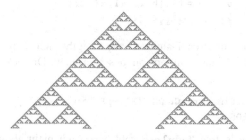

Bevor wir die Implementierung des Box-Counting-Verfahrens fortführen, testen wir unsere Routine **scaleS** an dieser Struktur:

```
In[7]:= ArrayPlot[scaleS[tmp1, 5], Frame -> False]
```

```
Out[7]=
```

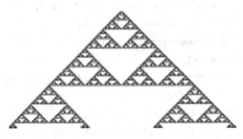

Man erkennt deutlich die Vergröberung, die durch die lokale Mittelwertbildung hervorgerufen wird. Dies entspricht den r-Kästchen, die wir bei der Einführung des Box-Counting-Verfahrens diskutiert haben. Das Verfahren besteht nun darin, für jede Skala (also jeden Wert r des Rasters zur Mittelwertbildung) die Kästchen zu zählen, die 'zum Rand gehören', bei der die Mittelwertbildung also die Zustände Null und Eins mischt. Die Routine **boxCountTab** legt eine solche Liste an:

```
In[8]:= boxCountTab[bild_] := Table[{dd,
           Count[Flatten[scaleS[bild, dd]],
           nn_Real/; nn > 0&&nn < 1]}, {dd, 2, 40, 3}]
```

Nun benötigen wir noch einen Rahmen um dieses Kernstück des Box-Counting-Verfahrens. Die Liste von gezählten Kästchen zu jedem r-Raster muss logarithmiert werden (dazu werden sehr große und sehr kleine Zahlen mit dem Befehl **DeleteCases** abgefangen), wir müssen an diese neuen Wertepaare eine Gerade anpassen (mit dem Befehl **Fit**) und schließlich die Steigung dieser Geraden extrahieren (über die Ableitung, die wir mit dem Befehl **D** erhalten):

```
In[9]:= fracCompBW[bild_] := Module[{boxTab, dimfit, fd},
           boxTab = boxCountTab[bild];
           box2 = DeleteCases[N[Log[boxTab]],
              {n1_, n2_}/;
           (n1 > 100||n1 < 10^-10)||(n2 > 100||n2 < 10^-10)];
           dimfit = Fit[box2, {1, x}, x];
           fd = -D[dimfit, x]]
```

Durch Anwendung auf unseren Datensatz **tmp1** ergibt sich in recht guter Näherung die tatsächliche fraktale Dimension des Sierpinski-Dreiecks (diese beträgt $D_F = 1.59$):

```
In[10]:= fracDim = fracCompBW[N[tmp1]]
Out[10]= 1.50535
```

Die Variable **box2** im letzten **Module**-Befehl haben wir nicht als interne Variable deklariert. Daher können wir sie außerhalb der **Module**-Umgebung weiterverwenden. Eine Überprüfungsroutine trägt die Datenpunkte aus **box2**, zusammen mit der Ausgleichsgeraden auf:

```
In[11]:= fracCheck[box_] := Module[{checkfit, pl1, pl2, x},
            checkfit = Fit[box, {1, x}, x];
            pl1 = ListPlot[box,
            PlotStyle → {AbsolutePointSize[7], Red];
         pl2 = Plot[checkfit, {x, 0, 3.7}];
         Show[pl1, pl2, Frame → True, Axes → False]]
```

Das Ergebnis weist auf eine statistisch verlässliche Analyse hin:

```
In[12]:= fracCheck[box2]
Out[12]=
```

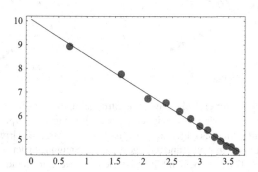

Eine erfolgreiche Anwendung des Box-Counting-Verfahrens stellt hohe Anforderungen an den Datensatz. So müssen z. B. Daten auf vielen (Längen- oder Zeit-) Skalen (also Größenordnungen) vorliegen. Abbildung 5.14 zeigt zwei äußerst schematische Beispiele für räumliche Strukturen, die mit dem Box-Counting-Verfahren näher untersucht werden können: ein Bild eines Sierpinski-Dreiecks (in geringerer Auflösung als in unserem *Mathematica*-Exkurs) (Abb. 5.14a) und ein Polygonzug (Abb. 5.14b), der eine schwarze und eine weiße Fläche trennt. Aufgrund der endlichen Auflösung ist nicht klar, ob die Struktur in Abb. 5.14a vom Box-Counting-Verfahren als Fraktal erkannt werden kann. Zugleich ist denkbar, dass die Bildrasterung selbst bei dem klassischen Objekt eine Abweichung von einer ganzzahligen Dimension (und damit eine fehlerhafte Analyse) hervorruft. Tatsächlich führen beide Analysen auf relativ deutliche lineare Zusammenhänge von log N und log r mit einer geringen Streuung um die Ausgleichsgerade (Abb. 5.14c, d). Der entscheidende Unterschied zwischen beiden Mustern zeigt sich dann in der extrahierten Dimension (also der negativen Steigung der Ausgleichsgeraden). Für das Fraktal ergibt sich mit $D_F = 1.78$ eine deutliche Abweichung von einer ganzzahligen Dimension. Abbildung 5.14c zeigt auch, dass die statistische Qualität der bestimmten Punkte trotz des approximativen Charakters von Abb. 5.14a ausreicht, um den Fall $D_F = 2$ (gestrichelte Linie) auszuschließen. Für das klassisch-geometrische Objekt aus Abb. 5.14b führt eine Analyse der Kante (Kriterium ist, dass sowohl schwarze als auch weiße Bildpunkte in

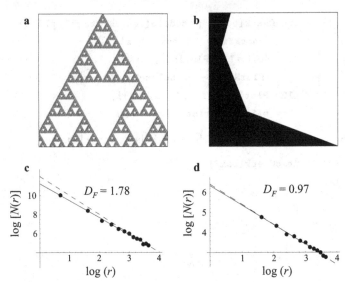

Abb. 5.14 Zwei Beispiele für einfache räumliche Strukturen, die mithilfe des Box-Counting-Verfahrens analysiert werden können. **a** zeigt eine Approximation des Sierpinski-Dreiecks und **b** einen Polygonzug als einfaches Objekt der klassischen Geometrie. Die Ergebnisse des Box-Counting-Algorithmus sind in Abb. **c** und **d** dargestellt. Die Steigungen der Ausgleichsgeraden sind: −1.78 (**c**) und −0.97 (**d**). In beiden Fällen ist auch eine Referenzgerade mit der nächsten ganzzahligen Steigung angegeben (gestrichelte Linie). (In Anlehnung an: Hütt 2001)

dem Kästchen des r-Rasters vorhanden sind) auf eine im Rahmen der statistischen Schwankungen ganzzahlige Dimension, nämlich $D_F = 0.97$. Insbesondere ist die zugehörige Ausgleichsgerade fast nicht von der Referenzgeraden mit der Steigung −1 zu unterscheiden.

Kehren wir noch einmal zu den iterierten Funktionensystemen zurück. Neben dem deterministischen Iterationsalgorithmus, den wir bisher kennengelernt haben, gibt es noch eine andere Methode, den Attraktor eines iterierten Funktionensystems zu approximieren, den *stochastischen Iterationsalgorithmus*. Dazu betrachten wir folgendes Spiel, das *Chaos-Game*, das auf M. Barnsley (1993) zurückgeht und eine alternative Erzeugungsart des Sierpinski-Dreiecks darstellt:

1. Man zeichne ein gleichseitiges Dreieck mit Eckpunkten A, B, C und trage einen beliebigen Punkt (z_0) im Inneren ein.

2. Man würfle eine Ecke (A, B oder C) aus.

3. Man zeichne einen weiteren Punkt (z_1) auf halber Strecke zwischen z_0 und dem Eckpunkt ein.

4. Man wiederhole 2.

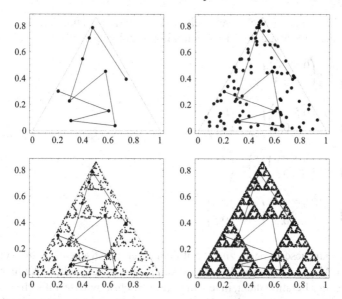

Abb. 5.15 Erzeugung des Sierpinski-Dreiecks durch das Chaos-Game. Im ersten Bildsegment sind die ersten zehn ermittelten Punkte dargestellt und durch Linien verbunden. Die folgenden Bildsegmente zeigen 100, 1 000 bzw. 5 000 Punkte

Ein Anwendungsbeispiel dieser 'Spielregeln' ist in Abb. 5.15 dargestellt. Man findet die Kenngrößen der ursprünglichen (deterministischen) Kontraktionsabbildungen des Sierpinski-Dreiecks in diesen Spielregeln unmittelbar wieder. In der Position der Eckpunkte dieser Referenzfigur sind die Verschiebungsvektoren codiert, während die Spielregel, den halben Abstand zum Eckpunkt als neuen Ausgangspunkt zu verwenden, die Skalierungsfaktoren darstellt.

Wie wir in Abb. 5.15 unter der Hinzunahme von immer mehr Punkten sehen, stellt dieses Chaos-Game unter zufälliger Auswahl der drei Eckpunkte einen stochastischen Erzeugungsprozess für das Sierpinski-Dreieck dar. Aufgrund der vorgegebenen Kontraktionsabbildungen wird also eine zufällige Abfolge der Zahlen 1, 2 und 3 in Punkte übersetzt, die auf der Struktur des Sierpinski-Dreiecks angeordnet sind. Es liegt nun nahe, diese stochastische Variante eines iterierten Funktionensystems auch für nicht zufällige Sequenzen zu verwenden. Wie sieht also die resultierende Struktur aus, wenn das Chaos-Game von einer nicht zufälligen Sequenz (d. h. Abfolge von Eckpunkten) getrieben wird? Die Hoffnung ist dabei, dass man in der resultierenden Struktur eine Art 'Signatur' der zugrunde liegenden (treibenden) Sequenz bemerkt. Tatsächlich sind jedoch die das eigentliche Chaos-Game konstituierenden Kontraktionsabbildungen zu dominant, um solche Signaturen sichtbar zu machen. Zudem sind die für uns interessanten Sequenzen natürlich nicht auf einem dreielementigen Zustandsraum formuliert. Daher diskutiert man in solchen Chaos-Game-Darstellungen von DNA-Sequenzen üblicherweise ein anderes iteriertes Funktionensystem, nämlich die folgende Struktur aus vier Kontraktionsabbildungen:

$$\begin{pmatrix} x \\ y \end{pmatrix} \xrightarrow{\omega_1} \begin{pmatrix} 0.5 & 0 \\ 0 & 0.5 \end{pmatrix} \begin{pmatrix} x \\ y \end{pmatrix},$$

$$\begin{pmatrix} x \\ y \end{pmatrix} \xrightarrow{\omega_2} \begin{pmatrix} 0.5 & 0 \\ 0 & 0.5 \end{pmatrix} \begin{pmatrix} x \\ y \end{pmatrix} + \begin{pmatrix} 0.5 \\ 0 \end{pmatrix},$$

$$\begin{pmatrix} x \\ y \end{pmatrix} \xrightarrow{\omega_3} \begin{pmatrix} 0.5 & 0 \\ 0 & 0.5 \end{pmatrix} \begin{pmatrix} x \\ y \end{pmatrix} + \begin{pmatrix} 0 \\ 0.5 \end{pmatrix}, \qquad (5.11)$$

$$\begin{pmatrix} x \\ y \end{pmatrix} \xrightarrow{\omega_4} \begin{pmatrix} 0.5 & 0 \\ 0 & 0.5 \end{pmatrix} \begin{pmatrix} x \\ y \end{pmatrix} + \begin{pmatrix} 0.5 \\ 0.5 \end{pmatrix}.$$

Betrachten wir dieses System zuerst mit dem deterministischen Iterationsverfahren. Dies ist in Abb. 5.16 dargestellt. Man erkennt, dass das Quadrat, das hier als Anfangsobjekt der Iteration dient, in jedem Iterationsschritt präzise auf sich selbst abgebildet wird. Jeder Iterationsschritt fügt in unserer grafischen Darstellung in Abb. 5.16 also nur die Begrenzungslinien der verkleinerten Objekte hinzu. Da ein solches Fraktal als Grenzwert eines iterierten Funktionensystems unabhängig von dem gewählten Anfangsobjekt ist, haben wir mit diesem IFS also einfach eine fraktale Formulierung eines Objekts der klassischen Geometrie (nämlich eines Quadrats) angegeben. Übersetzen wir nun eine unabhängige Zufallssequenz auf dem Zustandsraum der vier Eckpunkte gemäß dieser Chaos-Game-Vorschrift, treiben wir also das Chaos-Game zu diesem IFS mit einer solchen Sequenz (Abb. 5.17), so bestätigt das Resultat diese geometrische Erwartung. Einer vollkommen zufälligen Sequenz aus unabhängigen Ereignissen (Bernoulli-Sequenz) haben wir also mit dieser homogenen Punktverteilung eine weitestgehend triviale Struktur zugeordnet. Abweichungen in der Homogenität der Punktverteilung lassen sich nun direkt auf der Ebene der Sequenz auf Abweichungen von diesem Nullmodell der Bernoulli-Sequenz zurückführen. Abbildung 5.18a zeigt die Struktur für eine zufällige Sequenz der Länge 10 000, bei der jedoch Übergänge 4→1 verboten wurden. Abbildung 5.18b zeigt die entsprechende Struktur, wenn das System stattdessen mit einem Ausschnitt des Chromosoms VIII der Hefe getrieben wurde. Wenden wir diese Analysemethode nun auf weitere reale DNA-Sequenzen an. In Abb. 5.18c, d wurden Sequenzsegmente aus Chromosomen der Maus und des Menschen auf diese Weise analysiert. Gerade auch im Vergleich zur entsprechenden Darstellung der Hefe (Abb. 5.18b) zeigen sich systematische Unterschiede und Ähnlichkeiten etwas gemäß der phylogenetischen Zusammenhänge zwischen den Spezies.

Wir haben gesehen, dass eine Bernoulli-Sequenz in dieser Chaos-Game-Darstellung auf eine homogene Fläche führt. Die systematische Unterdrückung eines Übergangs induziert eine Struktur in der Chaos-Game-Darstellung. Mithilfe des DAR(p)-Prozesses aus Kap. 4.1 können wir diese Variante des Barnsley'schen Chaos-Games weiter testen. Die Frage ist dabei, wie sich die durch den Prozess parametrisier-

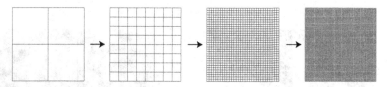

Abb. 5.16 Test des iterierten Funktionensystems aus Gl. (5.11) mit einem Quadrat als Anfangsobjekt. Gezeigt ist der erste bis vierte Iterationsschritt. Man erkennt, dass in jedem Schritt das Quadrat auf sich selbst abgebildet wird

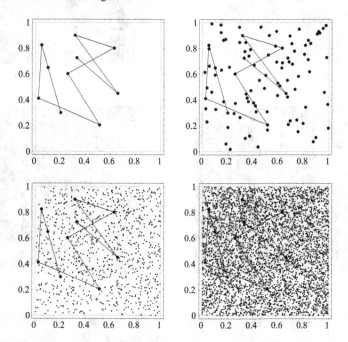

Abb. 5.17 Stochastische Iteration des IFS aus Gl. (5.11). Wie in Abb. 5.15 werden die ersten zehn Bildpunkte durch Linien verbunden im ersten Bildsegment dargestellt. Die folgenden Bildsegmente enthalten 100, 1 000 bzw. 5 000 Punkte

ten Symbolkorrelationen auf die Chaos-Game-Darstellung auswirken. Abbildung 5.18e–h zeigt typische Resultate in Abhängigkeit der Markov-Ordnung p. Diese Chaos-Game-Darstellung erweist sich also als eine recht sensitive (wenn auch schwer zu interpretierende) Beobachtungsgröße solcher Korrelationen.

Die Chaos-Game-Repräsentation einer DNA-Sequenz stellt eine Visualisierung mit fraktalen Methoden dar. Keinesfalls impliziert sie, dass die verwendeten DNA-Sequenzen eine fraktale Struktur besitzen. Das wird bereits aus unserem Test des modifizierten Chaos-Games mithilfe einer DAR(p)-Sequenz klar. Vielmehr hebt diese Darstellungsform bestimmte statistische Eigenschaften der Symbolsequenz hervor (etwa eine systematische Unterdrückung bestimmter Worte der Länge n; n-Wort-

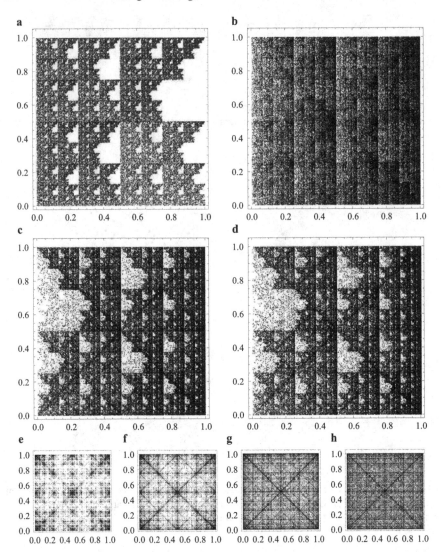

Abb. 5.18 Chaos-Game-Repräsentation gemäß Gl. (5.11) für zwei verschiedene Sequenzen:
a zufällige Sequenz der Länge 10 000 ohne Übergänge vom Symbol 4 zum Symbol 1; **b** Ausschnitt aus dem Chromosom VIII der Hefe; **c** Ausschnitt aus dem Chromosom 14 der Maus;
d Ausschnitt aus dem Chromosom 21 des Menschen; **e–h** Chaos-Game-Repräsentation für Sequenzen, die mit dem DAR(p)-Prozess aus Kap. 4.1 erzeugt wurden, für verschiedene Werte der Markov-Ordnung p: **e** $p = 1$, **f** $p = 3$, **g** $p = 5$, **h** $p = 7$

Asymmetrien), die auf anderem Wege (etwa durch ein Histogramm der Worthäufigkeiten) nicht direkt zugänglich wären. Diese n-Wort-Asymmetrien, wie sie mithilfe einer Chaos-Game-Repräsentation sichtbar gemacht werden können, sind eine Folge vieler genomischer Prozesse: Bei Eukaryoten werden sie vor allem durch repetitive DNA hervorgerufen.

Weder die Chaos-Game-Repräsentation noch der DNA-Walk erlauben einen direkten Zugriff auf biologische Eigenschaften einer Sequenz. Dennoch legen diese Visualisierungen statistische Eigenschaften offen, die mit anderen Methoden schwer zu fassen sind, da sie Informationen auf verschiedenen Skalen verknüpfen. Auf dieser Grundlage kann nun untersucht werden, welche Signatur eine bestimmte biologische Sequenzeigenschaft in diesen Visualisierungen hinterlässt. Das Ziel solcher Untersuchungen ist letztlich die Umkehrung dieser kausalen Kette: Man kann mit einfachen Modellen simulieren, welcher lokale Prozess (nachbarabhängige Mutationen, segmentelle Duplikationen, Mikrosatellitendynamik, Dynamik von Transposons etc.) eine bestimmte Signatur z. B. in der Chaos-Game-Repräsentation hinterlässt, um dann in realen Sequenzen gezielt nach solchen Effekten oder Mustern zu suchen.

Anwendungen finden diese diversen Genomsignaturen im Bereich metagenomischer Analysen. Die Metagenomik ist ein Forschungsfeld, das – auf modernen Sequenziertechnologien aufbauend – versucht, alle Organismen eines biologischen Habitats genomisch zu erfassen. Für die Biodiversitätsforschung, für ökologische Untersuchungen, aber auch für ein Verständnis der mikrobiellen Komponenten des menschlichen Körpers (die Mikrobiome von Darm, Haut, Mundraum etc.) ist die Metagenomik von entscheidender Bedeutung. Mit *Mikrobiom* ist hier das Ensemble aller Mikroorganismen in dem entsprechenden Habitat gemeint. Mithilfe metagenomischer Analysen lassen sich z. B. die Interaktionsmuster, die Stabilität und die kollektiven Funktion bakterieller Gemeinschaften untersuchen. Die über NGS-Methoden sequenzierten DNA-Fragmente können mithilfe von Genomsignaturen auf einfache Weise in Speziesgruppen sortiert werden, um dann (mit wesentlich aufwendigeren Algorithmen) aus diesen vorsortierten Fragmenten Genome der individuellen Mikroorganismen zu assemblieren. Assemblierte Genome angemessener Qualität erlauben wiederum (z. B. über die im Genom vorliegenden enzymatischen Gene), Aussagen über die mikrobielle Funktion und die Rolle dieses Mikroorganismus in der mikrobiellen Gemeinschaft zu treffen. Dieser Forschungsbereich ist eine weitere aktuelle Schnittstelle zwischen Bioinformatik und Systembiologie.

5.2 Netzwerke

Der Netzwerkbegriff durchzieht die gesamte Biologie. In der Ökologie beschreibt man Nahrungsnetze. Populationsdynamiken werden auf Netzwerken von Speziesinteraktionen beschrieben. Die vielfältig regulierten und in komplexer Weise interagierenden Stoffwechselflüsse in einer Zelle bilden ein metabolisches Netzwerk. Bei der Betrachtung von Neuronenverbänden sind sowohl auf der theoretischen Ebene als auch in experimentellen Untersuchungen Netzwerkkonzepte seit vielen Jahrzehnten etabliert worden. Die Theorie neuronaler Netze ist ein Grundpfeiler unseres Verständnisses komplexer Systeme mit weitreichenden Implikationen auch für andere

Forschungsfelder. Gerade in den letzten 15 Jahren ist das Netzwerk als Gesamtobjekt (also in Bezug auf seine globalen Eigenschaften und weniger mit Blick auf einzelne lokale Strukturen) auch im Umfeld der Bioinformatik in den Mittelpunkt des Forschungsinteresses gerückt. Dies liegt zum einen an der Entwicklung von experimentellen Methoden, mit denen ein großer Teil des Netzwerks parallel erfasst, mit großem Datendurchsatz analysiert und zu einem Gesamtbild umgesetzt werden kann. Zu solchen *High-Throughput*-Methoden zählen Microarray-Experimente, automatisierte Proteinnachweise und sehr elegante Kombinationen von Genomprojekten mit einem Rückschluss auf das Fehlen oder Vorliegen bestimmter Stoffwechselkreisläufe aufgrund des im Genom eines Organismus befindlichen Proteininventars. Zum anderen wird dieser Gesamtblick auf netzwerkhafte biologische Strukturen durch riesige Fortschritte in der Graphentheorie befördert. Dort wurden in den letzten Jahren bemerkenswerte neue Analysemethoden und Beschreibungsverfahren, ebenso wie sehr grundlegende mathematische Befunde etabliert. Die Anwendung dieser Ergebnisse auf biologische Systeme stellt eine auch methodisch extrem interessante Umkehrung der Arbeitsprinzipien der theoretischen Biologie dar.

Betrachten wir dazu das Beispiel glykolytischer Regulation. Der seit vielen Jahrzehnten bekannte empirische Befund, dass unter bestimmten Bedingungen Reaktionsprodukte eines wichtigen Stoffwechselpfads, der Glykolyse, ein oszillatorisches Verhalten zeigen, hat die theoretische Biologie seit langem zur Formulierung mathematischer Modelle dieser Situation inspiriert. Die Glykolyse selbst ist ein aufwendiges Netzwerk enzymatisch regulierter biochemischer Reaktionen, das zudem noch mit anderen Stoffwechselprozessen (etwa der Atmung oder – im Fall von Pflanzen – der Photosynthese) verknüpft ist. Die Zielsetzung der theoretischen Biologie war, aus diesem System das zentrale regulatorische Element zu extrahieren, das für die beobachteten Oszillationen verantwortlich ist. Man konnte dieses Element schließlich mit einem Enzym, das einen Schritt der Umsetzung von Hexose zu Pyruvat katalysiert, in Verbindung bringen – eine Vorstellung, die bis heute im Wesentlichen Bestand hat. Dieses Enzym, die Phosphofruktokinase, wird durch einen ihrer Reaktanden (nämlich Fruktose-6-phosphat) aktiviert, während ein späteres Produkt des Stoffwechselwegs (nämlich ATP) auf die Aktivität dieses Enzyms inhibierend wirkt. Dieser zentrale Rückkopplungsmechanismus lässt sich mathematisch in Form eines Systems von Differenzialgleichungen modellieren, und man findet, dass das Modell denselben Wechsel von stationärem zu oszillatorischem Verhalten zeigt, wie es im Experiment beobachtet wurde, sobald man die äußeren Bedingungen der Reaktion variiert (vgl. auch Kap. 5.3). Eine graphentheoretische Perspektive auf ein solches System ist vollkommen anders. Dort wird das komplexe Reaktionsnetzwerk als Ganzes betrachtet. Dazu werden die beteiligten Elemente in folgender Weise abstrahiert: Jeder Metabolit stellt den Knoten eines relationalen Netzwerks dar. Eine Verbindung zwischen zwei Knoten liegt vor, wenn es eine Reaktion gibt, die den einen Metaboliten in den anderen umsetzt. Das resultierende Objekt, ein *metabolisches Reaktionsnetzwerk*, ist also ein abstrakter mathematischer Graph, dessen topologische Eigenschaften man mit den durch die Graphentheorie bereitgestellten Methoden diskutieren kann. Unter *Topologie* verstehen wir hier globale Charakteristika der Netzwerkarchitektur (z. B. die Gesamtzahl von Verbindungen in einem Graphen oder die mittlere Zahl von Verbindungen unter den direkten Nachbarn eines jeden Knotens). Wir werden im Folgenden von Graphen sprechen, wenn wir das abstrakte mathematische Objekt meinen, und von Netzwerken, wenn wir den Graphen zusammen mit seiner (biologischen) Funktion diskutieren wollen.

Die Abstraktion des realen biologischen Systems als Graph blendet z. B. aus, dass jeder Metabolit eine Dynamik besitzt, dass also seine Konzentration eine zeitlich veränderliche Größe darstellt. Ebenso wird vernachlässigt, dass die Reaktionen unter bestimmten äußeren Bedingungen in eine Vorzugsrichtung ablaufen und sehr unterschiedliche Umsetzungsraten besitzen können. Zugleich stellt jedoch diese Abstraktion eine der wenigen Möglichkeiten dar, in weitestgehend modellunabhängiger Weise (also ohne modellhafte – und damit bis zu einem gewissen Grad willkürliche – Ausgestaltung der Einzelreaktionen) zu Kenngrößen zu gelangen, die das System als Ganzes charakterisieren. Diese graphentheoretische Perspektive auf biologische Phänomene wurde von Barabási und Oltvai (2004) als *Netzwerkbiologie* (engl. *network biology*) bezeichnet. Die Netzwerkbiologie erweist sich als wichtiger und interessanter Ausgangspunkt der *Systembiologie*, die es sich zur Aufgabe gemacht hat, die klassische, punktuelle Perspektive der theoretischen Biologie mit globalen, systemübergreifenden Informationen zu verzahnen.

Insgesamt sind Netzwerke auf diese Weise in den letzten 15 Jahren zu einer wichtigen Datenstruktur der Bioinformatik und der Systembiologie geworden. Daten (z. B. zu Transkriptionsfaktoren und ihren Bindestellen oder zu Protein-Protein-Wechselwirkungen) lassen sich effizient in Form eines Netzwerks zusammenfassen. Zugleich bieten die vielfältigen Analysemethoden komplexer Netzwerke einen neuen Blick auf die in dieser Form repräsentierte biologische Information. Zu Beginn dieses Kapitels führen wir kurz in die Begriffswelt der Netzwerke und einige ihrer wichtigsten historischen Wurzeln ein. Oft verwendet man den Begriff *Graph* für die abstrakte, von ihrer Anwendung losgelöste Struktur aus Knoten (oder Vertizes) und Kanten (oder Verbindungen), während man den Begriff *Netzwerk* verwendet, wenn man den Graphen zusammen mit seiner (biologischen) Funktion meint. Die *Graphentheorie* ist eine Unterdisziplin der Mathematik, in der seit mehreren Jahrhunderten mathematische Eigenschaften von Graphen untersucht werden. Wie sieht die graphentheoretische Herangehensweise nun aus? Ein Graph besteht aus *Knoten* (engl. *nodes, vertices*) und *Kanten* oder *Verbindungen* (engl. *edges, links, connections*). In diesem mathematischen Sinne besteht ein Graph G aus einer Menge V von Knoten und einer Menge E von Kanten, $G = (V, E)$. Der in Abb. 5.19a dargestellte Graph hat also in dieser Terminologie die Darstellung

$$G = (V, E)$$
$$= ((1, 2, 3, 4, 5), ((1, 2), (1, 3), (1, 4), (1, 5), (2, 4), (2, 5), (3, 4), (3, 5))).$$

Ein *Weg* der Länge k auf einem Graphen G ist eine Sequenz $x_1, x_2, \ldots x_k$ mit allen $x_i \in V$ und allen $(x_i, x_{i+1}) \in E$. Ein *Zyklus* der Länge k ist ein geschlossener Weg (mit $x_1 = x_k$ und $x_i \neq x_j$ für alle anderen $i, j \leq k$). Eine typische graphentheoretische

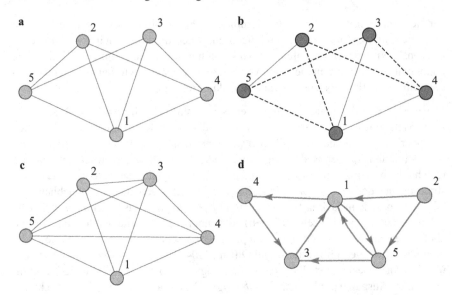

Abb. 5.19 Beispielgraphen zur Illustration einiger graphentheoretischer Grundbegriffe: **a** Beispiel eines ungerichteten Graphen; **b** im Graphen aus **a** wurde ein Hamilton'scher Zyklus durch gestrichelte Kanten hervorgehoben; **c** zum Graphen aus **a** wurden zwei Kanten hinzugefügt, so dass ein Euler'scher Kreis existiert; **d** Beispiel eines gerichteten Graphen

Frage ist, ob sich für einen Graphen G mit N Knoten ein Zyklus der Länge N finden lässt (also ein geschlossener Weg, der jeden Knoten genau einmal trifft).[6] Für den Graphen in Abb. 5.19a ist ein solcher Zyklus in Abb. 5.19b durch gestrichelte Kanten hervorgehoben. Graphen ohne Zyklen, bei denen man also nicht durch Fortschreiten entlang der Kanten wieder zum Ausgangspunkt zurückgelangen kann, bezeichnet man als *azyklische* oder Baumgraphen. So haben wir etwa in Kap. 3.3 mit den phylogenetischen Bäumen einen Spezialfall solcher Baumgraphen kennengelernt. Allgemeine Graphen können auch Selbstverbindungen besitzen, also Kanten, die in ihren Ausgangsknoten münden. Abbildung 5.20 fasst diese Terminologien zusammen. Im Folgenden werden wir kurz einige spezielle Graphenmodelle diskutieren, um ein Gefühl für die graphentheoretische Perspektive zu gewinnen. Ein *regulärer Graph* ist etwa durch eine Kette von Elementen oder durch ein regelmäßiges räumliches Gitter gegeben. Solche regulären Graphen wurden in den vergangenen Jahrzehnten sehr häufig als Vernetzungsarchitekturen dynamischer Elemente verwendet, um z. B. das Synchronisationsverhalten zu untersuchen, aber auch zum Studium von Phänomenen räumlicher Musterbildung. Gerade heute vollführt die fortgeschrittene Graphentheorie in Anwendung auf biologische Fragestellungen den Schritt hin zur Betrachtung dynamischer Phänomene auf Graphen. Ein Betrachtungsschwerpunkt, der sich vermutlich gerade für systembiologische Ansätze als besonders instruktiv erweisen wird, liegt auf dem Zusammenwirken von Topologie und Dynamik. Wir

---

[6] Man bezeichnet einen solchen Weg auch als Hamilton'schen Zyklus.

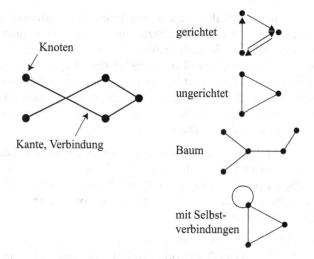

Abb. 5.20 Grundbegriffe für den Umgang mit Graphen. Es werden Knoten und Kanten als Grundbestandteile eines Graphen benannt und es wird zwischen gerichteten und ungerichteten Graphen unterschieden. Zudem werden Baumgraphen und Graphen mit Selbstverbindungen als spezielle Graphentypen eingeführt

werden diese Denkrichtung am Ende des Kapitels noch an einem expliziten Fallbeispiel diskutieren.

Ein historisch wichtiges und elegantes Beispiel einer mathematischen Eigenschaft, die sich aus graphentheoretischen Überlegungen ergibt, geht auf Leonhard Euler (1707–1783) zurück: Kann man für einen gegebenen Graphen G einen Weg finden, der alle Kanten des Graphen *genau* einmal verwendet und wieder an seinem Anfangspunkt endet? Einen solchen Weg bezeichnet man auch als *Euler'schen Kreis*.[7] Es lässt sich zeigen, dass in einem Graphen G ein Euler'scher Kreis dann und nur dann existiert, wenn alle Knoten eine gerade Zahl von Nachbarn (also einen geradzahligen Grad) besitzen. Für den Graphen in Abb. 5.19a existiert also kein Euler'scher Kreis. Fügen wir nun zwei Kanten hinzu, so dass die vier Knoten mit Grad 3 einen geradzahligen Grad erhalten (Abb. 5.19c), so existiert ein Euler'scher Kreis, nämlich:

$$((1, 5), (5, 3), (3, 2), (2, 5), (5, 4), (4, 3), (3, 1), (1, 4), (4, 2), (2, 1)).$$

Man unterscheidet gerichtete und ungerichtete Graphen, je nachdem, ob die Kanten (oder Verbindungen) des Graphen eine Orientierung besitzen. Der Graph in Abb. 5.19a ist ein ungerichteter Graph. In Abb. 5.19d ist ein gerichteter Graph dargestellt. Im Fall gerichteter Graphen ist es notwendig (für alle mit diesem Objekt durchzuführenden Analysen), eine Entscheidung darüber zu treffen, ob die dort möglicher-

---

[7] Im Sinne der vorangegangenen Definition ist ein solcher Euler'scher Kreis kein Zyklus, sondern eine Abfolge von Zyklen, da das Wiederverwenden von Knoten erlaubt ist.

weise vorliegenden bidirektionalen Kanten eine eigene Kategorie darstellen oder das Zusammentreffen zweier entgegengesetzter unidirektionaler Kanten beschreiben. Diese Entscheidung kann je nach biologischer Anwendung verschieden ausfallen und ist keinesfalls trivial: Im Fall von Transkriptions-Regulations-Netzwerken scheint es plausibel, dort zwei getrennte Kanten anzunehmen, weil die beiden Richtungen durch unterschiedliche Transkriptionsfaktoren erzeugt werden. Im Fall eines Netzwerks (oft reversibler) metabolischer Reaktionen mag die Verwendung einer eigenen Kategorie bidirektionaler Kanten angemessener sein.

Ein vollkommen anderer Graphentyp entsteht, wenn man Gewichte auf den Kanten zulässt. Solche *gewichteten Graphen* haben eine Vielzahl von Anwendungen in der Biologie. In phylogenetischen Bäumen (vgl. Kap. 3.3) beispielsweise, sind die Längen der Kanten solche Gewichte. In Netzwerken von Neuronen können die Gewichte z. B. synaptische Stärken sein.

In den 1950er und 1960er Jahren etablierte sich die *statistische Graphentheorie* als Fortführung der klassischen Graphentheorie aus der Betrachtung von *Zufallsgraphen* heraus. Dazu betrachtet man N Knoten, die mit einer Wahrscheinlichkeit π paarweise verbunden sind. Jede mögliche Kante des Graphen hat also die Wahrscheinlichkeit π in diesem Zufallsgraphen realisiert zu sein. Wie oben bereits angedeutet, betrachten wir ungerichtete Graphen ohne Gewichte an den Verbindungen. Da jeder einzelne der N Knoten prinzipiell mit den $N - 1$ anderen Knoten verbunden sein kann, Hin- und Rückrichtung aber nur einmal gezählt werden dürfen, erhält man $N(N - 1)/2$ mögliche Verbindungen und somit eine mittlere Zahl von Verbindungen in einem solchen Zufallsgraphen von

$$\Pi = \frac{\pi N(N - 1)}{2} . \tag{5.12}$$

Damit ist der Parameter π also die Zahl der tatsächlichen Verbindungen Π dividiert durch die Zahl der möglichen Verbindungen. Diese Größe bezeichnet man als *Vernetzungsgrad* (engl. *connectivity*) eines Graphen. Einen ungerichteten Graphen G aus N Knoten, der die maximale Zahl von $N(N - 1)/2$ Verbindungen besitzt, bezeichnet man als *vollständigen Graphen*. Das Modell solcher Zufallsgraphen wurde um 1960 von Erdős und Rényi formuliert. Wir werden jetzt einige Eigenschaften solcher Erdős-Rényi- (ER-)Graphen in Abhängigkeit der Verbindungswahrscheinlichkeit π diskutieren. Abbildung 5.21 zeigt zwei solche ER-Graphen mit $N = 10$ für verschiedene Werte von π, nämlich $\pi = 0.2$ und $\pi = 0.5$. Der offensichtlichste Unterschied zwischen den beiden Graphen ist, dass der Graph zu niedrigem π aus mehreren Teilen besteht. Es ist also nicht möglich, von jedem Knoten zu jedem anderen zu gelangen, indem man nur den Kanten des Graphen folgt. Einen solchen Graphen bezeichnet man als *nicht zusammenhängend*. Die Knotengruppe (2, 3, 6, 7, 9, 10) stellt die größte zusammenhängende Komponente dieses Graphen dar. Der zweite Graph ist offensichtlich zusammenhängend. Wir werden noch diskutieren, wie diese Eigenschaft vom Parameter π abhängt.

Betrachten wir nun am Beispiel dieser beiden einfachen ER-Graphen die Verteilung von Knoten und Kanten etwas genauer. Die wichtigste Observable auf der Ebene

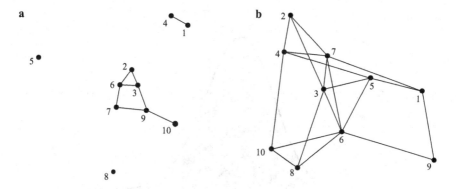

Abb. 5.21 Zwei Beispiele von ER-Graphen mit $N = 10$ und **a**: $\pi = 0.2$ und **b**: $\pi = 0.5$

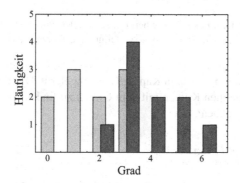

Abb. 5.22 Gradverteilungen für die beiden Graphen aus Abb. 5.21. Der Graph mit dem niedrigeren Vernetzungsgrad ($\pi = 0.2$) ist durch die hellen Balken, der Graph mit dem höheren Vernetzungsgrad ($\pi = 0.5$) ist durch die dunklen Balken dargestellt

eines einzelnen Knotens i ist der *Grad* k_i des Knotens, also die Zahl der ihn erreichenden Kanten. In dem Graphen aus Abb. 5.21a sind beispielsweise $k_1 = 1$, $k_2 = 2$, $k_3 = 3$, $k_4 = 1$ und $k_5 = 0$. Will man diese Größen zur Charakterisierung des gesamten Graphen heranziehen, so kann man z. B. den mittleren Grad angeben. Weitaus mehr Informationen enthält jedoch die *Gradverteilung* $P(k)$, die angibt, mit welcher Häufigkeit (bzw. bei geeigneter Normierung: mit welcher Wahrscheinlichkeit) man den Grad k in dem Graphen findet. Für die Graphen aus Abb. 5.21 ist diese Häufigkeitsverteilung in Abb. 5.22 dargestellt. Man erkennt trotz der geringen Knotenzahl eine Peakstruktur, die sich wie erwartet mit wachsendem Parameter π nach rechts verschiebt. Wie wahrscheinlich ist nun ein Knoten mit dem Grad k in Abhängigkeit von π für solche ER-Graphen mit N Knoten? Maximal kann ein Knoten den Grad $N-1$ besitzen. Für einen Grad k muss nun k-mal die Wahrscheinlichkeit π erfüllt sein und $(N-1-k)$-mal die Wahrscheinlichkeit $1-\pi$. Die verschiedenen Auswahlmöglichkeiten der k Knoten können durch einen Binomialkoeffizienten beschrieben werden.

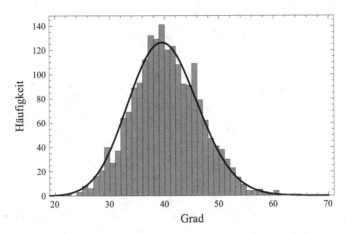

Abb. 5.23 Gradverteilung eines ER-Graphen mit $N = 2\,000$ und $\pi = 0.02$ (graue Balken), zusammen mit einer entsprechenden Poisson-Verteilung (schwarze Kurve)

Wir haben diese Situation bereits in Kap. 2.5 kennengelernt. Die Wahrscheinlichkeit $P(k)$, im ER-Graphen einen Knoten mit dem Grad k zu finden, ist damit durch eine Binomialverteilung gegeben:

$$P(k) = \binom{N-1}{k}\pi^k(1-\pi)^{N-1-k} . \tag{5.13}$$

In Kap. 2.5 hatten wir gesehen, dass für große Stichprobenzahlen diese Verteilung gegen eine entsprechende Poisson-Verteilung konvergiert. Wir können diese Aussage noch einmal an ER-Graphen überprüfen. Abbildung 5.23 zeigt die Gradverteilung für einen ER-Graphen mit $2\,000$ Knoten und einer Verbindungswahrscheinlichkeit $\pi = 0.02$ zusammen mit der entsprechenden Poisson-Verteilung.

Eine elegante alternative Darstellung eines Graphen ist durch seine Adjazenzmatrix (engl. *adjacency matrix*) gegeben. Für einen Graphen mit N Knoten hat diese Matrix die Dimension $N \times N$. Die Einträge a_{ij} dieser Matrix A sind 1, wenn die Knoten i und j verbunden sind, und sonst 0. Ein ungerichteter Graph hat somit eine symmetrische Adjazenzmatrix (für die also gilt $a_{ij} = a_{ji}$). Für den Graphen aus Abb. 5.21b ist die Adjazenzmatrix in Abb. 5.24 angegeben. An den hervorgehobenen Bildelementen erkennt man, wie eine Kante im Graphen zwei Einsen in der Matrix entspricht. Neben den Eigenschaften auf der Ebene der Matrix selbst, die sich aus Grapheneigenschaften ergeben (ungerichteter Graph → symmetrische Matrix, keine Selbstverbindungen → Nullen auf der Hauptdiagonalen etc.), enthalten gerade auch Potenzen der Adjazenzmatrix A interessante topologische Informationen über den Graphen. Auf der Hauptdiagonalen von A^2 z. B. stehen (bei Graphen ohne Selbstverbindung) die Grade der Knoten. Allgemein gibt der Eintrag b_{ij} in der Matrix $B = A^n$ die Zahl der

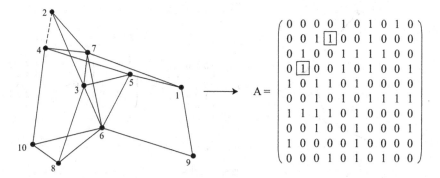

Abb. 5.24 Zusammenhang zwischen Graph und Adjazenzmatrix. Die beiden in der Matrix hervorgehobenen Einträge entsprechen der gestrichelten Kante im Graphen zwischen den Knoten 2 und 4

Wege mit der Länge n zwischen den Knoten i und j an.[8] Abbildung 5.25 stellt ein einfaches Zahlenbeispiel dar, mit dem sich dieser Punkt sofort verstehen lässt. Ende der 1990er Jahre wurde das Feld der statistischen Graphentheorie durch zwei bahnbrechende Publikationen revitalisiert und es wurde so der Weg hin zu einer Vielzahl von Anwendungen gerade auch in der Biologie geebnet. Beide Publikationen führen eine modifizierte Form von Zufallsgraphen ein und ermöglichen es auf diese Weise, zentrale Eigenschaften realer Netzwerke in diesen neuen Modellen von Zufallsgraphen nachzubilden.

Das erste Modell (Watts-Strogatz Small-World-Graphen) vereint zwei wichtige Eigenschaften sozialer Netzwerke, nämlich dichte lokale Cluster und zugleich kurze Wege zwischen beliebigen Knoten. Das zweite Modell (Barabási-Albert skalenfreie Graphen) bildet ab, dass viele reale Netzwerke extrem hoch vernetzte Knoten (Hubs) besitzen, um die herum sich gering vernetzte Knoten organisieren. Beide Publikationen sind weit mehr als 10 000-mal zitiert worden. Sie bildeten den Ausgangspunkt für das sich daraufhin explosiv entwickelnde Interesse an Netzwerkeigenschaften. Auf beide Modelle werden wir im Folgenden genauer eingehen.

In ihrer Untersuchung zu *Small-World-Netzwerken* haben Watts und Strogatz (1998) eine weitere Charakterisierungsgröße auf der Ebene eines einzelnen Knotens eingeführt, nämlich ein Maß für die lokale Clusterbildung um diesen Knoten herum. Dieser *Clusterkoeffizient* C_i des i-ten Knotens ist definiert als die Zahl der tatsächlichen Verbindungen zwischen den Nachbarn des Knotens normiert auf die Zahl der möglichen Verbindungen zwischen diesen Nachbarn. Betrachten wir einen Knoten mit dem Grad k. Nehmen wir an, diese k Nachbarn besitzen untereinander v Verbindungen. Prinzipiell möglich sind in diesem aus k Knoten bestehenden Subgraphen natürlich $k(k-1)/2$ Verbindungen. Damit ist der Clusterkoeffizient dieses Knotens

---

[8] Der Grad des i-ten Knotens, also das i-te Element der Hauptdiagonalen von A^2, entspricht also der Zahl der Wege der Länge 2 von dem Knoten zu sich selbst.

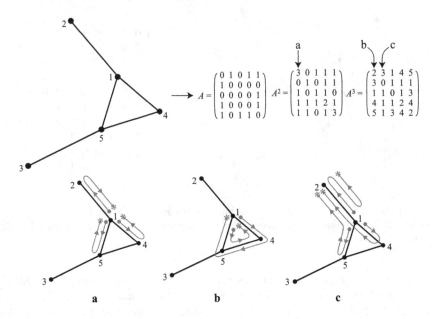

Abb. 5.25 Grafische Interpretation von Potenzen der Adjazenzmatrix. Für einen einfachen Graphen ist hier die Adjazenzmatrix A angegeben, zusammen mit den ersten beiden Potenzen A^2 und A^3 dieser Matrix. Im unteren Teil der Abbildung werden drei Einträge dieser potenzierten Matrizen mit Pfaden auf dem Graphen in Verbindung gebracht. Fall **a**: Der linke obere Eintrag in A^2 gibt die Zahl geschlossener Pfade der Länge 2 am Knoten 1 an. Fall **b**: Die linke obere Zahl in A^3 einspricht der Zahl geschlossener Pfade der Länge 3 am Knoten 1. Fall **c**: Die rechts benachbarte Zahl gibt die Pfade der Länge 3 zwischen den Knoten 1 und 2 an.

gegeben durch

$$C = \frac{\text{Verbindungen zwischen Nachbarn}}{\text{mögliche Verbindungen}} = \frac{2v}{k(k-1)} . \qquad (5.14)$$

Zur Illustration diskutieren wir eine Kette von Knoten, in der nächste und übernächste Nachbarn verbunden sind. Jeder Knoten hat also einen Grad von $k = 4$. Abbildung 5.26 zeigt als Ausschnitt aus einem solchen Graphen die Nachbarschaft des i-ten Knotens. Von den sechs möglichen Verbindungen unter seinen vier Nachbarn fehlen drei (gestrichelt dargestellt auf der rechten Seite von Abb. 5.26); die drei anderen sind im Graphen realisiert. Man erhält also als Clusterkoeffizienten $C_i = 3/6 = 0.5$. Letztlich zählt der Clusterkoeffizient eines Knotens stets die Zahl der (aus Kanten gebildeten) Dreiecke, die an den betrachteten Knoten heranreichen (dividiert durch die maximal mögliche Zahl von Dreiecken). Damit ist auch klar, dass in einem Baumgraphen der Clusterkoeffizient für alle Knoten verschwindet, $C_i = 0 \ \forall i$. Für die beiden Graphen aus Abb. 5.21 erkennt man für $\pi = 0.2$ nur eine solche Dreiecksstruktur, die zu nicht verschwindenden Clusterkoeffizienten der Knoten 2, 3 und 6 beiträgt. Für $\pi = 0.5$ (Abb. 5.21b) ist die Situation optisch weniger eindeutig. Es ist nur klar,

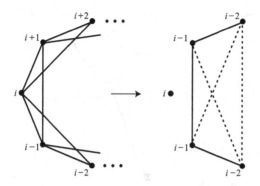

Abb. 5.26 Schematische Darstellung zur Definition des Clusterkoeffizienten. Im linken Teil ist die Nachbarschaft des i-ten Knotens eines regulären Graphen dargestellt, bei dem jeder Knoten mit den beiden unmittelbaren Nachbarn auf jeder Seite vernetzt ist. Der rechte Teil zeigt die Vernetzungsstruktur nur unter den Nachbarn des i-ten Knotens. Durchgezogen sind die tatsächlich vorliegenden Kanten angegeben, während die weiter möglichen Kanten gestrichelt dargestellt sind.

dass hier sehr viel weniger Clusterkoeffizienten verschwinden werden. Tabelle 5.2 bestätigt diesen Eindruck. Dort sind zu beiden Graphen aus Abb. 5.21 die Grade und Clusterkoeffizienten der zehn Knoten aufgeführt.

Tab. 5.2 Grade und Clusterkoeffizienten für die beiden Graphen aus Abb. 5.21

Knoten-nummer	Graph a		Graph b	
	Grad	Clusterkoeffizient	Grad	Clusterkoeffizient
1	1	0	3	0
2	2	1	3	2/3
3	3	1/3	5	2/5
4	1	0	4	1/6
5	0	0	4	1/6
6	3	1/3	6	4/15
7	2	0	5	3/10
8	0	0	3	2/3
9	3	0	2	0
10	1	0	3	1/3

Wie bereits kurz diskutiert, ist der prominenteste Unterschied zwischen unseren beiden Beispielen von ER-Graphen aus Abb. 5.21 der *Zusammenhang*. Wie sich die Häufigkeit zusammenhängender Graphen mit der Verbindungswahrscheinlichkeit π ändert, ist ein zentrales (und unerwartetes) Resultat der Erdős-Rényi-Theorie. Es ist

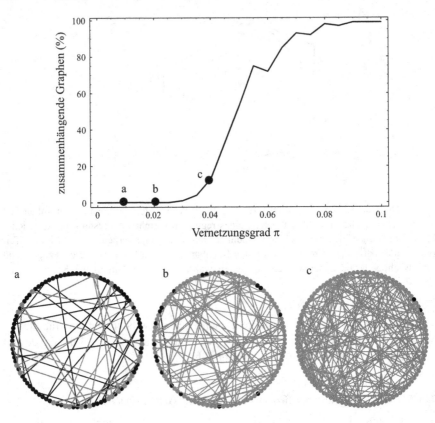

Abb. 5.27 Zahl zusammenhängender Graphen in 100 Realisierungen eines ER-Graphen mit 300 Knoten in Abhängigkeit des Vernetzungsgrads π. Für drei Vernetzungsgrade unmittelbar vor dem oder am kritischen Wert von π sind typische ER-Graphen im unteren Bildteil dargestellt. Grau markiert ist in diesen Beispielgraphen die jeweils größte zusammenhängende Komponente. (Aus: Lüttge und Hütt 2004)

klar, dass bei niedrigem $\pi \approx 0$ kein Graph zusammenhängend ist, während für $\pi \approx 1$ zwingend zusammenhängende Graphen entstehen. Unerwartet dagegen ist, dass diese Eigenschaft des Zusammenhangs sprunghaft mit π einsetzt. Abbildung 5.27 zeigt den Anteil zusammenhängender Graphen an 100 Realisierungen von ER-Graphen mit 300 Knoten in Abhängigkeit von π. Ab einem kritischen Wert von π steigt dieser Anteil sprunghaft an. Von dort an sind nahezu alle realisierten Graphen zusammenhängend. Im unteren Teil der Abbildung sind drei Graphen zu Werten von π unterhalb dieser Schwelle dargestellt. Dabei ist die größte zusammenhängende Komponente jeweils grau hervorgehoben. Man sieht, dass die Größe der Komponente in diesem Bereich sehr schnell mit π anwächst. Dieses Verhalten ist eng mit einem Phänomen der statistischen Physik, der *Perkolation*, verwandt.

Die bereits erwähnte, für die Rolle der Graphentheorie in der Biologie (aber auch in anderen Wissensbereichen) äußerst wichtige Arbeit von Watts und Strogatz (1998) beginnt mit einem sehr einfachen Modell der Graphenerzeugung: dem *Small-World-Modell*. Ausgehend von einem regulären Graphen, etwa einer (geschlossenen) Kette von N Knoten, bei dem jeder Knoten mit seinen $2m$ nächsten Nachbarn (entlang dieser Kette) verbunden ist, führen die Autoren nun eine Wahrscheinlichkeit p ein, den Endpunkt jeder Kante des Graphen an einen anderen, zufällig ausgewählten Knoten zu legen. Diese Neuverdrahtung (engl. *rewiring*) des Systems ändert schon bei kleinem p die Eigenschaften des Graphen drastisch. Diesen Aspekt wollen wir in Form eines *Mathematica*-Exkurses kurz diskutieren.

Mathematica-Exkurs: Small-World-Modell

Mathematica stellt eine Vielzahl von Erzeugungs-, Visualisierungs- und Analysewerkzeugen für Graphen zur Verfügung. Bis zu Version 7 war die Behandlung von Graphen vor allem über das *Combinatorica*-Paket in *Mathematica* eingebunden, ein unter anderem von Steven Skiena an der Stony Brook University entwickeltes Paket für diskrete Mathematik. Seit Version 8 liegt eine beeindruckende Zahl von Graphenwerkzeugen nun in *Mathematica* selbst vor. Damit ist *Mathematica* zu einer herausragenden Visualisierungs- und Analyseumgebung für Graphen geworden. Leider hat diese nicht gradlinige Entwicklungsgeschichte zu einigen Inkompatibilitäten zwischen den frühen Graphenbefehlen und den späteren Entwicklungen geführt. Insbesondere sind die Graphenobjekte der aktuellen *Mathematica*-Version in ihrer internen Struktur vollkommen anders als die *Combinatorica*-Graphenobjekte. Obwohl *Combinatorica* auch in der aktuellen *Mathematica*-Version noch zur Verfügung steht, werden wir uns im Folgenden auf die neuen Formate fokussieren. In dem vorliegenden *Mathematica*-Exkurs werden wir die Erzeugung und Analyse von Small-World-Graphen, die von Watts und Strogatz (1998) eingeführt worden sind, nachzeichnen.

Wie wir gesehen haben, benötigen wir dazu zuerst eine Routine, die reguläre Graphen als Ausgangspunkt für die Erzeugung von Small-World-Graphen bereitstellt. Ein solcher regulärer 'Backbone'-Graph besteht aus einer Kette von N Knoten, die mit ihren k Nachbarn in jede Richtung verbunden sind. Wir diskutieren an dieser Stelle ausschließlich ungerichtete Graphen. Ebenso beziehen wir keine Gewichte (also quantitative Zuweisungen von Bedeutung an den Kanten des Graphen) mit ein. Solche Bildungsgesetze eines Graphen lassen sich in *Mathematica* fast immer sowohl auf der Ebene des Graphen selbst als auch auf der Ebene der Adjazenzmatrix formulieren. Betrachten wir zunächst einen einfachen Zufallsgraphen, um uns an die entsprechenden Befehle in *Mathematica* zu gewöhnen. Die Erzeugung geschieht mit dem Befehl **RandomGraph[N, p]**, wobei N die Zahl der Knoten und der Parameter p die Wahrscheinlichkeit für eine Verbindung angibt.

```
In[1]:= g1 = RandomGraph[{10, 30}]
```

Out[1]=

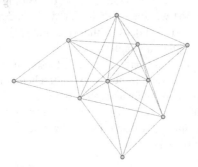

Die zugehörige Adjazenzmatrix erhält man auf folgende Weise:

```
In[2]:= m1 = AdjacencyMatrix[g1];
        m1//MatrixForm
Out[2]//MatrixForm=
```

$$
\begin{pmatrix}
0 & 1 & 1 & 1 & 1 & 1 & 1 & 0 & 1 & 0 \\
1 & 0 & 1 & 1 & 0 & 0 & 1 & 1 & 1 & 0 \\
1 & 1 & 0 & 1 & 1 & 1 & 0 & 0 & 1 & 1 \\
1 & 1 & 1 & 0 & 1 & 1 & 1 & 1 & 1 & 1 \\
1 & 0 & 1 & 1 & 0 & 1 & 1 & 0 & 0 & 1 \\
1 & 0 & 1 & 1 & 1 & 0 & 0 & 0 & 1 & 0 \\
1 & 1 & 0 & 1 & 1 & 0 & 0 & 1 & 1 & 1 \\
0 & 1 & 0 & 1 & 0 & 0 & 1 & 0 & 0 & 0 \\
1 & 1 & 1 & 1 & 0 & 1 & 1 & 0 & 0 & 0 \\
0 & 0 & 1 & 1 & 1 & 0 & 1 & 0 & 0 & 0
\end{pmatrix}
$$

Man sieht unmittelbar, dass es sich um eine symmetrische Matrix handelt. Eine einfache (aber informatisch nicht ganz trivial zu ermittelnde) Abfrage ist in *Mathematica* vorinstalliert: der Zusammenhang eines Graphen. Der *Mathematica*-Befehl **ConnectedGraphQ[g1]** gibt die Werte **True** oder **False** aus, je nachdem, ob der Graph **g1** zusammenhängend oder nicht zusammenhängend ist.

```
In[3]:= ConnectedGraphQ[g1]
Out[3]= True
```

Mithilfe dieses Befehls lässt sich das bereits in diesem Kapitel diskutierte Perkolationsphänomen bei ER-Graphen untersuchen. Dazu erzeugt man einen Zufallsgraphen mit vorgegebenem Vernetzungsgrad und fragt den Zusammenhang ab. Zwei **Do**-Schleifen stellen eine entsprechende Zahl von Wiederholungen und die Variation des Vernetzungsgrads bereit. Zum Schluss zählt man nach, wie häufig in den Wiederholungen zu jedem Vernetzungsgrad der Wert **True** aufgetreten ist. Um den Parameter p des ER-Modells explizit angeben zu können, verwenden wir den Befehl **RandomGraph** hier in Kombination mit einer Wahrscheinlichkeitsverteilung **BernoulliGraphDistribution**, in der die Zahl der Knoten und die Vernetzungswahrscheinlichkeit direkt angegeben werden können.

```
In[4] := Do[{Print["Vernetzungsgrad = ",p],
          Do[{gX = RandomGraph[BernoulliGraphDistribution[200,p]],
             cc[i] = ConnectedGraphQ[gX];}, {i,1,20}],
          ccFull = Table[cc[i], {i,1,100}];
          cc2[p] = Count[ccFull,True]}, {p,0.,0.1,0.01}]
```

Eine Auftragung dieser Größe **cc2** als Funktion des Vernetzungsgrads führt auf den oberen Teil von Abb. 5.27.

Kehren wir zurück zu den Small-World-Graphen. Den regulären Backbone entwerfen wir durch eine schrittweise Konstruktion der Adjazenzmatrix. Dazu initialisieren wir die Matrix mit Nullen als Einträge und fügen nun jeweils in der i-ten Zeile m Einsen an den Stellen $i + 1, i + 2, \ldots, i + m$ ein. Dabei sind zwei kleinere Besonderheiten zu beachten: (1) Zusammen mit einer Eins an der Stelle (i, j), die nach diesem Schema eingefügt wird, muss auch eine Eins an die Stelle (j, i) eingefügt werden, um die Symmetrie der Matrix zu gewährleisten. (2) Um zu verhindern, dass die Knotennummern $i + k$, die in diesem Schema verwendet werden, die Zahl N der Knoten übersteigt, trägt man diese Koordinaten *modulo* N ein. Der Befehl **Mod[a,N]** liefert den Rest von a nach Abzug ganzzahliger Vielfacher von N. Dies ist ein sehr nützlicher Befehl, um eine ganze Zahl auf eine geschlossene Kette abzubilden.

```
In[5] := Table[Mod[j - 1, 5] + 1, {j, 1, 15}]
Out[5] = {1, 2, 3, 4, 5, 1, 2, 3, 4, 5, 1, 2, 3, 4, 5}
```

Man beachte die Indexverschiebung, die sicherstellt, dass die resultierenden Werte zwischen (in diesem Fall) 1 und 5 liegen (und nicht zwischen 0 und 4). Insgesamt ergibt sich also die folgende Routine zur Erzeugung von regulären Backbone-Graphen:

```
In[6] := backbone[nn_, neigh_] := Module[{mm1},
          mm1 = Table[0, {ii,1,nn}, {jj,1,nn}];
          Do[Do[{mm1[[ii, Mod[ii + kk - 1, nn] + 1]] = 1,
                 mm1[[Mod[ii + kk - 1, nn] + 1, ii]] = 1}, {ii,1,nn}],
             {kk,1,neigh}];
          mm1]
```

Das Ergebnis ist eine Adjazenzmatrix, die sich mit einem entsprechenden Befehl in einen Graphen übersetzen lässt. Dabei wählen wir über die Option **GraphLayout →** **"CircularEmbedding"** eine Anordnung der Knoten, in der die regelmäßige Struktur dieses Backbone-Graphen besonders deutlich wird.

```
In[7] := g3 = AdjacencyGraph[backbone[10,3],
          GraphLayout → "CircularEmbedding"]
```

Out[7]=

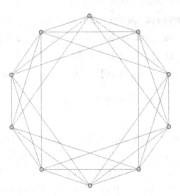

Neben dem Rewiring-Verfahren gibt es noch ein weiteres Verfahren zur Überführung dieser Struktur in einen Small-World-Graphen diskutieren: das Link-Adding-
Verfahren. Dabei werden dem Backbone-Graphen zufällig Verbindungen hinzugefügt. Wie zuvor definieren wir die Operationen auf der Ebene der Adjazenzmatrix.
Das Vorgehen ist sehr einfach: Beginnend mit einem regulären Backbone wird jeder
mögliche Eintrag der Matrix abgefragt. Ist er Null und greift die Wahrscheinlichkeit
p, so wird an dieser Stelle (und dem dazu gespiegelten Element) eine Eins eingefügt. Dabei beschränkt sich die Abfrage auf die obere Dreiecksmatrix. Wie schon an
vielen Stellen in den vorangegangenen Kapiteln ist die Wahrscheinlichkeitsabfrage
gerade der Vergleich einer (zwischen 0 und 1 gleichverteilt gezogenen) Zufallszahl
und der vorgegebenen Wahrscheinlichkeit. Man hat:

```
In[8]:= addLinksSW[nn_, neigh_, prob_] := Module[{aa1},
            aa1 = backbone[nn, neigh];
            Do[If[aa1[[i, j]] == 0 && RandomReal[] < prob,
               {aa1[[i, j]] = 1, aa1[[j, i]] = 1}], {i, 1, nn},
               {j, 1, i - 1}];
            aa1]
```

Die Graphengröße, die Nachbarschaftsgröße und die Link-Adding-Wahrscheinlichkeit sind die Parameter dieser Routine. In einem regulären Graphen mit 20 Knoten
und einem Grad von 6, dem mit der Wahrscheinlichkeit $p = 0.05$ Verbindungen
hinzugefügt werden, erkennt man noch sehr deutlich die reguläre Struktur, die von
einigen Querverbindungen (*shortcuts*) durchbrochen wird:

```
In[9]:= g4 = AdjacencyGraph[addLinksSW[20, 3, 0.05],
            GraphLayout → "CircularEmbedding"]
```

Out [9] =

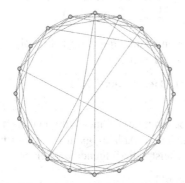

Das Rewiring-Verfahren lässt sich ähnlich implementieren. Hier sind jedoch zwei Schwierigkeiten zu beachten: (1) Da zur Umverdrahtung nur die bestehenden Verbindungen herangezogen werden, muss die Schleife über alle Einsen in der Adjazenzmatrix laufen. (2) Das Ende der bestehenden Verbindung muss aus der Matrix entfernt werden. Diese Routine **rewireSW** diskutieren wir in der elektronischen Fassung.

Kehren wir noch einmal zum Graphen **g1** zurück. Auf einfache Weise erhalten wir mit dem Befehl **GraphDistance[g1, i]** die Abstände aller Knoten des Graphen **g1** zum i-ten Knoten.

```
In[10] := GraphDistance[g1, 1]
Out[10] = {0, 1, 1, 1, 1, 1, 1, 2, 1, 2}
```

Der Befehl **GraphDistanceMatrix** wiederum erlaubt, diese Operation auf alle Knotenpaare zu übertragen. Dieser Befehl lässt sich ausnutzen, um die mittlere Weglänge in dem Graphen zu bestimmen. Dies ist als Routine **averagePathLength** hier angegeben.

```
In[11] := averagePathLength[g_] :=
            N[Mean[DeleteCases[Flatten[GraphDistanceMatrix[g]], 0]]]

In[12] := averagePathLength[g1]
Out[12] = 1.33333
```

Auch hier lässt sich dasselbe Ergebnis mit einer internen *Mathematica*-Routine erzielen.

```
In[13] := N[MeanGraphDistance[g1]]
Out[13] = 1.33333
```

Wir werden für Small-World-Graphen diese Größe gleich als Funktion der Rewiring-Wahrscheinlichkeit p diskutieren. Zuvor wollen wir uns aber einer zweiten zur Charakterisierung von Small-World-Graphen wichtigen Eigenschaft – neben der Weglänge – zuwenden: dem Clusterkoeffizienten. Auch hier können wir unmittelbar einen vordefinierten *Mathematica*-Befehl verwenden:

```
In[14]:= LocalClusteringCoefficient[g1]
```
$$Out[14] = \left\{\frac{16}{21}, \frac{11}{15}, \frac{2}{3}, \frac{7}{12}, \frac{11}{15}, \frac{9}{10}, \frac{4}{7}, 1, \frac{4}{5}, \frac{5}{6}\right\}$$

Dies ist die Liste der Clusterkoeffizienten des Graphen **g1**. Im Folgenden wollen wir den mittleren Clusterkoeffizienten untersuchen.

```
In[15]:= N[MeanClusteringCoefficient[g1]]
Out[15]= 0.758333
```

Diese Routine und die Weglängenbestimmung können wir nun nutzen, um die Eigenschaften solcher Small-World-Graphen in Abhängigkeit der Rewiring-Wahrscheinlichkeit *p* besser zu verstehen. Dies leistet die folgende **Do**-Schleife.

```
In[16]:= Do[{Print[N[10^p]],
         gX1 = AdjacencyGraph[rewireSW[100, 4, N[10^p]]];,
         clustX[p] = N[MeanClusteringCoefficient[gX1]],
         distX[p] = averagePathLength[gX1]}, {p, -3, 0, 0.05}]
```

Die Auftragung der Größen **clustX** und **distX** in Abhängigkeit der Rewiring-Wahrscheinlichkeit *p* führt (im Wesentlichen) auf den unteren Teil von Abb. 5.28.

Wie an vielen Stellen in diesem Buch diente die Schritt-für-Schritt-Implementierung einem besseren algorithmischen Verständnis der verwendeten Methoden. Auch hier lässt sich eine Reihe der gezeigten Ergebnisse auch direkt mithilfe von vordefinierten *Mathematica*-Befehlen erzielen. Für den Befehl **RandomGraph** liegt z. B. mit der **WattsStrogatzGraphDistribution** bereits eine Implementierung der Rewiring-Routine vor. Die Argumente sind: Zahl der Knoten, Rewiring-Wahrscheinlichkeit, Vernetzung des Backbone-Graphen (Zahl der Nachbarn in beide Richtungen des Rings).

```
In[17]:= g2 = RandomGraph[WattsStrogatzGraphDistribution[
         21, 0.05, 3], GraphLayout → "CircularEmbedding"]
```

Out[17]=

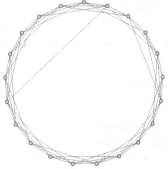

Dasselbe gilt auch für die oben bereits kurz angesprochenen skalenfreien BA-Graphen:[9]

```
In[18]:= RandomGraph[BarabasiAlbertGraphDistribution[30,2]]
```

Eine weitere wichtige Beobachtungsgröße ist die *Zentralität* (engl. *centrality*) eines Knotens, mit der die relative Position des Knotens im Kontext aller anderen Knoten ausgewertet wird. Die *Betweenness*-Zentralität eines Knotens bestimmt, welcher Anteil aller kürzesten Wege zwischen allen anderen Knoten durch diesen Knoten läuft. In *Mathematica* kann man auf diese Größe über den folgenden Befehl zugreifen:

```
In[19]:= BetweennessCentrality[g2]
```

Eine kurze Illustration der Betweenness-Zentralität werden wir im weiteren Verlauf des Kapitels im Rahmen der Analyse biologischer Netzwerke zeigen.

Der Parameter p des Rewiring-Verfahrens erlaubt die kontinuierliche Variation zwischen einem regulären Graphen und einem ER-Zufallsgraphen. In einer anderen Variante (dem *Link-Adding*) werden, dies wurde im *Mathematica*-Exkurs bereits diskutiert, dem regulären Anfangsgraphen mit der Wahrscheinlichkeit p Kanten hinzugefügt. Dann erzeugt der Parameter p einen graduellen Übergang von regulären zu vollständigen Graphen. Interessant ist nun der Bereich zwischen diesen Extremfällen. Dort erhält man in beiden Fällen Small-World-Graphen (SW-Graphen), die durch eine hohe Clusterbildung und zugleich sehr kurze Weglängen zwischen den Knoten charakterisiert sind. Abbildung 5.28, deren Konstruktion wir im vorangegangenen *Mathematica*-Exkurs diskutiert haben, stellt diese Befunde zusammen. Mit diesem sehr einfachen Bildungsgesetz kann man eine zentrale Eigenschaft vieler realer Graphen, nämlich die Koexistenz von kurzen Wegen und großen lokalen Clustern, modellhaft nachbilden.

Die Entdeckung, dass eine Vielzahl natürlicher und technischer Graphen eine Gradverteilung besitzt, die einem Potenzgesetz folgt, hat – ganz ähnlich wie die Untersuchung von Watts und Strogatz – den biologischen Anwendungen der Graphentheorie neue Impulse verliehen. Ein erstes Modell zur Konstruktion skalenfreier Graphen wurde von Barabási und Albert (1999) formuliert. In Anlehnung an die fraktale Geometrie (vgl. Kap. 5.1) nannten die Autoren solche Graphen, deren Gradverteilung ein Potenzgesetz darstellt, *skalenfrei*. Die Idee dieses Modells ist, ausgehend von einem kleinen zufälligen (ER-)Graphen iterativ neue Knoten anzufügen und besonders stark mit Knoten mit hohem Grad zu verknüpfen (*preferential attachment*). Betrachten wir einen ER-Graphen mit N_0 Knoten und einem Vernetzungsgrad von π_0. In jedem Iterationsschritt wird ein Knoten hinzugefügt. Dieser Knoten wird mit den schon vorliegenden Knoten durch m Verbindungen verknüpft. Der entscheidende Punkt ist nun, dass in jedem dieser Schritte die Wahrscheinlichkeit, den neuen

---

[9] Die Ausgaben der folgenden Befehle sind nur in der elektronischen Fassung des *Mathematica*-Exkurses angegeben.

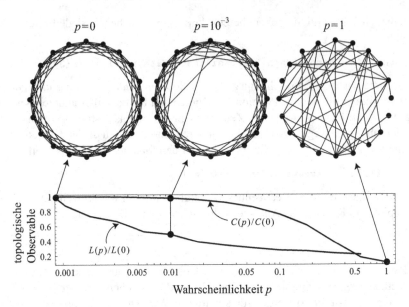

Abb. 5.28 Relative Änderungen des Clusterkoeffizienten und der mittleren Weglänge als Funktion der Rewiring-Wahrscheinlichkeit p. Dabei wurden beide topologischen Observablen auf ihren Wert für $p = 0$ normiert, um eine Darstellung in demselben Diagramm zu ermöglichen. Entsprechende Realisierungen solcher Graphen für drei Werte von p sind im oberen Bildteil angegeben und dem Verlauf der topologischen Observablen zugeordnet. (In Anlehnung an: Watts und Strogatz 1998)

Knoten gerade mit dem i-ten (bereits bestehenden) Knoten zu verbinden, proportional zum Grad k_i dieses i-ten Knotens ist. Die Wahrscheinlichkeit eines vorliegenden Knotens, eine solche Verbindung zu erhalten, ist also proportional zu seinem aktuellen Grad. Beim ersten Iterationsschritt liegen die N_0 Knoten mit Graden k_i, $i = 1, \ldots, N_0$ vor. Die Wahrscheinlichkeit p_i des i-ten Knotens, einen Link zu dem neu hinzugefügten Knoten zu erhalten, beträgt also

$$p_i = \frac{k_i}{\sum_{j=1}^{N_0} k_j} . \tag{5.15}$$

Dieses Normierungsprinzip (ebenso wie eine Umsetzung einer solchen diskreten Wahrscheinlichkeitsverteilung in *Mathematica*) haben wir bereits zu Beginn von Kap. 2 kennengelernt. Die Gradverteilung des bestehenden Graphen stellt also die Wahrscheinlichkeitsverteilung für die Festlegung der m Verbindungen zum neuen Knoten dar. Je mehr Kanten ein bestehender Knoten besitzt, desto wahrscheinlicher ist es, dass er in vielen folgenden Iterationsschritten ebenfalls Kanten erhält. Abbildung 5.29 zeigt die schrittweise Konstruktion eines solchen Barabási-Albert-Graphen (BA-Graphen). In Kap. 2.5 und besonders in Kap. 5.1 haben wir gesehen, dass sich Potenzgesetze (verglichen mit einer exponentiellen Verteilung) durch eine

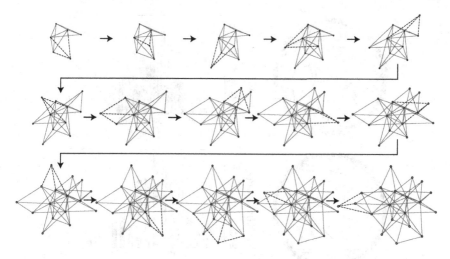

Abb. 5.29 Iterative Erzeugung eines BA-Graphen. Die Kanten des im jeweiligen Schritt neu hinzugefügten Knotens sind gestrichelt hervorgehoben. Man erkennt schon bei diesem kleinen Graphen, wie im Verlauf der Iteration in der Mitte des Graphen hoch vernetzte Elemente entstehen

Überhöhung der extremalen (besonders großen und besonders kleinen) Ereignisse auszeichnen. Übertragen auf die Gradverteilung bedeutet dies, dass es in einem skalenfreien Graphen (verglichen etwa mit einem ER-Zufallsgraphen) sehr viel mehr Knoten mit sehr kleinem und sehr großem Grad gibt. In Anlehnung an die zentralen Verteilungsstellen in Computernetzwerken bezeichnet man die hoch vernetzten Knoten als *Hubs*. Das *preferential attachment* stellt eine Iterationsvorschrift zur Erzeugung von Hubs dar. Man kann zudem zeigen, dass ein solches Konstruktionsprinzip tatsächlich auf ein Potenzgesetz als Gradverteilung führt. Die (negative) Steigung γ (also der Exponent des Potenzgesetzes) beträgt dabei $\gamma = 3$.

Es ist verlockend, eine solche Iterationsvorschrift zugleich als evolutionäres Bauprinzip zu verstehen. Allerdings gibt es (zumindest für die drei Netzwerktypen im unmittelbaren Anwendungsbereich der Bioinformatik: Genregulation, Proteininteraktion und Metabolismus) keine empirischen Hinweise auf ein *preferential attachment* in biologischen Graphen. Zudem liegen die beobachteten Exponenten z. B. für metabolische Netzwerke zwischen 2.2 und 2.8. Der Wert des Exponenten γ hat in der Forschung große Beachtung erfahren. Dies hat zum einen mathematische Gründe,[10] es ist aber auch ganz konkret eine Herausforderung, (typischerweise iterative) Bauanweisungen von Graphen zu formulieren, mit denen sich die beobachteten Exponenten reproduzieren lassen. Im Fall des BA-Graphen lässt sich der Exponent z. B.

---

[10] Man kann z. B. versuchen, Mittelwerte und höhere Momente einer solchen Verteilung $p(k)$ auszurechnen, z. B. $\int kp(k)dk$. Dann sieht man, dass mit immer niedrigerem γ immer weitere dieser statistischen Eigenschaften mit der Graphengröße divergieren.

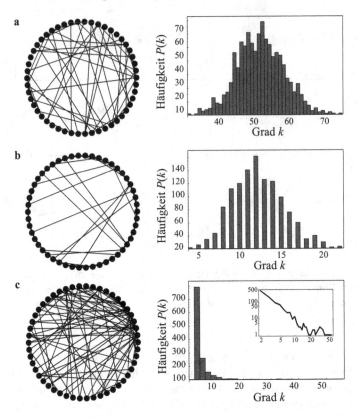

Abb. 5.30 Beispiele für drei der Graphenklassen, die in diesem Kapitel diskutiert werden, zusammen mit ihren Gradverteilungen. Die Graphenklassen sind **a** ER-Graphen, **b** durch Link-Adding erzeugte Small-World-Graphen und **c** skalenfreie Graphen gemäß der BA-Vorschrift. Die Beispielgraphen bestehen aus $N = 100$ Knoten während die Gradverteilungen für $N = 1000$ ermittelt wurden. Für den ER-Graphen erkennt man den charakteristischen Peak gemäß einer Binomialverteilung. Der Vernetzungsgrad beträgt $\pi = 0.05$. Die Gradverteilung für das Link-Adding-Verfahren ähnelt dem Fall eines ER-Graphen. Für den BA-Graphen wird der schnelle Abfall der Gradverteilung zu hohen Graden hin in dem eingesetzten Diagramm, einer doppelt logarithmischen Darstellung, sehr deutlich als Potenzgesetz identifiziert. (Aus: Lüttge und Hütt 2004)

variieren, indem man eine Verschiebung (einen *offset*) im *preferential attachment* einführt.

In Abb. 5.30 sind die bisher diskutierten Grundmodelle mathematischer Graphen zusammen mit ihren Gradverteilungen dargestellt: ER-Graphen, Small-World-Graphen und BA-Graphen.

Bei der Betrachtung topologischer Eigenschaften muss man unterscheiden zwischen *Modellen* der Graphenerzeugung und Graphenvariation und *Methoden der Analy-*

se von Graphen. Zu solchen Modellen gehören etwa das einfache Watts-Strogatz-Modell, das mit einem Umlegen oder Hinzufügen von Verbindungen arbeitet, und das Barabási-Albert-Modell mit seiner Bevorzugung von Knoten mit hohem Grad beim iterativen Aufbau des Graphen. Aber auch verschiedene Verfahren der Randomisierung eines Graphen und jedes systematische Hinzufügen und Entfernen von Verbindungen gehören dazu (etwa zur Variation der Modularität eines Graphen). Mit der Bestimmung und Auswertung der Gradverteilung und der Verteilung von Clusterkoeffizienten haben wir bereits eine Reihe von Verfahren der Graphenanalyse kennengelernt. Über diese elementaren Kenngrößen hinaus gibt es noch eine Vielzahl weiterer topologischer Charakterisierungen. Wir werden hier noch zwei solche Kenngrößen diskutieren: Gradkorrelationen und die topologische Überlappung, die ein einfaches Verfahren der Modulidentifikation darstellt.

Bei *Gradkorrelationen* fragt man, ob der Graph so organisiert ist, dass der Grad eines Knotens Auskunft über den typischen (also z. B. mittleren) Grad seiner Nachbarn gibt. Man bestimmt also die Korrelation zwischen dem Grad eines Knotens und dem Grad seiner Nachbarn. Graphen mit einer (positiven) Korrelation zwischen diesen Größen bezeichnet man als *assortativ*. Graphen mit einer Antikorrelation nennt man *disassortativ*. Maslov und Sneppen (2002) konnten zeigen, dass Protein-Interaktionsnetzwerke disassortativ sind: Die Hubs haben eine große Wahrscheinlichkeit, mit Knoten niedrigen Grads vernetzt zu sein. Wir werden im Verlaufe des Kapitels diese Eigenschaft noch anhand eines Protein-Interaktionsnetzwerks nachweisen.

Ein Schlüsselwort der letzten Jahre heißt *Modularität*. Damit ist gemeint, dass es Regionen (also Knotengruppen) in einem Graphen gibt, die intern stärker vernetzt sind als mit dem Rest des Graphen. Diese Subgraphen bezeichnet man als *Module*. Auf vielfältige Weise wurde versucht, solche Module in biologischen Graphen zu identifizieren und mit funktionellen Komponenten des Systems in Verbindung zu bringen. Die Leitfrage ist dabei: Ist Modularität ein Hinweis auf spezielle (evolutionäre) Bauprinzipien? Oder ist sie die topologische Signatur arbeitsteiliger Funktion? Wichtige theoretische Grundlagen zur Modularität finden sich in Newman (2006). Gegeben eine Zerlegung in Module, ist die *Modularität* eines Graphen definiert als Differenz zweier Kantendichten: der Anteil der Kanten innerhalb der Module und derselbe Anteil, wenn die Kanten im Graphen zufällig verteilt wären. Diese Definition enthält zudem ein Verfahren zur Moduldetektion: Die optimale Zerlegung eines Graphen in Module ist gegeben, wenn durch die Zerlegung die Modularität maximiert wird.

Ravasz et al. (2002) haben vor einigen Jahren ein einfaches Verfahren zur Bestimmung der Modularität vorgestellt,[11] das wir nun kurz diskutieren werden: die topologische Überlappung (engl. *topological overlap*). Sie ist eine Kenngröße von Knoten*paaren*. Man definiert die topologische Überlappung O_{ij} zweier Knoten i und j eines gegebenen Graphen als die Zahl K_{ij} der Knoten, mit denen sowohl i als auch j

---

[11] Mittlerweile gibt es eine Reihe fortgeschrittenerer Verfahren, die allerdings wesentlich rechenintensiver sind; vgl. Guimerà und Amaral (2005); s. auch Boccaletti et al. (2006).

verbunden sind, dividiert durch den kleineren der beiden Grade, also $min(k_i, k_j)$:

$$O_{ij} = \frac{K_{ij} + A_{ij}}{min(k_i, k_j)} \tag{5.16}$$

mit der Adjazenzmatrix A_{ij}. Sind i und j selbst miteinander verbunden, so erhöht diese Verbindung den Zähler also um Eins.

Auf diese Weise erhält man eine Wertematrix, deren Einträge ein Maß für die lokale 'Kompaktheit' des Graphen darstellen. Eine Region dieser Matrix O_{ij} mit besonders hohen Werten, die von geringen Werten umgeben ist, stellt die Signatur eines Moduls dar. Abbildung 5.31a führt die Bestimmung dieser Überlappungsmatrix anhand unseres Beispielgraphen aus Abb. 5.21b vor. Wie kann man diese sehr qualitative Moduldiskussion nun auf eine quantitative Ebene überführen? Tatsächlich lässt sich die Überlappungsmatrix genauso behandeln wie die Distanzmatrizen, die wir in Kap. 3.3 im Rahmen phylogenetischer Analysen kennengelernt haben. Wir können die Matrix also in einen Clusterbaum überführen, in dem sich Module als kompakte Gruppen von Zweigen zeigen.[12] Dies ist in Abb. 5.31 dargestellt. Dazu wurde die (willkürliche) Reihenfolge der Knoten in der Überlappungsmatrix an die Reihenfolge der Knoten im Clusterbaum angepasst.[13] Man erkennt, dass selbst unser sehr kompakter Beispielgraph eine gewisse Modularität besitzt: Der Clusterbaum weist zwei deutlich getrennte Knotengruppen (nämlich (1, 4, 3, 6, 2) und (10, 8, 5, 7, 9)) auf. Die umsortierte Überlappungsmatrix in Abb. 5.31b lässt diese Substruktur bereits aufgrund der Blöcke mit hohen und niedrigen Werten für die topologische Überlappung erahnen. Betrachten wir diese Methode, die Modulstruktur eines Graphen aufzudecken, noch einmal für einen Graphen mit sehr ausgeprägter Modularität. Dazu verwenden wir drei kleine Zufallsgraphen mit hohem Vernetzungsgrad, die über wenige Kanten untereinander verbunden sind. Abbildung 5.32 zeigt den so konstruierten Graphen, zusammen mit der entsprechenden Analyse der topologischen Überlappung. Die drei Module werden durch das Verfahren klar identifiziert.

Eine elegante Verbindung der Skalenfreiheit (also des Potenzgesetzes in der Gradverteilung) und der modularen Struktur ergibt sich durch die Annahme von Modulen unterschiedlicher Größe, die um Hubs auf jeder Skala organisiert sind. Mit *Skala* ist hier die Größe der betrachteten Module (oder allgemeiner: Knotengruppen) gemeint. Ein entsprechendes Konstruktionsprinzip imitiert das Verfahren iterierter Funktionensysteme (vgl. Kap. 5.1), indem in jedem Schritt Kopien des aktuellen Graphen verteilt und gemäß einer *Anordnungsvorschrift* verknüpft werden. Abbildung 5.33

---

[12] Auch diesen Punkt kann man quantitativ fassen: Ein Schneiden senkrecht zur Wurzel-Blätter-Achse lässt den Clusterbaum typischerweise zerfallen. Die 'Höhe' des Schnitts (also die Nähe zur Wurzel) bestimmt die Skala, auf der man nach Modulen sucht. Die zusammenhängenden Zweiggruppen nach dem Schnitt entsprechen den Modulen zu dieser Skala.

[13] Um in einer solchen Matrix die Knoten umzusortieren, muss man Spalten und Zeilen zugleich tauschen; dies ändert ausschließlich die Reihenfolge (also die Benennung) der Knoten.

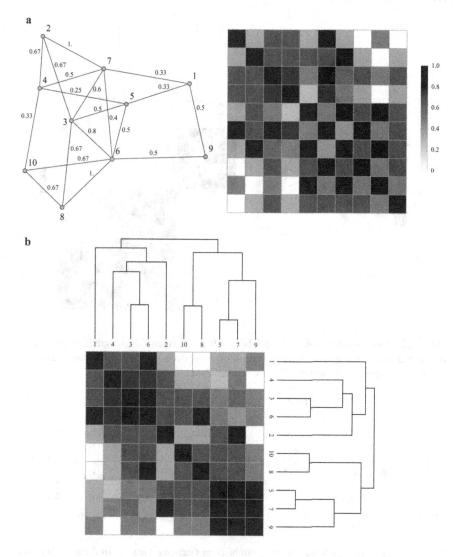

Abb. 5.31 Analyse der topologischen Überlappung für den Beispielgraphen aus Abb. 5.21b. Teil **a** zeigt den Graphen zusammen mit den Werten der topologischen Überlappung an jeder Kante. Die entsprechende Überlappungsmatrix ist im rechten Teil von **a** dargestellt. Teil **b** stellt das Ergebnis einer Clusteranalyse auf dieser Überlappungsmatrix dar. Dabei sind die Knotenabfolgen (und damit die Matrixeinträge) schon gemäß dem Clusterbaum umsortiert

stellt das entsprechende Beispiel aus Barabási und Oltvai (2004) grafisch dar. In diesem Beispiel platziert man fünf Kopien. Die Verknüpfungsregeln für die weiteren Iterationsschritte sind hier sehr einfach: Jeder äußere Knoten einer Elementareinheit wird mit dem zentralen Knoten in der Mitte des Gesamtgraphen verknüpft. Zudem

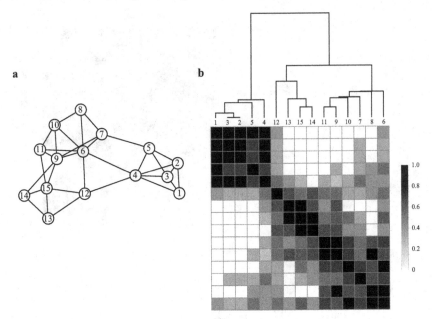

Abb. 5.32 Analyse der topologischen Überlappung für einen Beispielgraphen mit starker Modularität. **a** Graph, in dem man die drei Module optisch gut erkennen kann. **b** Sortierte Überlappungsmatrix, zusammen mit der Clusteranalyse

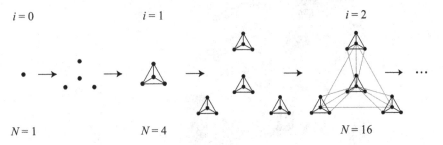

Abb. 5.33 Erzeugungsschema eines hierarchischen Graphen. Gezeigt sind zwei Iterationsschritte ($i = 1$ und $i = 2$) ausgehend von einem einzelnen Knoten ($i = 0$). In jedem Iterationsschritt werden fünf Kopien verteilt und entsprechend einer weiteren Vorschrift vernetzt. Auf diese Weise entstehen Module auf jeder Skala im Graphen. (In Anlehnung an: Barabási und Oltvai 2004)

werden die inneren Knoten der Elementareinheiten untereinander verbunden. Die Gradverteilung dieser *hierarchischen Graphen* ist ein Potenzgesetz (mit realistischen Werten des Exponenten γ, der von den Details der Anordnungsvorschrift abhängt – vor allem von der Zahl der platzierten Kopien). Zugleich ist die Gradabhängigkeit des Clusterkoeffizienten (also der mittlere Clusterkoeffizient $C(k)$ eines Knotens mit dem Grad k in einem gegebenen Graphen) ein Potenzgesetz. Dies ist eine Eigenschaft, die auch viele reale Graphen aufweisen.

Die beiden bisher dargestellten graphentheoretischen Arbeitsweisen (Erzeugung von Graphen und Bestimmung topologischer Eigenschaften) treffen sich, wenn zur Bewertung topologischer Eigenschaften Zufallsgraphen als Nullmodell herangezogen werden: Ist die Modularität in einem gegebenen biologischen Netzwerk höher als in Zufallsgraphen gleicher Größe? Ist der mittlere Clusterkoeffizient höher als in ER-Graphen mit demselben Vernetzungsgrad?

Die intensive Auseinandersetzung mit den topologischen Eigenschaften biologischer Netzwerke stellt eine wichtige Grundlage für ein Studium dynamischer Prozesse in solchen Netzwerken dar. Dabei stellen die Knoten des Graphen dynamische Elemente dar, und die Kanten geben an, in welcher Weise diese Elemente miteinander gekoppelt sind. In solchen Systemen kann man z. B. untersuchen, unter welchen Bedingungen eine Synchronisation der dynamischen Elemente auftritt und wie die zugrunde liegende, durch den Graphen gegebene Systemarchitektur dieses Verhalten beeinflusst. Die Kernfragen bei Betrachtungen solcher Netzwerkdynamiken sind allgemein:

• Wie ändern sich die Eigenschaften eines dynamischen Prozesses auf einem Graphen unter Variation der Topologie? Gibt es eine systematische Abhängigkeit der Dynamik von der Topologie?

• Welche topologischen Eigenschaften lassen sich aus der Beobachtung dynamischer Abläufe auf einem unbekannten Netzwerk rekonstruieren?

Während die erste Frage sich von der Topologie zur Dynamik wendet, orientiert sich die zweite Frage von der (beobachteten) Dynamik zur (unbekannten) Topologie. Bei der Suche nach solchen Verbindungen von Topologie und Dynamik in einem biologischen Kontext versteht man Dynamik letztlich stets als ein Maß für biologische Funktion. Man fragt damit also, welche *funktionellen* Eigenschaften biologischer Netzwerke durch die Topologie festgelegt werden. Ein mögliches Beispiel für die Verbindung von Topologie und Dynamik in biologischen Netzwerken stellt die Beobachtung dar, dass die Häufigkeitsverteilung metabolischer Flüsse (Wie häufig ist ein Substratdurchsatz der Größe s?) in *E. coli* einem Potenzgesetz folgt (vgl. Barabási und Oltvai 2004). Ist diese Verteilung nun eine unmittelbare (und zwingende) Folge der topologischen Vorgaben (also vor allem des Potenzgesetzes in der Gradverteilung des metabolischen Netzwerks von *E. coli*)? Solche Zusammenhänge versuchen theoretische Studien von Dynamik auf Graphen zu verstehen.

Eine sehr frühe Beschäftigung mit der Verbindung von Topologie und Dynamik stellt das N-K-Modell von Kauffman (1969) dar. Kauffmans ursprüngliches Modell besteht aus einem gerichteten Graphen mit N Knoten, die jeweils K Input-Kanten be-

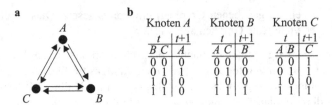

Abb. 5.34 Beispiel eines Boole'schen Zufallsnetzwerks mit $N = 3$ und $k = 2$. Der Graph ist in **a** dargestellt, während die Update-Regeln an den drei Knoten in **b** angegeben sind. Dort ist der Zustand eines Knotens zum Zeitpunkt $t + 1$ in Abhängigkeit der Zustände seiner beiden Input-Knoten zum Zeitpunkt t aufgeführt. Dies sind die Boole'schen Regeln, die den Graphen dynamisch ausgestalten. (In Anlehnung an: Kauffman 1969)

sitzen.[14] Boole'sche Funktionen überführen nun den Input zum Zeitpunkt t in den Output des betrachteten Knotens zum Zeitpunkt $t + 1$. Diese Funktionen lassen sich als Update-Regeln darstellen, die jeder Input-Konstellation den entsprechenden Output zuweisen. Kauffmans Modell ist eine sehr formale Darstellung von Genregulation. Die Zustände 0 und 1 bezeichnen inaktive und aktive Gene; die Boole'schen Regeln geben an, in welcher Weise sich die verschiedenen Gene aktivieren und deaktivieren können. Kauffman fand bereits 1969 für dieses System eine sehr grundlegende Abhängigkeit der Dynamik von der Topologie. Betrachten wir dazu die Zahl K der Inputs als Parameter der Topologie und klassifizieren die resultierende Dynamik in *stabil* und *chaotisch*. Die stabile Dynamik geht nach wenigen simulierten Zeitschritten in ein stationäres oder sich periodisch wiederholendes Zustandsmuster über. Im chaotischen Fall beobachtet man an vielen Knoten des Netzwerks eine irreguläre (also nicht durch offensichtliche Regeln erklärbare) Zustandsabfolge. Die Grenze zwischen diesen beiden dynamischen Regimes ist, so konnte Kauffman zeigen, durch $K = 2$ gegeben. An dieser Stelle vollzieht das System einen Phasenübergang von einer stabilen zu einer chaotischen Dynamik. Betrachten wir diese Situation etwas genauer. Abbildung 5.34a, die an die Originalarbeit von Kauffman angelehnt ist, zeigt ein sehr einfaches Netzwerk aus drei Knoten ($N = 3$), die jeweils zwei einlaufende Kanten besitzen ($K = 2$). Ein Beispiel für Boole'sche Regeln, die den Input an einem Knoten zum Zeitpunkt t in den Output des Knotens zum Zeitpunkt $t + 1$ verrechnen, ist in Form von Update-Tabellen in Abb. 5.34b angegeben. In der Sprache logischer Operationen entspricht z. B. die Update-Regel des Knotens B einer UND-Verknüpfung. Die anderen beiden Regeln sind Kombinationen solcher elementaren Operationen. Daraus ergibt sich nun die Möglichkeit, für jeden globalen Zustand (also die Abfolge der Knotenzustände) des Netzwerks zum Zeitpunkt t den entsprechenden Zustand zum Zeitpunkt $t + 1$ anzugeben. Dies ist in Abb. 5.35a als Tabelle aufgeführt. Die Pfeile deuten an, dass eine Hintereinanderausfüh-

---

[14] Dies ist also ein spezieller Graph, bei dem jeder Knoten dieselbe Zahl von Inputs erhält. Bei solchen gerichteten Graphen unterscheidet man zwischen den Gradverteilungen der hinein- und herausgehenden Kanten: den In-Graden und den Out-Graden.

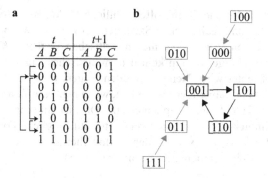

a						b

t			$t+1$		
A	B	C	A	B	C
0	0	0	0	0	1
0	0	1	1	0	1
0	1	0	0	0	1
0	1	1	0	0	1
1	0	0	0	0	0
1	0	1	1	1	0
1	1	0	0	0	1
1	1	1	0	1	1

Abb. 5.35 Attraktorstruktur des Boole'schen Zufallsnetzwerks aus Abb. 5.34. Die in Abb. 5.34b angegebenen Update-Regeln für jeden Knoten lassen sich in eine globale Update-Tabelle überführen, in der zu jedem möglichen Zustand des Gesamtgraphen zum Zeitpunkt t der entsprechende Zustand des Graphen zum Zeitpunkt $t+1$ angegeben ist. Diese in **a** dargestellte Update-Tabelle verkettet die möglichen Graphenzustände in der in **b** gezeigten Weise. Der *Attraktor* ist in diesem Fall ein Zyklus aus drei Netzwerkzuständen (schwarz hervorgehoben). Das System gelangt über jeden Anfangszustand in diesen Attraktor und durchläuft dann periodisch die dargestellte Abfolge. (In Anlehnung an: Kauffman 1969)

rung dieses Updates Pfade auf der Tabelle hervorruft. Kauffmans Darstellung dieses Phänomens ist die *Attraktorstruktur* des Netzwerks (Abb. 5.35b). In Kap. 5.3.3 werden wir Weiterentwicklungen dieses Modells noch im Rahmen eines ausführlichen *Mathematica*-Exkurses diskutieren. Es ist für sich schon bemerkenswert, dass unter einer solchen zufälligen Auswahl der Boole'schen Regeln das dynamische Verhalten des Systems im Wesentlichen durch den topologischen Parameter K festgelegt ist. Aber Kauffmans Konzept geht weit über diesen formalen Phasenübergang hinaus. Die Dynamik unterteilt sich (für einen gegebenen Satz Boole'scher Regeln und eine feste Vernetzungsarchitektur) in Attraktoren, die je nach Anfangsbedingung des Systems angenommen werden. Die Menge aller Systemzustände, die auf einen bestimmten Attraktor führen, bezeichnet man als *Einzugsbereich* dieses Attraktors. In seiner Lesart dieser formalen Situation als einfaches Modell der Genregulation bezeichnet Kauffman diese verschiedenen Attraktoren als *Zelltypen*. Dass ein gegebenes Netzwerk unterschiedliche Attraktoren besitzen kann, ist für ihn gleichbedeutend mit dem Phänomen der Zelldifferenzierung. In diesem Kontext ist die Zahl der Attraktoren als Funktion der Netzwerkgröße (also in dieser Lesart die Zahl von Zelltypen als Funktion der Zahl der Gene) immer noch ein intensiv diskutiertes Forschungsthema.

Tatsächlich sind die historischen Arbeiten von Stuart Kauffman durch die Resultate der Graphentheorie und durch die immer dringlichere Notwendigkeit, die grundlegenden, allgemeingültigen Regeln der Verbindung von Topologie und Dynamik mathematisch zu verstehen, seit wenigen Jahren wieder in den Mittelpunkt des Interesses gerückt. Die Forschung zu solchen *Boole'schen Zufallsnetzwerken* (engl. *random Boolean networks*) untersucht z. B. Änderungen an dem Phasenübergang von stabiler zu chaotischer Dynamik auf allgemeinen (also nicht einfach durch den Parameter

K charakterisierten) Graphen. Eine offensichtliche Diskrepanz zwischen dem einfachen N-K-Modell und realistischen Szenarien der Genregulation liegt darin, dass beobachtete Werte von K weit über diesem kritischen Wert von $K = 2$ liegen. Es stellt sich damit die Frage, warum kein deterministisches Chaos in solchen realen Netzwerken beobachtet wird. Neuere Arbeiten zeigen, dass man in einem großen Parameterbereich eine stabile Dynamik erhält, wenn man Kauffmans einfachen Graphen durch einen skalenfreien Graphen ersetzt. Dies ist ein sehr einfaches Beispiel eines direkten Einflusses der Graphenarchitektur auf mögliche Formen von Dynamik. Einen Eindruck von den verschiedenen Modellierungsansätzen zur Genregulation, die aktuell verfolgt werden, gibt Bornholdt (2005).

Eine sehr elementare Orientierung, wie die dynamischen Konsequenzen topologischer Eigenschaften aussehen können, gibt auch die bereits diskutierte Arbeit von Watts und Strogatz (1998). Dort wird das folgende einfache Modell der Krankheitsausbreitung diskutiert. Betrachten wir einen Graphen mit N Knoten. Zum Zeitpunkt $t = 0$ wird ein zufällig ausgewählter Knoten infiziert. Im nächsten Zeitschritt wird dieser Knoten aus dem System entfernt und die Krankheit mit der Wahrscheinlichkeit r, der Infektionsrate, auf jeden Nachbarn dieses Knotens übertragen. Dieses Vorgehen (Entfernen aller infizierten Knoten und Infektion aller Knoten, die mit einem infizierten Knoten verbunden sind mit der Wahrscheinlichkeit r) wird iterativ wiederholt. Es ist klar, dass die Ausbreitung der Krankheit entweder abklingen und diese schließlich aus dem System verschwinden wird (bei kleinem r) oder mit der Zeit nahezu das gesamte System infiziert sein wird (bei größerem r). Der kritische Wert r_c, ab dem mehr als die Hälfte des Systems von der Krankheit erreicht wird, ist eine interessante Kenngröße zur Charakterisierung dieser Dynamik. Watts und Strogatz (1998) haben untersucht, wie sich dieser Wert für Small-World-Graphen (also, wie wir gesehen haben, reguläre Graphen mit Querverbindungen (Shortcuts); die Link-Adding-Wahrscheinlichkeit p reguliert die Zahl der Shortcuts im Graphen) mit den topologischen Eigenschaften ändert. Diesen Effekt wollen wir hier kurz diskutieren. Abbildung 5.36 zeigt die asymptotische Systemgröße (also den Anteil im System, der von der Krankheit *nicht* erreicht wird) als Funktion der Infektionsrate r für verschiedene Werte der Link-Adding-Wahrscheinlichkeit p. Seither ist die Abhängigkeit solcher epidemieartigen Krankheitsverläufe von der Graphenarchitektur intensiv diskutiert worden, ebenso wie eine Vielzahl anderer dynamischer Prozesse auf Graphen. Universelle Gesetzmäßigkeiten[15] stehen jedoch noch aus.

Das Ziel des bisherigen Kapitels war, einige grundlegende Methoden der Graphentheorie kurz darzustellen und in die Phänomenologie komplexer Netzwerke einzuführen. Die bisherigen Methoden werden wir nun an einer kleinen Auswahl biologischer Netzwerke illustrieren. Ganz ähnlich wie die Sequenzdaten, die wir in den vorangegangenen Kapiteln intensiv diskutiert haben, sind mittlerweile auch

---

[15] Damit sind allgemeine Zusammenhänge gemeint, die sich auf viele speziellere Phänomene übertragen lassen. Ein Beispiel einer solchen universellen Gesetzmäßigkeit stellt etwa das Phänomen der spontan, im Sinne eines Phasenübergangs einsetzenden Synchronisation dynamischer Elemente bei immer stärkerer Kopplung dar (vgl. auch Kap. 5.3).

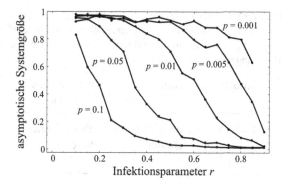

Abb. 5.36 Asymptotische Systemgröße als Funktion des Infektionsparameters r für das Epidemiemodell von Watts und Strogatz. Die Kurven entsprechen verschiedenen Werten der Link-Adding-Wahrscheinlichkeit p

die Vernetzungsarchitekturen realer biologischer Graphen in Datenbanken verfügbar. Die für die Bioinformatik wichtigsten experimentell bestimmten Netzwerke auf der molekularen und zellulären Ebene sind metabolische Netzwerke, Protein-Interaktionsnetzwerke und Netzwerke der Genregulation.[16] Tabelle 5.3 stellt Eigenschaften dieser Netzwerke zusammen. Dazu bedienen wir uns vor allem der in Kap. 3.4 beschriebenen bioinformatischen Datenbanken. Aus der STRING-Datenbank (Version 9.1) verwenden wir das Protein-Interaktionsnetzwerk (PIN) von *E. coli* und des Menschen. Aus RegulonDB (Version 8.6) analysieren wir das Transkriptions-Regulations-Netzwerk (TRN) von *E. coli*. Als viertes Netzwerk geht noch ein sehr einfaches Beispiel für ein metabolisches Netzwerk, der Zentralmetabolismus von *E. coli*, in die Analyse ein. Das in Palsson (2008) ausführlich besprochene mathematische Modell hinter diesem Netzwerk werden wir später in Kap. 5.3 noch in einem weiteren *Mathematica*-Exkurs kennenlernen.

Abbildung 5.37 zeigt grafische Darstellungen dieser vier Netzwerke. Man erkennt schon optisch deutliche Unterschiede, z. B. in der Graphengröße, im Vernetzungsgrad und in der Modularität.

Wir werden sehen, dass trotz des formalen graphentheoretischen Rahmens und der Spezifizierung dieser Strukturen in Form von Knoten und Kanten ihre informatische Handhabung und ihre Analyse eine erhebliche Auseinandersetzung mit dem jeweiligen biologischen Hintergrund und den Einzelheiten der Datennahme erfordern.[17]

---

[16] Es gibt noch eine Reihe weiterer Netzwerke, die für die Bioinformatik sehr interessant sind, etwa das Kontaktnetzwerk der Aminosäuren eines Proteins, das eine Repräsentation von Proteinstruktur ist, oder eine netzwerkhafte Darstellung bestimmter Eigenschaften einer DNA-Sequenz. Wir beschränken uns hier jedoch auf die drei im Text genannten Gruppen von Netzwerken.

[17] Tatsächlich trifft diese Warnung auf eine Vielzahl bioinformatischer Arbeitsschritte zu: Die scheinbare Objektivierung und Vereinheitlichung der Daten durch die Einbindung in ei-

Tab. 5.3 Beispiele bioinformatisch relevanter Netzwerktypen. Angegeben sind jeweils die Knoten und Kanten, die diese Netzwerke konstituieren, ebenso wie mögliche experimentelle Methoden zur Bestimmung der Netzwerke und Beispiele von Datenbanken, in denen entsprechende Netzwerkdaten abgelegt sind.

Netzwerktyp	Knoten	Kanten	experimentelle Methode	Datenbank (Beispiel)
Protein-Interaktions-netzwerke	Proteine	physikalische Bindung	Two-Hybrid-Screens	DIP
metabolische Netzwerke	Metaboliten	chemische Reaktion	Genomdaten, expliziter Nachweis	KEGG-Ligand
Genregulations-netzwerke	Gene	regulatorischer Einfluss	Nachweis der Bindestellen	RegulonDB

Tab. 5.4 Beispiele topologischer Kenngrößen für die vier Netzwerke aus Abb. 5.37. PIN: Protein-Interaktionsnetzwerk, TRN: Transkriptions-Regulations-Netzwerk, N: Zahl der Knoten, L: Zahl der Kanten, k_{max}: größter Grad, c: Vernetzungsgrad, $\langle d \rangle$: mittlere Weglänge, $\langle C \rangle$: mittlerer Clusterkoeffizient

Name	N	L	k_{max}	c	$\langle d \rangle$	$\log N$	$\langle C \rangle$
PIN *E. coli*	1629	5736	66	0.0043	8.7	7.4	0.48
Metabolismus *E. coli*	74	498	52	0.18	2.	4.3	0.69
PIN Mensch	2174	5229	126	0.0022	6.4	7.7	0.26
TRN *E. coli*	1706	4065	548	0.0028	2.3	7.4	0.00025

Einige statistische Eigenschaften sind in Tab. 5.4 zusammengestellt. Neben der Zahl der Knoten und der Zahl der Kanten sind dort auch der höchste Grad k_{max}, der Vernetzungsgrad und die mittlere Weglänge des Graphen angegeben (also der Mittelwert aller kürzesten Wege zwischen Knoten). Von ER-Zufallsgraphen weiß man, dass der Durchmesser mit dem Logarithmus der Zahl der Knoten skaliert. Daher ist in Tab. 5.4 dieser Wert $\log N$ noch ergänzt. Die letzte Angabe in Tab. 5.4 ist der mittlere Clus-

---

ne bioinformatische Datenbank täuschen häufig darüber hinweg, dass die Daten in vielen Fällen unter extrem unterschiedlichen Bedingungen gewonnen wurden und sich damit in wichtigen Eigenschaften unterscheiden können. In Kap. 3.4 haben wir bereits einige solche Beispiele kennengelernt. So versteckt sich der fundamentale Unterschied zwischen tatsächlich nachgewiesenen und aufgrund von mRNA-Sequenzen vorhergesagten Proteinen in TrEMBL einzig in einem Buchstaben der Identifizierungsnummer.

a PIN *E. coli*

b Metabolismus *E. coli*

c PIN Mensch

d TRN *E. coli*

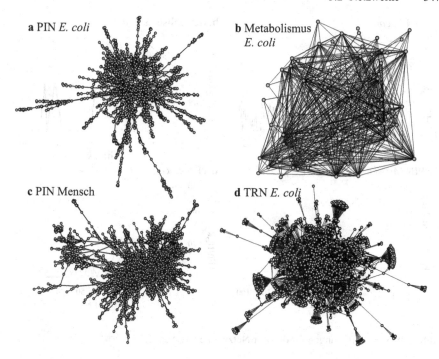

Abb. 5.37 Visualisierung der vier in diesem Kapitel diskutierten biologischen Netzwerke: **a** das Protein-Interaktionsnetz (PIN) von *E. coli*, **b** der Zentralmetabolismus von *E. coli*, **c** das Protein-Interaktionsnetz (PIN) des Menschen, **d** das Transkriptions-Regulations-Netzwerk (TRN) von *E. coli*

terkoeffizient. Man erkennt deutlich, dass das TRN einen ähnlichen Vernetzungsgrad wie die beiden PINs aufweist, aber einen wesentlich geringeren Clusterkoeffizienten besitzt. Da das Transkriptions-Regulations-Netz von *E. coli* gerichtet und zudem sehr 'baumartig' ist, existieren viele Wege zwischen Knoten nicht. Die mittlere Weglänge in Tab. 5.4 wurde nur auf den existierenden Wegen bestimmt.

Wie wir gesehen haben, stellt die Bestimmung der Gradverteilung eine erste wichtige topologische Analyse dar. Für die Graphen aus Abb. 5.37 sind diese Verteilungen in Abb. 5.38 angegeben. Hier sieht man bereits deutlich, dass die idealisierten Szenarien der algorithmisch erzeugten Graphen an dieser Stelle immer nur approximativ zutreffen. Während man auf der Grundlage eines Bildungsgesetzes natürlich (zumindest prinzipiell) beliebig große Graphen erzeugen kann, sind die realen Systeme oft zu klein, um die funktionelle Form der Gradverteilung zweifelsfrei extrahieren zu können. In dieser doppelt logarithmischen Darstellung in Abb. 5.38 erkennt man aber dennoch, dass alle Verläufe Anzeichen eines Potenzgesetzes zeigen (also Regionen eines relativ linearen Verlaufs in dieser log-log-Darstellung), so wie wir es aus den Diskussionen im Verlaufe dieses Kapitels erwarten konnten. Selbst das extrem kleine metabolische Netzwerk zeigt eine sehr breite Verteilung, also die Mischung

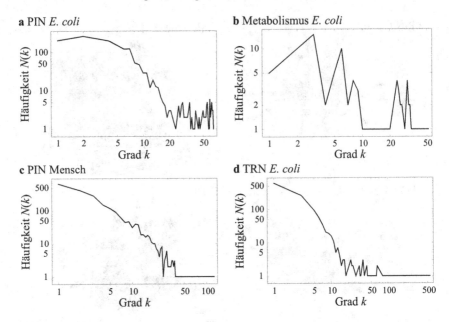

Abb. 5.38 Gradverteilungen für die vier Netzwerke aus Abb. 5.37

von Hubs und gering vernetzten Knoten. Fast immer ist die Abweichung von einem idealisierten Potenzgesetz im Bereich kleiner Grade am deutlichsten. Die aus der Theorie erwartete sehr große Zahl von Knoten in diesem Bereich ist am stärksten von der endlichen Netzwerkgröße beeinflusst.

Als Nächstes wollen wir die bereits kurz erwähnte Disassortativität (also das Vorliegen von negativen Gradkorrelationen) von Protein-Interaktionsnetzwerken untersuchen. Hier zeigen sich drastische Unterschiede zwischen den verschiedenen Datenbanken.[18] In Abb. 5.39a sind die Gradkorrelationen im Protein-Interaktionsnetzwerk von *E. coli* dargestellt. Es ist also der mittlere Grad der Nachbarn aller Knoten mit dem Grad k als Funktion von k aufgetragen. Gemäß dieser Analyse wirkt das Netzwerk tatsächlich eher assortativ (es scheint also positive Gradkorrelationen aufzuweisen). Eine genaue Analyse würde den Vergleich mit randomisierten Netzwerken erfordern, die dann als Nullmodell verwendet werden, um zu ermitteln, ob in der Nachbarschaft eines Knotens mit Grad k *unerwartet* viele Knoten mit höherem oder mit niedrigerem Grad vorliegen. In Abb. 5.39b ist dieselbe Analyse für das in Maslov und Sneppen (2002) beim Nachweis der Disassortativität ursprünglich analysierte Protein-Interaktionsnetzwerk durchgeführt. Die größte zusammenhängende Komponente dieses für Hefe um 2001 herum aus Y2H-Messungen zusammengestellte

---

[18] Diese Aussage ist natürlich stark abhängig von der Version der entsprechenden Datenbank. Protein-Protein-Interaktionsdatenbanken wachsen rapide. Ebenso wandeln sich die Kriterien für das Aufnehmen einer Protein-Protein-Wechselwirkung.

Netzwerk enthält 426 Knoten und 568 Kanten. Wenn auch die die Graphengröße kaum ausreicht, um eine statistisch belastbare Aussage zu treffen, erkennt man dennoch deutlich einen Abfall der Mittelwerte. Dies ist eine Evidenz für die Disassortativität dieses Netzwerks. Der wichtigste Unterschied zwischen diesem Netzwerk und den beiden Protein-Interaktionsnetzwerken aus Abb. 5.37 ist (neben den Spezies) der Ursprung der Daten. Während in dem Netzwerk hinter Abb. 5.39b alle Verbindungen durch dieselbe experimentelle Technik gewonnen wurden, verwendet die STRING-Datenbank, aus der auch das Netzwerk aus Abb. 5.39a genommen wurde, experimentelle Daten aus verschiedenen Quellen. Die Diskrepanz zwischen Abb. 5.39a und Abb. 5.39b könnte also auch ein Sampling-Effekt sein (also einer nicht gleichförmigen Wahrscheinlichkeit des Messens der tatsächlichen Protein-Protein-Wechselwirkungen entspringen).

Im *Mathematica*-Exkurs zu Small-World-Netzwerken haben wir die Betweenness-Zentralität als eine weitere wichtige topologische Kenngröße genannt. Die Zentralität eines Knotens wird dabei als (geeignet normierte) Zahl aller kürzesten Wege durch diesen Knoten gemessen. Als Wege werden alle kürzesten Wege zwischen allen anderen Knoten herangezogen. Für biologische Netzwerke bietet diese (in den Sozialwissenschaften sehr gebräuchliche) Methode der Knotenbewertung interessante Anwendungen. In Abb. 5.40 sind die Knoten des einfachen metabolischen Netzwerks aus Tab. 5.4 und Abb. 5.37b gemäß ihrer Betweenness-Zentralität skaliert. Die Knoten in diesem (metabolitenzentrischen)[19] Netzwerk mit den höchsten Werten der Betweenness-Zentralität sind (absteigend nach Größe sortiert): Protonen (H^+) im Cytoplasma, Wasser (H_2O) im Cytoplasma, Protonen (H^+) im extrazellulären Raum, sowie Ko-Enzym A und Pyruvat im Cytoplasma. Die topologische Zentralität der Metaboliten korreliert hier sehr deutlich mit der biologischen Intuition.

Als letzte strukturelle Analyse wollen wir die Modularität solcher Netzwerke mithilfe der topologischen Überlappung untersuchen. Abbildung 5.41 stellt diese Analyse für zwei Netzwerke von *E. coli* dar, das Protein-Interaktionsnetzwerk aus Abb. 5.37a und das metabolische Netzwerk aus Abb. 5.37b. Die Clusterbäume erweisen sich trotz der Größe als recht instruktiv. In beiden Fällen findet man Ebenen in dem Clusterbaum, auf denen der Graph in wenige Knotengruppen unterteilt ist. Besonders im Fall des Protein-Interaktionsnetzes erkennt man eine große Zahl von Blöcken verschiedener Größe entlang der Diagonalen der sortierten TO-Matrix, was auf eine hierarchisch-modulare Struktur hinweist. Die deutliche Trennung in zwei große Module beim metabolischen Netzwerk (Abb. 5.41b) ist eine Konsequenz eines dichten Kerns aus *currency*-Metaboliten (wie H_2O, H^+, ATP oder NADH, die also für die Balancen der Reaktionen bezüglich der Ladungen und Energie zuständig sind) im rechten unteren Teil der TO-Matrix und den Hauptmetaboliten, die für sich ein deutlich modulares Netzwerk bilden. Viele topologische Analysen metabolischer Netzwerke entfernen daher die *currency*-Metaboliten vorher aus dem Graphen.

---

[19] Damit ist gemeint, dass die Knoten Metaboliten sind. Eine Verbindung zwischen zwei Knoten gibt an, dass es eine (durch Enzyme katalysierte) biochemische Reaktion gibt, die den einen Metabolit in den anderen überführt.

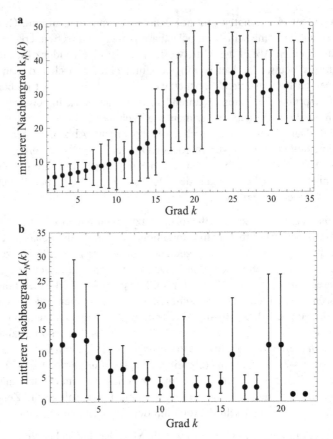

Abb. 5.39 Visualisierung der Gradkorrelationen für **a** das Protein-Interaktionsnetzwerk von *E. coli* aus Abb. 5.37a und **b** das in Maslov und Sneppen (2002) verwendete Protein-Interaktionsnetzwerk der Hefe. Der mittlere Grad $k_N(k)$ aller Nachbarn eines Knotens mit Grad k ist hier in Abhängigkeit des Grads k aufgetragen. Die Fehlerbalken entsprechen der Standardabweichung dieses Mittelwerts für jedes k. Liegen in dem Netzwerk zu wenige Knoten mit dem Grad k vor, um eine Bestimmung der Standardabweichung zu erlauben, sind die Fehlerbalken weggelassen

Kehren wir noch einmal zu der Frage zurück, welche biologischen Prozesse durch solche Netzwerke abstrahiert werden. Am Beispiel des Transkriptions-Regulations-Netzes von *E. coli* lässt sich dies illustrieren. Die Knoten des Netzwerks sind transkriptionelle Einheiten (Operons), die oft aus mehreren Genen bestehen, welche in gleicher Weise reguliert werden. Abbildung 5.42 stellt einen Drei-Knoten-Ausschnitt aus diesem Netzwerk dar. Man erkennt die Bindestellen (Bs) für Genprodukte, über die die in dem Graphen aus Abb. 5.37d visualisierte regulatorische Vernetzung der Gene realisiert ist. Auch hier gilt wiederum, dass Genexpression natürlich zum einen die Reaktion auf äußere Bedingungen darstellt, zum anderen jedoch auch ein dy-

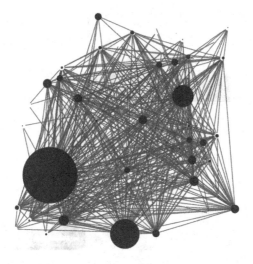

Abb. 5.40 Visualisierung des metabolischen Netzwerks von *E. coli* aus Abb. 5.37b. Die Knotengröße ist hier mit der Betweenness-Zentralität skaliert

namischer Prozess auf einem Netzwerk ist. Die Datensätze solcher Genexpressionsstärken sind, wie wir an vielen Stellen diskutiert haben, Microarray-Daten oder RNA-Seq-Daten. Eine Betrachtung, die Microarray-Daten mit topologischen Eigenschaften des Graphen in Verbindung bringt, gehört zu den aktuellsten Strömungen der Netzwerkbiologie (vgl. z. B. Marr et al. 2010).

Die dramatischste zeitliche Änderung der Datengrundlage solcher biologischer Netzwerke findet zur Zeit vermutlich auf der Ebene der Protein-Interaktionsnetzwerke statt. Um auf die Datenbankabhängigkeit solcher Netzwerke und einige praktische Aspekte der Datenbehandlung näher eingehen zu können, stellen wir die einzelnen Schritte der Netzwerkprozessierung für Protein-Protein-Interaktionsschritte noch einmal im folgenden *Mathematica*-Exkurs dar.

Mathematica-Exkurs: STRING-Datenbank

Die Anwendung der verschiedenen graphentheoretischen Methoden auf biologische Netzwerke basiert auf der elektronischen Verfügbarkeit der entsprechenden Netzwerkdaten. Der folgende *Mathematica*-Exkurs führt anhand eines unserer Beispielnetzwerke die ersten Prozessierungsschritte der Daten vor. Wir verwenden die STRING-Datenbank als Weg zum Protein-Interaktionsnetz von *E. coli*. In Abb. 5.43 ist ein Screenshot der Datenbankseite gezeigt, von der die Datei **511145.protein. links.v9.1.txt** heruntergeladen wurde, die wir nun in *Mathematica* importieren.

```
In[1]:= network1 = Import["511145.protein.links.v9.1.txt",
            "Data"];
```

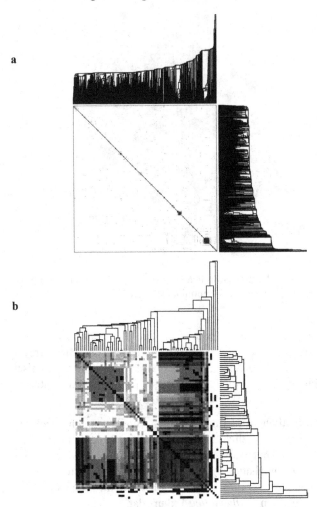

Abb. 5.41 Clusteranalysen auf Grundlage der topologischen Überlappung für zwei Netzwerke aus *E. coli*: **a** das Protein-Interaktionsnetzwerk aus Abb. 5.37a und **b** das metabolische Netzwerk aus Abb. 5.37b. Die Matrix zeigt jeweils die Werte der durch Graustufen codierten topologischen Überlappung. Die Reihenfolge der Knoten wurde an die oben und rechts von jeder Matrix angegebenen Clusterbäume angepasst

```
In[2]:= Dimensions[network1]
Out[2]= {817651,3}
```

Der erste Eintrag enthält die Spaltenüberschriften. In den folgenden Einträgen sehen wir zudem, dass jeder Protein-Identifikationsnummer (Protein-ID) auch noch die ID für die Spezies (511145) beigefügt ist.

```
In[3]:= Take[network1,5]
```

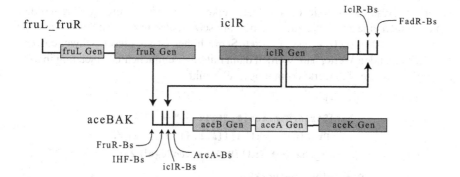

Abb. 5.42 Schematische Darstellung der gegenseitigen Regulation dreier Knoten aus dem Genregulationsnetzwerk aus Abb. 5.37d. Als Balken sind die Gene dargestellt, die Regulation erfolgt über das Andocken von Genprodukten (Transkriptionsfaktoren) an die entsprechenden, den Genen vorgelagerten Bindestellen (Bs). Die Pfeile geben die durch Genprodukte vermittelten Einflüsse an

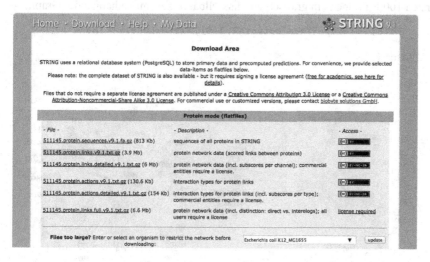

Abb. 5.43 Screenshot des Download-Bereichs der STRING-Datenbank. Die im *Mathematica*-Exkurs verwendete Datei des Protein-Interaktionsnetzes von *E. coli* ist hervorgehoben

```
Out[3] = {{protein1, protein2, combined_score},
         {511145.b0001, 511145.b0002, 639},
         {511145.b0001, 511145.b0003, 632},
         {511145.b0001, 511145.b0004, 615},
         {511145.b0001, 511145.b0005, 569}}
```

Für die Datenprozessierung lassen wir das erste Element weg und entfernen zudem die Spezies-ID und die dritte Spalte, die den Signifikanz-Score enthält. Für eine genauere Analyse (so wie sie für die Netzwerke in Abb. 5.37 durchgeführt worden ist) kann man eine Schwelle auf diesen Score setzen, also nur Verbindungen in dem Protein-Interaktionsnetz zulassen, deren Score höher ist als dieser Schwellenwert. Die verbleibenden Wertepaare werden dann mit einer einfachen Übersetzung in *Mathematica*-lesbare Netzwerkverbindungen überführt.

```
In[4] := network2 =
            Map[StringReplace[#, "511145." → ""]&,
              Drop[network1, 1][[All, {1, 2}]], 2] /.
            {n1_, n2_} → (n1\[UndirectedEdge]n2);

In[5] := Dimensions[network2]
Out[5] = {817650}
```

Von den so prozessierten mehr als 800 000 Verbindungen betrachten wir zuerst das durch die ersten 100 Einträge aufgespannte Subnetzwerk.

Da die ursprüngliche Liste nach dem ersten Element sortiert war, entsteht aus diesen ersten 100 Einträgen ein grafisch gut darstellbarer, zusammenhängender Graph.

```
In[6] := Graph[Take[network2, 100], VertexLabels → "Name"]

Out[6] =
```

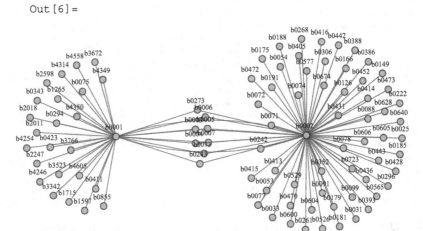

Die Protein-IDs sind die für *E. coli* häufig verwendeten Blattner-Nummern. Eine häufige Aufgabe bioinformatischer Datenverarbeitung besteht darin, diese Nomenklatur in andere Schemata zu überführen. In der STRING-Datenbank ist auch eine lange 'Übersetzungstafel' verfügbar (die Datei **511145.protein.aliases.v9. 1.txt**), die diese Proteinbezeichnungen im b*xxxx*-Format (die Blattner-Nummern) auf etwa 20 andere Nomenklaturen abbildet. Wir wählen hier die bekannten KEGG-Namen der Proteine aus, um den gerade gezeigten Subgraphen neu zu beschriften.

```
In[7] := ref1 = Import["511145.protein.aliases.v9.1.txt", "Data"];

In[8] := Dimensions[ref1]
```

```
Out[8]= {136510}
```

Eine Zeile aus dieser Datei gibt Aufschluss über das Format.

```
In[9]:= ref1[[2]]
Out[9]= {511145, b0180,
            (3R)-hydroxymyristol acyl carrier protein dehydratase,
            BLAST_UniProt_DE}
```

In der ersten Spalte steht der Speziesname. Die zweite Spalte enthält die Blattner-Nummer, während die dritte Spalte die Bezeichnung in der neuen Nomenklatur (oder eine nähere Charakterisierung des Proteins) enthält. In der vierten Spalte ist die Bezeichnung der neuen Nomenklatur angegeben. Wir wählen nun alle Zeilen mit der Bezeichnung **BLAST_KEGG_NAME** aus.

```
In[10]:= StringJoin[Map[ToString, ref1[[2]]]]
Out[10]= 511145b0180(3R)-hydroxymyristol acyl
             carrier protein dehydrataseBLAST_UniProt_DE
```

```
In[11]:= ref2 =
            Cases[ref1,
                n1__ /; StringMatchQ[StringJoin[Map[ToString, n1]],
                    __~~"BLAST_KEGG_NAME"~~__]];
```

```
In[12]:= Dimensions[ref2]
Out[12]= {4363, 4}
```

Aus dieser Liste mit 4263 Zeilen fertigen wir (aus dem zweiten und dritten Eintrag jeder Zeile) eine Übersetzungstabelle an, die sich sofort auf das oben diskutierte Teilnetzwerk anwenden lässt.

```
In[13]:= ref3 = ref2[[All, {2, 3}]] /. {n1_, n2_} -> (n1 -> n2);
```

```
In[14]:= Graph[Take[network2, 100] /. ref3, VertexLabels -> "Name"]
```

```
Out[14]=
```

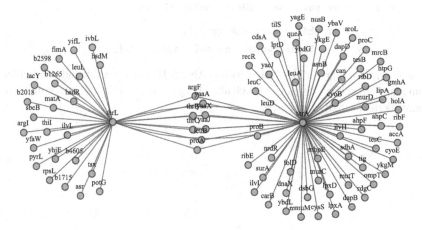

Der nächste Analyseschritt wendet sich dem Gesamtnetzwerk zu. Es ist sinnvoll, nun eine Schwelle im Score anzuwenden. Ein Histogramm der Scores bietet eine erste Orientierung für die Wahl der Schwelle.

```
In[15]:= Histogram[Drop[network1[[All,3]],1]]
```

Out[15]=

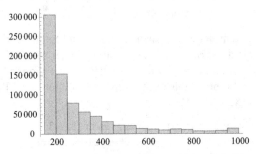

Wir wenden eine Schwelle von $T_S = 950$ an. Die resultierende Liste hat knapp 14 000 Einträge.

```
In[16]:= network1b = Cases[network1 , {n1_,n2_,n3_} /; n3 ≥ 950];
```

```
In[17]:= Dimensions[network1b]
Out[17]= {13774,3}
```

Als Nächstes überführen wir die so gefilterte Kantenliste in einen *Mathematica*-Graphen (mit den bereits oben eingeführten Datenprozessierungen) und wählen dann über den Befehl **ConnectedComponents** die größte zusammenhängende Komponente aus.

```
In[18]:= network1c =
            Union[Map[Sort, Map[StringReplace[#, "511145." -> ""]&,
                network1b[[All, {1,2}]]], 2] ]/.
            {n1_,n2_} -> (n1\[UndirectedEdge]n2);
```

```
In[19]:= graph1 = Graph[Union[network1c]];
```

```
In[20]:= graph1b = Subgraph[graph1,
            ConnectedComponents[graph1][[1]]]
```

Diese Operation führt auf das Netzwerk aus Abb. 5.37a. Mit den folgenden Befehlen kann man sehr schnell einen Überblick über einige (auch in Tab. 5.4 protokollierten) Netzwerkeigenschaften erlangen.

```
In[21] := {"PIN E.coli", VertexCount[graph1b], EdgeCount[graph1b],
          Max[VertexDegree[graph1b]],
          N[
            2 EdgeCount[graph1b]/
            (VertexCount[graph1b] * (VertexCount[graph1b] - 1))],
          N[Mean[Flatten[GraphDistanceMatrix[graph1b]]]],
          N[Log[VertexCount[graph1b]]],
          N[MeanClusteringCoefficient[graph1b]]}
Out[21] = {PIN E.coli, 1629, 5736, 66,
          0.00432577, 8.73558, 7.39572, 0.479218}
```

Die Gradverteilung erhält man über das Anwenden des Befehls **Tally** auf das Resultat von **VertexDegree**. Das Resultat haben wir bereits in Abb. 5.38a gesehen.

Für die Analysen aus diesem Kapitel wurden die Protein-Interaktionsnetzwerke des Bakteriums *E. coli* und des Menschen aus der STRING-Datenbank geladen und dann gemäß des vorangegangenen *Mathematica*-Exkurses bearbeitet. Für die Analysen wurde eine Schwelle $T_S = 0.95$ auf den Score verwendet. Es wurden also Verbindungen zwischen Proteinen akzeptiert, wenn ihr Score größer oder gleich 950 war.[20] Von den so entstandenen Netzwerken wurde jeweils die größte zusammenhängende Komponente verwendet.

5.3 Mathematische Modellierung und Systembiologie

5.3.1 Zielsetzung der Systembiologie

Wie wir in einigen der vorangegangenen Kapitel ausführlich diskutiert haben, vollzieht die Bioinformatik mit großen, eine Vielzahl von Informationen integrierenden Datenbanken den Schritt von einer Verwaltung von Sequenzen hin zur Bereitstellung von Methoden und empirischen Befunden, die der komplexen, auf vielen Ebenen wirksamen räumlichen und zeitlichen Organisation biologischer Einheiten Rechnung tragen. Über das Vorhandensein eines bestimmten Gens im Genom hinaus liegt die Aufmerksamkeit dieser *systembiologischen* Perspektive darauf, ob und in welchem Umfang das Gen unter bestimmten äußeren Bedingungen exprimiert wird, welche anderen Gene diese Expression regulieren, welche externen Kontrollparameter (z. B. Temperatur, Verfügbarkeit von Ressourcen etc.) die äußeren Bedingungen charakterisieren und vieles mehr. Wie sieht dieser Zusammenhang von Bioinformatik und

---

[20] In der STRING-Datei sind die zwischen 0 und 1 liegenden Scores als ganze Zahlen zwischen 0 und 1000 abgespeichert.

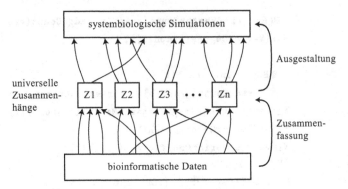

Abb. 5.44 Schematische Darstellung einer Verbindung zwischen bioinformatischen Daten und der Ebene systembiologischer Modellierung durch universelle, an Minimalmodellen etablierte Zusammenhänge

Systembiologie nun konkret aus? Vor allem im Verlauf der Kap. 4.2 (Genomorganisation), 5.1 (DNA-Sequenzen als fraktale Strukturen) und 5.2 (graphentheoretische Perspektive auf biologische Funktion) haben wir gesehen, dass gerade die Bioinformatik die Aufgabe hat, auf vielen systemischen Ebenen gewonnene empirische Befunde integrativ zusammenzufügen. Dieser Prozess der Zusammenfügung ist der Kern der Systembiologie. Im engeren Sinne versteht man unter Systembiologie den Schritt von Laborexperimenten (entweder am lebenden Organismus (*in vivo*) oder an einem Subsystem (z. B. Zellkulturen; *in vitro*)) zu Computersimulationen (hier hat sich der Begriff *in silico* etabliert) zur Aufklärung von Systemeigenschaften. Dabei ist vorausgesetzt, dass eine realitätsnahe Modellrepräsentation des Systems vorliegt. Solche systembiologischen Ansätze weichen damit prinzipiell von einem Grundkonzept der theoretischen Biologie ab: vom Minimalmodell, das versucht, die (für ein bestimmtes Phänomen) relevanten Systemeigenschaften mit geringstem mathematischen Aufwand zu erfassen. Die Aufgabe der Systembiologie, die durch die Bioinformatik bereitgestellten empirischen Daten zu *in-silico*-Simulationen des Systems zu vereinen, ist enorm schwierig. Das liegt zum einen an der Komplexität der realen biologischen Systeme, zum anderen aber an der Komplexität schon recht einfacher mathematischer Beschreibungen (s. dazu z. B. Bornholdt 2005). Aus unserer Sicht können daher die Ziele der Systembiologie nur über (in Form von Minimalmodellen erfasste) *universelle Zusammenhänge* erfolgen. Diese stellen ein Gerüst dar, auf dem systembiologisch Ansätze aufgebaut werden können. Sie kondensieren die Vielfalt bioinformatischer Beobachtungen und lassen sich dann anhand der Daten zu realitätsnahen Modellbeschreibungen ausgestalten. Abbildung 5.44 stellt diese Sichtweise grafisch dar. Wir werden uns daher kurz mit der mathematischen Beschreibung dynamischer Prozesse beschäftigen, um diesen Aspekt der Komplexität besser verstehen und die Struktur solcher universellen Zusammenhänge erfassen zu können. Diese Betrachtung wird uns unmittelbar auf den Begriff biologischer *Selbstorganisation* führen.

Wie die Bioinformatik unterliegt auch die Systembiologie als junge Disziplin einem erheblichen Wandel. Schon aus diesem Grund ist eine Grenzziehung zwischen den beiden Gebieten äußerst schwierig (und vielleicht auch gar nicht zwingend erforderlich). Eine pragmatische Aufteilung der Interessen und Themenfelder hinter den beiden Gebieten ließe sich z. B. in folgender Weise denken: Bioinformatische Methoden setzen typischerweise auf der Ebene der Sequenzinformation an (DNA-, RNA- oder Proteinsequenzen), während im Zentrum der Systembiologie eher die systemische Kontextualisierung von Beobachtungen steht (z. B. das Abbilden von Daten auf Signalpfade oder verschiedene intrazelluläre Netzwerke), durchaus auch gestützt durch quantitative mathematische Modelle der zugrunde liegenden biologischen Systeme.

Ein anderer Versuch der Abgrenzung dieser beiden eng verwobenen Disziplinen könnte bei der Beobachtung ansetzen, dass die Systembiologie viel stärker als die Bioinformatik den Anspruch eines naturwissenschaftlichen Fundaments hat, während die Bioinformatik ihr Fundament eher in der Statistik und Informatik findet.

Besonders klar zeigt sich das naturwissenschaftliche Fundament der Systembiologie in der Suche nach universellen Organisationsprinzipien biologischer Systeme.

5.3.2 Prinzipien der mathematischen Modellierung biologischer Systeme

Die Kenngrößen eines Systems, die sich zeitlich ändern, bezeichnet man in der nichtlinearen Dynamik als *dynamische Variablen*. Wie formuliert man nun eine mathematische Beschreibung, ein *Modell*, für ein zeitlich veränderliches System? In der Regel wird ein (funktionaler) Mechanismus für die zeitliche Änderung dx/dt einer Größe $x = x(t)$ angegeben. Dies ist eine Differenzialgleichung. Sie stellt eine sehr gebräuchliche Form von mathematischem Modell für biologische Systeme dar. Ihr mathematisches Prinzip ist, dass die zeitliche Änderung einer Größe $x(t)$ wiederum eine Funktion von x ist. Dabei kann x selbst z. B. die Konzentration einer Substanz zum Zeitpunkt t, aber auch jede andere Form von zeitabhängiger Kenngröße des Systems sein. Im Fall einer *gewöhnlichen* Differenzialgleichung (engl. *ordinary differential equation*) hängt x nur von einer Variablen (in unserem Fall der Zeit t) ab. Ihre allgemeine Form ist daher

$$\frac{dx}{dt} = f(x) \, , \tag{5.17}$$

wenn keine höheren Ableitungen beteiligt sind (gewöhnliche Differenzialgleichung *erster Ordnung*). Der Funktionswert $f(x)$ zu einem Zeitpunkt gibt also die zeitliche Änderung der dynamischen Variablen x vor. Dies führt auf den Wert von x zu einem etwas späteren Zeitpunkt, zu einem neuen Funktionswert $f(x)$ und damit zu einer neuen zeitlichen Änderung von x. Auf diese Weise *codiert* die Differenzialgleichung (5.17) für die Funktion $x(t)$. Diese Funktion $x(t)$ ist die *Lösung* der Differenzialgleichung (5.17). Differenzialgleichungen bieten auf diese Weise die Möglichkeit, Mechanismen der Änderung einer dynamischen Variablen unmittelbar in der Gleichung anzugeben.

Oft ist es notwendig, mehrere solche Differenzialgleichungen zu koppeln, weil das System mehr als eine dynamische Variable besitzt. Die allgemeine Form eines Systems mit zwei dynamischen Variablen, x und y, (also eines zweidimensionalen Systems von Differenzialgleichungen) ist z. B.

$$\frac{dx}{dt} = f(x, y) , \quad \frac{dy}{dt} = g(x, y) .$$
(5.18)

Eine elegante Art, die getrennt verlaufende und doch abhängige Dynamik von $x(t)$ und $y(t)$ in einer zusammengefassten (sowohl x als auch y enthaltenden) Weise zu diskutieren, ist durch die *Phasenebene* gegeben, in der x und y gegeneinander aufgetragen sind. Ein Verständnis dieser Darstellung erlangt man durch folgende Überlegung: Der Zustand des Systems zum Zeitpunkt t_0 ist durch Angabe von $x(t_0)$ und $y(t_0)$ vollständig bestimmt. Er lässt sich also als *Punkt* in der (x, y)-Ebene einzeichnen. Zum Zeitpunkt $t_0 + dt$ entspricht der Zustand einem benachbarten Punkt in der (x, y)-Ebene. Für ein ganzes Zeitintervall (z. B. von 0 bis T) ergibt sich eine *Kurve* in der (x, y)-Ebene. Die *nichtlineare Dynamik* stellt eine Reihe von Werkzeugen zur Verfügung, um diese Ebene weiter zu unterteilen und globale Eigenschaften der Dynamik zu ermitteln. Die erste Frage ist, ob das System einen Gleichgewichtszustand besitzt, also eine Wertekonstellation der dynamischen Variablen, die das System nicht mehr verlässt, sobald es sie einmal angenommen hat. Einen solchen Gleichgewichtszustand bezeichnet man als *Fixpunkt*. Diese formalen, auf einer Klassifikation der Dynamik in der Phasenebene basierenden Betrachtungen der durch zwei gekoppelte Differenzialgleichungen codierten Funktionen $x(t)$ und $y(t)$ wollen wir kurz an einem Beispiel diskutieren: dem Sel'kov-Oszillator, einem frühen Modell glykolytischer Oszillationen. Glykolyse ist, wie wir zu Beginn von Kap. 5.2 kurz erwähnt haben, der Prozess, mit dem eine Zelle Glukose in ATP umwandelt, also in das Molekül, das die Energie für zelluläre Abläufe bereitstellt. Das Modell reduziert die aus einer ganzen Reihe biochemischer Reaktionen bestehende Glykolyse auf eine positive Rückkopplung in der Aktivität eines zentralen Enzyms, der Phosphofruktokinase. Das System besteht aus zwei Differenzialgleichungen,

$$\frac{dx}{dt} = b - \alpha x - xy^2 , \quad \frac{dy}{dt} = -y + \alpha x + xy^2 ,$$
(5.19)

die sich Term für Term als eine Umsetzung dieser positiven Rückkopplung lesen lassen. Die Konstante b beschreibt den konstanten Zufluss zur dynamischen Variablen x. Der nichtlineare Term $-xy^2$ in der Differenzialgleichung beschreibt die durch y verstärkte Umsetzung von x nach y. Dieser Term steht sowohl in der Differenzialgleichung für x als auch – mit umgekehrtem Vorzeichen – in der Differenzialgleichung für y. Der zweite Modellparameter, die Konstante α, gibt die Stärke der linearen Umsetzung im Vergleich zu dieser Rückkopplung an. Abbildung 5.45 fasst diese Situation, vor allem die direkte Korrespondenz der Terme im mathematischen Modell mit den grafischen Elementen eines biochemischen Flussschemas, zusammen. Die formalen Übersetzungsregeln eines solchen Flussschemas in Terme eines Systems von Differenzialgleichungen sind äußerst einfach:

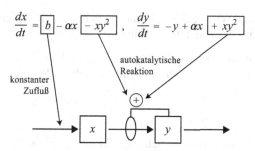

Abb. 5.45 Interpretation der Terme im zweidimensionalen Differenzialgleichungssystem des Sel'kov-Oszillators in Form eines einfachen metabolischen Flussschemas. Die Nichtlinearität in diesem System wird mit der als autokatalytische Reaktion bezeichneten positiven Rückkopplung identifiziert

- Kästchen stellen Metabolitenpools dar, deren Konzentration einer dynamischen Variablen entspricht.

- Ein Pfeil in ein Kästchen repräsentiert einen Term mit positivem Vorzeichen, ein herausweisender Pfeil einen Term mit negativem Vorzeichen.

- Ein Pfeil zwischen zwei Kästchen entspricht somit in beiden zugehörigen Differenzialgleichungen jeweils einem Term mit umgekehrtem Vorzeichen

- Nichtlineare Terme entsprechen regulatorischen Elementen, wie Inhibition, Aktivierung, Enzymaktivität oder Ähnlichem.

Man erkennt hier die Strategie eines modellorientierten systembiologischen Ansatzes. Zugleich lassen sich an diesem elementaren, biologisch motivierten System des Sel'kov-Oszillators die oben angedeuteten Werkzeuge zur Analyse dynamischer Systeme unmittelbar vorführen.

Einige dieser einfachen Regeln basieren auf dem *Massenwirkungsgesetz*. Es besagt, dass die Reaktionswahrscheinlichkeit molekularer Spezies proportional zum Produkt aller Reaktionspartner (Reaktanden) ist. Dahinter steht ein einfaches physikalisches Prinzip: Die Kollisionswahrscheinlichkeit sich frei bewegender, homogen im Raum verteilter Teilchen ist proportional zur Dichte der Teilchen. In diesem physikalischen Bild erfordert allerdings die Reaktion

$$2A + B \rightarrow C \qquad (5.20)$$

die Kollision dreier Teilchen, nämlich $2A$ und B. Bezeichnen wir wie üblich die Konzentration mit eckigen Klammern, so erhält man als entsprechenden Term in der Differenzialgleichung für C:

$$\frac{d[C]}{dt} = k[A]^2[B] \qquad (5.21)$$

mit einer Reaktionsrate k. Stöchiometrische Faktoren (wie der Koeffizient 2 in Gl. (5.20)) werden über das physikalische Prinzip hinter dem Massenwirkungsgesetz also zu Exponenten. Wir werden Anwendungen dieses Modellierungsprinzips noch im weiteren Verlauf des Kapitels kennenlernen.

Die *Nullcharakteristiken* des Sel'kov-Systems (also die Linien in der Phasenebene, auf denen sich eine der dynamischen Variablen nicht ändert) sind gegeben durch

$$\frac{dx}{dt} = 0 \Rightarrow x = -\frac{b}{y^2 + \alpha} \,, \quad \frac{dy}{dt} = 0 \Rightarrow x = \frac{y}{y^2 + \alpha} \,. \tag{5.22}$$

Der Fixpunkt ergibt sich dann als Schnittpunkt dieser beiden Funktionen

$$(x_F, y_F) = \left(\frac{b}{\alpha + b^2}, b \right) \,. \tag{5.23}$$

Dort ändern sich beide dynamischen Variablen nicht; der Fixpunkt ist der Gleichgewichtszustand des Systems. Abbildung 5.46 zeigt die Nullcharakteristiken für zwei Parameterkonstellationen (α, b), nämlich $P_1 = (0.1, 0.7)$ und $P_2 = (0.1, 0.4)$. Es ist klar zu sehen, wie sich die relative Lage der Nullcharakteristiken mit den Parametern ändert. Durch numerische Integration der Differenzialgleichungen[21] ausgehend von bestimmten Anfangsbedingungen $x(0)$ und $y(0)$ erhält man die entsprechenden Zeitentwicklungen $(x(t), y(t))$ für beide Parametersätze P_1 und P_2. Dies ist (für die Variable x) ebenfalls in Abb. 5.46 dargestellt. Zu einem Zeitpunkt $t = t_0$ ist der Systemzustand also charakterisiert durch zwei Zahlenwerte: $x(t_0)$ und $y(t_0)$. Einen Moment später ($t = t_0 + dt$) wird sich das System in einem *Nachbar*zustand $x(t_0 + dt), y(t_0 + dt)$ in der (x, y)-Ebene befinden. Auf diese Weise gehört zu einem Zeitintervall ein Kurvensegment in der (x, y)-Ebene. Diese Kurvensegmente bezeichnet man als *Trajektorien*.

Für die eine Parameterwahl (P_1) weist das System ein oszillatorisches Verhalten auf, im anderen Fall (P_2) läuft das System von dem Anfangspunkt aus spiralförmig in den stabilen Fixpunkt. Würde man die Parameter kontinuierlich von P_2 zu P_1 variieren, so könnte man sehen, wie sich die Zeit zum Erreichen des Fixpunkts verlängert und schließlich bei Überschreiten eines kritischen Parameterwerts eine stabile Oszillation entsteht. Diesen Vorgang bezeichnet man als *Hopf-Bifurkation*. Tatsächlich hängt der kritische Wert, der Bifurkationspunkt, sowohl von b als auch von α ab. Abbildung

---

[21] Das Prinzip einer solchen numerischen Integration ist relativ einfach und beruht auf einer Diskretisierung der – in den Differenzialgleichungen kontinuierlich verlaufenden – Zeit. Betrachten wir den eindimensionalen Fall, $dx/dt = f(x)$. Die zeitlich diskretisierte Fassung lautet $\Delta x/\Delta t = f(x)$, bzw. $\Delta x = f(x)\Delta t$. Kennt man also einen Anfangspunkt $x(0)$ und legt eine zeitliche Schrittweite Δt fest, so kann man $x(\Delta t) = f(x(0))\Delta t$ näherungsweise berechnen (dieser Zusammenhang gilt strikt nur im Limes $\Delta t \to 0$, also im ursprünglichen Fall kontinuierlicher Zeit). Von dort gelangt man dann zu $x(2\Delta t) = f(x(\Delta t))\Delta t$ und so fort. Man erhält also eine diskrete Approximation an die tatsächliche Funktion. Dies ist das Resultat der numerischen Integration. Die Genauigkeit ist im Wesentlichen durch die Schrittweite Δt festgelegt. Fortgeschrittene Varianten dieses als Euler-Schema bezeichneten numerischen Verfahrens beziehen vor allem mehr Werte als den unmittelbar vorangehenden in den Berechnungsprozess ein oder variieren automatisch die Schrittweite Δt in Abhängigkeit der Änderung $f(x)$ der dynamischen Variablen $x(t)$.

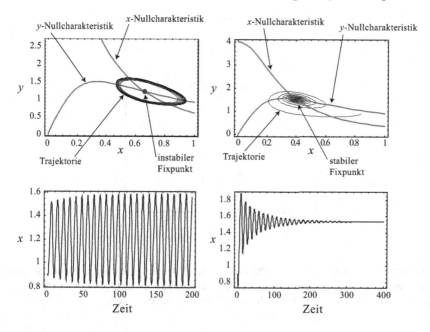

Abb. 5.46 Beispiele für das dynamische Verhalten des Sel'kov-Oszillators. Für den Parametersatz P_1 (linke Bildhälfte) ist der Fixpunkt des Systems (der Schnittpunkt der beiden Nullcharakteristiken) instabil und das System zeigt ein oszillatorisches Verhalten. In der Phasenebene (oberes Bildsegment) ist die Oszillation durch geschlossene Trajektorien um den instabilen Fixpunkt charakterisiert (Grenzzyklus). Die Zeitentwicklung der dynamischen Variablen x (unteres Bildsegment) zeigt eine stabile Oszillation nach einem kurzen Einschwingvorgang der Amplitude. Für die zweite Parameterkonstellation P_2 ist der Fixpunkt stabil. In der Phasenebene erkennt man eine Trajektorie, die spiralförmig in den Fixpunkt läuft. Die Zeitentwicklung von x zeigt entsprechend eine oszillatorische Annäherung an diesen Gleichgewichtszustand

5.47 zeigt die Trennlinie zwischen dem stabilen Fixpunkt und dem oszillatorischen Verhalten in der (α, b)-Ebene.

Kehren wir nach diesem Exkurs in die mathematische Modellierung biologischer Phänomene zurück zu unserem Ausgangspunkt, nämlich universellen Gesetzmäßigkeiten des Systemverhaltens als Weg zur Systembiologie. Ein eindrucksvolles Beispiel einer solchen vereinheitlichenden Gesetzmäßigkeit ist durch die sprunghaft bei wachsender Kopplungsstärke einsetzende Synchronisation in einem Ensemble gekoppelter Oszillatoren gegeben, das Winfree (1967) entdeckt und Kuramoto (1984) mathematisch in einem Minimalmodell beschrieben hat. Synchronisation der Dynamik vieler interagierender Elemente hat in der Natur eine Vielzahl von Beispielen: Glühwürmchen synchronisieren ihr Leuchten, was zu dramatischen optischen Eindrücken rhythmisch flackernder Bäume führt, Grillen synchronisieren ihr Zirpen, Konzertbesucher ihr Klatschen beim Schlussapplaus. Ein synchrones Feuern

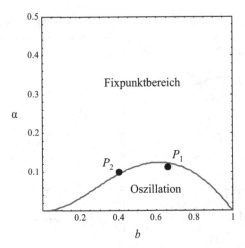

Abb. 5.47 Phasendiagramm des Sel'kov-Oszillators. Man erkennt die Trennlinie zwischen oszillatorischem Verhalten und dem stabilen Fixpunktbereich in der (α, b)-Ebene. Die beiden Parameterkonstellationen aus Abb. 5.46 sind als Punkte eingezeichnet

vieler Neuronen ist Grundlage für das Krankheitsbild der Epilepsie. Viele Formen raumzeitlicher Musterbildung in der Biologie erfordern eine (räumlich lokale) Synchronisation der biologischen Einheiten, etwa um propagierende Wellenfronten zu ermöglichen. Doch wie unvermeidlich ist Synchronisation? Wie sehr hängt sie von den äußeren Einflüssen auf das System ab? Gibt es partielle Synchronisation, bei der nur ein Teil der Elemente synchronisiert ist? Welche Eigenschaften zeichnen dann diese synchrone Gruppe im Vergleich zu den anderen Elementen des Systems aus? Betrachten wir dieses Phänomen der Synchronisation also einmal aus einer etwas formaleren Perspektive. Abbildung 5.48 zeigt den 'Generator' unseres periodischen Signals, den wir in den Mittelpunkt dieser Betrachtung stellen wollen: Ein Punkt bewegt sich mit konstanter Geschwindigkeit auf einem Kreis mit dem Radius r in der Ebene.[22] Die Position dieses Punkts lässt sich sowohl in den üblichen (kartesischen) Koordinaten (x, y) als auch in Polarkoordinaten (r, ϕ), also durch eine *Amplitude* r und eine *Phase* ϕ, beschreiben. Der Zusammenhang zwischen diesen beiden Darstellungen, die *Koordinatentransformation*, die die eine Form in die andere überführt, ist gegeben durch:[23] $x = r \cos \phi$ und $y = r \sin \phi$. Es ist klar, dass in unserem

---

[22] Natürlich ändert sich beständig die *Richtung* in der Ebene (und damit formal auch die Geschwindigkeit). Was konstant bleibt, ist der Betrag der Geschwindigkeit und – wie wir sehen werden – die Änderung der Phase der Oszillation, also die Winkelgeschwindigkeit.

[23] Denkt man sich die Oszillation durch ein physikalisches Fadenpendel realisiert, so stellt Abb. 5.48a die *Phasenebene* dar, in der die dynamischen Variablen gegeneinander aufgetragen sind. Wenn $x(t)$ die Auslenkung des Pendels als Funktion der Zeit t angibt, so ist in diesem Fall die Geschwindigkeit zu jedem Zeitpunkt durch die Variable $y(t)$ gegeben: $y = dx/dt$. Man ahnt diesen Zusammenhang bereits in Abb. 5.48b: Die Nulldurchgänge von x fallen mit den Extrema von y zusammen – am Nulldurchgang hat das Pendel seine maxi-

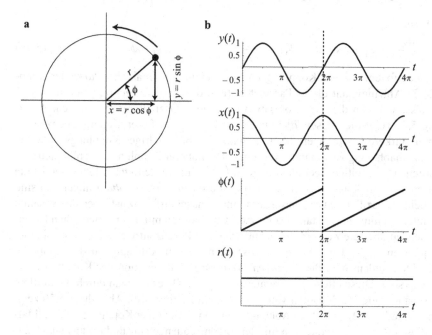

Abb. 5.48 Konzept des Phasenoszillators. **a** Schematische Darstellung der gleichförmigen Bewegung eines Punkts auf einem Kreis, zusammen mit der Darstellung der Punktposition durch kartesische Koordinaten (x, y) und Polarkoordinaten (r, ϕ). **b** Zeitverläufe der vier Koordinaten x, y, r und ϕ für einen solchen einfachen Phasenoszillator

speziellen Fall die Polarkoordinaten eine sehr viel einfachere Beschreibung des dynamischen Prozesses liefern: Die Amplitude ist konstant und die Phase ändert sich mit konstanter Rate. Abbildung 5.48b fasst die Zeitverläufe aller vier Koordinaten zusammen. Verwendet man die Darstellung durch Polarkoordinaten, so ist das System also durch eine einzige (und zudem sehr einfache) dynamische Variable, nämlich die Phase ϕ, beschreibbar. In Form einer Differenzialgleichung ausgedrückt hat man also $d\phi/dt = \omega$, wobei der Parameter ω (die *Eigenfrequenz* des Systems) angibt, wie schnell der Punkt in Abb. 5.48a auf dem Kreis rotiert.[24] Dieses System bezeichnet man als *Phasenoszillator*. Interessant werden solche Phasenoszillatoren jedoch erst, wenn man sie zu einem zusammengesetzten System koppelt. Eine in der Forschung oft diskutierte Form der Kopplung ist durch den Sinus der Phasendifferenzen gegeben. Für zwei solche Oszillatoren mit unterschiedlichen Eigenfrequenzen ω_1 und ω_2

---

male Geschwindigkeit. Zudem ist die Sinusfunktion (der Zeitverlauf von $y(t)$ in Abb. 5.48) gerade (bis auf ein Vorzeichen) die Ableitung der Kosinusfunktion (also des Zeitverlaufs von $x(t)$).

[24] Der Wertebereich der Phase ist natürlich auf das Intervall von 0 bis 2π (also 360°) beschränkt. Mathematisch wird dies über eine Modulo-Operation erreicht, die alle ganzzahligen Vielfachen von 2π subtrahiert. In der Differenzialgleichung ignorieren wir diese Komplikation: Unsere Phase wächst – formal gesehen – kontinuierlich an.

hat man

$$\frac{d\phi_1}{dt} = \omega_1 + \varepsilon \sin(\phi_2 - \phi_1)\,, \quad \frac{d\phi_2}{dt} = \omega_2 + \varepsilon \sin(\phi_1 - \phi_2)\,. \tag{5.24}$$

Den Koeffizienten ε des Kopplungsterms bezeichnet man als die *Stärke* der Kopplung. In Abhängigkeit dieses Parameters (und der beiden Eigenfrequenzen ω_1 und ω_2) lässt sich nun die Synchronisation der beiden Oszillatoren bestimmen. Abbildung 5.49 zeigt die Phasen*differenz* $\Delta\phi = \phi_2 - \phi_1$ bei festen Eigenfrequenzen für immer stärkere Kopplungen. Man erkennt, dass bei niedriger Kopplungsstärke die Phasen unabhängig voneinander verlaufen. Bei höherer Kopplung setzt plötzlich eine deutliche gegenseitige Beeinflussung ein: Über längere Zeitintervalle hinweg ist die Phasendifferenz konstant. Geht man über diese *kritische Kopplung* hinaus, so sind die beiden Oszillatoren synchronisiert: Ihre Phasendifferenz ist über das gesamte Zeitintervall hinweg konstant. Damit zwei Oszillatoren mit unterschiedlichen Eigenfrequenzen über die Zeit eine konstante Phasendifferenz aufweisen, müssen sie ihre Frequenzen angleichen. Diesen Prozess kann man in Abhängigkeit der Kopplung betrachten, indem man die *effektiven Frequenzen* als Funktion der Kopplungsstärke analysiert. Diese effektiven Frequenzen Ω_1 und Ω_2 erhält man durch die mittlere Phasenänderung (in Einheiten von 2π) in einem Zeitintervall. Abbildung 5.50 zeigt den Verlauf von Ω_1 und Ω_2 in Abhängigkeit von ε. Bei einer Kopplung von Null fallen diese effektiven Frequenzen mit den Eigenfrequenzen ω_1 und ω_2 aus Gl. (5.24) zusammen. Mit wachsender Kopplung sieht man das Angleichen der Frequenzen und schließlich das Einsetzen der Synchronisation. In ganz ähnlicher Weise können wir nun ein Ensemble von mehreren Phasenoszillatoren diskutieren. Beginnen wir mit einer Gruppe von zehn Oszillatoren, die wir in der Phasenebene und anhand ihrer effektiven Frequenzen in Abhängigkeit der Kopplungsstärke untersuchen. Abbildung 5.51 zeigt typische Momentaufnahmen der Phasenebene für verschiedene Kopplungskonstanten. Man kann den asynchronen und den synchronisierten Fall deutlich erkennen, aber auch die Zwischenstufen partieller Synchronisation, die vor Erreichen der kritischen Kopplungsstärke vorliegen. Mit einem recht bemerkenswerten Trick konnte Kuramoto die Synchronisation in einem Ensemble solcher Phasenoszillatoren quantitativ diskutieren. Betrachten wir dazu noch einmal die komplexen Zahlen, die wir in Kap. 5.1 bei der Behandlung der Mandelbrot-Menge eingeführt haben. Einer der faszinierenden Zusammenhänge bei komplexen Zahlen ist durch die Exponentialfunktion gegeben, wenn man rein imaginäre Zahlen als Variablen zulässt. Real- und Imaginärteil dieser komplexwertigen Exponentialfunktion verhalten sich dann nämlich wie Kosinus und Sinus. Dies ist das *Euler-Theorem*. Für eine rein imaginäre Zahl $i\phi$, die aus einer reellen Zahl ϕ durch Multiplikation mit der imaginären Einheit i (vgl. Kap. 5.1) gebildet wird, hat man[25]

$$e^{i\phi} = \cos\phi + i\sin\phi\,. \tag{5.25}$$

---

[25] Diese Zerlegung der komplexwertigen Exponentialfunktion in einen Sinus- und einen Kosinusanteil gilt ganz allgemein für jede komplexe Zahl z (nicht nur für rein imaginäre Zahlen der Form $i\phi$, deren Realteil also verschwindet). Dass diese beiden Anteile jedoch gerade dem Real- und Imaginärteil der Funktion entsprechen, ist auf die Zahlen der Form $i\phi$ beschränkt. Dies ist zugleich der für uns interessante Fall.

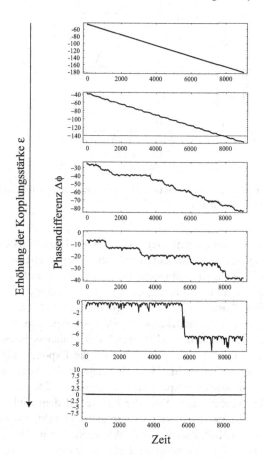

Abb. 5.49 Phasendifferenz $\Delta\phi$ als Funktion der Zeit t für verschiedene Werte der Kopplungs-stärke ε für ein System aus zwei gekoppelten Phasenoszillatoren. Die Eigenfrequenzen der Phasenoszillatoren betragen $\omega_1 = -0.7$ und $\omega_2 = -0.4$. Die Kopplungsstärke ε wurde von $\varepsilon = 0$ (oberes Bildsegment) bis $\varepsilon = 1.0$ (unteres Bildsegment) in Schritten von 0.2 erhöht

Die Übereinstimmung der beiden Anteile mit der oben beschriebenen Transformati-on von kartesischen zu Polarkoordinaten ist offensichtlich. Wenn man die komplexe Zahl $\exp(i\phi)$ in der *Gauß'schen Zahlenebene* (also dem Koordinatensystem, bei dem die Achsen durch den Real- und Imaginärteil der Zahl gegeben sind) darstellt, so entspricht[26] sie einem Punkt mit den Polarkoordinaten $r = 1$ und ϕ. Der Zustand ei-nes Phasenoszillators zu einem bestimmten Zeitpunkt lässt sich also auf diese Weise als Punkt in der *Gauß'schen Zahlenebene* darstellen. Viele Phasenoszillatoren zu-sammen entsprechen also zu jedem Zeitpunkt einer Verteilung von Punkten. Alle

---

[26] In Analogie zum üblichen zweidimensionalen Fall bei reellen Zahlen bezeichnet man $z = re^{i\phi}$ auch als Polarkoordinatendarstellung der komplexen Zahl z durch r und ϕ.

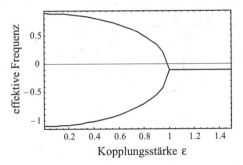

Abb. 5.50 Effektive Frequenzen als Funktion der Kopplungsstärke ε für das System aus zwei gekoppelten Phasenoszillatoren aus Abb. 5.49

diese Punkte liegen auf dem Einheitskreis in der Ebene. Diese Darstellung entspricht den in Abb. 5.51 angegebenen Momentaufnahmen in der (x, y)-Ebene. Verfolgt man einen Oszillator in der Zeit, so ergibt sich eine Bahn, eine *Trajektorie*, auf dem Einheitskreis. Kuramoto konnte ausnutzen, dass im nicht synchronisierten (asynchronen) Fall diese vielen Phasenoszillatoren zu jedem Zeitpunkt weitestgehend gleichmäßig (homogen) auf dem Einheitskreis verteilt sind. Synchronisation bündelt diese Punkte auf einen bestimmten Winkelbereich des Einheitskreises. Diesen Effekt haben wir bereits in Abb. 5.51 gesehen. Wie hilft die Exponentialfunktion, diesen Unterschied quantitativ zu erfassen? Der Trick liegt in der Addition von Vektoren in dieser Ebene, die mithilfe der Exponentialfunktion als Addieren von (komplexen) Zahlen durchgeführt werden kann. Sind die Punkte auf dem Einheitskreis alle homogen verteilt (asynchroner Fall), so addieren sich die Vektoren zu einem Vektor mit einer Länge nahe an Null. Liegen die Punkte gebündelt in einem engen Winkelbereich auf dem Einheitskreis (synchroner Fall), so ist der resultierende Vektor sehr lang, weil alle Einzelvektoren im Wesentlichen in dieselbe Richtung zeigen. Abbildung 5.52 skizziert dieses Funktionsprinzip der Summe an einem Beispiel mit nur zwei Vektoren. Man erkennt, wie die Länge des resultierenden (Summen-)Vektors von der Verteilung der Punkte auf dem Einheitskreis abhängt. Die Länge des resultierenden Vektors wird so zu einem Maß für die Synchronisation, die in dem Ensemble von Phasenoszillatoren vorliegt. Teilt man diese Länge nun noch durch die Zahl der Oszillatoren (normiert man also die Summe), so erhält man eine Kenngröße der Synchronisation, die zwischen Null (keine Synchronisation) und Eins (vollständige Synchronisation) liegt:

$$R = \left\langle \frac{1}{N} \left| \sum_{k=1}^{N} e^{i\phi_k(t)} \right| \right\rangle_t , \tag{5.26}$$

wobei $\phi_k(t)$ die Phase des k-ten Oszillators zum Zeitpunkt t darstellt, die Betragsstriche die *Länge* des resultierenden Vektors abfragen[27] und mit den spitzen Klammern

---

[27] In der Darstellung durch Polarkoordinaten sieht man das deutlich: Der Betrag $|z|$ einer komplexen Zahl $z = re^{i\phi}$ ist gerade r.

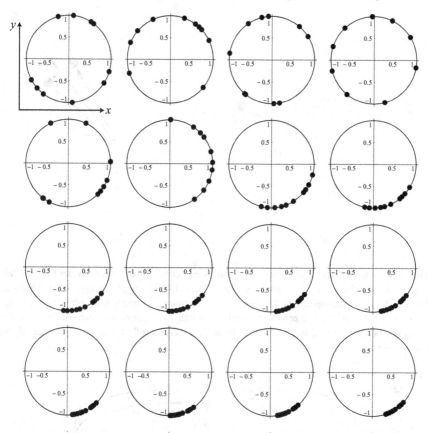

Abb. 5.51 Momentaufnahmen der Zustände eines Systems aus zehn gekoppelten Phasenoszillatoren mit $r = 1$ für verschiedene Werte der Kopplungskonstanten ε. Die Kopplung steigt ausgehend von $\varepsilon = 0$ (erstes Bildsegment) zeilenweise um 0.05 an. Dargestellt wurden jeweils die Positionen der Phasenoszillatoren zu einem bestimmten Zeitpunkt in der (x, y)-Ebene gemäß der Notation aus Abb. 5.48

$\langle x(t) \rangle_t$ der zeitliche Mittelwert des Arguments notiert wird. Wie sieht nun der Verlauf dieser Größe R in Abhängigkeit der Kopplungsstärke ε der Phasenoszillatoren aus (vgl. Gl. (5.24))? Abbildung 5.53 zeigt diesen Verlauf für ein System aus zehn Phasensozillatoren, zusammen mit einer entsprechenden Darstellung der effektiven Frequenzen.[28] Dieser Verlauf der effektiven Frequenzen mit der Kopplungsstärke

---

[28] An dieser Stelle wird auch qualitativ klar, wie die beiden oben diskutierten Grenzfälle zustande kommen: Wenn die Phasen homogen auf dem Einheitskreis verteilt sind, gibt es zu jeder Phase $\phi_j(t)$ zum Zeitpunkt t eine ungefähr entgegengesetzte Phase $\phi_k(t) \approx -\phi_j(t)$, so dass sich die Summe über alle Phasenoszillatoren etwa zu Null ergibt: $R \approx 0$. Sind zu jedem Zeitpunkt t alle Phasen ungefähr gleich, $\phi_j(t) \approx \phi_k(t) \equiv \phi(t)\,\forall j, k$, so wird die Summe in Gl. (5.26) durch $Ne^{i\phi(t)}$ approximiert und damit hat man $R \approx 1$.

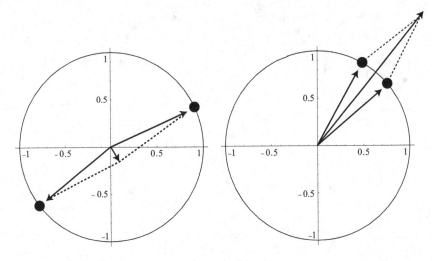

Abb. 5.52 Schematische Darstellung des Einflusses der Synchronisation zweier Phasenoszillatoren auf die Länge des Summenvektors. Die linke Bildhälfte zeigt den asynchronen Fall, bei dem die Addition der beiden Zustandsvektoren auf einen Summenvektor mit geringer Länge führt. Die rechte Bildhälfte zeigt den synchronen Fall, der sich durch eine konstruktive Addition der beiden Zustandsvektoren und damit durch eine große Länge des Summenvektors auszeichnet

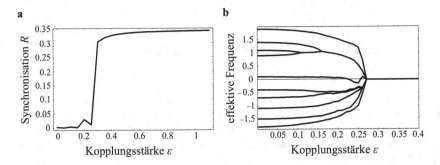

Abb. 5.53 Analyse der Synchronisation in einem Ensemble aus Phasenoszillatoren. **a** zeigt den Ordnungsparameter R als Funktion der Kopplungsstärke ε. **b** zeigt in Anlehnung an Abb. 5.50 die effektiven Frequenzen der zehn Phasenoszillatoren in Abhängigkeit der Kopplungsstärke ε

ist recht aufschlussreich. Man erkennt den durch lokale (Oszillatoren mit besonders ähnlichen Eigenfrequenzen betreffende) Synchronisation geebneten Weg hin zu einem vollständig synchronisierten Zustand.

Das spontane Einsetzen von Synchronisation in einem Ensemble von Phasenoszillatoren beim Überschreiten einer kritischen Kopplungsstärke ist ein Minimalmodell für nahezu jede Form von Synchronisationsphänomenen. An dieser Stelle erkennt man, was wir zu Beginn des Kapitels mit der vereinheitlichenden und leitenden Wirkung eines solchen universellen Zusammenhangs gemeint haben. Nicht nur werden Einzelbefunde zusammengefasst und in derselben formalen Weise erklärt. Es wird vor allem auch eine Strategie festgelegt, in neuen Untersuchungen über dieses Grundphänomen hinausgehende Effekte zu identifizieren. Einige Beispiele und eine mathematisch sorgfältige Diskussion von Kuramotos Modell gibt der anspruchsvolle Übersichtsartikel von Juan Acebrón und Mitautoren in den *Reviews of Modern Physics* (Acebrón et al. 2005). Eine sehr gute nicht mathematische Einführung in Phänomene der Synchronisation stellt das Buch von Strogatz (2003) dar.

Dieses Phänomen spontaner Synchronisation ist zugleich ein Beispiel eines größeren Konzepts: *Selbstorganisation*. Unter Selbstorganisation versteht man das Auftreten systemübergreifender (*langreichweitiger*) zusammenhängender, in irgendeinem Sinne geordneter (oder *kohärenter*) Strukturen in einem Ensemble vieler lokal interagierender Elemente. Die Wechselwirkungen selbst bestimmen – im Rahmen von Modellen z. B. durch ihre Parameter – Charakteristika dieser Strukturen. Im engeren Sinne spricht man von Selbstorganisation, wenn diese Strukturen spontan beim Über- oder Unterschreiten eines kritischen Parameterwerts auftreten. Selbstorganisation ist dann ein Phasenübergang hin zu höherer räumlicher Ordnung. Von der reinen '(Fremd-)Organisation' hebt sich dieses Phänomen dadurch ab, dass die sich bildenden Strukturen dem System nicht von außen auferlegt werden. In einem weiteren Sinne wird darunter gelegentlich auch jede Form von (langreichweitiger) Strukturbildung verstanden, die sich nicht unmittelbar aus den Gesetzmäßigkeiten des Systems erschließen oder erwarten lässt. Die Ausgestaltung der einzelnen Elemente und die genaue Form der lokalen Wechselwirkung bestimmen die Eigenschaften der langreichweitigen (also auf einer Längenskala, die deutlich größer als einige wenige Elemente ist, auftretenden) Strukturen. Diese formale Situation lässt sich auf eine Vielzahl natürlicher Phänomene übertragen. Das Verhalten von Fischschwärmen und – in gewissem Rahmen – auch von großen Menschenmengen sind Beispiele von Selbstorganisation. Sobald eine bestimmte Dichte überschritten wird, agiert das Individuum nicht mehr selbst, sondern reagiert vor allem auf das Verhalten seiner unmittelbaren Nachbarn. In diesem Zustand bildet das Gesamtsystem eine kollektive Bewegung aus. Richtungswechsel und Änderungen der Geschwindigkeit geschehen nun als Ganzes. Der Physiker Hermann Haken hat diesen Vorgang als *Versklavung* der einzelnen Elemente durch das kollektive Systemverhalten bezeichnet. Dahinter verbirgt sich letztlich eine Reduktion der Freiheitsgrade. Nicht mehr jedes Individuum im Schwarm muss in Ort und Geschwindigkeit verwaltet werden, um zu einer Erfassung des Systemzustands zu gelangen, sondern es existieren wenige kollektive Kenngrößen, die das Gesamtsystem charakterisieren und denen die Individuen folgen.

Mit der Kuramoto'schen Analyse der Synchronisation eines Ensembles von Oszillatoren für den einfachsten Fall solcher oszillatorischen Elemente, nämlich Phasenoszillatoren, ist – wie wir gesehen haben – eine Grundsituation biologischer Selbstorganisation auf elementarer Ebene verstanden. Dieses Minimalmodell stellt einen der zu Beginn des Kapitels benannten universellen Zusammenhänge dar, die das Wechselspiel von Theorie und Experiment auf dem Weg zu einer systembiologischen Analyse ordnen können.

5.3.3 Beispiele systembiologischer Analysen

Über diesen konzeptionellen, abstrakten Rahmen hinaus ist die Umsetzung einer systembiologischen Perspektive durch eine Reihe praktischer Fragen geprägt. Es müssen Modellierungs- und Simulationsstandards festgelegt werden. Die *Systems Biology Markup Language* (SBML) etwa ist ein maschinenlesbares Format für Modelle metabolischer und regulatorischer Reaktionsnetzwerke,[29] das zur Zeit in vielen bioinformatischen Datenbanken mit systembiologischer Perspektive Anwendung findet. Die mathematische Modellierung biologischer Phänomene muss in integrierten Umgebungen erfolgen, die von anderen Parteien fortgeführt und mit anderen Modellen zusammengefügt werden können. Die *BioModels Database* am EBI stellt ein Beispiel solcher *Modelldatenbanken* dar. Dort werden quantitative Modelle aus wissenschaftlichen Publikationen in einem vereinheitlichten Format zusammengestellt. Solche Projekte ebnen den Weg für gemeinsame, von vielen Forschungsgruppen als *Open-Source-Projekte* getragene größere Modellierungsunternehmungen.

Eine weitere wichtige Aufgabe der Systembiologie liegt in der Verzahnung von Modellierung und experimentellen Daten: Wie kann man von Microarray-Daten auf das zugrunde liegende Genregulationsnetzwerk schließen? Wie lässt sich aus Metabolomics-Daten das metabolische Netzwerk extrahieren? Wie lassen sich qualitative Eigenschaften allgemeiner Zusammenhänge (Gene – Zelltypen, Netzwerkarchitektur – Verteilung metabolischer Raten, Verteilung von Kontrolle in Regulationsnetzwerken etc.) mathematisch herleiten und mit empirischen Befunden validieren? Die Systembiologie verbindet mit ihren beiden großen Ansätzen, Datenanalyse und Modellierung, etablierte Disziplinen wie *Computational Biology* auf der einen Seite und nichtlineare Dynamik und theoretische Biologie auf der anderen Seite. Die Bioinformatik stellt die algorithmischen Grundlagen für die Verzahnung dieser Ansätze und – über Datenbanken und Datenformate – auch die empirischen Ausgangspunkte für systembiologische Untersuchungen bereit.

Ein Verständnis zellulärer Funktionen erfordert ein Verständnis der Prinzipien genetischer Regulation: Durch welche Prozesse wird die Expression eines Gens bestimmt? Die biologischen Mechanismen sind vielfältig (z. B. durch Signalkaskaden, durch den regulatorischen Einfluss anderer Gene, durch den metabolischen Zustand der Zelle, durch regulatorische RNA, durch die räumliche Organisation des Genoms) und in vielen Aspekten noch nicht umfassend verstanden. Das vorliegende Kapitel hat seinen Schwerpunkt nicht auf einer Beschreibung der biologischen Prozesse, sondern vielmehr auf einer Darstellung der Methoden der mathematischen Modellierung einfacher regulatorischer Zusammenhänge. Wir diskutieren daher im Folgenden eine stark vereinfachte Situation: N Gene sind durch M_A aktivierende und M_I inhibierende Interaktionen (bzw. paarweise Verbindungen) zu einem Netzwerk verknüpft. Das

---

[29] http://sbml.org/index.psp

Ziel der Modellierung ist, eine Aussage über das dynamische Verhalten dieses Systems zu machen. Die enorme Vielfalt mathematischer Modellierungsansätze, die sich in der wissenschaftlichen Literatur zu dieser (oder einer ähnlich vereinfachten) biologischen Situation finden, verdeutlicht in eindrücklicher Weise die gestalterische Freiheit einer solchen Modellierung, ebenso wie die Notwendigkeit, Entscheidungen über Modellkomplexität, Zielgrößen, verfügbare experimentelle Daten und im Modell relevante Zeitskalen[30] zu treffen.

Mit dem N-K-Modell von Stuart Kauffman haben wir eine sehr einfache Form mathematischer Modelle für diese biologische Situation bereits in Kap. 5.2 kennengelernt. Kauffmans ursprüngliches Modell weicht allerdings in zwei Punkten von dem gerade skizzierten Szenario ab. Zum einen betrachtete Kauffman (in seinem ursprünglichen N-K-Modell) Netzwerke auf N Knoten, bei denen jeder Knoten genau K regulatorische Signale von anderen Knoten erhält. Zum anderen hat Kauffman über die einfache Unterscheidung aktivierender und inhibierender Verbindungen hinaus jede mögliche Boole'sche Regel zugelassen. Die radikale Vereinfachung von Kaufmans Modell liegt darin, als Zustände der Gene nur 0 (ausgeschaltet, inaktiv) und 1 (eingeschaltet, aktiv) zuzulassen und die Zeit in diskreten Schritten (t, $t + 1$, $t + 2, \dots$) zu betrachten.[31]

Natürlich ist die zufällige Auswahl Boole'scher Regeln und die Beschränkung auf eine gleiche Zahl von Inputs für alle Gene nicht angemessen, wenn man diese Modellvorstellungen auf reale biologische Phänomene anwenden möchte. Daher wollen wir zwei Modifikationen des ursprünglichen Modells kurz diskutieren: zum einen, wie sich realistische regulatorische Situationen in diesem Rahmen abbilden lassen; zum anderen, wie sich auf der Basis von aktivierenden und inhibierenden Verbindungen eine biologisch motivierte Update-Regel formulieren lässt. Als Erstes analysieren wir dazu ein einfaches Drei-Knoten-Netzwerk aus Genen X, Y und Z. Wir orientieren uns dabei in einigen Aspekten an Karlebach und Shamir (2008). Das Gen X aktiviert gemeinsam mit dem Gen Y das Gen Z. Gen Z inhibiert X und X aktiviert Y. Die gemeinsame Aktivierung von Z durch X und Y lässt sich z. B. als logisches UND darstellen, während die Inhibition von X durch Z einer inversen Funktion von X bezüglich Z entspricht, unabhängig von dem Zustand von Y. Diese Boole'sche-Netzwerk-Darstellung des regulatorischen Drei-Knoten-Systems ist in Abb. 5.54a gezeigt. Anwendung der oben entwickelten Methoden führt auf die in Abb. 5.54b dargestellte Attraktorstruktur. Das System läuft also auf einen stabilen Periode-5-Zyklus, bei dem die Gene im Wesentlichen sequenziell eingeschaltet werden. Wie

---

[30] Die Zeitskalen der verschiedenen zur Genexpression beitragenden Prozesse umfassen viele Größenordnungen – von der Transkriptionsrate der RNA-Polymerase (einige zehn Nukleotide pro Sekunde) über die Zeit, bis ein Transkriptionsfaktor seine Bindestelle findet (Sekunden bis Minuten), bis zur Halbwertszeit eines Transkriptionsfaktors (einige Stunden). Eine Orientierung bezüglich solcher Zeitskalen und vieler anderer Abschätzungen biologischer Parameter findet sich in der Datenbank *bionumbers.org*.

[31] Mathematisch ähnelt diese Modellform mit ihrer diskreten Zeit und ihrem diskreten Zustandsraum der dynamischen Variablen (also der Gene) *zellulären Automaten*, vgl. Marr und Hütt (2009).

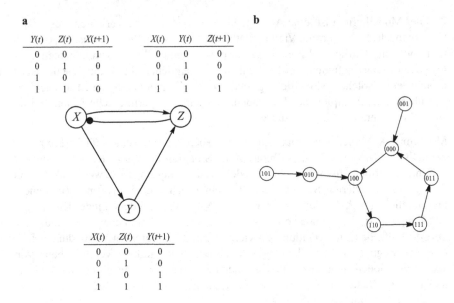

Abb. 5.54 Beispiel aus Karlebach und Shamir (2008) zum Vergleich einer Simulation auf der Grundlage von gewöhnlichen Differenzialgleichungen und Boole'schen Netzwerken. **a** Boole'sche-Netzwerk-Darstellung des Systems mit expliziter Angabe der Update-Regeln. **b** Attraktorstruktur.

in Karlebach und Shamir (2008) lässt sich ein solches regulatorisches System natürlich auch in anderen mathematischen Sprachen darstellen, z. B. in gewöhnlichen Differenzialgleichungen. Eine mögliche Form ist:

$$\frac{dX}{dt} = k_1 \frac{1}{1 + k_{ZX}Z} - k_2 X, \quad \frac{dY}{dt} = k_3 \frac{k_{XY}X}{1 + k_{XY}X} - k_4 Y,$$

$$\frac{dZ}{dt} = k_5 \frac{k_{XZ}X \cdot k_{YZ}Y}{\left(1 + k_{XZ}X\right) \cdot \left(1 + k_{YZ}Y\right)} - k_6 Z. \tag{5.27}$$

Die in diesem Modell verwendeten Terme $x/(1 + x)$ und $1/(1 + x)$ sind einfache Darstellungen von Aktivierung und Inhibition (vgl. Abb. 5.55). Betrachten wir die Differenzialgleichung für Z etwas genauer. Das Produkt aus X und Y im Zähler des regulatorischen Terms[32] implementiert für die aktivierende Wirkung ein logisches UND, so wie wir es auch schon in der Boole'schen Modellvariante verwendet haben: Ein positiver Beitrag zur Änderung von Z ist nur gegeben, wenn sowohl X als auch Y von Null verschieden sind. Neben den offensichtlichen Unterschieden, wie der kontinuierlichen Zeit und dem kontinuierlichen Zustandsraum für die dynamischen Variablen X, Y und Z, zeigt sich hier eine konzeptionell deutlich andere Strategie

---

[32] Der letzte Term in jeder der Differenzialgleichungen entspricht dem Abbau, der Degradation, der Genaktivität.

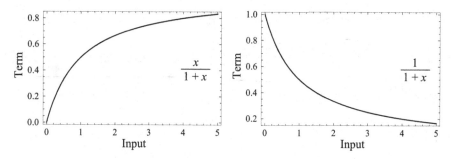

Abb. 5.55 Modellhafte Realisierung von Aktivierung (links) und Inhibition (rechts) durch einfache mathematische Funktionen

zwischen den beiden Modellierungsansätzen: Während die Boole'sche Modellierung keinen freien Parameter aufweist und die Dynamik nur aus der regulatorischen Architektur entsteht, besitzt das Differenzialgleichungssystem eine Vielzahl von Parametern, deren Werte im Prinzip aus experimentellen Daten geschätzt werden müssen (etwa die Degradationskonstanten k_2, k_4 und k_6 oder die Wechselwirkungsstärken k_{XZ}, k_{XY} etc.).

Um zu einer quantitativen Vorhersage zu kommen, setzen wir nun die Zahlenwerte aus Karlebach und Shamir (2008) ein und erhalten den in Abb. 5.56a dargestellten Zeitverlauf für die drei Genaktivitäten. Für diese Parameterwahl läuft das System in einen Fixpunkt. Dies ist natürlich in großem Widerspruch zu der Vorhersage aus dem Boole'schen Modell. Die Frage, an welchen Stellen solche Boole'schen Modelle aufgrund ihrer diskreten Zeit und dem synchronen, simultanen Update aller Knoten fälschlicherweise stabile Zyklen vorhersagen, ist immer noch ein Gegenstand der Forschung auf diesem Gebiet (vgl. Drossel 2008). Auch müsste man für einen sorgfältigeren Vergleich den Parameterraum des Differenzialgleichungsmodells genauer untersuchen. Wir begnügen uns hier damit, einige – unabhängig von der offensichtlichen Diskrepanz – Ähnlichkeiten zwischen den beiden Vorhersagen herauszustellen. Dazu stellen wir den Zeitverlauf im Boole'schen Modell durch Polynome zweiter Ordnung interpoliert dar (Abb. 5.56b) und bilden so die Vorhersage auf eine pseudokontinuierliche Zeit ab.[33] Man erkennt, dass die Sequenz des Einschaltens und bis zu einem gewissen Grade auch die Sequenz des Ausschaltens der Gene in beiden Modellen sehr ähnlich erfasst wird.

Die zweite Ergänzung zum klassischen N-K-Modell, die wir kurz skizzieren wollen, behandelt die Wahl der Update-Funktionen für beliebige Netzwerke aus aktivierenden und inhibitorischen Verbindungen. In einem solchen Szenario ist die Mehrheitsabfrage zwischen aktivierenden und inhibierenden Signalen an jedem Knoten eine

---

[33] Diese formal falsche und oftmals auch irreführende Praxis, die wir hier für einen optischen Vergleich 'missbrauchen', ist keine Seltenheit in der Literatur.

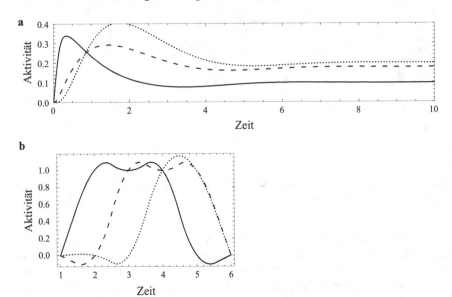

Abb. 5.56 Zeitliche Verläufe der Genaktivität für das Drei-Knoten-System aus Abb. 5.54: **a** im durch Gl. (5.27) gegebenen Differenzialgleichungsmodell und **b** im Boole'schen Modell (durch ein Polynom zweiter Ordnung interpoliert). In beiden Fällen sind die Zeitverläufe von X (durchgezogen), Y (gestrichelt) und Z (gepunktet) dargestellt

biologisch plausible Umsetzung. Formal hat man dann:

$$x_i(t+1) = \begin{cases} 1, & \sum_j A_{ij}x_j(t) > 0 \\ 0, & \sum_j A_{ij}x_j(t) < 0 \\ x_i(t), & \sum_j A_{ij}x_j(t) = 0 \end{cases}, \tag{5.28}$$

wobei $x_i(t)$ den – nun wieder auf einer diskreten Zeit und einem binären Zustandsraum operierenden – Zustand des i-ten Gens zum Zeitpunkt t bezeichnet. Die Matrix A ist eine Variante der Adjazenzmatrix. Das Element A_{ij} bezeichnet den Einfluss des j-ten Gens auf das i-te Gen und hat als mögliche Werte 0 (kein Einfluss), 1 (Aktivierung) und -1 (Inhibition). Nur aktive Gene ($x_j(t) = 1$) tragen zu der Summe in Gl. (5.28) bei. Unter diesen wird mit der Summe überprüft, ob die aktivierenden oder die inhibierenden Einflüsse auf das i-te Gen überwiegen. Im Fall einer ausgeglichenen Balance zwischen diesen beiden Einflusstypen bleibt der Zustand des i-ten Gens unverändert (letzte Zeile in Gl. (5.28)).

Diese Umsetzung des ursprünglichen Konzepts Boole'scher Zufallsnetze für biologische Situationen wurde z. B. in Li et al. (2004) diskutiert.

Mathematica-Exkurs: _N-K_-Modell – Teil 1

Dieser _Mathematica_-Exkurs führt in das _N-K_-Modell nach Kauffman (1969) ein. Zuerst diskutieren wir das Originalbeispiel aus seiner Publikation, das auch in Abb. 5.34 und 5.35 dargestellt ist.

Da die Sortierung der Input-Signale vorgegeben ist (bei $K = 2$ Inputs: 00, 01, 10, 11), kann die Boole'sche Funktion einfach als binärer Vektor der Länge 4 vorgegeben werden.

```
In[1]:= networkNodes = {"X", "Y", "Z"};

In[2]:= updateSchemeX = {0, 1, 0, 0};
        updateSchemeY = {0, 0, 0, 1};
        updateSchemeZ = {1, 1, 0, 1};
```

Mit einer Tabelle der Inputs, die sich über den Befehl **IntegerDigits** elegant (und auf größeres K verallgemeinerbar) erzeugen lässt, kann man nun diese Vektoren wieder als Update-Tabelle ausgeben.

```
In[3]:= t0 = Table[IntegerDigits[j, 2, 2], {j, 0, 3}]
Out[3]= {{0, 0}, {0, 1}, {1, 0}, {1, 1}}
```

In der allgemeinen Form lautet der Befehl:

```
In[4]:= k = 2;

In[5]:= t0 = Table[IntegerDigits[j, 2, k], {j, 0, 2^k - 1}]
Out[5]= {{0, 0}, {0, 1}, {1, 0}, {1, 1}}
```

Die Update-Tabelle erhält man dann mit:

```
In[6]:= t1 =
        TableForm[
          Transpose[Join[Transpose[t0], {updateSchemeX}]],
          TableHeadings →
            {None, {Style["Y(t)", Bold], Style["Z(t)", Bold],
              Style["X(t + 1)", Bold]}}, TableAlignments → Center,
          TableSpacing → {1, 1}]
```

Y(t)	Z(t)	X(t + 1)
0	0	0
0	1	1
1	0	0
1	1	0

Out[6]=

Unser Ziel hier ist, einen Formalismus zu entwickeln, der sich später auch für größere Netzwerke und für zufällige Boole'sche Funktionen verwenden lässt. Daher erzeugen wir zuerst den Graphen. _Mathematica_ bietet die Möglichkeit, über den Befehl **DegreeGraphDistribution** Zufallsgraphen zu erzeugen, bei denen jeder Knoten einen vorgegebenen Grad erhält. Der einzig mögliche Graph mit drei Knoten und Grad 2 entsteht über:

```
In[7]:= g0 = RandomGraph[DegreeGraphDistribution[Table[2, {3}]],
           DirectedEdges → True]
```

Out[7]=

Die Netzwerkarchitektur soll in der späteren Update-Routine über die Adjazenzmatrix ausgewertet werden.

```
In[8]:= ad0 = AdjacencyMatrix[g0];
```

Die folgende Routine führt das Update eines einzelnen Knotens durch. Die Argumente sind der Systemzustand **sysState**, die Knotennummer **num**, die Liste **scheme** der Boole'schen Regeln für jeden Knoten, der Parameter K (hier als **deg** bezeichnet) und die Adjazenzmatrix **mat**. Im ersten Schritt, werden die Positionen der Einsen in der Zeile **num** der Adjazenzmatrix extrahiert. Da das Ausgabeobjekt der Adjazenzmatrix vom Typ **SparseArray** ist, muss vorher der Befehl **Normal** auf die Matrix angewendet werden. Aus den Elementen von **sysState** an diesen Positionen wird der Input des Knotens **num** rekonstruiert, um dann die entsprechende Komponente in der Boole'schen Regel des Knotens zu finden. Dieser Wert ist der Zustand des Knotens **num** im nächsten Zeitschritt.

```
In[9]:= updateGeneralTmp[sysState_, num_, scheme_, deg_, mat_] :=
           Module[{tmp0, tmp1, tmp2, tmp3},
             tmp0 = Position[Normal[mat[[num]]], 1];
             tmp1 = Map[sysState[[#]]&, Flatten[tmp0]];
             tmp2 = Table[IntegerDigits[j, 2, deg],
                 {j, 0, 2^deg - 1}];
             tmp3 = Flatten[Position[tmp2, tmp1]][[1]];
             scheme[[tmp3]]]
```

Aus dieser Routine lässt sich nun leicht eine Update-Routine für das gesamte Netzwerk formulieren:

```
In[10] := updateGeneralFull[state_, deg_, schemevec_, mat_] :=
            Table[updateGeneralTmp[state, s, schemevec[[s]],
              deg, mat], {s, 1, Length[state]}]
```

Als Letztes benötigen wir einen Anfangszustand und eine etwas kompaktere Schreibweise der Boole'schen Update-Regeln:

```
In[11] := init = {0, 0, 0};
```

```
In[12] := schemeX = {updateSchemeX, updateSchemeY, updateSchemeZ};
```

Auf dieser Grundlage können wir nun einen ersten Zeitverlauf simulieren:

```
In[13] := NestList[updateGeneralFull[#, k, schemeX, ad0]&,
            init, 10]
Out[13] = {{0, 0, 0}, {0, 0, 1}, {1, 0, 1},
           {1, 1, 0}, {0, 0, 1}, {1, 0, 1}, {1, 1, 0},
           {0, 0, 1}, {1, 0, 1}, {1, 1, 0}, {0, 0, 1}}
```

Nun wollen wir den Attraktorgraphen konstruieren. Vorbereitend erzeugen wir eine Tabelle aller Systemzustände und eine Liste mit Knotennummern:

```
In[14] := allStates = Table[IntegerDigits[j, 2, 3],
             {j, 0, 2^3 - 1}];
           labels = Table[j + 1, {j, 0, 2^3 - 1}];
```

Das entscheidende Konstruktionselement ist nun, auf jeden möglichen Systemzustand einen Update-Schritt anzuwenden:

```
In[15] := allStatesUpdated =
             Map[updateGeneralFull[#, 2, schemeX, ad0]&, allStates];
```

Danach können die Knotennummern verwendet werden, um die Paare (Systemzustand, nächster Systemzustand) in ein Format zu bringen, das als Input für den Befehl **GraphPlot** taugt:

```
In[16] := allStatesPairs = Thread[{allStates, allStatesUpdated}];
           labels2 = Thread[allStates -> labels];
           labelPairs = allStatesPairs /. labels2;
           asp2 =
             Thread[
               Map[IntegerString[FromDigits[#, 2], 2, 3]&,
                 allStates] ->
               Map[IntegerString[FromDigits[#, 2], 2, 3]&,
                 allStatesUpdated]];
```

Die in der Variablen **asp2** abgelegte Datenstruktur lässt sich nun direkt in einen Graphen übersetzen:

```
In[17]:= GraphPlot[asp2, Method → "SpringEmbedding",
            VertexLabeling → True, DirectedEdges → True,
            EdgeRenderingFunction → ({Black, Arrow[#1, 0.1]}&),
            VertexRenderingFunction →
                ({White, EdgeForm[Black], Disk[#, 0.15], Black,
                    Text[#2, #1]}&)]
```

Out[17]=

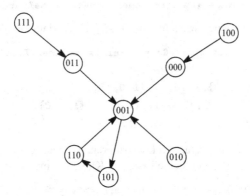

Über die Funktionen **EdgeRenderingFunction** und **VertexRenderingFunction** wurde dabei die Darstellung angepasst.

Mathematica-Exkurs: *N-K*-Modell – Teil 2

Im zweiten Teil dieses *Mathematica*-Exkurses wollen wir diese Methoden auf ein Boole'sches Zufallsnetz anwenden. Dazu benötigen wir noch eine Routine, die eine Liste von N zufällig ausgewählten Boole'schen Funktionen (dargestellt als Liste von Vektoren der Länge 2^K) erzeugt:

```
In[18]:= generateRandomUpdateSchemes[deg_, num_] :=
            Table[ IntegerDigits[RandomInteger[{0, 2^(2^deg) - 1}],
                2, 2^deg], {num}]
```

Der nächste Schritt ist die Erzeugung eines Zufallsnetzes sowie der zugehörigen Adjazenzmatrix und der Boole'schen Funktionen. Wir wählen $K = 3$ und $N = 10$.

```
In[19]:= k = 3;
            n = 10;

In[20]:= g1 = RandomGraph[DegreeGraphDistribution[Table[k, {n}]],
                DirectedEdges → True]
```

Out[20]=

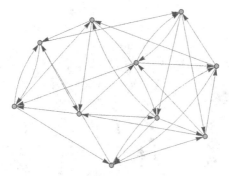

```
In[21] := ad1 = AdjacencyMatrix[g1];

In[22] := schemeX2 = generateRandomUpdateSchemes[k, n];
```

Die oben eingeführten Schritte vom System zur Attraktorstruktur lassen sich ohne größere Änderungen nur durch Anpassen auf allgemeine Werte von N und K verwenden.

```
In[23] := allStates = Table[IntegerDigits[j, 2, n], {j, 0, 2^n - 1}];
         labels = Table[j + 1, {j, 0, 2^n - 1}];
         allStatesUpdated =
           Map[updateGeneralFull[#, k, schemeX2, ad1]&, allStates];
         allStatesPairs = Thread[{allStates, allStatesUpdated}];
         labels2 = Thread[allStates → labels];
         labelPairs = allStatesPairs /. labels2;
         asp2 =
           Thread[
             Map[IntegerString[FromDigits[#, 2], 2, n]&,
               allStates] →
               Map[IntegerString[FromDigits[#, 2], 2, n]&,
                 allStatesUpdated]];
```

Dies führt unmittelbar auf die (nun sehr viel größere) Attraktorstruktur[34]

```
In[24] := g1b = Graph[asp2, DirectedEdges → True,
           VertexStyle → LightGray, VertexSize → 4,
           VertexShapeFunction → "Circle",
           BaseStyle → EdgeForm[Black]]
```

---

[34] Die Befehle **Graph** und **GraphPlot** wechseln das Default-Layout ab einer bestimmten Graphengröße. Dies wurde hier mit einer Reihe von Formatierungsoptionen umgangen.

`Out[24]=`

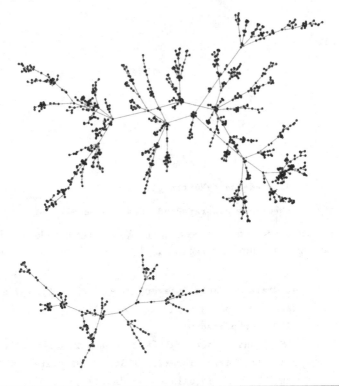

Mathematica-Exkurs: *N-K*-Modell – Teil 3

Der dritte Teil dieses *Mathematica*-Exkurses ist dem biologischen Fallbeispiel aus Li et al. (2004) gewidmet, der Boole'schen Modellierung des Zellzyklus-Netzwerks der Hefe. Als Erstes übernehmen wir die Knotennamen und die aktivierenden und inhibierenden Verbindungen aus der Publikation. Dabei ist zu beachten, dass dort für alle Knoten ohne inhibierenden Input auch noch eine Selbstinhibition eingefügt wurde.

```
In[25]:= yeastNodes = {"Cell Size", "Cln3", "SBF", "MBF",
            "Cln1, 2", "Clb5, 6", "Sic1", "Cdh1", "Clb1, 2",
            "Cdc20&Cdc14", "Mcm1/SFF", "Swi5"};

In[26]:= activatorList =
            {{1, 2}, {2, 3}, {2, 4}, {3, 5}, {4, 6}, {6, 9}, {6, 11},
             {11, 12}, {10, 12}, {11, 10}, {10, 8}, {10, 7},
             {12, 7}, {9, 10}, {9, 11}, {11, 9}} /.
            {n1_, n2_} → (n1 → n2);
```

```
In[27] := inhibitorList =
            {{5, 8}, {5, 7}, {8, 9}, {10, 9}, {10, 6}, {7, 9},
              {7, 6}, {6, 7}, {6, 8}, {9, 8}, {9, 7}, {9, 3}, {9, 4},
              {9, 12}}} /. {n1_, n2_} -> ( n1 -> n2);

In[28] := selfinhibitorList =
            {{2, 2}, {5, 5}, {11, 11}, {10, 10}, {12, 12}}/.
              {n1_, n2_} -> ( n1 -> n2);
```

Mit diesen Zutaten lassen sich nun der Graph und die verallgemeinerte Adjazenzmatrix (in der aktivierende und inhibierende Verbindungen gemäß ihres Vorzeichens
charakterisiert sind) erzeugen. Es erweist sich als günstig, die Knotennummern bei
der Erzeugung der Teilgraphen explizit mit anzugeben. Das erleichtert die Erzeugung
der Adjazenzmatrix.

```
In[29] := g1 = Graph[Table[j, {j, 1, Length[yeastNodes]}],
              activatorList];

In[30] := g2 = Graph[Table[j, {j, 1, Length[yeastNodes]}],
              inhibitorList];

In[31] := g3 = Graph[Table[j, {j, 1, Length[yeastNodes]}],
              selfinhibitorList];

In[32] := yeastGraph = GraphUnion[g1, g2, g3,
              GraphLayout -> "CircularEmbedding",
              EdgeStyle ->
              Join[
                Thread[EdgeList[g1] ->
                    Table[Green, {Length[activatorList]}]],
                Thread[EdgeList[g2] ->
                    Table[Red, {Length[inhibitorList]}]],
                Thread[EdgeList[g3] ->
                    Table[Yellow, {Length[selfinhibitorList]}]]],
              VertexLabels ->
              Thread[Table[j, {j, 1, Length[yeastNodes]}] ->
                  yeastNodes], VertexSize -> 0.2]
```

Out[32]=

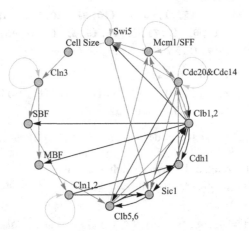

Die Option **EdgeStyle** erfordert für eine Angabe von verbindungsspezifischen Farben eine etwas sperrige Formatierung: Verbindung → Farbe.[35] Dies wird hier über die **Thread**-Befehle erreicht. Der so dargestellte Graph entspricht Abb. 1B in Li et al. (2004). Nun folgt die Erzeugung der verallgemeinerten Adjazenzmatrix:

```
In[33]:= m1 = AdjacencyMatrix[g1];
         m2 = AdjacencyMatrix[g2];
         m3 = AdjacencyMatrix[g3];
         yeastAd = m1 - m2 - m3;
         Normal[yeastAd] //MatrixForm
Out[33]//MatrixForm=
```

$$
\begin{pmatrix}
0 & 1 & 0 & 0 & 0 & 0 & 0 & 0 & 0 & 0 & 0 & 0 \\
0 & -1 & 1 & 1 & 0 & 0 & 0 & 0 & 0 & 0 & 0 & 0 \\
0 & 0 & 0 & 0 & 1 & 0 & 0 & 0 & 0 & 0 & 0 & 0 \\
0 & 0 & 0 & 0 & 0 & 1 & 0 & 0 & 0 & 0 & 0 & 0 \\
0 & 0 & 0 & 0 & -1 & 0 & -1 & -1 & 0 & 0 & 0 & 0 \\
0 & 0 & 0 & 0 & 0 & 0 & -1 & -1 & 1 & 0 & 1 & 0 \\
0 & 0 & 0 & 0 & 0 & -1 & 0 & 0 & -1 & 0 & 0 & 0 \\
0 & 0 & 0 & 0 & 0 & 0 & 0 & 0 & -1 & 0 & 0 & 0 \\
0 & 0 & -1 & -1 & 0 & 0 & -1 & -1 & 0 & 1 & 1 & -1 \\
0 & 0 & 0 & 0 & 0 & -1 & 1 & 1 & -1 & -1 & 0 & 1 \\
0 & 0 & 0 & 0 & 0 & 0 & 0 & 0 & 1 & 1 & -1 & 1 \\
0 & 0 & 0 & 0 & 0 & 0 & 1 & 0 & 0 & 0 & 0 & -1
\end{pmatrix}
$$

Die Mehrheitsabfrage von aktivierenden und inhibierenden Inputs, die den Kern der Update-Funktion darstellt, lässt sich in sehr einfacher Form über eine **Which**-Abfrage implementieren:

---

[35] Im Druck sind die Farben wie folgt umgesetzt: grün → dunkelgrau (aktivierend), rot → schwarz (inhibierend), gelb → hellgrau (selbstinhibierend).

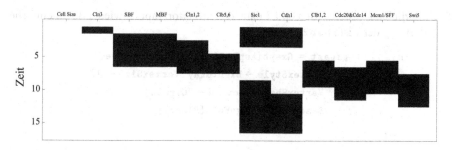

Abb. 5.57 Zeitverlauf der Genaktivitäten im Zellzyklus der Hefe. Der Zustand '1' (Gen aktiv) ist schwarz dargestellt, der Zustand '0' (Gen inaktiv) ist weiß angegeben. Die Zeit ist von oben nach unten aufgetragen. Die Abbildung ist der Output des zugehörigen *Mathematica*-Exkurses und entspricht einem der Ergebnisse aus Li et al. (2004)

```
In[34]:= updateFun[mat_, vec_] := Module[{tmp1, tmp2},
         tmp1 = Length[vec];
         tmp2 = Table[0, {tmp1}];
         Do[tmp2[[j]] = Which[(mat.vec)[[j]] > 0, 1,
           (mat.vec)[[j]] < 0, 0, (mat.vec)[[j]] == 0, vec[[j]]],
           {j, 1, tmp1}];
         tmp2]
```

Als Anfangszustand wählen wir den ersten Systemzustand aus Tab. 2 in Li et al. (2004).

```
In[35]:= initYeast = {0, 1, 0, 0, 0, 0, 1, 1, 0, 0, 0, 0};
```

Mit diesen Zuweisungen können wir nun unser erstes numerisches Experiment zum Hefezellzyklus durchführen. Die Simulation von 15 Zeitschritten reproduziert Tab. 2 aus Li et al. (2004):

```
In[36]:= res1 =
         NestList[updateFun[Transpose[Normal[yeastAd]], #]&,
         initYeast, 15];
```

Eine einfache grafische Darstellung erfolgt mit **ArrayPlot** und ist in Abb. 5.57 dargestellt.

Nun kommen wir zur Analyse der Attraktorstruktur. Der erste Knoten im Netzwerk, *Cell Size*, ist ein Checkpoint, der nur als Schalter dient, um die stationäre G1-Phase bei geeigneter Zellgröße in das genetische Programm des Zellzyklus zu überführen. Um die Attraktorstruktur des eigentlichen Netzwerks zu analysieren, setzen wir diesen Zustand auf Null, indem wir nur binäre Zahlen der Länge 11 erzeugen und um eine Null an der linken Seite erweitern. Ansonsten kopieren wir präzise das Vorgehen von den vorangegangenen Attraktoranalysen. Dies entspricht der schon diskutierten Befehlsabfolge und ist in der elektronischen Fassung des *Mathematica*-Exkurses ausführlich dargestellt. Man erhält dann die Attraktorgraphen wieder durch einfache Darstellung der Liste **asp2**:

```
In[37]:= gYeast = Graph[asp2, DirectedEdges → True,
              VertexStyle → LightGray, VertexSize → 8,
              VertexShapeFunction → "Circle",
              BaseStyle → EdgeForm[Black]]
```

Out[37]=

Eine Analyse der zusammenhängenden Komponenten und ihrer Größen erlaubt uns, sehr elegant Tab. 1 aus Li et al. (2004) zu reproduzieren:

```
In[38]:= Map[Length, WeaklyConnectedComponents[Graph[asp2]]]
Out[38]= {1764, 151, 109, 9, 7, 7, 1}
```

Den dominanten Attraktor können wir näher betrachten. Hierzu wählen wir eine radiale Einbettung des Graphen um den Fixpunkt (das letzte Element aus der Zeitreihe **res1**) herum.

```
In[39]:= gYeast2 = Subgraph[gYeast,
           WeaklyConnectedComponents[Graph[asp2]][[1]],
           GraphLayout → {"RadialEmbedding",
             "RootVertex" → IntegerString[
                FromDigits[res1[[-1]], 2], 2, 12]},
           VertexStyle → LightGray, VertexSize → 25,
           VertexShapeFunction → "Circle",
           BaseStyle → EdgeForm[Black]];
```

Mit einer Kombination aus **HighlightGraph** und **Pathgraph** können wir die in
res1 abgelegte Zeitreihe als Pfad in dem Attraktorgraphen einzeichnen. Die resultierende Darstellung entspricht Abb. 2 in Li et al. (2004).

```
In[40]:= HighlightGraph[gYeast2,
           PathGraph[
             Drop[Map[IntegerString[FromDigits[#, 2], 2, 12]&, res1],
               -3], DirectedEdges → True],
           VertexStyle → LightGray, GraphHighlightStyle → "Dashed",
           VertexSize → 25, VertexShapeFunction → "Circle",
           BaseStyle → EdgeForm[Black]]
```

Out[40]=

Mathematica-Exkurs: *N-K*-Modell – Teil 4

Im vierten und letzten Teil dieses *Mathematica*-Exkurses wenden wir uns den zwei Modellbeschreibungen des regulatorischen Drei-Knoten-Systems aus Karlebach und Shamir (2008) zu, das wir im vorliegenden Kapitel sowohl über Differenzialgleichungen als auch über Boole'sche Netzwerke diskutiert haben.

Wir beginnen mit der Beschreibung als System gekoppelter Differenzialgleichungen. Das im Kapitel beschriebene System hat die Form:

```
In[41]:= system1 = {D[x[t],t] == k1/(1+kzx z[t]) - k2 x[t],
            D[y[t],t] == k3 kxy x[t]/(1+kxy x[t]) - k4 y[t],
            D[z[t],t] ==
            k5 kxz x[t] kyz y[t]/((1+kxz x[t])(1+kyz y[t])) -
            k6 z[t]};
```

Die Parameterwerte und die Anfangsbedingungen entnehmen wir der Publikation Karlebach und Shamir (2008):

```
In[42]:= parList = {k1 → 2, k3 → 2, k5 → 15, k2 → 1, k4 → 1,
            k6 → 1, kxy → 1, kxz → 1, kyz → 1, kzx → 100};
```

```
In[43]:= init1 = {x[0] == 0, y[0] == 0, z[0] == 0};
```

Daraus lässt sich nun ein System von Differenzialgleichungen gemäß den Vorgaben des Befehls **NDSolve** konstruieren:

```
In[44]:= system2 = Join[system1, init1];
```

```
In[45]:= sol1 = NDSolve[system2 /. parList, {x,y,z}, {t,0,10}];
```

Das Ausführen des folgenden **Plot**-Befehls ergibt Abb. 5.56a.

```
In[46]:= Plot[Evaluate[{x[t],y[t],z[t]} /. sol1], {t,0,10},
            AspectRatio → 0.2, Frame → True,
            PlotRange → {{0,10},{0,0.4}},
            PlotStyle → {{Black, AbsoluteThickness[2]},
                {Black, Dashed, AbsoluteThickness[2]},
                {Black, Dotted, AbsoluteThickness[2]}},
            FrameLabel → {"Zeit", "Aktivität"}]
```

Für die Beschreibung desselben Systems als Boole'sches Netzwerk kehren wir zurück zu den zu Beginn dieses *Mathematica*-Exkurses eingeführten Update-Routinen. Zuerst definieren wir die Boole'schen Funktionen der drei Knoten:

```
In[47]:= updateSchemeX = {1,0,1,0};
            updateSchemeY = {0,0,1,1};
            updateSchemeZ = {0,0,0,1};
```

Die Update-Regeln sind so abgefasst, dass sie die Netzwerkarchitektur bereits einbeziehen (z. B. die Unabhängigkeit des Gens Y von Z; vgl. auch die Diskussion im Kapitel). Daher können wir den oben eingeführten Graphen **g0**, die Adjazenzmatrix **ad0**, den Anfangszustand **init** und die Update-Routine wiederverwenden. Einzig der Vektor aus Boole'schen Funktionen muss gemäß der obigen Zuweisung neu definiert werden:

```
In[48]:= schemeX = {updateSchemeX, updateSchemeY, updateSchemeZ};
```

Ab da führt die übliche Verarbeitungssequenz auf den Attraktorgraphen, der bereits im Kapitel diskutiert worden ist. Die Darstellung der so erzeugten Liste **asp2** ergibt Abb. 5.54b. Auch hier verweisen wir auf die ausführliche Darstellung in der elektronischen Fassung des *Mathematica*-Exkurses.

Die Verbindung zu der Beschreibung über Differenzialgleichungen lässt sich nun durch die Simulation einer kurzen Zeitreihe herstellen:

```
In[49]:= res2 = NestList[updateGeneralFull[#, 2, schemeX, ad0]&,
              init, 5]
Out[49]= {{0, 0, 0}, {1, 0, 0}, {1, 1, 0},
              {1, 1, 1}, {0, 1, 1}, {0, 0, 0}}

In[50]:= ListPlot[Transpose[res2], Joined → True,
              InterpolationOrder → 1, Frame → True,
              PlotStyle → {{Black, AbsoluteThickness[2]},
                  {Black, Dashing[Large], AbsoluteThickness[2]},
                  {Black, Dotted, AbsoluteThickness[2]}},
              FrameLabel → {"Zeit", "Aktivität"}]

Out[50]=
```

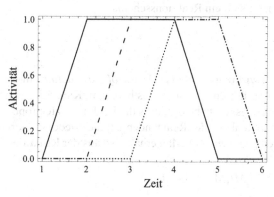

Eine Erhöhung der Interpolationsordnung auf 2 führt auf die im Kapitel diskutierte Abbildung (Abb. 5.56b).

Ein anderes einfaches Beispiel, um die Arbeitsweise, aber auch die Erklärungser-
folge der Systembiologie zu illustrieren, sind die verschiedenen Mechanismen hinter dem Phänomen der *Ultrasensitivität,* also einer sigmoidalen Signal-Antwort-
Funktion. Die in diesem Feld durch mathematische Modellierung gewonnenen Erkenntnisse über die zugrunde liegenden biologischen Prinzipien lassen sich vornehmlich der theoretischen Biologie zuordnen. Vor allem auf drei Ebenen hat sich
aus unserer Sicht von diesem Fundament heraus das Thema der Ultrasensitivität in
die Systembiologie hinein verlängert: (1) die Formulierung sehr detaillierter Modelle auf der Grundlage von äußerst präzisen experimentellen Daten zu kinetischen
Parametern; (2) über die noch stärker abstrahierte Frage nach elementaren regulatorischen Bausteinen, die auf eine sigmoidale Signal-Antwort-Funktion führen können; und (3), eng verwoben mit den beiden erstgenannten Punkten, die Integration
solcher regulatorischen Komponenten und detailliert ausgestalteten Modellen in größere Modelle von Signalwegen, bis hin zum Herausarbeiten von Unterschieden zwischen Organismen und dem Zusammenstellen und Verfügbarmachen dieser in einer
standardisierten Sprache abgefassten Modelle in Datenbanken. Qualitativ gespro-
chen lässt sich Ultrasensitivität meist auf einen der folgenden Mechanismen zurückführen: Kooperativität von Bindestellen (also die Tatsache, dass die Bindung eines
Liganden an die Bindestelle eines Proteins erleichtert wird durch bereits gebundene
Liganden an andere Bindestellen dieses Proteins); ein kaskadenartiger Aufbau eines
Signalwegs; durch Enzyme katalysierte Phosphorylierungs-Dephosphorylierungs-
Zyklen (Ultrasensitivität nullter Ordnung).

Wie lässt sich diese Situation einer ultrametrischen Antwort durch Kooperativität
nun formalisieren? Betrachten wir ein Molekül M_n aus n Untereinheiten M. An jede Untereinheit kann ein Signalmolekül S als Ligand binden. Die Antwort auf das
Signal S ist durch die Bildungsrate des Komplexes M_nS_n gegeben, bei dem jede Bindestelle von M_n besetzt ist.

Grundsätzlich lässt sich ein Reaktionsschema

$$M + S \overset{k_+}{\underset{k_-}{\rightleftharpoons}} MS \qquad (5.29)$$

über das Massenwirkungsgesetz (engl. *law of mass action*) in ein Differenzialgleichungssystem überführen, so wie wir es bereits in Kap. 5.3.2 kennengelernt haben.
Das Massenwirkungsgesetz besagt, dass die Reaktionsrate proportional zu der 'Kollisionswahrscheinlichkeit' der Reaktanden ist, die wiederum durch das Produkt der
Konzentrationen gegeben ist.[36] Man erhält also aus der Reaktion (5.29):

$$\frac{d[MS]}{dt} = k_+[M][S] - k_-[MS] . \qquad (5.30)$$

---

[36] Stöchiometrische Faktoren oder Molaritäten chemischer Reaktanden werden auf diese Weise zu Exponenten der Konzentrationen (vgl. Kap. 5.3.2).

Betrachten wir nun eine kooperative Bindung im Fall $n = 2$. Man hat dann

$$M_2 + S \overset{k_{+1}}{\underset{k_{-1}}{\rightleftharpoons}} M_2 S$$

$$M_2 S + S \overset{k_{+2}}{\underset{k_{-2}}{\rightleftharpoons}} M_2 S_2 \tag{5.31}$$

mit der Nebenbedingung $k_{-2}, k_{+2} \gg k_{-1}, k_{+1}$, durch die Kooperativität implementiert wird. Es gibt viele Arten, diese Zeitskalenseparation auszunutzen, um das mathematische Modell zu vereinfachen (siehe z. B. die entsprechenden Kapitel in Klipp et al. 2005). Praktisch gesehen wird jedes erzeugte Element $M_2 S$ nahezu instantan in $M_2 S_2$ übergehen. Die Zeitskalenseparation führt also auf ein effektives Reaktionsschema

$$M_2 + 2S \overset{k_+}{\underset{k_-}{\rightleftharpoons}} M_2 S_2 \ , \tag{5.32}$$

für das sich über das Massenwirkungsgesetz

$$\frac{d[M_2 S_2]}{dt} = k_+ [M_2][S]^2 - k_[M_2 S_2] \tag{5.33}$$

ergibt. Im Gleichgewichtszustand ist $[M_2 S_2] = K_G [M_2][S]^2$ mit der Gleichgewichtskonstanten $K_G = k_+/k_-$. Für die Antwort (also in diesem Fall den Anteil der M_2-Moleküle im gebundenen Zustand) als Funktion der Konzentration $[S]$ der Signalmoleküle S hat man

$$R([S]) = \frac{[M_2 S_2]}{M_T} = \frac{K_G [M_2][S]^2}{[M_2] + [M_2 S_2]} = \frac{K_G [M_2][S]^2}{[M_2] + K_G [M_2][S]^2} = \frac{K_G [S]^2}{1 + K_G [S]^2} \tag{5.34}$$

und damit eine sigmoidale Antwortfunktion $R([S])$. Im letzten Schritt wurde der Erhaltungssatz $[M_2] + [M_2 S_2] = const = M_T$ ausgenutzt. Im Fall von n Bindestellen (also einem n-Mer M_n) ergibt sich

$$R([S]) = \frac{K_G [S]^n}{1 + K_G [S]^n} \ . \tag{5.35}$$

In Abb. 5.58 ist diese Form für verschiedene Werte von n dargestellt. Für $n = 1$ (keine Kooperativität) findet man einen hyperbolischen Verlauf der Signal-Antwort-Funktion, also die klassische Michaelis-Menten-Form einer Reaktionskinetik.

Das zweite hier zu diskutierende Modell von Ultrasensitivität, die Ultrasensitivität nullter Ordnung, stellt einen Meilenstein der theoretischen Biologie dar und geht auf eine Arbeit von Goldbeter und Koshland (1981) zurück. Wir betrachten einen Zyklus, bei dem durch die katalytische Wirkung einer Kinase ein Protein M in eine phosphorylierte Form M_P überführt und wiederum M_P über die Wirkung einer Phosphatase zu M dephosphoryliert wird. Diesen in biochemischen Prozessen einer

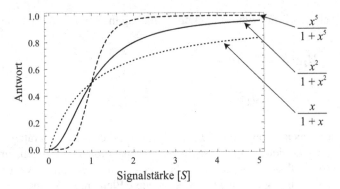

Abb. 5.58 Sigmoidale Signal-Antwort-Funktionen $R([S])$ für $n = 1$ (gepunktet), $n = 2$ (durchgezogen) und $n = 5$ (gestrichelt). Diese Funktionenform $x^n/(1 + x^n)$ bezeichnet man auch als Hill-Funktion.

Zelle sehr häufigen Baustein diskutieren wir nun in einem sehr vereinfachten mathematischen Modell in Anlehnung an Tyson et al. (2003). Dabei nehmen wir an, dass die Wirkung der beiden Enzyme, der Kinase und der Phosphatase, durch Michaelis-Menten-Kinetiken beschrieben werden können. Weiter nehmen wir an, dass die Enzymkonzentrationen E_{kin} und E_{phos} konstant bleiben und dass für das Protein in seinen beiden Konfigurationen ein Erhaltungssatz gilt, $M_P(t) + M(t) = const = M_T$. Dies führt auf die folgende Differenzialgleichung:

$$\frac{dM_P}{dt} = k_1 \frac{M_T - M_P}{K_1 + (M_T - M_P)} - k_2 \frac{M_P}{K_2 + M_P} \,. \tag{5.36}$$

Der Gleichgewichtszustand ist durch die Goldbeter-Koshland-Funktion gegeben

$$\frac{M_P}{M_T} = G\left(k_1, k_2, \frac{K_1}{M_T}, \frac{K_2}{M_T}\right) \tag{5.37}$$

mit

$$G(u, v, J, K) = \frac{2uK}{v - u + vJ + uK + \sqrt{(v - u + vJ + uK)^2 - 4(v - u)uK}} \,. \tag{5.38}$$

Das mathematische Modell, mit dem 1996 die ultrasensitive, sigmoidale Signal-Antwort-Funktion nachgewiesen wurde (Huang und Ferrell 1996) ist ein sehr schöner Anlass für einen *Mathematica*-Exkurs, der SBML, die *Systems Biology Markup Language*, verwendet und illustriert. Wie bereits erwähnt, wurde SBML als eine standardisierte Sprache für mathematische Modelle in der Systembiologie formuliert (siehe z. B. Hucka et al. 2003), um gegen ein dramatisches Defizit in diesem Wissenschaftsfeld anzuarbeiten: Die Ergebnisse vieler wissenschaftlicher Publikationen zu mathematischen Modellen sind nur schwer zu reproduzieren oder mit anderen ähnlichen Befunden zu vergleichen, weil die Implementierungen dieser (in der Systembiologie immer aufwendiger werdenden) Modelle nicht zur Verfügung gestellt werden oder sogar wichtige Details der Implementierung nicht angegeben sind. Eine Praxis, mit einem Manuskript bei einer Zeitschrift zugleich ein mathematisches Modell bei einer Modelldatenbank einzureichen, so wie es z. B. für Protein- oder DNA-Sequenzen, aber auch für Genexpressionsdaten schon lange üblich ist, erfordert eine standardisierte formale Sprache. Dies ist SBML.

Mathematica-Exkurs: Ultrasensitivität

In diesem *Mathematica*-Exkurs werden wir ein extern entwickeltes Paket vorstellen, das *Mathematica* ein sehr gutes Fundament für Untersuchungen an der Schnittstelle von Bioinformatik und Systembiologie zur Verfügung stellt: die von Nikolaus Sonnenschein an der *University of California*, San Diego, entwickelte MASS-Toolbox.[37]

Das Paket ist unter der Internetseite github.com/opencobra/MASS-Toolbox/releases verfügbar. Nach Entpacken der zip-Datei installiert man das Paket einfach durch Ausführen der *Mathematica*-Datei Installer.nb. Eine genaue Erläuterung findet sich unter: www.youtube.com/watch?v=cXOArNFLI4s

Die Toolbox kann nun wie jedes andere *Mathematica*-Paket geladen werden:

```
In[1] := << Toolbox'
         << Toolbox'Style'
```

Durch die MASS-Toolbox hat man z. B. Zugriff auf die große Zahl unter biomodels.org verfügbaren, im SBML-Format abgelegten mathematischen Modelle zellulärer Prozesse. Die MASS-Toolbox ist damit eine elegante und einfache Schnittstelle zur Systems Biology Markup Language (SBML), dem wichtigsten Standard mathematischer Modelle in der Systembiologie.

Wir werden hier die im vorliegenden Kapitel bereits ausführlich diskutierte MAPK-Kaskade näher untersuchen. Das Modell von Huang und Ferrell (1996) ist unter der Nummer BIOMD0000000009 in biomodels.org abgelegt. Es kann mit dem folgenden Befehl geladen werden:

```
In[2] := model = biomodel2model["BIOMD0000000009"]
```

---

[37] MASS steht für *Mass Action Stoichiometric Simulation*; der Entwickler ist mittlerweile Forscher am *Novo Nordisk Foundation Center for Biosustainability* in Kopenhagen/Dänemark.

Out [2] =

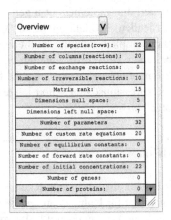

Die automatisch erzeugte interaktive Tabelle gibt einen Überblick über das gerade geladene Modell. Mit dem Befehl **simulate** lässt sich das Modell nun numerisch simulieren. Dabei werden die in dem SBML-Modell abgelegten Standardwerte der Parameter und der Anfangsbedingungen verwendet. Diese Werte können über die oben angegebene Tabelle oder auch über den Befehl[38]

```
In[3]:= model["InitialConditions"]
```
$\text{Out}[3] = \{E1^{compartment} \to 0.00003\,\text{micromoleLiter}^{-1},$

$\quad E2^{compartment} \to 0.0003\,\text{micromoleLiter}^{-1},$

$\quad KKK^{compartment} \to 0.003\,\text{micromoleLiter}^{-1},$

$\quad P\_KKK^{compartment} \to 0.\,\text{micromoleLiter}^{-1},\ \dots$

abgefragt werden. Über einen innerhalb des Pakets definierten **Plot**-Befehl[39] lassen sich die Ergebnisse der Simulation darstellen:

```
In[4]:= {concSol, fluxSol} = simulate[model, {t, 0, 400}];
```

```
In[5]:= plotSimulation[FilterRules[concSol, model["Species"]],
        PlotFunction → Plot, Legend → True]
```

Out [5] =

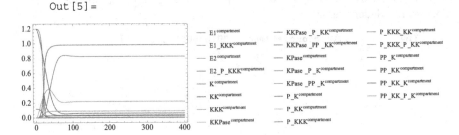

---

[38] Die vollständige Ausgabe ist in der elektronischen Fassung des *Mathematica*-Exkurses aufgeführt.

[39] Die Online-Version der Notebooks enthält die entsprechende Farbabbildung.

Man erkennt, dass sich das System in einen Fixpunkt bewegt. Mit einem einfachen numerischen Experiment wollen wir nun die wichtigste Eigenschaft der MAPK-Kaskade reproduzieren: ihre Ultrasensitivität. Dazu verwenden wir den Befehl **updateInitialConditions**, um das ankommende Signal (also die Anfangskonzentration der dynamischen Variablen $E1$) zu variieren. Die (nahezu) asymptotischen Werte (bei $t = 1000$) für den Output der Signalkaskade (**PP$_K$**, was in der Notation von Huang und Ferrell (1996) der Variablen *MAPK-PP* entspricht) und den Output der mittleren Ebene (**PP$_K$K**; bzw. *MAPKK-PP*) werden gespeichert.

```
In[6]:= Do[{updateInitialConditions[model,
            {E1^compartment → xx micromoleLiter^-1}],
         {concSol2, fluxSol2} = simulate[model, {t, 0, 1000}],
         out1[xx] = PP_K^compartment /. concSol2 /. t → 1000,
         out2[xx] = PP_KK^compartment /. concSol2 /. t → 1000},
        {xx, 0., 0.00004, 5. 10^-7}]
```

Diese Werte lassen sich nun in Tabellen schreiben und gemeinsam darstellen.[40]

```
In[7]:= tabA = Table[{xx, out1[xx]},
            {xx, 0., 0.00004, 5. 10^-7}];
         tabB = Table[{xx, out2[xx]},
            {xx, 0., 0.00004, 5. 10^-7}];
         ListPlot[{tabB, tabA},
            FrameLabel → {"Input (E1)", "Output"},
            PlotLegends → {"MAPKK - PP", "MAPK - PP"},
            PlotStyle → {Blue, Red}, Joined → True]
```

Out[7]=

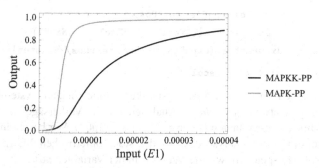

Man erkennt, dass sich der Output der Kaskade unter dem linear anwachsenden Input wesentlich sprunghafter ändert als der Output der mittleren Ebene. Diese Alles-oder-

---

[40] Im Druck sind die Farben wie folgt umgesetzt: blau → schwarz (MAPKK-PP), rot → grau (MAPK-PP).

nichts-Antwort ist eine Konsequenz der Kaskadenarchitektur und ist die in Huang und Ferrell (1996) als 'Ultrasensitivität' bezeichnete Signalantwort.

Als ein letztes Beispiel der Schnittstelle zwischen Systembiologie und Bioinformatik verwenden wir die oben bereits eingeführte MASS-Toolbox, um aus einem metabolischen Modell über die stöchiometrische Matrix das zugehörige metabolische Netzwerk zu extrahieren.

Mathematica-Exkurs: stöchiometrische Matrix

Das Ziel dieses *Mathematica*-Exkurses ist, das mathematische Modell des Zentralmetabolismus von *E. coli* zu laden und aus der zugehörigen stöchiometrischen Matrix das in Kap. 5.2 untersuchte Netzwerk zu extrahieren. Wie zuvor laden wir zuerst die MASS-Toolbox.

```
In[1]:= <<Toolbox`
        <<Toolbox`Style`
```

Das Modell liegt unter dem Namen EcoliCore in den Beispieldaten der Toolbox vor.

```
In[2]:= ecoli = ExampleData[{"Toolbox", "EcoliCore"}];
```

Mit zwei einfachen Befehlen (**drawPathway** und der Anwendung des *Mathematica*-Befehls **MatrixPlot** auf des Modell) lassen sich die metabolischen Reaktionen des Modells auf einer klassischen Stoffwechselkarte darstellen und die stöchiometrische Matrix S des Modells visualisieren. Die Resultate sind in Abb. 5.59 (Stoffwechselkarte) und Abb. 5.60 (stöchiometrische Matrix) dargestellt.

```
In[3]:= {cmpdPos, rxnPos, textPos} =
            ExampleData[{"Toolbox", "EcoliCoreMap"}];
        drawPathway[cmpdPos, rxnPos, textPos//Flatten]

In[4]:= MatrixPlot[ecoli]
```

Dieses Modell eignet sich als Ausgangspunkt für eine Vielzahl systembiologischer Untersuchungen, etwa *Flux-Balance*-Analysen und die Vorhersage von Wachstumsraten für Knock-Out-Mutanten (siehe z. B. Palsson 2008). Wir beschränken uns hier auf eine topologische Analyse des aus der stöchiometrischen Matrix abgleiteten Netzwerks. Dazu speichern wir die Matrix S in der Variablen **mat1**

```
In[5]:= mat1 = ecoli["Stoichiometry"];

In[6]:= Dimensions[mat1]
Out[6]= {74, 98}
```

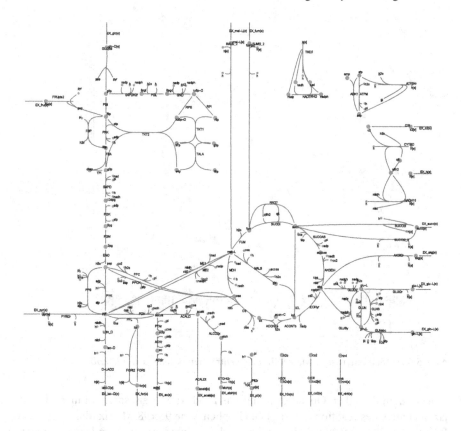

Abb. 5.59 Stoffwechselkarte des Zentralmetabolismus von *E. coli*

Das Modell enthält also 74 Metaboliten, die über 98 biochemische Reaktionen verbunden sind. Die Multiplikation der stöchiometrischen Matrix mit ihrer transponierten Matrix, also SS^T, führt auf eine 74×74-Matrix, die angibt, wie Metaboliten untereinander verbunden sind.

```
In[7] := mat2 = mat1.Transpose[mat1];
```

```
In[8] := Dimensions[mat2]
Out[8] = {74,74}
```

Unterscheidet man nun nur zwischen Einträgen, die Null oder von Null verschieden sind, und entfernt die Diagonalelemente, so erhält man die Adjazenzmatrix des metabolitenzentrischen Graphen.

```
In[9] := mat3 = mat2 /. n1_Real :→ If[n1 == 0., 0, 1];
```

```
In[10] := adX = mat3 - DiagonalMatrix[Diagonal[mat3]];
```

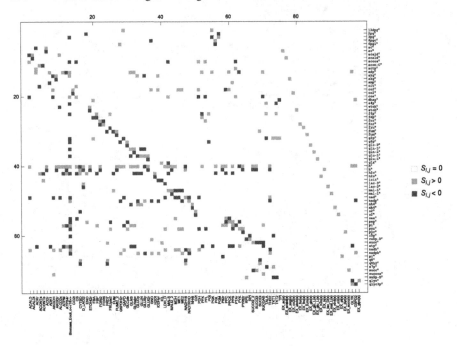

Abb. 5.60 Stöchiometrische Matrix für den Zentralmetabolismus von *E. coli*

Wendet man dieselben Operationen auf das Produkt $S^T S$ an, so erhält man die Adjazenzmatrix des reaktionszentrischen Graphen, eine 98×98-Matrix, die angibt, wie Reaktionen über ihre Metaboliten miteinander verbunden sind. Wenden wir nun den Befehl **AdjacencyGraph** auf die Adjazenzmatrix des metabolitenzentrischen Graphen an, so erhalten wir das in Abb. 5.37b dargestellte Netzwerk.

5.3.4 Von der Systembiologie zur Systemmedizin

In seiner einflussreichen Publikation über Netzwerkmedizin (Barabási et al. 2011) argumentiert A.-L. Barabási, dass durch die funktionellen Abhängigkeiten der molekularen Bausteinen in der Zelle eine Krankheit selten als Konsequenz eines einzelnen Gendefekts verstanden werden kann, sondern stattdessen als Störung des komplexen intrazellulären Netzwerks und des Netzwerks interzellulärer Wechselwirkungen gesehen werden muss.[41]

---

[41] "Given the functional interdependencies between the molecular components in a human cell, a disease is rarely a consequence of an abnormality in a single gene, but reflects the perturbations of the complex intracellular and intercellular network[.]" Barabási et al. (2011)

Dasselbe gilt für eine Vielzahl von biologischen Phänomenen und ist Teil des systembiologischen Ansatzes, so wie wir ihn in Kap. 5.3.1 diskutiert haben. In der Systembiologie findet sich diese Perspektive sowohl in der Modellierung als auch in der Datenanalyse. In ihrer einfachsten Form ist die Systembiologie die systemische Kontextualisierung einer großen Zahl von Beobachtungen. Netzwerke bilden den Kern dieser systemischen Sichtweise[42]. Gerade in der Medizin könnte die Vorstellung von Krankheiten als kohärentem Netzwerkzustand, der im Prinzip durch Eingriffe dynamisch destabilisiert und in einen normalen, 'gesunden' Netzwerkzustand überführt werden könnte, unsere herkömmliche Sichtweise auf Krankheiten revolutionieren. Diese Vorstellung ist Konzepten der nichtlinearen Dynamik nicht unähnlich, bei denen koexistierende stabile Fixpunkte durch ihre Einzugsbereich (engl. *basins of attraction*) und durch Änderungen ihrer Stabilität als Funktion von Parametern (Bifurkationen) charakterisiert werden.

In der Systembiologie hat die Modellierung eine große Zahl spezifischer Modelle zellulärer Komponenten hervorgebracht (etwa für metabolische Systeme, für individuelle Signaltransduktionspfade und wichtige generische Regulationskomponenten; vgl. auch Kap. 5.3.3). Ebenso sind sehr hochdimensionale Simulationsmodelle und die Schätzung der großen Zahl von Parametern aus Hochdurchsatzdaten wichtige Trends in der systembiologischen Forschung.

Neben den Standardnetzwerken, die in der Systembiologie und der Bioinformatik intensiv diskutiert werden (Genregulationsnetze, metabolische Netze, Protein-Interaktionsnetze), in denen die Verbindungen spezifischen biologischen Prozessen entsprechen (vgl. auch Kap. 5.2 und 5.3.3), wurden besonders an der Schnittstelle zur Medizin in den letzten Jahren auch einige relationale Netzwerke untersucht, die sehr effizient eine Vielzahl von Beobachtungen zu einer einheitlichen Struktur zusammenfassen: das Diseasome-Netzwerk[43], ein bipartites (also aus zwei Knotentypen bestehendes) Netzwerk, in dem eine Krankheit (Knotentyp 1) mit einem Gen (Knotentyp 2) verbunden ist, wenn es empirische Evidenz gibt, die dieses Gen mit dieser Krankheit in Verbindung bringt; ein Wirkstoff-Ziel-Netzwerk (engl. *drug-target network*), bei dem pharmakologische Wirkstoffe mit Proteinen verbunden sind, auf die sie wirken.

Beides sind bipartite Graphen: Sie bestehen aus zwei Knotentypen und Verbindungen sind nur von einem Knotentyp zum anderen möglich. Diese bipartiten Graphen werden oft in Form ihrer *Projektionen* auf einen Knotentyp verwendet. Dabei wird eine Verbindung zwischen zwei Knoten des für die Projektion ausgewählten Knotentyps eingetragen, wenn beide Knoten mit mindestens einem gemeinsamen Knoten des anderen Typs verbunden sind. Anders ausgedrückt, bedeutet eine Verbindung in der Projektion, dass es (mindestens) einen Pfad der Länge 2 zwischen den beiden Knoten im bipartiten Graphen gibt.

---

[42] Dieses Kapitel orientiert sich zum Teil an Hütt (2014).

[43] Der Begriff ist eine Zusammenfügung aus 'disease' und der seit dem 'genome' für systemweite ('-omics') Betrachtungen üblichen Endung '-ome'.

Auf der Grundlage zu unseren Überlegungen zu Pfadstatistiken in Graphen (vgl. Kap. 5.2) können wir daher die Adjazenzmatrizen für die beiden Projektionen eines bipartiten Graphen direkt aus der Adjazenzmatrix des bipartiten Graphen gewinnen. In dem *Mathematica*-Exkurs zum Zentralmetabolismus von *E. coli* haben wir dies bereits durchgeführt: Durch die stöchiometrische Matrix ist ein bipartiter Graph gegeben, in dem die Interaktionen zwischen den beiden Knotengruppen *Metaboliten* und *Reaktionen* festgelegt sind. Die beiden Produkte der stöchiometrischen Matrix S und ihrer Transponierten S^T in Verbindung mit einer Binarisierung (also einer Abbildung auf die Werte 0 und 1) lieferte dort die Adjazenzmatrizen für den metabolitenzentrischen Graphen (aus SS^T) und den reaktionszentrischen Graphen (aus $S^T S$). Solche Projektionen der zuvor genannten relationalen Netzwerke sind für die Systemmedizin von großem Interesse: So sind z. B. in den Projektionen des Diseasome-Netzwerks Gene verbunden, wenn sie dieselben Krankheiten beeinflussen, und – in der anderen Projektion – Krankheiten miteinander verbunden, wenn dasselbe Gen (oder dieselben Gene) mit diesen Krankheiten assoziiert sind.

Wie kann diese Netzwerkperspektive die Interpretation von Hochdurchsatzdaten erleichtern?

Betrachtet man z. B. Einzelnukleotidpolymorphismen (SNPs), die im Rahmen von genomweiten Assoziationsstudien (GWAS) bestimmt worden sind, so fällt auf, dass nur sehr selten diese in Patienten überrepräsentierten SNPs tatsächlich die Vorhersage von Krankheiten oder eine mechanistische Interpretation der dahinter stehenden Prozesse erlauben. Netzwerke können helfen, die Einzelbeobachtungen zu kontextualisieren. Dies bedeutet den Übergang von einer rein statistischen Betrachtung hin zu einer systemischen Sicht auf (z. B.) GWAS-Daten, die für die Komplexität der Genotyp-Phänotyp-Beziehungen, die Vielfalt von Gen-Gen-Interaktionen und Umwelteinflüssen angemessen erschient.

Quellen und weiterführende Literatur

Acebrón JA, Bonilla LL, Vicente CJP, Ritort F, Spigler R (2005) The kuramoto model: a simple paradigm for synchronization phenomena. Rev Mod Phys 77:137

Barabási AL, Gulbahce N, Loscalzo J (2011) Network medicine: a network-based approach to human disease. Nat Rev Genet 12:56–68

Barabási AL, Albert R (1999) Emergence of scaling in random networks. Science 286:509

Barabási AL, Oltvai ZN (2004) Network biology: understanding the cell's functional organization. Nat Rev Genet 5:101

Barnsley MF (1993) Fractals everywhere, 2. Aufl. Morgan Kaufmann, San Francisco

Boccaletti S, Latora V, Moreno Y, Chavez M, Hwang DU (2006) Complex networks: Structure and dynamics. Physics Reports 424:175–308

Bornholdt S (2003) Handbook of graphs and networks: from the genome to the internet. Wiley-VCH, Weinheim

Bornholdt S (2005) Less is more in modeling large genetic networks. Science 310:449

Drossel B (2008) Random Boolean networks. Reviews of nonlinear dynamics and complexity

Goldbeter A, Koshland DE (1981) An amplified sensitivity arising from covalent modification in biological systems. PNAS 78(6840–6844)

Guimerà R, Amaral LAN (2005) Functional cartography of complex metabolic networks. Nature 433:895

Hütt MT (2001) Datenanalyse in der Biologie. Springer, Berin

Huang CY, Ferrell JE (1996) Ultrasensitivity in the mitogen-activated protein kinase cascade. PNAS 93:10078–10083

Hucka M, Fenley AP, Sauro H, Bolouri H, Doyle J et al. (2003) The systems biology markup language (SBML): a medium for representation and exchange of biochemical network models. Bioinformatics 19:524–531

Hütt MT (2014) Understanding genetic variation – the value of systems biology. Br J Clin Pharmacol 77:597–605

Karlebach G, Shamir R (2008) Modelling and analysis of gene regulatory networks. Nat Rev Mol Cell Biol 9:770–80

Kauffman S (1969) Metabolic stability and epigenesis in randomly constructed genetic nets. J Theor Biol 22:437–467

Kitano H (2002) Systems biology: a brief overview. Science 295:1662–1664

Klipp E, Herwig R, Kowald A, Wierling C, Lehrach H (2005) Systems biology in practice. Wiley-VCH, Weinheim

Kuramoto Y (1984) Chemical oscillations, waves and turbulence. Springer, Berlin

Li F, Long T, Lu Y, Ouyang Q, Tang C (2004) The yeast cell-cycle network is robustly designed. PNAS 101:4781–4786

Lüttge U, Hütt MT (2004) Network dynamics in plant biology: current progress in historical perspective. Prog Bot 66:278–310

Marr C, Hütt MT (2009) Outer-totalistic cellular automata on graphs. Phys Lett A 373:546–549

Marr C, Theis F, Liebovitch L, Hütt M (2010) Patterns of subnet usage reveal distinct scales of regulation in the transcriptional regulatory network of Escherichia coli.

PLoS Comput Biol 6:e1000836

Maslov S, Sneppen K (2002) Specifcity and stability in topology of protein networks. Science 296:910

Munrubia SC, Mikhailov AS, Zanette DH (2004) Emergence of dynamical order. World Scientific, Singapur

Newman MEJ (2006) Modularity and community structure in networks. PNAS 103:8577–8582

Palsson BØ (2008) Systems biology: properties of reconstructed networks. Cambridge University Press, Cambridge

Peng CK, Buldyrev SV, Goldberger AL, Havlin S, Sciortina F et al. (1992) Long-range correlations in nucleotide sequences. Nature 356:168

Pikovsky A, Rosenblum M, Kurths J (2003) Synchronization. Cambridge University Press, Cambridge

Ravasz E, Somera AL, Mongru DA, Oltvai ZN, Barabási AL (2002) Hierarchical organization of modularity in metabolic networks. Science 297:1551

Sawai S, Thomason PA, Cox EC (2005) An autoregulatory circuit for long-range self-organization in *Dictyostelium* cell populations. Nature 433:323

Solé RV, Manrubia SC, Luque B, Delgado J, Bascompte J (1996) Phase transitions and complex systems. Complexity 1:13–26

Strogatz S (2003) Sync: The emerging science of spontaneous order. Hyperion, New York

Tyson JJ, Chen KC, Novák B (2003) Sniffers, buzzers, toggles and blinkers: dynamics of regulatory and signaling pathways in the cell. Curr Opin Cell Biol 15:221–231

Watts DJ, Strogatz SH (1998) Collective dynamics of 'small-world' networks. Nature 393:440

Westerhoff HV, Palsson BØ (2004) The evolution of molecular biology into systems biology. Nat Biotechnol 22:1249–1252

Winfree AT (1967) Biological rhythms and the behavior of populations of coupled oscillators. J Theor Biol 16:15

Sachverzeichnis

Printed in the United States
By Bookmasters